“十四五”普通高等教育本科部委级规划教材

全国课程思政示范课程配套教材

陶瓷工艺学

于 岩 陈俊锋 庄赞勇 黄晓巍 编著

中国纺织出版社有限公司

内 容 提 要

本书顺应材料科学与工程专业人才培养的需求，参考国内外现有同类教材，结合多年的教学科研实践经验编写而成。全书内容包含 7 个章节，包括：走进陶瓷、陶瓷原料、陶瓷坯釉料制备、陶瓷成型、陶瓷烧成、陶瓷后期处理与加工、陶瓷产业现状。每一章节后都有扩展阅读，展示我国陶瓷产业的最新成就，使读者在掌握陶瓷材料科学基础和工程应用通用知识的同时，提升专业信心和自豪感。

本书既可作为院校相关专业的教材使用，也可作为有关科研和工程技术人员的参考用书。

由于编者的能力和水平有限，书中难免存在疏漏和不当之处，敬请各位读者和专家给予批评指正。

图书在版编目（CIP）数据

陶瓷工艺学 / 于岩等编著 . -- 北京：中国纺织出版社有限公司，2023.2

"十四五"普通高等教育本科部委级规划教材 全国课程思政示范课程配套教材

ISBN 978-7-5229-0025-4

Ⅰ.①陶… Ⅱ.①于… Ⅲ.①陶瓷－工艺学－高等学校－教材 Ⅳ.①TQ174.6

中国版本图书馆 CIP 数据核字（2022）第 206939 号

责任编辑：华长印 王安琪 责任校对：寇晨晨
责任印制：王艳丽

中国纺织出版社有限公司出版发行
地址：北京市朝阳区百子湾东里 A407 号楼 邮政编码：100124
销售电话：010—67004422 传真：010—87155801
http://www.c-textilep.com
中国纺织出版社天猫旗舰店
官方微博 http://weibo.com/2119887771
北京华联印刷有限公司印刷 各地新华书店经销
2023 年 2 月第 1 版第 1 次印刷
开本：787×1092 1/16 印张：25.75
字数：446 千字 定价：69.80 元

出版者的话

为深入贯彻落实习近平总书记关于教育的重要论述和全国教育大会精神，贯彻落实中共中央办公厅、国务院办公厅《关于深化新时代学校思想政治理论课改革创新的若干意见》，深入实施《高等学校课程思政建设指导纲要》，中国纺织出版社有限公司根据中华人民共和国教育部教高函〔2021〕7号文件《教育部关于公布课程思政示范项目名单的通知》，面向全国高等院校、职业技术学院等组织规划"全国课程思政示范课程配套教材"，进一步强化课程思政建设主体责任，强化示范引领，健全优质资源共享机制和平台建设，加大支持保障力度，构建国家、地方、高校多层次课程思政建设示范体系，全面推进课程思政高质量建设。

中国纺织出版社有限公司

2023年1月

目录

4 第4章 陶瓷成型

5 第5章 陶瓷烧成

6 第6章 陶瓷后期处理与加工

7 第7章 陶瓷产业现状

第 1 章

走进陶瓷

瓷器是我国古代伟大的发明，早在三千多年前的商代就发明了"原始瓷器"，两千多年前的汉代出现了真正意义上的瓷器，比其他国家最早的瓷器早了近两千年。学习中国陶瓷史能够让同学们了解到我国古代先民是如何克服一个又一个困难，创造"五个里程碑"，才使瓷器"破茧成蝶"。从六朝的孕育，到隋唐的"南青北白"，宋代的名瓷辈出，再到元明清时期景德镇瓷器的一枝独秀，无不体现我国古代先民的智慧，从而激发起学生的民族自豪感和国家归属感。

通过学习现代陶瓷工艺技术，增加同学们对现代陶瓷技术发展方向和发展趋势的了解。基于科研者在陶瓷方面精益求精的治学态度和渊博的科学理论知识，通过课程实践，培养学生的工匠精神和职业素养，提高学生的综合实力，使学生更适应市场职业现状。了解陶瓷对现代工业和社会的重要性，培养同学们对现代陶瓷技术的兴趣，激发他们对陶瓷微观结构和性能关系的探究热情，推动现代陶瓷技术发展进步。

1.1 传统陶瓷

1.1.1 传统陶瓷的定义

陶瓷是天然黏土材料、瘠性原料及溶剂原料经过适当的配比、粉碎、成型并在高温熔烧的情况下经过一系列的物理化学反应形成的坚硬物质。它的主要原料是取自自然界的硅酸盐矿物（如黏土、石英等），因此与玻璃、水泥、搪瓷、耐火材料等一样，同属于"硅酸盐工业"的范畴。

随着科学技术的发展，近百年来又出现了许多新的陶瓷品种。它们不再使用或很少使用黏土、长石、石英等传统陶瓷原料，而是使用其他特殊原料，甚至扩大到非硅酸盐、非氧化物的范围，并且出现了许多新的工艺。美国和欧洲一些国家的文献已将"ceramic"一词理解为各种无机非金属固体材料的通称。陶瓷的含义实际上已远远超越过去狭隘的传统观念。

随着现代电器、无线电、航空、原子能、冶金、机械、化学等工业以及电子计算机、空间技术、新能源开发等尖端科学技术的飞跃发展而发展出了特种陶瓷。这些陶瓷所用的主要原料不再是黏土、长石、石英，有的坯体也使用一些黏土或长石，然而更多的是采用纯粹的氧化物和具有特殊性能的原料，制造工艺与性能要求也各不相同。

陶瓷是陶器和瓷器的总称，实际陶与瓷是有明显差别的。陶与瓷的区别在于原料土的不同和烧制温度的不同。在制陶的温度基础上再添火加温，陶就变成了瓷。陶器的烧制温度在 $800 \sim 1000℃$，瓷器则是用高岭土在 $1300 \sim 1400℃$ 的温度下烧制而成。

陶器依其种类可分为彩陶、墨陶、白陶、印纹陶、彩绘陶器等。瓷器在宋代最为兴盛，宋代"五大名窑"，官窑、汝窑、哥窑、定窑、钧窑所生产的瓷器都能代表中国形象，现在保存最多的是在台北故宫博物院。元代青花瓷中，鬼谷下山最为著名。明朝的永乐甜白、成化斗彩，清朝的珐琅彩都是中国传统工艺珍品。

普通陶瓷即为陶瓷概念中的传统陶瓷，这一类陶瓷制品是人们生活和生产中最常见和最常使用的。根据其使用领域的不同，又可分为日用陶瓷（包括艺术陈列陶瓷）、建筑卫生陶瓷、化工陶瓷、化学瓷、电瓷及其他工业用陶瓷。这类陶瓷制品所用的原料基本相同，生产工艺技术亦相近，是典型的传统陶瓷生产工艺，只是根据需要制成适于不同使用要求的制品。

1. 陶器的定义

陶器是人类用物理和化学的方法，第一次使泥土改变特征，成为人类的用具，这个伟大的发明从此被载入文明的史册。

陶器的优势是什么呢？就是它能就地取材，随心所欲。我想捏个碗就捏个碗，我想捏个罐就捏个罐，相对来说比较容易。陶器是人类早期最依赖的一种用器之一。我们早期的用器，都是用物理方法采集到的，比如掰下一根树枝、砍砸一块石头，用来击打野兽，这都是最早期用物理方法去制造的工具。那么制陶是人类第一次使用化学方法，就是高温下改变物质的形态。

陶器，在几千年里曾是人类的主要生活用具。由于烧造工艺的不同，出现了红陶、灰陶和黑陶等不同品种的陶器。人们为防止陶器经火烧或水浸泡断裂，而在泥土中羼入砂子，烧制成泥质夹砂灰陶和夹砂红陶。此类陶器多用作烹调器、汲水器和大型容器。故又有泥质陶和夹砂陶之分。

裴李岗文化，1977年在河南省新郑县裴李岗村首先发现，经碳-14测定距今约8000年，是我国目前发现最早的新石器时代遗址。与此同时在河北武安县磁山也发现同时期的文化遗址，出土陶器带有一定原始性，是目前中国发现最早的陶器。

仰韶文化，彩陶为其主要特征，根据碳-14测定，距今7000～5000年。陶器皿种类主要有盆、罐、钵和小口尖底瓶等，质地分为泥质陶和夹砂陶。

屈家岭文化，是继仰韶文化之后分布在江汉流域的一种文化，据碳-14测定年代距今5300～4600年。

大汶口文化，是继仰韶文化后、龙山文化之前在东方的一种古代文化，据碳-14测定，年代距今6000～4200年，其陶器器型和纹饰也自成特点。

龙山文化，据碳-14测定，年代距今4300～3800年，黑陶是最具代表性的器物，以"蛋壳黑陶"最为精美。同时，龙山文化晚期还出现用高岭土烧制的白陶，为后来原始瓷器的发明奠定了基础。

商代青铜器的制作成就辉煌，但普通人日常生活的主要用具仍以陶器为主。商代陶器仍以灰陶为主，当时已有专门烧制泥质灰陶和泥质夹砂灰陶的不同作坊。但到后期，白陶和印纹硬陶有很大发展，尤以白陶最为精美，纹饰采用青铜器的艺术特点，装饰华丽，弥足珍贵。同时，还出现了用高岭土作胎施青色釉的原始瓷器。

西周以后，陶器种类繁多，除陶制生活器皿之外，还有砖瓦、陶俑和建筑明器等。到战国、秦汉时期，用陶俑、陶兽、陶明器随葬已成习俗。因此，制陶业更加繁荣。近年在西安发现的秦始皇陵兵马俑，在陕西咸阳、江苏徐州发现的西汉时期兵马俑，其造型之精美，阵容之宏伟，为世界所罕有。

2. 瓷器的定义

中国是瓷器的故乡，中国瓷器在世界陶瓷史上占有极其重要的地位。近人许之衡先生在《饮流斋说瓷》中说："瓷胎者，辗石为粉，研之使细，以成坯胎者也。"瓷器从科学体系来讲，属于比较复杂的多相、多晶质无机非金属材料范畴，它是以高岭土、长石和石英等为原料，经加工、处理、成型、干燥、高温熔烧而成的制品，是人工合成矿物的综合工艺技术制品。俗语"点土成金"就是人们对瓷器创制的颂扬。用于制瓷的原料很多，按瓷胎所用原料的使用范围可分坯用原料与釉用原料。高岭土、长石、石英三种原料是构成瓷器的主要坯用原料。

瓷器与陶器的主要区别在于原材料使用和烧制温度的不同。陶器是用黏土在800～1100℃的温度中烧制而成；而瓷器则必须用高岭土制作，表面上釉，在1200～1400℃的高温下烧制。瓷器胎体硬度高，半透明，耐腐蚀，易清洗，容易制作成不同的器型以满足人们的生活需要，故而很快取代铜器和漆器，成为人们日常生活起居中重要的用品。

瓷器是中国人的伟大发明，是中国在人类文明史上写下的光辉一页，是中华民族灿烂文化的象征。公元9世纪中期，一位阿拉伯商人曾这样惊讶地描述一件中国器物："中国有一种非常精细的泥土，用它制成的花瓶竟然像玻璃瓶一样透明。花瓶里的水从瓶外面都能看见，但它竟然是用泥土制成的。"中国最早的瓷器是在烧制陶器的基础上，经过了原始瓷器长期经验积累之后于东汉（公元25—220年）出现的。制瓷技术和中国古代建筑、丝绸技术一起，被誉为中国古代三大技术。瓷器发明后，中国瓷业便高潮迭起，创新不断，涌现了众多的窑场和灿若星河的不朽名瓷。在这漫长的制瓷历程中，景德镇瓷器以其五代的古朴水灵、宋代的温润清新、元代的充实茂美、明代的典雅精工、清代的繁缛华丽、现代的绚丽多彩，书写了一页又一页光辉的篇章，创造了一个又一个奇迹，体现了中国瓷器发展的卓越成就，景德镇也因此成为世人仰慕的瓷都。

魏晋南北朝及隋唐时期（公元220—907年），制瓷业有了很大的发展，以浙江越窑为代表的瓷窑多烧制如湖水般晶莹的青瓷，青瓷是因在瓷器表面敷有一层透明或半透明的青釉而得名，是我国出现最早且影响时间最长的瓷种。河南、河北一带的瓷窑多烧制洁白无瑕的白瓷，白瓷以邢窑为代表。一时形成了当时瓷器生产"南青北白"的基本趋势。彩瓷是唐代（公元618—907年）出产的新品种，俗称"唐三彩"，唐代以瓷器作为一种重要商品同外国进行贸易交往，在"丝绸之路"之后出现了著名的"陶瓷之路"，对传播中华文明起到了巨大的作用，中国制瓷技术也由此传向世界各地，为人类文明的进步作出了巨大的贡献。

宋代（960—1279年）是我国制瓷史上最兴盛的时期，当时名窑遍布南北各地，有官窑、民窑之分。官窑是官办的专为宫廷生产御用瓷器的窑场，瓷器富丽典雅，花饰细密繁缛。最有名的五大官窑，为定窑、汝窑、官窑、哥窑和钧窑。民窑生产的瓷主要作为民用，风格朴实健美，成本较低。宋代民窑最有特色的当指北方的"磁州窑"和南方的"吉州窑"。景德镇更以"瓷"名冠天下。随后的元、明、清三个朝代（1206—1911 年），出现了诸如青花、釉里红、斗彩、古彩、粉彩、珐琅彩、色釉等名瓷，形成了"工匠来八方，器成天下走"的鼎盛格局。瓷器作为商品广泛渗透在社会经济生活的各方面，对当时的经济发展水平、社会风俗演变有着生动的映照，具有极为重要的文化价值和艺术价值。

中国民间瓷器以盘、碗、杯、罐、瓶为主，还有瓷枕和玩具，其风格清新洒脱，线条生动流利，釉色丰富，装饰主题多为花鸟、山水、人物故事和现实生活中的一些小景（如纳凉、扑蝶、钓鱼、婴戏等）、动物以及谚语、诗歌，"福寿康宁""长命富贵"等吉祥语也可入画。此外还有一种以假借谐音的文字和植物连用的手法，如以鱼寓余（"吉庆有余"）、蝙蝠谐音福（"五蝙捧寿"）、以石榴象征多子、以鸳鸯表示爱情等，取材十分广泛多样，不拘一格，反映了人们追求美好生活，祈求安宁幸福的愿望。

3. 建筑、卫生陶瓷产品

建筑卫生陶瓷是陶瓷家族的一大类。建筑卫生陶瓷是指主要用于建筑物饰面、建筑构件和室内卫生设施的陶瓷制品。

建筑陶瓷根据用途可分为：陶瓷砖、建筑琉璃制品、饰面瓦和陶管。陶瓷砖是指由黏土和其他无机非金属原料在室温下，经过干压、挤压等方法成型，经干燥后在满足性能要求的温度下烧制而成的用于覆盖墙面和地面的薄板制品。陶瓷砖分为有釉或无釉的，均不可燃、不怕光。建筑琉璃制品是指用于建筑构件及艺术装饰的有强光泽色釉的陶器。饰面瓦是指以黏土为主要原料，经混炼、成型烧制而成的陶瓷瓦，用来装饰建筑的屋面或作为建筑物的构件。陶管是指用来排除污水、废水、雨水、灌溉用水或排输酸性、碱性废水及其他腐蚀性介质所用的承插式陶质管及配件。

建筑陶瓷砖按吸水率分为瓷质砖、炻瓷砖、细炻砖、炻质砖、陶质砖。瓷质砖吸水率低于 0.5%，炻瓷砖吸水率大于 0.5%、低于 3%，细炻砖吸水率高于 3%、低于 6%，炻质砖吸水率高于 6%、低于 10%，陶质砖吸水率高于 10%。

建筑陶瓷砖按成型方法分为挤出砖、干压砖、劈离砖。挤出砖：将可塑性坯料经过挤压机挤出，再切割成型。干压砖：将坯料置于模具中高压下压制成型。劈离砖：挤出法成型为两块背面相连的砖坯，烧成后敲击分离而成。其他成型方式陶瓷砖：通常生产的干压陶瓷砖和挤压陶瓷砖以外的砖。

建筑陶瓷砖又有内墙砖、外墙砖、室内地砖、室外地砖、广场砖、配件砖等，广泛地应用于建筑、装修市场。内墙砖：用于装饰和保护建筑物内墙的陶瓷砖；外墙砖：用于装饰和保护建筑物外墙的陶瓷砖；室内地砖：用于装饰和保护建筑物内部地面的陶瓷砖；室外地砖：用于装饰和保护建筑物外部地面的陶瓷砖；广场砖：用于铺砌广场及道路的陶瓷砖；配件砖：用于铺砌建筑物墙脚、拐角等特殊装修部位的陶瓷砖。

陶瓷砖按釉面装饰分为有釉砖、无釉砖、平面装饰砖、立体装饰砖、陶瓷锦砖、抛光砖、渗花砖。有釉砖：正面施釉的陶瓷砖；无釉砖：不施釉的陶瓷砖；平面装饰砖：正面为平面的陶瓷砖；立体装饰砖：正面呈凹凸样的陶瓷砖；陶瓷锦砖：装饰与保护建筑物地面及墙面的由多块小砖拼贴成联；抛光砖：经过机械研磨、抛光、表面呈镜面光泽的陶瓷砖；渗花砖：将可溶性色料溶液渗入坯体内，烧成后呈现色彩或花纹。

卫生陶瓷是指用于卫生设施的有釉陶瓷制品，一般器形较大，结构复杂且不同种类间差别较大，通常以件计量。卫生陶瓷的种类很多，一般按照用途、类型和结构等进行分类，见表 1-1。

中国生产的卫生陶瓷产品多属半瓷质和瓷质，产品有洗面器、大便器、小便器、妇洗器、水箱、洗涤槽、浴盆、返水管、肥皂盒、卫生纸盒、毛巾架、梳妆台板、挂衣钩、火车专用卫生器、化验槽等品类。每一品类又有许多形式，例如洗面器，有台式、墙挂式和立柱式等；大便器有坐式和蹲式，坐便器又按其排污方式有冲落式、虹吸式、喷射虹吸式、旋涡虹吸式等（表 1-1）。

卫生陶瓷的生产工艺，一般是在 1250~1280℃ 温度条件下一次烧成。以高岭土（20%~30%）、高塑性黏土（20%~30%）、石英（30%~40%）和钾长石（10%~20%）为制坯主要原料，加入水和少量电解质，经磨细调制成规定性能的泥浆；以长石、石英、石灰石、白云石、滑石、菱镁石、氧化锌、碳酸钡为基础釉原料；以锆英石、氧化锡作白釉的乳浊剂；以铬锡红、铬绿、钒锆黄、钒锆蓝、镨锆黄、镨锆蓝等陶瓷颜料作色釉的着色原料。

卫生陶瓷因其形状复杂，普遍用石膏模浇注成型，中国一般采用架式管道压力注浆和真空回浆技术，其他国家有用台式注浆成型机、传送带式注浆成型机、洗面器立式注浆成型机等。对于形状和结构比较简单的产品，也有采用等静压和电泳成型方法。

20 世纪 80 年代，卫生陶瓷产品都在进一步向提高使用功能、降低噪声、减轻重量、节约用水、安装方便、使用舒适、造型和装饰美观等方面发展。生产厂不仅向用户提供组装好的单件卫生器，而且提供配套齐全的整个卫生间。生产工艺正向快速成型、低温快烧及采用高效节能窑等方面发展。

表 1-1　卫生陶瓷主要产品分类

按用途分	按类型分	按结构形式分
洗面器	壁挂式洗面器 立柱式洗面器 台式洗面器	
便器	坐便器：连体式坐便器 壁挂式坐便器 挂箱式坐便器 蹲便器	冲落式坐便器 虹吸式坐便器 喷射虹吸式坐便器 漩涡虹吸式坐便器
水箱	低水箱：壁挂式低水箱 坐箱式低水箱 高水箱	
小便器	壁挂式小便器 落地式小便器	
净身器		斜喷式净身器 直喷式净身器 前后交叉喷式净身器
洗手盆	专供洗手用的小型有釉陶瓷质卫生设备	
洗涤槽	用以洗涤物件的槽形有釉陶瓷质卫生设备	
浴盆	专供洗浴用的有釉陶瓷质卫生设备	
存水弯	具有水封功能的有釉陶瓷质排污管道，有 S 型和 P 型	
小件卫生陶瓷	供卫生间配套的有釉陶瓷质器件。如手纸盒、皂盒	

4. 日用陶瓷

日用陶瓷的产生可以说是因为人们对日常生活的需求而产生的，是日常生活中人们接触最多也是最熟悉的瓷器。日用陶瓷与我们生活息息相关，产品丰富繁多，如餐具、茶具、咖啡具、酒具、存储容器等。此外，近年来陶瓷酒瓶因具有不透光性、导热慢等特质能够很好地保持酒质，同时又能凸显艺术、文化和收藏价值而受到越来越多白酒厂商的青睐。

（1）日用陶瓷的分类

1）按瓷种分类

目前市场上流通的主要有日用细瓷器、日用普瓷器、日用炻瓷器、骨质瓷器、玲珑日用瓷器、釉下（中）彩日用瓷器、日用精陶器等。

2）按花面装饰方法分类

按花面特色可分为釉上彩、釉中彩、釉下彩、色釉、未加彩的白瓷等。釉上彩是指在陶瓷产品的釉面上用陶瓷颜料进行装饰，再经 700～850℃烤烧而成的产品。因烤烧温度没有达到釉层的熔融温度，所以装饰图案未沉入釉中，只紧贴于釉层表面，装饰图案的光泽与釉面的光泽有较明显的差别。釉中彩的装饰方法与釉上彩一致，但烤烧温度比釉上彩高，达到了陶瓷产品釉料的熔融温度，陶瓷颜料在釉料熔融时沉入釉中，冷却后被釉层覆盖，装饰图案的光泽与釉面的光泽一致。釉下彩的装饰是在泥坯上进行，经施釉后高温一次烧成，这种产品和釉中彩一样，装饰图案被釉层覆盖，装饰图案的光泽与釉面的光泽一致。色釉瓷是在陶瓷釉料中加入一种高温色剂，使烧成后的产品釉面呈现出某种特定的颜色，如黄色、蓝色、豆青色等。白瓷通常指未经任何彩饰的陶瓷。不同的装饰方式带来不同的装饰效果，釉上彩产品的装饰效果色彩鲜艳、丰富，釉中彩产品和釉下彩产品一般比较素雅，色彩的艳丽程度不如釉上彩产品，消费者可按自己的喜好选择不同装饰方法的产品。

（2）日用陶瓷产品的各种指标

1）铅溶出量、镉溶出量

日用陶瓷产品涉及人体健康的指标主要是铅、镉等重金属元素的溶出量。釉中彩产品、釉下彩产品、色釉瓷、白瓷的铅溶出量、镉溶出量极少或几乎没有，绝大多数釉上彩产品的铅溶出量、镉溶出量也很低，在国家标准的控制范围内。极少数釉上彩产品使用了劣质颜料，或在花面设计上对含铅、镉高的颜料用量过大，或烤烧时温度、通风条件不够，造成铅溶出量、镉溶出量会超过国家标准的最高允许极限。

2）微波炉适应性、冰箱到微波炉适应性、冰箱到烤箱适应性

由于日用陶瓷产品均有一定的吸水性，使用后的清洗过程中产品坯体会吸入一些水分，在微波炉、烤箱的使用过程中水分的汽化可能会造成产品的开裂或破损。极个别产品可能因水分汽化的速度过快，水汽无法通过产品的无釉处逸出，导致产品在微波炉、烤箱内炸裂。在此基础上参考《日用瓷器》（GB/T 3532—2022）中与消费者日常使用密切相关的指标，是表明日用陶瓷产品是否适合在微波炉、烤箱中使用的特征性指标。

3）吸水率和抗热震性

吸水率是表明陶瓷产品烧成后致密程度的特征性指标，吸水率指标是划分陶瓷瓷种的依据，吸水率 0.5%、1.0%、5.0% 的陶瓷，分别为细瓷、普瓷、炻器，吸水率 10% 为陶器。一般而言，吸水率越小的产品其使用寿命越长。抗热震性是表明陶瓷产品抵抗外界温度急剧变化时而不出现裂纹或无破损能力的特征性指标，是重要的使用性能指标。日用陶瓷产品在使用过程中接触的多为加热的食物，抗热震性差的产品在热冲击的作用下会出现开裂或破损，产品的强度较低，盛装食物时可能出现破碎，造成对人体的伤害。

日用瓷器长期以来为广大人民群众所喜爱和使用，因为它有以下优点：第一，易于洗涤和保持洁净，日用瓷釉面光亮、细腻，使用沾污后容易冲刷。第二，热稳定性较好，传热慢。日用餐具有经受一定温差的急热骤冷变化时不易炸裂的性能。这一点比玻璃器皿优越，它是热的不良导体，传热缓

慢，适合用来盛装沸水或滚烫的食物。第三，化学性质稳定，经久耐用。这一点比金属制品如铜器、铁器、铝器等要优越，日用瓷具有一定的耐酸、碱、盐及大气中碳酸气侵蚀的能力，不易与这些物质发生化学反应，不生锈老化。第四，瓷器的气孔极少，吸水率很低。用日用瓷器储存食物，严密封口后，能防止食物中水分挥发、渗透及外界细菌的侵害。第五，彩绘装饰丰富多彩，尤其是高温釉彩及青花装饰等无铅中毒危害，可大胆使用，很受人们欢迎。当然日用瓷器也有美中不足之处。最大的弱点是抗冲击强度低，不耐摔碰，容易破损，是一种易碎品。此外，一般说来，它不适于明火直烧作炊具用，有的还不耐蒸煮。

（3）日用瓷产品的选购指南及注意事项

1）产品外观质量

消费者首先可查看产品包装箱或箱内文件所标明的产品名称和等级；其次可通过肉眼观察产品的实际质量，选购时应尽量选择表面无明显缺陷、器型规整的产品。盘、碗类产品，可将几个规格大小一样的产品叠放在一起，观察其相互间的距离，距离不匀，说明器型不规整，变形大。对单个产品可将其平放或反扣在玻璃板上，看是否与玻璃板吻合，以判断其变形程度。对瓷质产品，可托在手上，用手指轻敲口沿，若发出沙哑声，说明内部有裂纹存在。

2）铅溶出量、镉溶出量的初步判断

釉中彩、釉下彩产品的铅溶出量、镉溶出量极少或几乎没有，可放心选购。釉上彩产品则应按使用目的不同而选购，为降低铅溶出量、镉溶出量的影响，可采取下列方法：

①用来盛装酸性食物的器皿，应尽量选用表面装饰图案较少的产品。

②选购时应注意图案颜色是否光亮，若不光亮，可能是烤花时温度未达到要求，此类产品的铅溶出量或镉溶出量往往较高。

③特别注意那些用手即可擦去图案的产品，这种产品往往铅溶出量或镉溶出量极高。

④对不放心的产品，可用食醋浸泡几小时，若发现颜色有明显变化应弃之不用。

（4）日用陶瓷产品使用注意事项

①对可能用于微波炉、烤箱、洗碗机的产品，应选购标明"微波炉适用、烤箱适用、洗碗机适用"字样的产品。

②对使用量大的产品，如餐饮业，宜选用边缘较厚带圆弧状加强边的产品，此类产品在使用中不易损坏。

③建议不要使用已有裂纹的产品，这类产品的强度较低，盛装食物时可能出现破碎，造成对人体的伤害，并且由于裂缝的存在，在使用过程中会藏污纳垢

而不易清洁，可能造成细菌繁殖，影响人体健康。

④对标明用于装饰的产品，不能用于盛装食物，此类产品的铅、镉溶出量不受标准限量的控制。

1.1.2 陶瓷的特性

普通陶瓷按所用原料及坯体致密程度的不同分为两大类：陶器和瓷器。陶器的坯体烧结程度差，断面粗糙而无光泽，机械强度较低，吸水率较大，无半透明性，敲击时声音粗哑、沉浊。瓷器的坯体致密，玻化程度高，吸水率小（基本上不吸水），有一定的透光性，断面细腻呈贝壳状或石状，敲击时声音清脆。陶器和瓷器根据其性能及特征的差别还可进一步细分，见表1-2。

表1-2 陶瓷按所用原料及坯体致密程度分类

类别	陶器			瓷器		
	粗陶器	普通陶器	精陶器	炻器	普通瓷器	细瓷器
特征	坯体未烧结，粗松多孔，吸水性强，有色，不施釉	坯体未烧结，粗松多孔，但较土器致密，釉色，施釉或不施釉	坯体未烧结或只部分烧结，有孔隙，一般呈白色，施釉	坯体烧结，致密，接近瓷器，但有多种呈色，施釉或不施釉，不受酸侵蚀	介于精陶器与瓷器之间，仍有一定吸水率	坯体完全烧结，有半透明性，断面致密，呈贝壳状，色白，施釉，耐酸碱
使用原料	易熔黏土	可塑性高的难熔黏土、石英、熟料等	可塑性高的难熔黏土、石英、熟料等	同精陶器	高岭土、瓷石、可塑性高的难熔黏土、石英、长石等	同普通瓷器
烧成温度/℃	850~1000	900~1200	素烧 1100~1300 釉烧 1000~1200	1200~1300	1250~1320	1320~1450 1250~1320 1120~1250 1200~1300
颜色	黄色 红色 青色 黑色	黄色 红色 灰色	白色 浅色	乳黄色 浅褐色 灰色 紫色	白色	白色
吸水率/%	>15	>15	<12	<3	<1	<0.5
用途	砖、瓦、盆、罐	日用器皿、美术陶、紫砂陶	—	—	日用器皿、建筑制品	日用器皿、艺术瓷、电瓷、化学瓷

压电陶瓷，一种能够将机械能和电能互相转换的功能陶瓷，属于无机非金属材料。这是一种具有压电效应的材料，压电陶瓷具有敏感的特性，可以将极其微弱的机械振动转换成电信号，可用于声纳系统、气象探测、遥测环境保护、家用电器等。压电陶瓷受外力压缩（即使是震荡波给它的压力）就

会产生电压，相反的，给压电陶瓷加电压，压电陶瓷就会膨胀。针对这两点特性，可以在日常生活很多地方应用压电陶瓷。如煤气灶打火机的放电打火、超声清洗、高频振动，此外，采用压电陶瓷材料的扬声器则不再需要使用线圈和磁场了，不但无磁场影响、无干扰，而且对外界电磁干扰也能"免疫"。

微晶玻璃陶瓷又称可加工陶瓷，是一种可以机加工的陶瓷材料。微晶玻璃陶瓷具有良好的加工性能、真空性能、电绝缘特性及耐高温、耐化学腐蚀等优良性能。微晶玻璃陶瓷特别适合汽车、军工、航空航天、精密仪器、医疗设备、电真空器件、电子束曝光机、纺织机械、传感器、质谱仪和能谱仪等。对于一些薄壁的线圈骨架、精密仪器的绝缘支架、形状复杂等精度要求高的器件，微晶玻璃陶瓷更为适用，它可加工成任意形状。它比氮化硼强度高，放气率低；比聚四氟乙烯耐高温，不变形，不变质，经久耐用；比氧化铝瓷更好加工，生产周期短，合格率高，设计人员可任意制作所需尺寸的产品。

1.2   现代陶瓷

20世纪60年代以来，新技术革命的浪潮席卷全球，世界进入了计算机、微电子、通信、激光、航天、海洋和生物工程等新兴技术领域的时代。新兴技术的开发对材料提出了各种高性能要求。于是，能够满足这些要求的新型陶瓷应运而生，在新材料领域中崭露头角，受到了人们的极大关注。新型陶瓷在美国被称为现代陶瓷，在日本被称为精细陶瓷，根据它的性能和工艺特点又被统称为高性能陶瓷或高技术陶瓷，我国称之为特种陶瓷。

1.2.1   现代陶瓷的定义

现代陶瓷材料主要是指采用高度精选的原料，具有能精确控制的化学组成，按照便于控制的制造技术加工的，便于进行结构设计，具有高硬度、高熔点、耐磨损、耐腐蚀性能的陶瓷材料。

按其应用功能分类，大体可分为高强度、耐高温的复合结构陶瓷和电工电子功能陶瓷两大类。现代陶瓷不同的化学组成和组织结构决定了它的特殊性质和功能，如高强度、高硬度、高韧性、耐腐蚀、导电、绝缘、磁性、透光、半导体以及压电、光电、电光、声光、磁光等。由于性能特殊，这类陶瓷可作为工程结构材料和功能材料应用于机械、电子、化工、冶炼、能源、医学、激光、核反应、宇航等方面。一些经济发达国家，特别是美国、日本和西欧等国家和地区，为了加速新技术革命，为新型产业的发展奠定物质基础，投入大量人力、物力和财力研究开发现代陶瓷，因此现代陶瓷的发展十分迅速，在技术上也有很大突破。现代陶瓷在现代工业技术，特别是在高技术、新技术领域中的地位日趋重要。21世纪初现代陶瓷的国际市场规模预计将达到500亿美元，因此许多科学家预言：现代陶瓷在21世纪的科学技术发展中，必定会占据十分重要的地位。

现代陶瓷是20世纪发展起来的，在现代化生产和科学技术的推动和培育下，它们"繁殖"得非常快，尤其在近30年中，新品种层出不穷，令人目不暇接。现代陶瓷中结构陶瓷拥有优异的力学性能与高温性能，而功能现代陶瓷是一类颇具灵性的材料，它们或能感知光线，或能区分气味，或能储存信息。因此，说它们多才多能一点都不过分。它们在电、磁、声、光、热等方面具备的许多优异性能令其他材料难以企及，有的现代陶瓷材料还是一材多能。这些优异的功能，使得现代陶瓷被广泛地应用于现代生活。

1.2.2 陶瓷的发展和进步

1. 现代陶瓷的性能

现代陶瓷是古老的陶瓷家族中最年轻、最有生气的一代，它的发展时间不长，绝大部分是20世纪出现的。可是，现代陶瓷在各方面的性能都远远超过了老前辈硅酸盐陶瓷，它们真不愧为陶瓷家族的优秀儿女。

（1）比金属优越的力学性能

传统陶瓷的抗弯强度一般只有几十到上百兆帕，现代陶瓷的强度要大几倍到几十倍。例如有一种添加氧化钇和氧化铝的热压氮化硅陶瓷，室温抗弯强度达到1500MPa，相当于优质合金钢的强度。比金属优越的是，陶瓷的高强度可以保持到一千几百度以上的高温，而大多数金属在这样的温度下早已软化弯曲，谈不上有什么强度。有一种用控制成核热化学沉积法制备的碳化硅陶瓷，室温抗弯强度为1400MPa，在1200℃和1300℃的温度条件下，强度不但没有降低，反而有所提高。这样的高温强度，可以说是无敌于天下。

陶瓷的弹性模量很大，极不易变形。特别是氧化铝、氮化硅、碳化硅等现代陶瓷，即使在很高的温度下，蠕变也很小，就是说在高温和固定负载的作用下，所产生的缓慢塑性形变很小。这也是它比金属优越的可贵性能。因为蠕变能使构件或零件产生形变，影响它们的配合精度和工作性能，甚至导致严重的事故。高温蠕变越小，材料在高温下使用的可靠性就越高。

（2）比玻璃高明的光学性能

硅酸盐陶瓷一般是不透明的，或者只能透过少许的光线，现代陶瓷却可以透过红外线，特别是波长10μm以上的红外线，而玻璃只是在3μm以下近红外区透光性较好，能透过 10μm 以上红外线的玻璃制备困难，价格昂贵，而且玻璃在高温下的软化、析晶会影响其光学性能，而透明陶瓷的透光性随温度升高而产生的变化很小，即使是在一千几百度的高温下，也不会变形和析晶。透明陶瓷的折射率比较高，适合于制造透镜、棱镜等各种光学元件。透明铁电陶瓷和透明磁性陶瓷还可以用电场和磁场的变化来控制它们的光学性能，这也是玻璃做不到的。

（3）卓越的热学性能

一般陶瓷的抗热震性都比较差，当温度剧烈变化时制品很容易破裂。影响抗热震性能的因素中，物质的热膨胀系数和导热系数是很重要的两个因素。热膨胀系数小，就是热胀冷缩的变化小，当温度剧烈变化时，材料尺寸只有很小的变化，当然就不容易开裂。导热性好，就是不容易在物体内造成温度差。导热性差的物体，当周围温度改变时，外层跟着变化而内层还是老样子，两部分膨胀收缩不一致，就要开裂。反之，导热性好的物质不容易产生温度差，也就不容易开裂。

现代陶瓷中，氮化硅陶瓷的热膨胀系数小；氧化铍陶瓷的导热系数很高，几乎与纯金属铅相等；氮化硼陶瓷的导热系数在室温条件下与铁相似，600℃以上温度条件时超过氧化铍在陶瓷材料中名列第一。因此，这几种陶瓷都有十分优越的抗热震性，把它们从室温突然加热到上千度，再拿到室温下急冷，这样进行几百次也不裂开，甚至把它们烧得通红再丢到水中也安然无恙。有一种纤维增强陶瓷基复合材料，加热到几千度的高温再用冷水浇上去也丝毫无损。这样优越的热性能，真使人目瞪口呆。

（4）奇妙的声学性能

现代陶瓷中有一类叫作压电陶瓷的，例如钛酸钡、钛酸铅、锆钛酸铅、铌酸钠锂等，具有一种特殊的压电效应。在经过极化处理的压电陶瓷片两侧涂上电极，加上交变电压，陶瓷片会产生振动，发出声波、次声波或超声波。反之，当这类陶瓷受到声波、次声波或超声波的作用时，即使十分微弱，也会产生机械振动，使它随着声波的振动而压缩或伸长，并随之在两个电极间产生电信号，再经过仪器的放大，在荧光屏上显示出来，或者通过电声元件变成人耳能听到的声音。

利用压电陶瓷这种奇特的声学性能，人们可以听到一只小虫在粮食里爬动的声音；可以发现在遥远的海域里活动的敌舰；可以探听到火山爆发、地震等自然界活动所产生的振动频率低于 15Hz 的次声波；还可以发射和接收振动频率超过 2000Hz 的超声波。因此，它在现代科学技术上有着广泛的应用。

（5）多种多样的电学性能

现代陶瓷有两种截然相反的电性能，一种是介电性能，另一种是导电性能。介电就是不导电的意思，所以有些陶瓷可用作电介质。传统的硅酸盐陶瓷就是很好的电介质，至今仍然是高压输电线路和电器设备上不可或缺的绝缘材料。但是，这种陶瓷含有较多的钾、钠离子，使它在高频电场中的电性能下降。现代陶瓷中的氧化铝、氧化铍、氮化硼、氮化硅等都有良好的电绝缘性，特别是它们在高温下电性能并不会大幅降低。氧化铍陶瓷在常温下的电阻率大于 $10^{15}\Omega\cdot cm$，即使到 500℃ 仍有 $10^{13}\Omega\cdot cm$，在陶瓷中是电学性能表现较好的一种。这些陶瓷电性能优越的另一个表现是介质损耗小，就是说电介质在电场作用下由于发热而消耗的能量少，介质损耗越小，绝缘性能越好。氧化铝等陶瓷能透过无线电波，就像玻璃能透过光线一样。如果材料的介质损耗大，无线电波透过时损失得多，透过的就少。所以，导弹的雷达保护罩、人造卫星的天线窗、微波速调管的输出窗等，都要采用介质损耗小的陶瓷材料来做。

有些陶瓷的介电常数很大，如金红石陶瓷、钛酸钡陶瓷等。介电常数的意思是采用某种介质的电容器的电容量，与同样几何尺寸的真空电容器电容量的比值。介电常数大的陶瓷，做成电容器的电容量大，因而能制造体积小、重量轻的电容器。

与电介质陶瓷相反，有些现代陶瓷则有很好的导电性能。导电陶瓷又有电子导电和离子导电两种。电子导电陶瓷通过电子在其结构内部流动而导电，如碳化硅、铬酸锶镧等陶瓷在常温下就能导电，有些则要到一定的温度才能导电，如氧化铈陶瓷等。离子导电陶瓷则通过带电荷的阳离子和阴离子在其结构内部流动而导电。如稳定氧化锆陶瓷在 750℃ 的温度下可允许氧离子通过而导电，$\beta-$ 氧化铝陶瓷在 350℃ 的温度下可允许钠离子通过而导电。陶瓷这种特有的导电性使它在能源技术中得到广泛的应用。

（6）出色的磁学性能

现代陶瓷中有一类叫作铁氧体或磁性陶瓷的，具有许多独特的磁学性能，是重要的磁学材料。与金属磁性材料相比，铁氧体最主要的特点是电阻率高，约比金属的电阻率大得多。在高频率磁场中，金属磁性材料由于电阻率低会产生很大的涡流，从而引起相当大的电能损耗，同时集肤效应严重，往往不能使用。而磁性陶瓷在交变磁场中的涡流损耗和集肤效应都比较小，可以在低频、中频、高频甚至超高频率下使用。在微波领域中，铁氧体还具有旋磁性，可制成各种微波元件。

钡铁氧体和锶铁氧体等磁性陶瓷，磁化后撤去外磁场而仍然长时期保持较强磁性，可作为恒磁源而应用于扬声器、电表和其他工业设备中。镍锌系铁氧体和镍铜系铁氧体具有压磁性，即在磁场作用下这些陶瓷的体积会发生变化，而铁氧体的一切形变也会使它的磁性发生变化。在交变磁场中这种铁氧体会发生机械振动，利用这种压磁性可制造超声波发生器和水声器件。铁氧体软磁材料容易磁化，也容易退磁，矫顽力低、磁导率高，在无线电工业中广泛用于继电器、变压器、电表、电感线圈等。矩磁铁氧体有接近方形的磁滞回线，一般作记忆元件用于电子计算机中。

（7）优异的化学稳定性

传统硅酸盐陶瓷有惊人的化学稳定性，可以在空气中放上一万年不变。现代陶瓷继承了前辈的优点，它不但在常温下，而且在很高的温度下也不和氧气起反应。纯氧化铝陶瓷在空气中的最高使用温度可达 1850℃以上，稳定氧化锆陶瓷作为发热元件在空气中 2000～2200℃的高温下可工作上千小时。除了铌、锰、铀和钒的氧化物外，大部分氧化物陶瓷在空气中都是极稳定的。好几种非氧化物陶瓷会同空气中的氧迅速反应而生成一层保护性的氧化物薄膜，防止进一步氧化，所以抗氧化性也是好的。如氮化硅、碳化硅和二硅化钼等高温陶瓷，表面上都有一层二氧化硅的薄膜，阻止了氧和陶瓷的继续反应，因而也可以在空气中和高温下长期使用。这是金属和有机高分子材料根本做不到的。

现代陶瓷对酸、碱、盐等化学物质的腐蚀有较强的抵抗力。氮化硅、碳化硅等几乎可耐受除氢氟酸外其他一切无机酸的腐蚀。氧化锆可耐受钾离子在高温下的侵蚀，β- 氧化铝可在 350℃的温度下长期经受钠和熔融硫化钠、纯碱等的腐蚀。镁铝尖晶石和氧化铝陶瓷甚至连氢氟酸也不怕。此外，很多种现代陶瓷与熔融金属不易产生反应，这也是难能可贵的。例如氧化钙陶瓷抗金属侵蚀性能优良，可用来做熔炼高纯度铀、铂等金属的坩埚。其他如氧化锆、氧化铝、氮化硼、镁铝尖晶石、氧化钍、氧化镁、氮化硅、碳化硅等陶瓷，对熔融金属的稳定性都很好。

在强烈的放射性射线照射下，很多种现代陶瓷也是稳定的，如氮化硅、碳化硅、氧化铍、氧化铝等陶瓷，因而都可以在原子能技术上得到应用。

2. 现代陶瓷的化学组成

氧化物陶瓷：氧化铝、氧化锆、氧化镁、氧化钙、氧化铍、氧化锌、氧化钇、二氧化钛、二氧化钍、三氧化铀等。

氮化物陶瓷：氮化硅、氮化铝、氮化硼、氮化铀等。

碳化物陶瓷：碳化硅、碳化硼、碳化铀等。

硼化物陶瓷：硼化锆、硼化镧等。

硅化物陶瓷：二硅化钼等。

氟化物陶瓷：氟化镁、氟化钙、三氟化镧等。

硫化物陶瓷：硫化锌、硫化铈等。

其他还有砷化物陶瓷、硒化物陶瓷、碲化物陶瓷等。除了主要由一种化合物构成的单相陶瓷外，还有由两种或两种以上的化合物构成的复合陶瓷。例如，由氧化铝和氧化镁结合而成的镁铝尖晶石陶瓷，由氮化硅和氧化铝结合而成的氧氮化硅铝陶瓷，由氧化铬、氧化镧和氧化钙结合而成的铬酸镧钙陶瓷，由氧化锆、氧化钛、氧化铅、氧化镧结合而成的锆钛酸铅镧（PLZT）陶瓷等。此外，有一大类在陶瓷中添加了金属而生成的金属陶瓷，例如氧化物基金属陶瓷、碳化物基金属陶瓷、硼化物基金属陶瓷等，也是现代陶瓷中的重要品种。为了改善陶瓷的脆性，在陶瓷基体中添加了金属纤维和无机纤维，这样构成的纤维补强陶瓷复合材料，是陶瓷家族中最年轻但也是最有发展前途的一个分支。

现代陶瓷为了生产、研究和学习上的方便，有时不按化学组成，而是根据陶瓷的性能，把它们分为高强度陶瓷、高温陶瓷、高韧性陶瓷、铁电陶瓷、压电陶瓷、电解质陶瓷、半导体陶瓷、电介质陶瓷、光学陶瓷（即透明陶瓷）、磁性瓷、耐酸陶瓷和生物陶瓷等。

3. 现代陶瓷应用市场

现代陶瓷由于拥有众多优异性能，因而用途广泛。

（1）材料的性能及种类

①耐热性能优良的现代陶瓷可作为超高温材料用于原子能有关的高温结构材料、高温电极材料等。

②隔热性能优良的现代陶瓷可作为新型高温隔热材料，用于高温加热炉、热处理炉、高温反应容器、核反应堆等。

③导热性能优良的现代陶瓷极有希望用作内部装有大规模集成电路和超大规模集成电路电子器件的散热片。

④耐磨性能优良的硬质现代陶瓷用途广泛，如今的应用主要集中在轴承、切削刀具方面。

⑤高强度的陶瓷可用于燃气轮机的燃烧器、叶片、涡轮、套管等；在加工机械上可用于机床身、轴承、燃烧喷嘴等。世界范围内这方面研究开展得较多，许多国家如美国、日本、德国等都投入了大量的人力和物力，试图取得领先地位。这类陶瓷有氮化硅、碳化硅、塞隆、氮化铝、氧化锆等。

⑥具有润滑性的陶瓷如六方晶型氮化硼极为引人注目，适用于航空机械润滑，对此国内外正在加紧研究。

⑦生物陶瓷方面正在进行将氧化铝、磷石炭等用作人工牙齿、人工骨、人工关节等的研究，这方面的应用引起人们极大关注。

⑧一些具有其他特殊用途的功能性新型陶瓷（如远红外陶瓷等）也已开始在工业及民用领域发挥其独特的作用。

例如压电陶瓷在力的作用下表面就会带电，反之若给它通电它就会发生机械变形。电容器陶瓷能储存大量的电能，目前全世界每年生产的陶瓷电容器达百亿支，在计算机中完成记忆功能。而敏感陶瓷的电性能随湿、热、光、力等外界条件的变化而产生敏感效应：热敏陶瓷可感知微小的温度变化，用于测温、控温；气敏陶瓷制成的气敏元件能对易燃、易爆、有毒、有害气体进行监测、控制、报警和空气调节；用光敏陶瓷制成的电阻器可用作光电控制，进行自动送料、自动曝光和自动记数。磁性陶瓷是部分重要的信息记录材料。此外，还有半导体陶瓷、绝缘陶瓷、介电陶瓷、发光陶瓷、感光陶瓷、吸波陶瓷、激光陶瓷、核燃料陶瓷、推进剂陶瓷、太阳能光转换陶瓷、贮能陶瓷、陶瓷固体电池、阻尼陶瓷、生物技术陶瓷、催化陶瓷、特种功能薄膜等，在自动控制、仪器仪表、电子、通信、能源、交通、冶金、化工、精密机械、航空航天、国防等部门均发挥着重要作用。

（2）现代陶瓷的性能与应用

几种现代陶瓷的性能与应用见表1-3。

表1-3　几种现代陶瓷的性能与应用

种类	性能	应用
高温陶瓷	1500℃以上高温短期使用 1200℃以上高温长期使用	空间和军事技术、航空航天发动机、油机耐热部件等
高强陶瓷	高强韧性、超塑性等	航空航天、模具、轴承、密封环、阀门
超硬陶瓷	热稳定性及化学稳定性好等	化工设备、高速切削刀具、防弹装甲等
电子陶瓷	压电、光电、电光等	电子工业（电子元器件）
超导陶瓷	超导性能	电子、能源、信息、交通、生物医学等
磁性陶瓷	磁导率和矫顽力大，硬度高	微波器件、量子无线电等
光学陶瓷	透明、红外光、荧光性能好	激光技术、发光材料、光导纤维等
生物陶瓷	生物和化学功能	生物器官等

4. 现代陶瓷的发展新动向

现代陶瓷拥有优异的性能和广泛的应用领域，现代陶瓷在高技术、新技术领域中的地位日趋重要，引领着高新技术产业。全球许多国家，特别是欧美发达国家，大力投入研究开发现代陶瓷，因此现代陶瓷的发展十分迅速，在技术上也有很大突破。当前现代陶瓷技术新发展如下：

（1）超高温技术方面

超高温技术具有如下优点：能生产出用以往方法所不能生产的物质；能够获得纯度极高的物质；生产率会大幅度提高；可使作业程序简化、易行。此外，溶解法制备粉末、化学气相沉积法制备陶瓷粉末、溶胶凝胶法生产莫来石超细粉末以及等离子体气相反应法等也引起了人们的关注。此外，利用超高温技术还可以在研制现代陶瓷和新型玻璃上节省成本，如光纤维、磁性玻璃、混合集成电路板、零膨胀结晶玻璃、高强度玻璃、人造骨头和齿棍等。

（2）成型技术方面

现代陶瓷成型方法大体分为干法成型和湿法成型两大类，干法成型包括钢模压制成型、等静压成型、超高压成型、粉末电磁成型等；湿法成型大致可分为塑性成型和胶态浇注成型两大类。近些年来胶态成型和固体无模成型技术在现代陶瓷的成型研究中也取得了快速的发展。

陶瓷胶态成型是高分散陶瓷浆料的湿法成型，与干法成型相比，可以有效控制团聚，减少缺陷。无模成型实际上是快速成型制造技术（RP&M）在制备陶瓷材料中的应用。现代陶瓷材料胶态无模成型过程是通过将含或不含黏结剂的陶瓷浆料在一定的条件下直接从液态转变为固态，然后按照快速成型制造的原理逐层制造得到陶瓷生坯的过程。成型后的生坯一般都具备良好的流变学特性，可以保证后处理过程中不变形。

现代陶瓷成型技术未来的发展将集中于以下几个方面：进一步开发已经提出的各种无模成型技术在制备不同陶瓷材料中的应用；性能更加复杂的结构层以及在层内的穿插、交织、连接结构和成分三维变化的设计；大型异形件的结构设计与制造；陶瓷微结构的制造及实际应用；进一步开发无污染和环境协调的新技术。

（3）烧结方面

现代陶瓷制品因其特殊的性能要求，需要用不同于传统陶瓷制品的烧成工艺与烧结技术。随着现代陶瓷工业的发展，其烧成机理、烧结技术及特殊的窑炉设施的研究取得突破性的进展。现代陶瓷的主要烧结方法有：常压烧结法、热压烧结/热等静压烧结、反应烧结法、液相烧结法、微波烧结法、电弧等离子烧结法、自蔓延烧结法、气相沉积法等。

（4）在现代陶瓷的精密加工方面

现代陶瓷属于脆性材料，硬度高、脆性大，其物理机械性能（尤其是韧性和强度）与金属材料有较大差异，加工性能差，加工难度大。因此，研究现代陶瓷材料的磨削机理，选择最佳的磨削方法是当前要解决的主要问题。

如今兴起的磨削加工方法主要有：超声波振动磨削加工方法；在线电解修整金刚石砂轮磨削加工方法；电解、电火花复合磨削加工工艺；电化学在线控制加工方法。

采用刀具加工陶瓷也引起了人们的极大关注。这方面的工作仅处于研究实验阶段，由于用超高精度的车床和金刚石单晶车刀进行加工，以微米数量级的微小吃刀深度和微小的走刀量，能获得 0.1μm 左右的加工精度，因而许多国家把这种加工技术作为超精密加工的一个方面而加以开发研究。在中国，清华大学新型陶瓷与精细工艺国家重点实验室在这方面的研究成果已位居世界前列。

5. 现代陶瓷研究开发重点

①现代陶瓷基础技术的研究，例如烧结机理、检测技术和粉末制备技术等。

②超导陶瓷的研究。

③现代陶瓷的薄膜化或非晶化是提高陶瓷功能的有效方法，因此许多国家都把它作为一项重要内容而加以研究。

④陶瓷的纤维化是研制隔热材料、复合增强材料等的重要基础，如今在国际上，尤其是日本对陶瓷纤维及晶须增强金属复合材料的研究极为重视，其研究主要集中于碳化硅及氮化硅。

⑤多孔陶瓷由于具有特殊结构，所以引起了各界的重视。

⑥陶瓷与陶瓷或陶瓷与其他材料复合（陶瓷纤维增强陶瓷，陶瓷纤维增强金属）问题也是现阶段的研究重点。

⑦在非氮化物陶瓷中，目前国外研究最多的是陶瓷发动机、高压热交换器及陶瓷刀具等。

⑧随着生物化学、生物医学这些新兴学科的发展，生物陶瓷的开发研究也变得越来越重要。

1.3 陶瓷的微观世界

1.3.1 陶瓷的微观结构

瓷器的形成过程，实际上是瓷中各种原料组分产生一系列物理化学变化的过程。宏观上这些变化表现为外形尺寸收缩、密度增加和强度显著提高，瓷器获得所要求的性能；微观上，则是形成了新的物相，显微结构发生了实质性的变化。

陶瓷显微结构即在显微镜下观察到的陶瓷相组成的种类、形状、大小、数量、分布及取向，各种杂质与显微缺陷的存在形式、分布及晶界特征。研究陶瓷制品的显微结构，不仅是检验制品质量的有效方法，而且能弄清制备工艺过程、显微结构和性能三者之间的关系，还可用于指导陶瓷生产工艺的改进。

目前，常采用光学显微镜、电子显微镜并配合其他分析仪器研究陶瓷制品的显微结构。光学显微镜可对制品的组成相进行形态和光学性质的观察分析，但分辨率低，放大倍数小，对材料的微小组成相难做有效观察。现在，电子显微镜已广泛应用于陶瓷材料的观察研究。扫描电镜可以有效地观察陶瓷表面形貌和断面形貌；电子探针可对材料进行化学元素的定性和定量分析；透射电镜可观察晶体的形态，并可作晶体的电子衍射结构分析。

通过利用偏光显微镜、电子显微镜等进行观察研究，瓷器是由玻璃相、晶相和气孔构成的多相非均质材料。不同的瓷器具有不同的物相组成。

黏土—长石—石英三组分瓷坯中，黏土含量 40%～50%，长石 20%～35%，石英 20%～35%（指矿物组成），烧成温度一般为 1250～1450℃。相组成（按体积计）为玻璃相 40%～70%，残留石英（含方石英）8%～25%，莫来石 10%～30%，以及少量气孔。表 1-4 是景德镇历代瓷器的相组成。

表 1-4　景德镇历代瓷器的组成与性能

朝代品名	相组成 /%			烧成温度 /℃	性能			
	玻璃相	莫来石	石英		气孔体积 /%	白度 /%	抗折强度 /MPa	透光厚度 1.5mm/%
唐胜梅亭白碗	52.4	14.5	33.1	1150～1200	3.9	70.0	—	—
宋湖田影青瓷	56.3	16.7	27.0	1100～1150	6.9	76.5	—	—
元青花大瓶	57.7	20.3	22.0	1100～1150	3.5	62.0	55.9	0.49
明宣德青花大盘	60.2	17.4	22.4	1200±20	2.5	67.8	77.4	—
明万历五彩盘	51.5	28.0	20.5	1200±20	3.2	75.8	61. 7	0.419
明万历清华盒底	55.2	18.0	26.8	1200±20	1.3	68.0	58.8	0.42
清康熙五彩盘	71.8	20.7	7.5	1300±20	3.12	73.5	—	—
清雍正粉彩盒	65.9	25.2	8.9	1300±20	1.7	77.5	—	0.96
标准硬质瓷	67.3	24.7	8.0	—	—	—	—	—

一般陶瓷生坯的组织结构是尺寸较大的石英与稍小的长石两种颗粒均匀地分散在极细小的黏土连续基质中。理论上可认为每颗石英或长石颗粒表面都被足够细的黏土所包围。当然，长石与石英、长石与长石、石英与石英的接触在生坯中也是存在的，因此，陶瓷生坯中存在三种相界（除气相），即黏土—石英、黏土—长石与长石—石英。在烧成过程中，不仅进行着 2～3 种物质相界反应，而且也发生单相物理化学反应。

在 1000℃以下，主要是黏土矿物的物化变化，高岭石在 450～650℃迅速脱水分解成偏高岭石，温度升高，偏高岭石逐渐转变成铝硅尖晶石，其粒度约 10nm。温度接近 1050℃时，铝硅尖晶石转变成莫来石。石英在 573℃有晶型转变。当天然原料中存在杂质矿物时，还有杂质矿物的分解与氧化等物化反应。

通常瓷坯在 950~1000℃ 开始烧结。烧结时坯体开始强烈收缩，气孔开始消失，坯体趋于致密。

温度在 1000℃ 以上的相界反应比较复杂。长石与黏土分解物（非晶态 SiO_2）或者石英颗粒，在 950℃（当原料中含其他熔剂成分时温度更低）左右在接触点处出现低共熔点状熔体。温度继续升高到长石的熔融温度（约为 1140℃）时，瓷坯中开始出现大量的熔体，相界接触点处的点状熔体发展成为熔体网络。在更高温度下，瓷坯中熔体增多且黏度降低。熔体开始填充气孔，坯体进一步烧成收缩。

当温度在 1200℃ 左右时，长石熔体中的碱离子扩散到黏土分解区，促使黏土形成一次鳞片状莫来石，在 1200~1250℃，莫来石和方石英突然增多。同时，由于长石熔体中 K_2O 量降低，中心部位组成向莫来石析晶区变化，导致在长石熔质中析出二次针状莫来石。与黏土接触的长石熔体边缘因熔解黏土物质，富集了 Al_2O_3 而析出二次针状莫来石。1250~1400℃ 温度范围内，液相促使扩散过程加剧，莫来石针状晶体线性尺寸发育长大。同时也有部分莫来石与石英被熔解。坯料中的石英原料，在烧成过程中主要是与长石形成低共熔点熔体或熔入长石熔体中提高熔体高温黏度，在其熔蚀边处析出二次犬齿状方石英以及在没有与熔质接触的边缘处经高温长时间保温转变成粒状方石英。此外，高岭石分解产物非晶质 SiO_2 转变成极细小的方石英。

冷却时，由于冷却速度很快，而且玻璃熔体的黏度又很高，故没有长石与石英析出。瓷体基本上保持了烧成温度下所具有的显微结构。

综上所述，一次莫来石、二次莫来石、残留石英、长石玻璃相、大小气孔等构成了普通陶瓷的显微结构。这种显微结构可以随原料的种类、配比、颗粒大小、坯料制备、成型手段、烧成制度等的不同而千变万化。

1. 玻璃相

玻璃相是陶瓷显微结构中由非晶态固体构成的部分，它是由坯料中的熔剂组分熔融与石英、黏土等其他组分在一定温度下共熔，然后在冷却过程中凝结而成的。

瓷体中玻璃相的含量与坯体的组成、原料的粉碎细度及烧成制度等因素有关。熔剂与易熔杂质越多，坯料颗粒越细，烧成温度高或高火保温时间越长，则生成的玻璃相越多。

玻璃相是瓷体的主要组成之一，它的数量、化学成分与分布状态决定着瓷体的性质。玻璃相在瓷的形成过程中起以下两个作用：

①填满烧成过程中所产生的空隙，获得烧结致密的瓷体。

②熔解石英和高岭土的分解产物，促使莫来石晶体的成长。

玻璃相含量增加，将提高瓷坯的透光度。但含量过多时会使制品的骨架变弱，有容易变形的趋向；含量少时，不能填满坯体中所有空隙，增加气孔率，降低制品的强度和透光度。玻璃相最重要的性质是高温熔融状态下的黏度。高温黏度越高则瓷体越不易高温变形。长石质瓷坯在高温时随温度的不断提高液相量不断增加，但因长石熔体本身高温黏度大，熔体量在增加时伴随 SiO_2 含量增加而使熔体黏度提高，另外在高温时液相中的大量莫来石存在构成骨架，因此瓷坯有较宽的烧成温度范围和对组成变化不太敏感的性质，这也是能使瓷体保持大量液相（使瓷体具有致密及半透明性）而不变形的原因。

2. 莫来石

莫来石晶体是形成瓷坯骨架的主要成分，一部分莫来石是高岭石矿物烧成过程中分解生成的新相，另一部分则是在长石玻璃中析出的针状莫来石晶体。

瓷体中的莫来石在温度达到 1200℃ 左右时生成量已接近饱和。这种莫来石晶体是鳞片状的，若黏土区内无碱离子，它不会发育长大并保持鳞片状；若黏土区内出现碱离子，鳞片状莫来石发育长大并重结晶就地转变成二次针状莫来石。在高温时（1300～1420℃），莫来石处于缓慢晶体生长过程。

莫来石晶体具有许多优良的性能，如机械强度高、化学稳定性好、电气绝缘性好、熔融温度高（1810～1830℃）、热膨胀系数小及热稳定性好等。瓷器的许多性能在很大程度上取决于莫来石的数量和性状。不少学者的研究指出，大量细微的针状莫来石晶体相互交织，较数量少而大的针状结晶要优。温度过高或保温时间过长，会使结晶变大而数量趋少。而在配料中保证一定量的 Al_2O_3，有利于形成较多的莫来石晶相。

3. 残余石英

瓷体中的残余石英是石英原料在烧成过程中与其他成分反应形成低共熔点熔体以及高温下熔解于熔体后残留下来的。石英熔解速度取决于石英原料类型、石英原始颗粒度、熔体化学成分、烧成温度与高温保温时间。脉石英熔解速度高于伟晶岩分离出来的石英与石英砂的熔解速度；石英颗粒越细则其熔解速度越快；含钠与钙的熔体可提高石英的熔解速度；烧成温度越高、保温时间越长，则石英的熔解速度越大。

残余石英颗粒与莫来石晶体一起构成了瓷坯的骨架，能增强制品抵抗变形的能力，提高制品的强度和化学稳定性，但粒度过大也会降低制品的热稳定性。

4. 气孔

气孔是瓷坯显微结构中的气相成分，它是烧成时坯内气体没有被排除干净而残留在瓷体之内的。

气孔的形成，有的是生坯孔隙中原有气体在烧成过程中没有充分排出所致；有的是坯料中含有的碳酸盐、硫酸盐、高价铁等物质在高温中分解放出气体所形成。坯体在烧结前，气孔率可高达 35% ~ 40%，随着液相的产生与不断增加，气孔逐渐被填充，气孔率降低，致密度增加。但是，有些气体，尤其是高温分解放出的气体，往往被黏度较大的熔体或其他物相所包裹，很难顺利地完全排除。这些无法排出的残留气体，随着烧成过程的完结，被压缩到最大限度而封闭于瓷体之内。

气孔的存在会降低瓷坯的机械强度、绝缘性能、化学稳定性和透光性能，因此应将其含量控制到最少（多孔陶瓷除外）。一般说来，增加坯料中的熔剂组分，提高原料的研磨细度和适当提高烧成温度都有利于降低气孔率。

瓷坯气孔率指标通常以两种方法表示，一种是总气孔率，即试样总的气孔体积与试样总体积的比值。它可以直接反映气孔与其他物相的比例关系，但测定过程较烦琐。另一种是显气孔率或称开口气孔率，即试样表面或断面与大气相通的开口气孔的体积与试样总体积的比值。它可以表征瓷坯表面气孔的比率，并间接反映瓷坯的致密化程度。一般烧结良好的瓷器，其显气孔率接近于零。通过测定瓷坯的总气孔率或显气孔率，可以衡量瓷坯的烧结程度和成瓷质量。

1.3.2 陶瓷的性能

不同类型陶瓷，因其用途不同，对其内在物理化学性质与外观质量要求也各不相同。陶瓷内在物理化学性质有吸水率、透气性、渗透性、抗冻性、吸湿膨胀性、光学性能（光泽度、透光度与白度）、热学性能（热膨胀性、导热性与热稳定性）、力学性能（机械强度与表面硬度）、电学性能（电导性、介电常数、介质损耗与介电强度）以及化学稳定性（抗酸性与抗碱性）等。陶瓷外观质量有规格尺寸一致性、器形与表面装饰等。本章只讨论其中几个主要性质。

1. 白度

白度是很重要的光学性能之一，它是衡量某些陶瓷制品（如日用瓷、卫生瓷和釉面砖等）质量的重要指标。对于高级日用细瓷，白度要求达到 70%以上，而一般细瓷则要求达到 65% 以上。

当一束光线入射到制品表面时，可以同时发生镜面反射、漫反射、透射等光学现象。如下图所示，白度反映入射光在表面上漫反射光的强弱；光泽度反映表面上镜面反射光的强弱；透光度则是反映瓷体对入射光的透过能力。

影响白度的因素主要有釉料的化学组成、坯体颜色、烧成气氛、烧成温度等。

釉料组成中，着色氧化物（如 Fe_2O_3 与 TiO_2 等）选择性吸收白光中某些波长的单色光而使釉面呈色，相应降低了白度。

坯体的颜色对釉面的白度也有很大影响。对透明釉，通常坯体白度高时则釉面白度也高。若坯体颜色深，则釉面也呈色。对有色坯体常采用乳浊釉来提高制品白度。

瓷胎中含有 3% 以下的碳素对白度影响不大，但更多的碳素会使瓷胎带上浅灰色调而降低白度。

烧成气氛也是影响釉面白度的因素之一。原料中如果 Fe_2O_3 含量多而 TiO_2 少，用还原气氛烧成会使白度增加；反之，原料中 Fe_2O_3 含量少而 TiO_2 多，用氧化气氛烧成会使白度增加。

一般来说提高烧成温度会提高白度值。这是因为随着烧成温度的提高，可使黏度降低，依靠自身流动与表面张力拉平更多的凹坑，并且可使表面更均匀平整，提高釉面光泽度，增强了釉的镜面反射强度，使白度值增大。

提高白度可通过以下途径：采用含铁钛等着色成分少的原料；对原料进行精选；对含钛极少的坯料采用还原焰烧成；对含钛高的坯料引入少量 CoO；引入一定量的滑石、磷酸盐减弱呈色；对有色坯体使用乳白釉。

测定白度一般使用白度仪，以 $BaSO_4$ 标准片白度作为 100%，利用瓷器表面反射光的光电效应使试样与化学纯 $BaSO_4$ 标准片作对比，得到瓷器的白度。

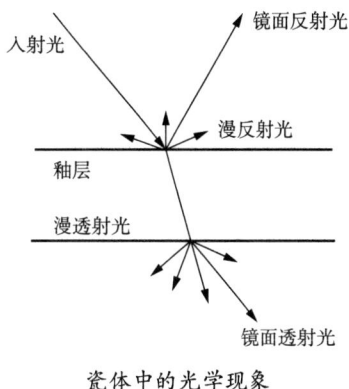

瓷体中的光学现象

2. 光泽度

表面光泽是陶瓷制品表面的一种特征。不同用途的陶瓷制品对表面光泽要求不同。日用陶瓷、艺术陶瓷与卫生陶瓷等通常要求表面有较好的光泽，以提高陶瓷外观质量并有利于清洗。而室内装饰陶瓷表面光泽就不宜太强，甚至要求无光泽。

无釉陶瓷制品表面都比较粗糙，没有足够光泽，故所谓陶瓷表面光泽都是指带釉陶瓷的表面光泽。

光在釉层表面的反射有镜面反射与漫反射之分。表面光泽来源于表面对自然光（或白光）的镜面反射。镜面反射量越大则光泽越好，而镜面反射量取决于釉层的折射率与表面平滑程度（在投射光强度恒定时）。反射率与折射率的关系可用下式表示：

$$R = \frac{(n-1)^2}{(n+1)^2}$$

式中：R 为反射率，n 为折射率。

从上式可以看出，反射率随折射率的增加而提高。因此，釉层折射率越高，光泽度越大。釉层折射率与其密度有关，密度越大，则折射率越大。所以，如果釉中引入 PbO、TiO_2、BaO、Bi_2O_3、ZnO、SrO 等重金属元素化合物，会使釉层折射率提高，光泽增强。

陶瓷釉表面不是绝对平滑的表面，它的镜面反射率（即光泽度）不仅取决于釉层的折射率，而且与釉表面粗糙度有关。当表面粗糙度大于入射光波长时，表面除产生镜面反射外，还有漫反射，表面越粗糙，漫反射量越多，相应的镜面反射量降低，光泽变弱。

釉面光泽度低的主要原因是坯釉配方设计与烧成工艺选择的错误，导致釉层未充分成熟，釉表面有大面积针孔、橘釉、析晶、釉泡与波浪纹等缺陷。提高釉的始熔温度，可以减少釉面针孔缺陷，降低釉的高温黏度，增加釉熔体流动性，减少釉面波浪纹和橘釉，并有利于气泡排除。适当提高表面张力，可以拉平釉面，以提高釉面的光泽度。

釉面光泽度的测定一般采用光电光泽度计进行，用硒光电池测量照射在釉表面镜面反射方向的反光量，并规定折射率 $n_b=1.567$ 的黑色平板玻璃的反光量为 100%，将被测釉面的反光能力与黑玻璃的反光能力相比较，得到釉面光泽度，以百分比表示。

3. 透光度

透光度是日用陶瓷制品的重要性质之一。我国传统的薄胎瓷之所以可用于制作灯具，就是因为它具有优良的透光性。光线照射到瓷胎时，约有 4% 的光能量被表面反射（含镜面反射与漫反射），部分光能量被瓷胎吸收（均匀吸收、选择性吸收与散射损失），剩下的光能量则透射过瓷胎（镜面透射与漫透射），以镜面透射为主的瓷胎呈半透明状。

坯料着色氧化物的种类与数量、瓷胎相组成、玻璃相化学成分、晶体大小、瓷胎厚度以及投射光波长等因素决定了瓷胎的透光度。玻璃相是瓷胎透光性的贡献者，适当增加玻璃相可以提高透光度。

Fe_2O_3 与 TiO_2 是瓷胎中常见的着色氧化物。这两种氧化物选择性吸收可见光中某些波长单色光，使瓷胎透光度降低。Fe_2O_3 与 TiO_2 含量越高，透光度越低，并且铁比钛更能降低透光性。

瓷胎透光性降低的另一原因是瓷胎中各种折射率不同的相所引起的散射。散射界面越多，各相间折射率差别越大，散射也越大。散射相尺寸越接近可见光波长，散射也越大。瓷胎中各相的折射率约为：玻璃基质 1.5 左右，石英 1.55，莫来石 1.61，气孔 1。石英与玻璃相的折射率相近，除了由黏土分解物非晶态 SiO_2 转变的方石英极细外，石英颗粒尺寸都比可见光波长，一般最小尺寸为 3μm，绝大多数都在 5～30μm。因此石英晶相对半透明性影响不大。莫来石与玻璃相折射率相差较大，而且莫来石晶体的尺寸都很细小，接近可见光波长。由黏土转变并长大的人字形莫来石晶体长度在 0.5μm 以下，直径为长度的 1/4～1/5。长石熔体中的针状莫来石长度也只有 1～3μm，直径更细小。因此，莫来石对散射损失与透光性降低起着重要作用。气孔与玻璃相折射率差别更大，因此对透光性影响也更大。5% 的残留气孔率降低透光性的效果相当于 50% 莫来石的作用。

对于同一配方与同一生产工艺的瓷胎，其透光度随瓷胎厚度增加而降低。瓷胎的透光率一般为 2% ~ 10%。

提高透光度的途径可从以下几方面考虑：

①增加玻璃相。

在保证制品质量的前提下，增加坯料配方中的熔剂原料与石英含量，相对减少黏土含量。提高烧成温度，延长保温时间，采用还原焰操作，加大高温熔体的表面张力。细磨石英以及熔剂性原料中引入一定量 Na_2O、CaO 与 BaO 等对石英熔解能力高的成分。

②减少气孔。

选择杂质少的原料，塑性料加强陈腐与真空练泥，注浆料应通过陈腐、慢速搅拌或真空脱气以减少浆料中的气体。

③调整玻璃相折射率。

一般使用光电透光度仪测定透光度。

4. 强度

日用陶瓷在使用时可能经常遇到外界机械应力作用，所以它应具有一定的机械强度。

陶瓷制品的耐压强度很高，而抗张强度较差，抗冲击强度很差，所以陶瓷是一种脆性材料。脆性材料的特点是：在外力作用下不发生显著形变即告破坏，质点抵抗分裂的能力小于抵抗滑动的能力；抗张与抗折强度远远低于抗压强度，不能负担较大的伸张应力，不善于抵抗剪切力；在静态负荷时，有相当高的强度，而在动应力作用下即突然施加外力（冲击）时，容易破坏。

陶瓷的机械强度与许多因素有关。不仅取决于各相的种类、化学成分、相对含量与分布状态，也与其表面所施釉的成分有关。至于晶体中的缺陷，对普通陶瓷来说，不是重要影响因素。

三组分瓷（除方石英瓷外）的机械强度主要取决于占瓷体体积 40% ~ 70% 的玻璃相的机械强度。玻璃相是瓷体中的连续相，又是所有相组成中机械强度的薄弱环节。瓷体受外界机械力破坏，首先从玻璃相开始。玻璃相的机械强度取决于玻璃相本身的机械强度及其他相对玻璃相强度的影响。

莫来石晶体机械强度比玻璃相高。瓷体中的莫来石是玻璃相的骨架，可以增加玻璃基质的机械强度，特别是高强度的网状莫来石晶体。莫来石与玻璃相的热膨胀系数比较接近，分别为 $4.5 \times 10^{-6} /℃$ 与 $3 \times 10^{-6} ~ 4 \times 10^{-6} /℃$。冷却时，两者不易发生明显的收缩应力，因此增加莫来石含量可以提高瓷体机械强度，莫来石晶体越小，瓷体结构越均匀，机械强度也越高。

石英强度也比玻璃相高。它们分布在玻璃相中也会作为骨架从而提高玻璃基质的机械强度。但因石英与玻璃基质的热膨胀系数相差较大，冷却时玻璃相易产生微裂纹从而降低强度。因此，石英对瓷体机械强度的影响就显得比较复杂。

陶瓷表面釉层的热膨胀系数大于坯体的热膨胀系数，将降低瓷器的机械强度；若釉层热膨胀系数小于坯体热膨胀系数，可提高机械强度。

5. 硬度

陶瓷表面硬度是指其表面或釉面抵抗外部材料的压入、摩擦与刻划作用的能力，是材料的一种重要力学性能。

釉层的硬度取决于它的化学组成、矿物组成及显微结构。

釉的硬度随网络结构的改变而变化，一般随网络外体氧化物离子半径的减小和化合价的上升而增加。由此可见，碱金属氧化物含量增加将导致釉的硬度降低。

若釉层中析出硬度大的微晶，而且高度分散在整个釉面上，则釉的硬度会明显增加，尤其是析出针状晶体时，效果更为明显。一些研究结果表明，在釉层中析出锆英石、锌尖晶石、镁铝尖晶石、金红石、莫来石、硅锌矿、钙长石等晶体，釉面的耐磨度将会增加。因此，从这个角度来说，在成熟温度相同的情况下，乳浊釉和无光釉的耐磨度比透明釉的要高。

另外，调节釉中玻璃相的膨胀系数和弹性模量，使釉面产生压应力并且有较大的弹性，则釉的耐磨性会相应提高；烧成工艺也会影响釉面硬度，石英含量较高的釉料在较高温度下烧成，冷却后的釉面具有较高的硬度。烧成引起的任何釉面缺陷，如气泡、针孔、裂纹等都会降低釉面的耐磨度。

釉面硬度一般采用莫氏硬度和显微硬度（维氏硬度）来表示。瓷器釉面的硬度为莫氏硬度 $7 \sim 8$，维氏硬度 $5200 \sim 7500MPa$。

6. 热稳定性

陶瓷经受剧烈温度变化而不破坏的性能称热稳定性。温度剧变，瓷体中就存在一定的热应力，当应力超过极限时，瓷体开始破坏。

陶瓷热稳定性除与其本身性质有关外，还与其形状尺寸以及急冷介质的传热系数与流速有关。形状复杂尺寸大则热稳定性差；急冷介质的传热系数越大造成瓷体内外温差大而使其热稳定性降低；急冷介质流速增大热稳定性也变差。

陶瓷相组成中，石英的热膨胀系数最大，石英含量越高，颗粒越粗，则热稳定性也越差。降低石英含量，细磨石英，加入细瓷粉以及少量滑石都可提高陶瓷的热稳定性。

热稳定性一般都用加热再急剧冷却的方法来直接测定，以试样出现裂纹或机械强度降低时所经受的热交换次数来衡量其热稳定性。测定时将试样加热到 100℃维持 20min，取出投入冷水中急冷，擦干后仔细观察，如无裂纹或破损，再次加热，温度提高到 120℃维持 20min，然后重新投入水中急冷。如此反复进行，逐次加热温度均比前一次提高 20℃，直至试样出现碎纹或开裂。最后一次的温度与热交换次数即为试样所能达到的热稳定性指标。

7. 化学稳定性

化学稳定性是陶瓷制品抵抗各种化学介质侵蚀的能力，通常用耐酸度或耐碱度表示，它主要取决于坯料的化学组成和相组成。对带釉制品来说，化学稳定性则主要取决于釉的化学组成。

表 1-5 列出了硬质瓷在水溶液中的侵蚀速度。从表中可以看出，陶瓷制品的耐酸性明显优于耐碱性。这是因为瓷坯或釉中各相的总化学组成偏酸性。高耐酸性来源于 Si—O 结合键以及硅氧网络结构的稳定性。而在碱性介质中，OH^- 可以将 Si—O 结合键断裂。

表 1-5 硬质瓷在水溶液中的侵蚀速度

介质	质量分数 /%	温度 /℃	侵蚀速度 / [mg/（cm²·d）]
CH_3COOH	20	100	0.006
H_2SO_4	30	107	0.025
H_3PO_4	25	103	0.022
NH_4OH	15	90	0.032
$CaCO_3$	3.7	40	0.006
		90	0.016
KOH	4	40	0.02
		90	6.5
	30	40	0.13
		90	62.0
NaOH	4	40	1.6
		90	138.0
NaOH	30	40	1.6
		90	138.0

对瓷釉来说，含 SiO_2、Al_2O_3 较高，并具有一定数量的 B_2O_3，则化学稳定性较好。以碱金属、碱土金属或其他二价金属氧化物（如 PbO）代替釉中的 SiO_2，会降低其耐碱性。二价金属氧化物中，BaO 和 PbO 降低耐碱性的作用最为明显。提高 ZrO_2、SnO_2 的含量能使釉的耐碱性显著提高，在釉中引入 5% 的

ZrO_2 就能使耐碱性有很大的提高。

许多餐具的釉面装饰颜料中含有铅，多年来大家都在注意铅离子从釉表面溶出的问题。为了使釉及颜料中的铅不致影响人体健康，要求铅以不溶解的状态（如二硅酸铅玻璃）存在于釉中。在一些耐化学腐蚀的釉和颜料中常用硼酸配制无铅熔块，但其使用范围是有限制的。若熔块中加入 B_2O_3，呈四配位的形式成为网络形成体进入玻璃结构中，可使釉的化学稳定性增强。但 B_2O_3 增至一定数量时，由于硼反常现象，会成为三配位而易溶于酸中，故 B_2O_3 的含量应适当控制。

陶瓷制品抵抗氢氟酸的能力随 Al_2O_3 含量提高、SiO_2 含量降低而增强。所以在瓷坯的相组成中，莫来石晶体抵抗氢氟酸的能力最强，瓷坯中的气孔降低了结构致密性，因而会严重地降低化学稳定性。

8. 吸湿膨胀性

多孔性陶瓷制品的胎体暴露在潮湿空气中或在水中洗涤时，时间一长，就会吸收水分而引起坯体膨胀。若胎体表面施釉，则釉面随之龟裂。这种现象被称为吸湿膨胀性，或时效龟裂，或后期龟裂。

在多孔性精陶胎体中，结晶相的吸湿膨胀很小，而非晶质相（含玻璃相）的吸湿膨胀明显。胎体的气孔率越高则吸湿膨胀越严重。其他条件相同时，烧成温度提高将降低气孔率，从而减弱吸湿膨胀性。

坯料组成中减少碱金属氧化物含量，引入碱土金属氧化物，如加入石灰石、白云石或滑石等原料，可以提高玻璃相的化学稳定性，减少吸湿膨胀。此外，CaO 能促进坯体中生成较多的结晶相，减少玻璃含量，因而能降低坯体吸湿膨胀率。在精陶中引入 Al_2O_3 粉，对降低吸湿膨胀率也有效果，高硅坯料比高铝坯料的吸湿膨胀率高。

吸湿膨胀试验一般采用高压釜法。将试样放在高压釜中，在 1064kPa（10.5atm）下，用高温饱和蒸汽加热 1h，以加速膨胀，缩短因吸湿膨胀而产生釉裂试验所需要的时间。根据精陶制品釉裂的时间长短判断制品的后期龟裂趋向。

据国外文献介绍，不同类型的坯体其吸湿膨胀极大值发生在 $100\sim300℃$ 之间。空气中湿度不高时，膨胀会缓慢。由于试验条件和长期储存情况不同，而且影响吸湿膨胀的因素很复杂，故用高压釜法测得的结果和常温下长时间储存试验的结果之间往往会有差别。

9. 气孔率和密度

陶瓷从原始的土器，经陶器、炻器发展到瓷器，其组织结构从粗松多孔，逐渐趋向致密。它们之间气孔率的高低和密度的大小，历来是人们鉴别和区分它们的重要标志，按照陶瓷器的发展与分类，它们总的趋势是：气孔率从高到低，密度由小到大。

一般用测定吸水率来间接判定制品的致密程度，判断是生烧还是正烧。按照国家标准，日用细瓷应该质地致密，瓷化完全，吸水率不超过 0.5%。对于化学瓷和高压电瓷的要求就更严格了。至于陶器、炻器等，由于品种繁多，还没有一个统一的规定，一般认为炻器的吸水率应在 3% 以下，陶器的吸水率从 4%～5% 开始，随着用途的不同，可高达 20% 左右。

日用瓷器的密度一般为 $2.3～2.6g/cm^3$。

扩展阅读

陶瓷材料的显微结构在很大程度上会影响其物理性能，掌握其内在关系可以有效改进制备工艺从而提高其强度。由于陶瓷是脆性材料，在常温下基本不出现塑性变形。可以认为，陶瓷材料的抗拉强度、断裂强度和屈服强度在数值上是相等的。陶瓷材料本身的脆性来自其化学键的种类，大量共价键和离子键的存在会使得表面或内部存在缺陷从而引起应力集中而产生脆性破坏。这是陶瓷材料脆性原因所在，也是其强度值分散性较大的原因所在。影响陶瓷强度的主要因素如下：

①气孔对强度的影响。气孔是绝大多数陶瓷的主要组织缺陷之一，气孔明显地降低了载荷作用横截面积，同时气孔也是引起应力集中的地方（对于孤立的球形气孔，应力增加一倍）。②晶粒尺寸对陶瓷强度的影响。较小的晶粒尺寸会产生大量的晶界，晶界对位错运动构成强烈的障碍，从而使得强度提高。③晶界相的性质、厚度、晶粒形状对强度的影响。大部分陶瓷材料的烧结都要加入助烧剂，从而形成低熔点晶界相并促进致密化。晶界相的成分、性质及数量（厚度）对强度有显著影响。晶界相最好能起到阻止裂纹过界扩展并松弛裂纹尖端应力场的作用。

陶瓷是人类最伟大的创造之一，陶瓷科学技术在中国历史的长河中发展了数千年，精湛的陶瓷技艺和璀璨的陶瓷文化也让世界为之震惊。中国作为世界上最早制造陶器的国家之一，更是瓷器的发明国。

陶瓷是中国人的重大发明，是中华文化的重要载体，是中华文明对世界的巨大贡献。早在欧洲人掌握瓷器制造技术一千多年前，中国人就已经制造出了精美的陶瓷。中国、瓷器的英文都是"china"，就是因当年陶瓷销往海外，很多外国人不知道这种物品的名称，只知道来自昌南（景德镇古代叫昌南镇），于是将这种器物叫作"china"。china 成了瓷的英文名字，单词的第一个字母大写 China 就成了中国的英文名称。

传统陶瓷是一种优秀的传统文化，中国传统陶瓷艺术注重思想高度的形式美，这里的形式美包含了人们对自然的思考，并通过这种思考反映在器物上，从不生搬硬套自然事物，强调人与自然、人与社会的统一，人的欲望与自然的公正，自然事物与人的发展紧密统一，肯定空间、时间，超越自然，在自然中融入人自己的思想，约束自己，并认为自然的力量不优于人本身，而是与人密切相关。通过不同时期陶瓷的造型和釉面装饰，我们可以看到不同时期陶瓷器物在哲学影响下的风格走向以及发现风格变化的重要原因。培养学生的民族自豪感和文化自信，与工程哲学伦理。

我国从传统陶瓷到现代陶瓷的发展和进步，从原料、工艺、产品性能，到微观结构和陶瓷生产设备工艺的现代化和智能化，以及认识上的进步都有所体现。新型陶瓷领域的国际趋势和变化，国内外科技竞争中为国家服务和承担的使命。

参考文献

［1］KENAWY SAYED H, KHALIL AHMED M. Advanced ceramics and relevant polymers for environmental and biomedical applications［J］. Biointerface Research in Applied Chemistry, 2020, 10（4）.

［2］刘洋. 中国现代陶瓷制作艺术研究［J］. 佛山陶瓷, 2022, 32（10）: 137-139.

［3］叶小艳, 吴元发, 贺娟. 浅析现代陶艺给景德镇陶瓷艺术带来的影响［J］. 陶瓷科学与艺术, 2022, 56（10）: 17-18.

［4］RODRÍGUEZ CRISTINA, QUINTANA COVADONGA, BELZUNCE JAVIER, et al. Strength of advanced ceramics by the Small Punch Test. Proposal of a simple empirical equation for the Weibull effective volume［J］. Journal of the European Ceramic Society, 2022, 42（16）.

［5］VALLS LLORENS MARTA, BUXEDA I GARRIGÓS JAUME, MADRID I FERNÁNDEZ MARISOL, et al. The late medieval and early modern ceramics in the city of Córdoba（Andalusia, Spain）. Christian productions under the Islamic tradition［J］. Archaeological and Anthropological Sciences, 2022, 14（10）.

［6］田彩云, 徐玉莹, 乐知林. 浅谈现代陶瓷新彩装饰技法的丰富性［J］. 陶瓷科学与艺术, 2022, 56（9）: 6-7.

［7］SHAREEF IQBAL, BJERKE JULIA, ABDUL WASIQ AM, KROLL DENNIS, et al. Effect of rotary ultrasonic machining parameters on surface integrity of advanced ceramics［J］. Manufacturing Letters, 2022, 33（S）.

［8］LAMNINI SOUKAINA, ELSAYED HAMADA, LAKHDAR YAZID, et al. Robocasting of advanced ceramics: ink optimization and protocol to predict the printing parameters-A review［J］. Heliyon, 2022, 8（9）.

［9］杨慧.陶瓷艺术与现代作品的创新设计要点探讨［J］.佛山陶瓷，2022，32
（8）：160-162.

［10］冯巢，魏婕宇.基于陶瓷修复工艺的现代陶艺创作分析［J］.陶瓷科学与艺
术，2022，56（7）：22-23.

［11］ZHAO XINYUAN, WANG ANZHE, CHEN YAOYU, et al. Quantitative
strength prediction of advanced ceramics with regular/irregular flaws in I-mode
failure condition［J］. Ceramics International, 2021, 47（22）.

［12］XIAO BING HU, LIHUI ZHANG, FANG TONG, et al. Research on Green Idea
in Modern Ceramic Products — Also Discuss the Construction of VR Technology on
Ceramic Product Display［J］. E3S Web of Conferences, 2021, 236.

［13］KENAWY SAYED H, KHALIL AHMED M. Advanced ceramics and relevant
polymers for environmental and biomedical applications［J］. Biointerface
Research in Applied Chemistry, 2020, 10（4）.

［14］SUBBAIAH G BALA, RATNAM K VENKATA, JANARDHAN S, et al. Metal
and Metal Oxide Based Advanced Ceramics for Electrochemical Biosensors-A Short
Review［J］. Frontiers in Materials, 2021, 8.

［15］LAKHDAR Y, TUCK C, BINNER J, et al. Goodridge. Additive manufacturing
of advanced ceramic materials［J］. Progress in Materials Science, 2021, 116.

第 2 章

陶瓷原料

2

　　本章主要学习陶瓷制备过程中用到的各种矿物原料及化学原料，包括黏土类原料、长石类原料、石英类原料及其他矿物原料。着重介绍某一矿物的用途、特点及来源时，学生通过实物对比及观摩学习，体会自然界地质作用对矿物形成的决定性作用，激发学生对自然的敬畏之心，培养学生生态伦理意识。自然界中的矿物原料在使用前需经过初碎、中碎、细碎及超细碎的处理，而各种不同的破碎环节都使用到特定的破碎设备，这些设备的设计及使用极大地推动了陶瓷的发展，体现了科技就是生产力的重要论断。目前科技创新能力已成为综合国力的决定性因素；创新是一个民族进步的灵魂，它关系到中国特色社会主义事业的兴衰成败和中华民族的伟大复兴；创新精神是一个国家和民族发展的不竭动力，也是一个现代人应该具备的素质；如果我们的自主创新能力上不去，一味靠技术引进，就永远难以摆脱技术落后的局面；只有提高自主创新能力才能提高我国生产力水平，增强综合国力和国际竞争力，才能在国际竞争中立于不败之地。

2.1 传统陶瓷原料

原料是陶瓷生产的基础。原料的性质不仅影响陶瓷生产工艺过程，也决定了陶瓷制品的性能。因此掌握相关原料的组成、结构和性质，对于陶瓷生产工艺过程的设计与改良，以及陶瓷制品性能的提高，均有重要意义。此外，了解和熟悉陶瓷原料的品质和特性，也是充分利用物质资源，做到物尽其用的关键。

普通陶瓷制品所用原料大部分是天然的矿物或岩石，其中多为硅酸盐矿物。这些原料种类繁多，资源蕴藏丰富，分布极广。矿物是地壳中的一种或多种化学元素在各种地质作用下形成的天然单质或化合物，具有均质化学组成，呈晶体状态存在，并以具有工业意义的矿床聚集体产出。岩石是矿物的集合体，由多种矿物按一定的规律组合而成。天然原料很少以纯净的矿物产出，往往含有杂质矿物。随着陶瓷工业的发展，新型陶瓷制品不断涌现，对原料的要求也越来越高，常常需要采用高纯度的人工合成原料。

陶瓷原料种类繁多，可以从不同角度对其进行分类。如按工艺特性可分为可塑性原料、非可塑性原料（也称瘠性原料）和熔剂性原料；按矿物组成可分为黏土质原料、硅质原料、长石质原料和钙镁质原料；按用途可分为瓷坯原料、瓷釉原料、色料及彩料原料；按获得方式可分为矿物原料和化工原料。以下主要从工艺特性和矿物组成的角度对陶瓷原料进行分类介绍。

2.1.1 黏土类原料

黏土是多种微细矿物（粒径一般小于 $2\mu m$）的混合体，其中主要的是黏土矿物。黏土矿物主要是一些含水铝硅酸盐矿物，其晶体结构是由 $[SiO_4]$ 四面体组成的 $(Si_2O_5)_n$ 层和一层由铝氧八面体组成的 $AlO(OH)_2$ 层相互以顶角连接起来的层状结构，这种结构在很大程度上决定了黏土矿物的各种性能。

黏土的种类不同，其物理化学性能也各不相同。从外观上看，黏土有白、灰、黄、红、黑等各种颜色；从硬度来说，有的黏土柔软，可在水中散开，有的黏土则呈致密块状；从含砂量来讲，有的黏土较多，有的较少或不含砂。

黏土具有独特的可塑性和结合性，调水后成为软泥，能塑造成型，烧结后变得致密坚硬。黏土的这种性能，构成了陶瓷生产的工艺基础，也使它成为整个传统硅酸盐工业的主要原料。此外，黏土通常还具有较高的耐火度，良好的吸水性、膨胀性和吸附性。

1. 黏土的成因

地球外壳的主要成分为硅酸盐，从地表至地下 15km 处的地层几乎是由各种硅酸盐矿物构成，其平均成分如下：SiO_2 59.1%，Na_2O 3.8%，MgO 3.5%，Al_2O_3 15.4%，K_2O 3.1%，Fe_2O_3 6.9%，TiO_2 1.1%，CaO 5.1%，P_2O_5 0.3%。由此可见，地壳中的硅酸盐大致为碱类及碱土类的铝硅酸复盐。

黏土是由富含长石等铝硅酸盐矿物的岩石如长石、伟晶花岗岩、斑岩、片麻岩等经过漫长地质年代的风化作用或热液蚀变作用而形成的。这类经风化或蚀变作用而生成黏土的岩石统称为黏土的母岩。母岩经风化作用而形成的黏土产于地表或不太深的风化壳以下，母岩经热液蚀变作用而形成的黏土常产于地壳较深处。

风化作用有机械（物理）、化学和生物等类型。机械风化作用是由于温度变化、积雪、冰冻、水力和风力的破坏而使岩石崩裂和移动。这些自然力同时或轮换作用，将庞大而坚硬的岩石粉碎成细块和微粒，并给化学风化作用创造了大的侵袭面积。

化学风化作用能使组成岩石的矿物发生质的变化。在大气中的二氧化碳、日光和雨水、河水、海水及氯化物、硝酸盐、硫酸盐等长时间的共同作用下，有时还加上矿泉、火山喷出的气体，含有腐殖质酸的地下水的侵蚀，长石类矿石会发生一系列水化和去硅作用，最后形成黏土矿物。

长石及绢云母转化为高岭石的反应大致如下：

$$2KAlSi_3O_8+H_2O+H_2CO_3 \longrightarrow Al_2Si_2O_5(OH)_4+4SiO_2+K_2CO_3$$
　（钾长石）　　　　　　　　　（高岭石）

$$CaAl_2Si_2O_8+H_2O+H_2CO_3 \longrightarrow Al_2Si_2O_5(OH)_4+CaCO_3$$
　（钙长石）

$$2[KAl_3Si_3O_{10}(OH)_2]+3H_2O+H_2CO_3 \longrightarrow 3Al_2Si_2O_5(OH)_4+K_2CO_3$$
　（绢云母）

$$Al_2Si_2O_5(OH)_4 \longrightarrow Al_2O_3 \cdot nH_2O+SiO_2 \cdot nH_2O$$
　　　　　　　　　（水铝石）　（蛋白石）

从上述反应看出，生成的基本产物是 $Al_2Si_2O_5(OH)_4$，称为高岭石，主要由其组成的黏土就是高岭土。此外还有 K_2CO_3、$CaCO_3$ 以及 SiO_2。K_2CO_3 易被水冲走，$CaCO_3$ 在富含 CO_2 的水中逐渐溶解后也被水冲走，剩下的 SiO_2 以游离状态存在于黏土中。

上述反应的端点矿物是水铝石和蛋白石，但常常受条件的限制，生成一系列的中间产物，成为不同类型的黏土。

母岩不同，风化与蚀变条件不同，常形成不同类型的黏土矿物。由火山熔岩或凝灰岩在碱性环境中经热液蚀变则形成蒙脱石类黏土，由白云母经中性或弱碱性条件下风化可形成伊利石类（或水云母类）黏土。

生物风化作用是由一些原始生物残骸，吸收空气中的碳素和氮素，逐渐变成腐殖土，使植物可以在岩石的隙缝中滋长，继续对岩石进行侵蚀。树根又对岩石进行着机械风化作用，有时地层动物将深层的土翻到表面上来，经空气的作用使一些物质逐渐变细且在品质上发生变化。

由水从腐殖土中分解出来的腐殖酸也能促进矿物的分解，实现高岭土化。这种分解作用较含碳酸的水更大，特别是和有机酸共存的 CO_2 尚处于还原状态时，可放出初生态的氧，这就更能促进分解。若在不存在氧化的情况下发生这一分解作用时，则母盐中的铁将变成低价的铁盐（可溶性的重碳铁盐）而被水洗去，形成白色黏土。若母盐缺少覆盖的有机物层且又在氧化存在的条件下进行分解作用时，则铁将变成高价的铁盐，或再遇水分解成氢氧化铁而残留于母盐内。依母盐的性质不同，分别形成黄土、红土或一般土壤等。

2. 黏土的分类

黏土种类繁多，可根据其成因、工艺性质及主要矿物组成等来进行分类。

（1）按成因分类

1）原生黏土

又称一次黏土、残留黏土，是母岩风化崩解后在原地残留下来的黏土。这类黏土因风化而产生的可溶性盐类溶于水中，被雨水冲走，只剩下黏土矿物和石英砂等，故其质地较纯，耐火度高，但颗粒大小不一，可塑性差。高岭土常为原生黏土。

2）次生黏土

又称二次黏土、沉积黏土，是由风化生成的黏土，经雨水、河流、风力作用而搬运至盆地或湖泊水流缓慢的地方沉积下来而形成的黏土层。由于漂流迁移而沉积下来的黏土颗粒很细，可塑性较好，而且在漂流和沉积过程中夹带了有机质和其他杂质。

（2）按可塑性分类

1）高可塑性黏土

又称软质黏土、结合黏土，其分散度大，多呈疏松土状。如黏性土、膨润土、木节土、球土等。

2）低可塑性黏土

又称硬质黏土，其分散度小，多呈致密块状、石状。如叶蜡石、焦宝石、碱石、瓷石等。

（3）按耐火度分类

1）耐火黏土

耐火度在 1580℃以上，是比较纯的黏土，含杂质少。天然耐火黏土的颜色较为复杂，但灼烧后多呈白色，为细陶瓷、耐火制品、耐酸制品的主要原料。

2）难熔黏土

耐火度为 1350～1580℃，含易熔杂质 10%～15%。可作炻器、陶器、耐酸制品及墙地砖的原料。

3）易熔黏土

耐火度在 1350℃以下，含有大量的机械杂质，其中对陶瓷生产危害性最大的是黄铁矿，在一般烧成温度下它能使制品产生气泡、熔洞等缺陷，多用于建筑砖瓦和粗陶器等制品。

（4）按矿物组成分类

根据矿物的结构与组成的不同，陶瓷工业所用黏土中的主要黏土矿物有高岭石类、蒙脱石类、伊利石（水云母）类和水铝英石（水铝石）类等。

3. 黏土的组成

黏土的组成包括化学组成、矿物组成和颗粒组成。

（1）化学组成

黏土原料是由多种矿物组成的，受所含矿物种类及杂质矿物含量的影响，其化学组成变化很大。但由于黏土中的主要黏土矿物都是含水铝硅酸盐，因此其主要化学成分为 SiO_2、Al_2O_3 和 H_2O（结构水）。此外，随着地质生成条件的不同，还会含有少量的碱金属氧化物 K_2O、Na_2O，碱土金属氧化物 CaO、MgO 以及 Fe_2O_3 和 TiO_2 等。一般黏土原料的化学分析如包括上述九个项目，即已能满足生产上的参考需要。有时为了研究工作的需要，还需测定 CO_2、SO_3、有机物以及其他微量元素。在上述九个项目中结构水一般以"灼烧减量"（或称烧失量，I.L.）的形式测定。灼烧减量一项除了包括结构水外，还包括碳酸盐的分解和有机物的挥发等所引起的质量减轻。当黏土比较纯净、杂质含量少时，灼烧减量可近似地作为结构水的量。

化学分析的方法比较简便，黏土的化学分析数据在生产上有着重要的指导意义。它可以帮助我们获得许多有价值的启示，如初步估计黏土的矿物组成和工艺性能等。为确定该黏土能不能用、如何配料以及在配料计算时提供必要的依据。

1）可以作为鉴定黏土矿物组成的参考

当黏土中的杂质含量不多，主要是由一种黏土矿物组成时，常可根据黏土的化学组成来初步估计其主要黏土矿物的种类。如苏州土的化学组成为：SiO_2 46.42%，Al_2O_3 38.96%，Fe_2O_3 0.22%，CaO 0.38%，MgO、K_2O、Na_2O 痕量，灼减 14.40%。其化学组成与纯高岭石的化学组成（SiO_2 46.5%，Al_2O_3 39.5%，H_2O 14%）很接近，则可估计该黏土主要是高岭石矿物，属于高岭土。当黏土的化学组成中碱性杂质较多时，则主要黏土矿物可能是蒙脱石类与伊利石类。若化学组成以摩尔比（即用各化学组成的质量分数除以各自的摩尔质量）来表示，则 SiO_2/Al_2O_3 或 SiO_2/R_2O_3 的摩尔比在 2 左右时可能是高岭石和多水高岭石，在 3 左右时是富硅高岭土、伊利石或贝得石，在 4 左右时是蒙脱石、叶蜡石。

2）可以估计黏土耐火度的大小

当化学组成中含碱金属、碱土金属和铁的氧化物较多时，说明该黏土所含的杂质较多，则其耐火度就较低，烧结温度也较低。当其含杂质越少，Al_2O_3 含量高，则其耐火度或烧结温度也越高。根据化学组成的数据，还可用一些经验公式来计算耐火度的大小。

3）可以推断黏土煅烧后的呈色

Fe_2O_3 和 TiO_2 是能引起坯体显色的杂质，随着 Fe_2O_3 含量的不同，烧后的黏土可呈不同的颜色，如表 2-1 所示。如在还原气氛下进行煅烧，由于有部分 Fe_2O_3 被还原成为 FeO，则呈色一般为青、蓝灰到蓝黑色，同时降低黏土的耐火度。

表 2-1　Fe_2O_3 含量对黏土煅烧后呈色的影响

Fe_2O_3 的含量 /%	在氧化焰中烧成时的呈色	适于制造的品种
<0.8	白色	细瓷、白炻器，细陶瓷
0.8	灰白色	一般细瓷、白炻器
1.3	黄白色	普通瓷、炻器
2.7	浅黄色	炻器、陶器
4.2	黄色	炻器、陶器
5.5	浅红色	炻器、陶器
8.5	紫红色	普通陶器、粗陶器
10.0	暗红色	粗陶器

4）可以估计黏土的成型性能

从化学组成来推断黏土中主要黏土矿物的类型，可以在一定程度上反映其成型性能。另外，如 SiO_2 含量很高，说明该黏土中除黏土矿物外，还夹有游离石英，这种黏土的可塑性不会太好，但收缩较小。若在高岭石类黏土中灼烧减量高于 14%、在叶蜡石黏土中高于 5%、在多水高岭石和蒙脱石类黏土中在 20% 以上、在瓷石中高于 8%，则可说明黏土中所含的有机物或碳酸盐过多，这种黏土烧成收缩必然较大，使用时应在配料和烧成工艺上考虑解决。

5）可以推断黏土在烧结过程中产生膨胀或气泡的可能性

黏土中的 Na_2O 和 K_2O，一般存在于云母、长石和伊利石矿物中，也有可能以钠、钾的硫酸盐存在。当以云母状态存在时，它的矿物结构水是在较高温度下（1000℃以上）排出的。这是引起黏土膨胀的一个原因。黏土中的 CaO、MgO 往往是以碳酸盐或硫酸盐的形式存在，如含量多，在煅烧时有大

量 CO_2、SO_3 等气体排出，操作不当容易引起针孔和气泡。

使黏土产生膨胀的主要原因之一是 Fe_2O_3 的存在，氧化气氛下，在 1230～1270℃温度以下，Fe_2O_3 是稳定的，如果温度继续升高，Fe_2O_3 将按下式分解而放出气体，引起膨胀：$6Fe_2O_3 \longrightarrow 4Fe_3O_4 + O_2\uparrow$，$2Fe_2O_3 \longrightarrow 4FeO + O_2\uparrow$。

我国陶瓷工业常用主要黏土的化学组成列于表2-2。

表2-2 我国主要黏土原料的化学组成 　　　　　单位：%

原料名称	SiO_2	Al_2O_3	Fe_2O_3	TiO_2	CaO	MgO	K_2O	Na_2O	I.L.
江西明砂高岭（精泥）	47.69	36.01	0.99	0.44	0.40	0.25	2.51	0.95	11.12
江西马鞍山碱石	44.23	38.29	0.72	2.38	微量	0.26	0.35	0.21	14.13
江西星子高岭（精泥）	54.60	41.30	1.46	—	0.15	0.22	2.01	0.19	—
河北唐山碱干	43.50	10.09	0.63	0.30	0.47	—	0.49	0.22	14.28
河北唐山紫木节	46.15	32.58	1.32	1.32	1.27	0.43	0.70	0.74	16.16
河北灵山土	44.66	34.28	0.58	0.30	0.22	0.52	0.25	0.40	17.78
河北上庄土	42.25	36.94	0.66	0.90	1.23	—	0.70	0.19	16.20
山西大同黏土	43.44	39.44	0.27	0.09	0.24	0.38	微量	微量	16.07
福建同安高岭土	52.73	33.93	0.02	—	0.68	0.59	5.60	0.44	9.95
广东飞天燕土胆	46.58	36.47	0.46	—	1.03	0.11	4.96	0.38	9.54
湖南新宁高岭土	45.41	35.71	0.34	—	0.80	—	2.00	2.39	13.27
陕西铜川上店土	46.08	37.62	1.08	1.36	0.36	0.15	0.06	0.23	13.46
江苏苏州高岭（阳西）	46.43	39.87	0.50	—	0.32	0.10	—	—	12.30
江苏苏州高岭（阳东）	46.01	39.84	1.51	—	0.15	0.14	—	—	12.11
河南巩县钟岭	40.09	37.42	0.77	0.88	0.49	0.38	0.55	0.83	10.71
山东新纹碱石	47.68	35.55	0.48	0.49	0.48	0.58	0.10	0.15	14.17
山东博山焦宝石	44.39	38.70	0.89	1.60	0.23	—	微量	0.01	14.42
吉林舒兰七道河子土	57.98	29.79	1.53	—	0.24	0.46	—	—	9.85
辽宁复州湾土	45.37	36.94	2.30	—	0.28	0.48	—	—	14.03
四川叙永土	47.68	38.80	0.30	—	0.82	0.20	0.11	0.13	15.40
江西贵溪上清乡土	48.28	35.05	1.58	—	0.17	0.37	2.41	0.28	12.31
辽宁沈阳王家沟土	61.28	24.25	2.35	—	1.14	2.15	—	—	6.80
江苏南京栖霞山土	40.31	35.65	1.12	—	0.49	0.12	0.35	0.40	21.58
贵州贵阳高坡土	46.42	39.40	0.10	0.03	0.09	0.09	0.05	0.09	13.80
内蒙古清水河白蜡石	45.01	37.78	0.26	0.49	0.67	0.52	0.15	0.34	15.48
辽宁锦西土	47.95	21.43	3.86	—	1.79	2.07	1.00	0.30	21.48
吉林九台土	69.57	16.60	3.34	—	2.02	2.42	—	—	6.97
吉林桦句土	73.99	14.82	1.27	—	1.49	1.62	—	—	6.69
黑龙江穆陵县土	52.48	22.96	3.86	—	2.27	0.54	1.69	4.47	9.95
河北易县膨润土	70.06	14.54	0.16	—	2.36	3.75	0.14	0.25	7.76

原料名称	SiO$_2$	Al$_2$O$_3$	Fe$_2$O$_3$	TiO$_2$	CaO	MgO	K$_2$O	Na$_2$O	I.L.
河北宣化土	62.73	13.15	0.88	—	6.57	2.35	3.47	—	11.32
浙江余杭土	60.74	14.33	2.58	—	1.56	2.57	0.09	—	12.23
福建连城土	71.75	19.65	0.10	—	2.93	2.84	—	—	19.46
四川达县土	61.32	13.65	4.52	—	3.63	6.70	—	—	9.31
江苏溧阳土	63.54	16.06	1.15	—	2.00	2.49	2.50	0.45	12.18
浙江温州蜡石	62.71	29.92	0.33	0.32	—	微量	0.15	0.17	6.17
浙江青田蜡石	67.46	27.40	0.20	—	0.03	0.08	0.12	—	5.03
安徽祁门瓷石（精泥）	69.93	17.65	0.66	0.07	2.11	0.40	4.61	0.54	4.31
江西屋柱槽釉果	74.43	14.64	0.62	0.06	1.97	0.16	2.90	2.38	2.85
江西南港瓷石	76.12	14.97	0.77	—	1.45	—	2.77	0.42	3.71
江西青树下釉果	74.85	14.66	1.30	—	1.52	0.21	3.11	2.39	2.28
江西三宝棚瓷石	73.70	15.34	0.70	—	0.70	0.16	4.13	3.79	1.13
江西余干瓷石	77.50	14.72	0.43	—	0.37	0.18	2.65	0.24	3.72
湖南醴陵马颈坳瓷石	76.35	14.21	0.71	—	0.75	0.43	4.04	0.23	3.19
福建小岭山瓷石	78.03	14.65	0.67	0.06	0.16	0.16	5.44	0.56	2.19
福建观音歧瓷石	79.04	14.20	0.34	0.04	0.69	0.19	3.80	0.15	2.65
江苏吴县光福瓷石	79.90	19.58	1.48	—	0.26	0.43	4.09	0.24	2.36
浙江龙泉宝溪瓷石	70.50	19.24	0.39	—	0.53	微量	5.35	0.25	4.25
云南易门瓷土	70.26	16.61	0.30	—	0.36	0.14	0.37	5.24	4.00
河北徐水县黏土	69.05	18.98	0.40	0.20	—	0.67	3.55	0.18	7.03
江苏宜兴茗岭瓷土	73.54	17.04	0.45	—	0.46	0.41	1.25	3.00	4.02
江苏新沂瓷石	78.35	12.76	0.96	—	0.34	0.14	1.44	0.20	2.89
江西乐平桥头址土	64.93	21.38	1.02	0.80	0.62	—	1.55	0.20	8.73
青海鄂博梁地区土	37.19	16.45	9.64	0.50	3.71	2.95	1.00	1.20	24.00
陕西邵县土	48.50	22.09	10.74	0.54	0.33	3.52	3.44	0.02	—
甘肃镇源土	48.12	22.77	10.24	0.64	0.30	3.63	3.75	0.14	—
河北邢台章村土	41.88	40.92	0.36	0.43	0.66	1.37	5.95	2.85	4.94
山东坊子黏土	56.52	30.05	0.69	0.16	0.28	0.35	1.37	0.09	10.68
山西朔县土	55.70	27.48	0.90	0.10	0.98	—	2.81	2.43	9.77
吉林水曲柳黏土	50.80	31.50	1.50	—	0.20	0.50	1.50	1.50	14.00
吉林烟筒山黏土	52.40	30.10	2.40	—	1.50	1.50	2.50	2.50	9.90
辽宁锦州紫木节	48.79	32.33	1.87	—	0.72	0.33	0.80	0.26	12.78
广东东莞二顺泥	52.62	31.39	1.59	—	0.30	0.84	2.08	0.76	9.56
广东佛山石湾黑泥	51.52	23.27	2.51	—	0.49	0.73	—	—	22.64
广东潮安双白土	48.45	35.58	0.23	—	微量	0.32	1.27	总量	11.79
台湾北投耐火黏土	49.80	34.83	1.47	—	—	—	—	—	13.63
台湾北投县北投瓷土	73.34	17.96	0.44	—	0.26	0.55	1.75	2.34	4.95
浙江龙泉宝溪紫金土	46.58	28.29	7.82	1.57	1.16	0.78	3.84	0.35	9.66

续表

原料名称	SiO₂	Al₂O₃	Fe₂O₃	TiO₂	CaO	MgO	K₂O	Na₂O	I.L.
浙江宁海私黏土	56.73	25.78	3.50	—	0.80	1.15	2.85	—	9.18
浙江台州木节土	57.33	24.58	2.90	0.69	0.62	1.22	2.75	0.09	10.14
云南永胜跑楼黏土	75.46	15.80	0.25	—	0.33	0.10	3.49	0.32	1.78
江苏无锡白泥	68.31	22.93	0.70	—	0.73	0.15	2.13	2.13	3.97
江苏宜兴东山白泥	70.25	20.90	1.80	—	0.45	0.39	1.02	0.30	5.08
江苏宜兴西山面头	65.57	20.80	4.29	—	0.22	0.35	0.32	0.44	7.27
江苏宜兴东山甲泥	68.18	18.20	5.96	0.45	0.78	0.22	0.20	0.10	5.87
江苏宜兴本山紫泥	49.86	28.80	8.42	—	0.36	0.48	0.24	0.24	10.76

（2）矿物组成

1）黏土矿物

①高岭石类。高岭石是一般黏土中常见的黏土矿物，主要由高岭石组成的较纯净黏土称为高岭土。高岭土首先在我国江西景德镇东部的高岭村山头发现，现在国际上都把这种有利于成瓷的黏土称为高岭土，它的主要矿物成分是高岭石和多水高岭石。高岭石的化学通式为 $Al_2O_3 \cdot 2SiO_2 \cdot 2H_2O$，结构式为 $Al_4(Si_4O_{10})(OH)_8$，理论化学组成为 Al_2O_3 39.53%，SiO_2 46.51%，H_2O 13.96%。

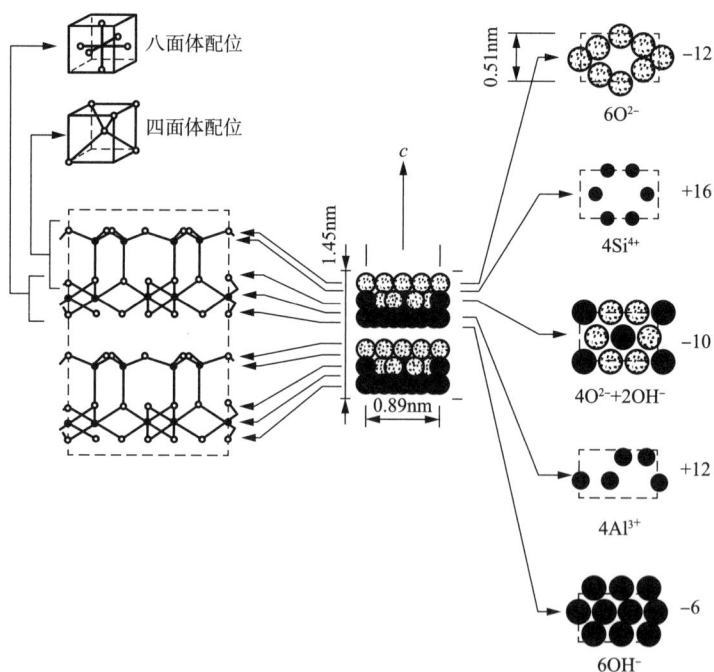

图2-1 高岭石晶体结构图

○—阴离子 ●—阳离子

⊚—O^{2-} $R=0.13nm$ ●—OH^- $R=0.13nm$ ●—Al^{3+} $R=0.06nm$ ●—Si^{4+} $R=0.04nm$

高岭石的结晶属于双层结构硅酸盐矿物，即每一晶层系由一层硅氧四面体 $[SiO_4]$ 和一层铝氧八面体 $[AlO_2(OH)_4]$ 通过共用的氧原子联系在一起，如图 2-1 所示。高岭石是由许多具有这种双层结构的平行晶层组成，相邻两晶层通过八面体的羟基和另一层四面体的氧以氢键相联系，因而它们之间的结合力较弱，层理易于裂开及滑移。层间不易吸附水分子，但由于水分子的楔裂作用，或外部机械应力的作用，易使层间分离，或使粒子破坏，增加比表面积，提高分散度，增加可塑性。高岭石晶格内部离子是很少置换的，在晶格破坏时，最外层边缘上有断键，电荷出现不平衡，才吸附其他阳离子，重新建立平衡。高岭石结构外表面的 OH^- 中的 H^+ 可以被 K^+ 或 Na^+ 等阳离子所取代。结晶差的晶体中，晶格内部的部分 Al^{3+} 可以被 Ti^{4+} 或 Fe^{3+} 等所置换，产生不平衡键力，吸附其他离子，具有一定的离子交换量。

高岭土质地细腻，纯者为白色，含杂质时呈黄、灰或褐色。其晶体呈极细的六方鳞片状、粒子状、也有杆状（图 2-2）。二次高岭土中粒子形状不规则，边缘折断，尺寸也小，高岭石晶片往往互相重叠，其颗粒平均大小为 $0.3 \sim 3\mu m$，密度为 $2.41 \sim 2.63 g/cm^3$。

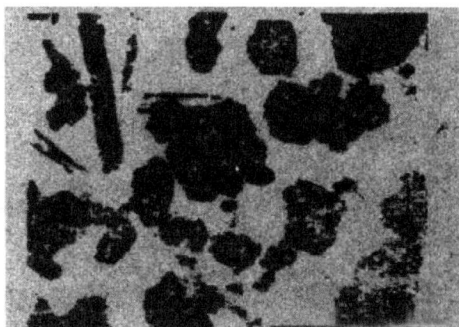

图 2-2　江苏苏州阳山阳西高岭石的电子显微镜照片

高岭石族矿物包括高岭石、地开石、珍珠陶土和多水高岭石等。地开石和珍珠陶土与高岭石的结构相近，主要差别在于单位晶胞内单斜角度及 c 边与 b 边的大小不同，高岭石的两层结构中各八面体的离子填充是一样的，而地开石每隔一层有一些变化。珍珠陶土（即珍珠石）各层相对结构偏移为 $b/3$，同时旋转 $180°$，轴较前两种矿物大 2 倍，因此比它们更能保证增强水在层间的渗透性，加大了吸附作用和膨胀性质。

多水高岭石（又称埃洛石）的结构与高岭石结构相似，该土已被世界公认为典型多水高岭石，因我国四川叙永县盛产以这种矿物为主的黏土，故又定名为叙永石（图 2-3）。

这种黏土矿物的结构，只是在高岭石的结构晶层间充满了按一定取向排列的水分子，因而使之沿 c 轴方向厚度增大。这种水叫层间水，它的数量不定，位置也不是严格固定的。多水高岭石的化学式为 $Al_2O_3 \cdot 2SiO_2 \cdot nH_2O$（$n=4 \sim 6$）。同时，它的结构单位晶层之间的排列不如高岭石规则，沿 a、b 轴方向错开。这样的结晶卷曲成管状，并叠置成管状晶体（图 2-3）。卷曲成管状体的原因是

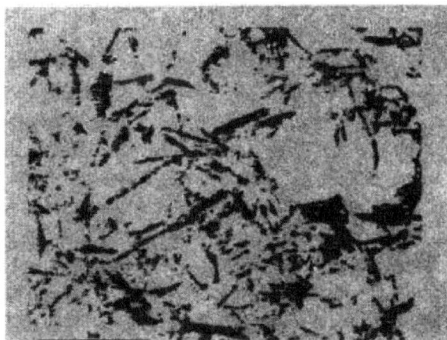

图 2-3　四川叙永多水高岭石的电子显微镜照片

晶片在沿 a、b 轴两个方向上，里层（OH 层）与外层（O 层）的尺寸不同，外层长，里层短，加之由于层间水使两晶层间的氢键变弱，两晶层间发生位错，使得它们能够以一定的曲率半径卷曲成管状。脱水之后，晶层接近，键力加强，因而能展开摊平。

高岭土中高岭石类黏土矿物含量越多，杂质越少，其化学组成越接近高岭石的理论组成，纯度越高的高岭土其耐火度越高，烧后越洁白，莫来石晶体发育越多，从而其机械强度、热稳定性、化学稳定性越好。但其分散度较小，可塑性较差。反之，杂质越多，耐火度越低，烧后不够洁白，莫来石晶体较少，但可能其分散度较大，可塑性较好。

②蒙脱石类。蒙脱石是另一种常见的黏土矿物，以蒙脱石为主要矿物的黏土叫膨润土，蒙脱石最早发现于法国蒙脱利龙地区，故此命名。一般把这个命名同时用于除蛭石以外的具有膨胀晶格的一切黏土矿物，总称为蒙脱石类矿物（或微晶高岭石矿物）。蒙脱石类的矿物种属繁多，成分变化也最复杂。若不考虑晶格中的 Al^{3+} 和 Si^{4+} 被其他离子置换时，蒙脱石的化学通式为 $Al_2O_3 \cdot 4SiO_2 \cdot nH_2O$（$n$ 通常大于 2），结构式为 $Al_4(Si_8O_{20})(OH)_4 \cdot nH_2O$。

蒙脱石晶粒呈不规则细粒状或鳞片状，颗粒较小，一般小于 0.5μm，结晶程度差，轮廓不清楚（图 2-4）。颜色为白色或淡黄色，密度 2.0～2.5g/cm³。蒙脱石的特性是能够吸收大量的水，体积膨胀。以蒙脱石为主要成分的膨润土吸水后体积可膨胀 20～30 倍。膨润土在水中呈悬浮和凝胶状，并具有良好的阳离子交换特性。

蒙脱石类矿物之所以吸水性强，是因为其晶胞是具有三层结构的硅酸盐矿物，每个晶层是由两层硅氧四面体中夹着一层 $[AlO_2(OH)_4]$ 八面体（图 2-5）。四面体的顶端氧指向结构层中央，与八面体共用，并将三层联结在一起。这种结构沿 a、b 轴方向可无限伸长，沿 c 轴方向以一定的间距重叠

图 2-4　河南信阳蒙脱石的电子显微镜照片

（重叠时沿 a、b 轴不规则）。由于 c 轴方向的晶层间氧层与氧层的联系力很小，可形成良好的解理面，所以层间易于侵入水分子或其他极性分子，引起 c 轴方向膨胀。另外，晶格内四面体层的 Si^{4+} 小部分可被 Al^{3+} 等置换。八面体层内的 Al^{3+} 常被 Mg^{2+}、Fe^{3+}、Zn^{2+}、Li^+ 等置换。这样使得晶格中电价不平衡，产生剩余键，促使在晶层间吸附 Ca^{2+}、Na^+ 等阳离子，以平衡晶格内的不平衡电价。蒙脱石族矿物晶格内的离子置换主要发生在 $[AlO_2(OH)_4]$ 层中，因此其晶层间吸附的阳离子不仅使晶层之间的距离增加，更易吸收水分而膨胀，而且这些被吸附的阳离子易于被置换，使蒙脱石具有较强的阳离子交换能力。

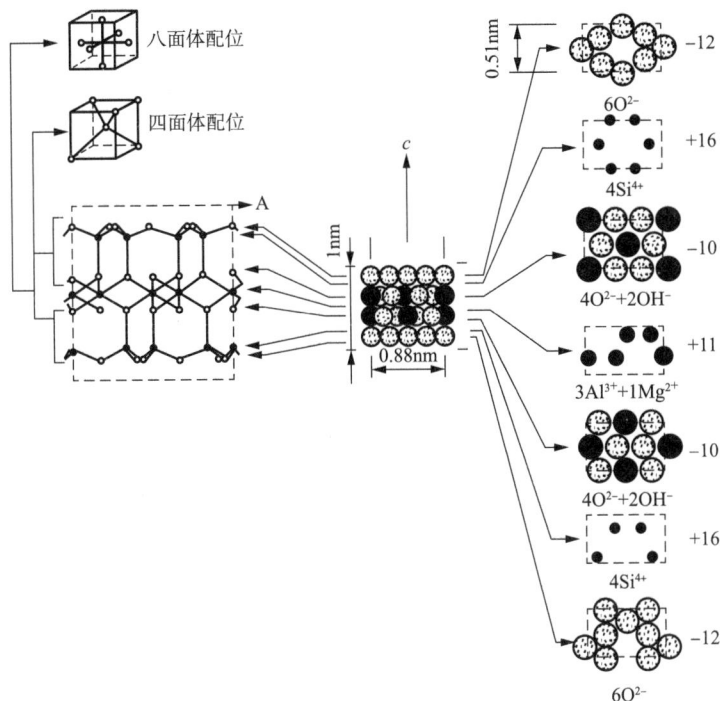

图 2-5 蒙脱石晶体结构图

○—阴离子　●—阳离子

⬤—O^{2-} $R=0.13nm$　●—OH^- $R=0.13nm$

●—Mg^{2+} $R=0.08nm$　●—Al^{3+} $R=0.06nm$　•—Si^{4+} $R=0.04nm$

由于蒙脱石晶层内的离子置换和晶层间的离子交换的原因，蒙脱石的化学成分很复杂，一般可根据它们所吸附的离子不同而有许多类别，如吸附钠离子的蒙脱石称为钠蒙脱石，吸附钙离子的蒙脱石称为钙蒙脱石。钠蒙脱石分散性强，在水中能形成稳定的悬浮液。钙蒙脱石分散性差，在水中不易形成稳定的悬浮液，矿物颗粒多凝聚成集合体。

蒙脱石容易碎裂，故其颗粒极细，相应的可塑性好，干燥强度大，但干燥收缩也大。由于蒙脱石中 Al_2O_3 的含量较低，又吸附了其他阳离子，杂质较多，故烧结温度较低，烧后色泽较差。在一般的陶瓷坯料中膨润土用量不宜太多，一般在 5% 左右。釉浆中可掺用少量膨润土作为悬浮剂。

同属蒙脱石族的黏土矿物种类很多。由于矿物晶格内离子置换时离子种类与置换量的不同，可有多种蒙脱石族黏土矿物，下面是四种主要的蒙脱石族黏土矿物的理想构造式：

蒙脱石　　　　　　　　　　　　　　$(OH)_4Si_8(Al_{3.34} \cdot Mg_{0.66})O_{20}$

$$\downarrow$$

$$(1/2Ca, Na)_{0.66}$$

拜来石或贝得石 　　　　　　　　$(OH)_4(Si_{6.34} \cdot Al_{1.66})Al_{4.34}O_{20}$

$$\downarrow$$

$$(1/2Ca, Na)_{0.66}$$

绿脱石或绿高岭石 　　　　　　$(OH)_4(Si_{7.34} \cdot Al_{0.66})Fe_4O_{20}$

$$\downarrow$$

$$(1/2Ca, Na)_{0.66}$$

皂石 　　　　　　　　　　　　$(OH)_4(Si_{7.34} \cdot Al_{0.66})Mg_6O_{20}$

$$\downarrow$$

$$(1/2Ca, Na)_{0.66}$$

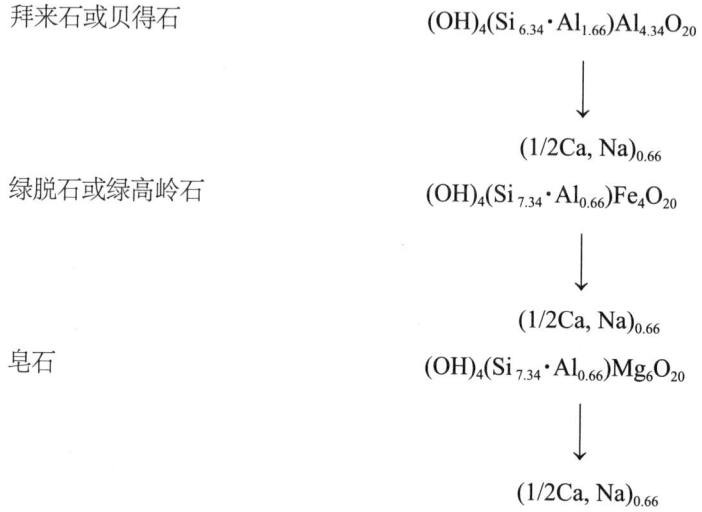

另一种在陶瓷工业中常用的蜡石原料，其黏土矿物为叶蜡石。叶蜡石的化学通式为 $Al_2O_3 \cdot 4SiO_2 \cdot H_2O$，结构式为 $Al_2(Si_4O_{10})(OH)_2$，理论化学组成为 Al_2O_3 28.30%，SiO_2 66.70%，H_2O 5.00%，属单斜晶系。从结构上来说，叶蜡石和蒙脱石相似，也具有三层结构，可以说近似于蒙脱石类，其与蒙脱石的不同在于三层结构中四面体中的 Si^{4+} 和八面体中的 Al^{3+} 并未被置换，晶层间不易吸收水分和吸附阳离子，各晶层之间由范德华力联结，结合很弱，容易滑动解理，所以硬度低，易裂成挠性薄片和有滑腻感（但少弹性）。通常是由细微的鳞片状晶体构成的致密块状，质软而富于脂肪感，密度 $2.8g/cm^3$ 左右。蜡石原料含较少的结构水，加热至 500～800℃时脱水缓慢，总收缩不大，且膨胀系数较小，基本上是呈直线性的，具有良好的热稳定性和很小的湿膨胀，宜用于配制快速烧成的陶瓷坯料，是制造要求尺寸准确或热稳定性好的制品的优良原料。

③伊利石类。伊利石类也泛称水云母类，其组成成分与白云母相似，是白云母经强烈的化学风化作用，转变为蒙脱石或高岭石的中间产物，白云母的晶体结构见图 2-6。白云母的晶胞也是具有三层结构的硅酸盐矿物，与蒙脱石的晶胞不同的是，其二层硅氧四面体中约有 1/4 的 Si^{4+} 被 Al^{3+} 所置换，其剩余键正好由一个嵌入层间氧层四面体网眼中的 K^+ 来平衡，故其晶格结合牢固，不致发生膨胀。白云母的化学通式为 $K_2O \cdot 3Al_2O_3 \cdot 6SiO_2 \cdot 2H_2O$。在进行化学风化时，其晶体结构中的 K^+ 由于水化的作用，被部分地滤掉，而由 H_3O^+ 取代时，即得水云母矿物。所以水云母类黏土的含碱量较云母为少，而含水量较云母为多。但这个取代是逐步过渡的，有的水化不强烈，有的水化强烈，前者仍有云母特色，后者则在组分、物性以及形态诸方面变化较多，一般即归之于伊利石类矿物。伊利石类矿物成分复杂，存在量大，其结构式可写成 $K_{<2}(Al, Fe, Mg)_4(Si, Al)_8O_{20}(OH)_4 \cdot nH_2O$。从组成上和结构上来看，

伊利石与白云母比较，伊利石含 K_2O 较少，而含水较多。晶层间阳离子通常为 K^+，也有部分被 H^+、Na^+ 所取代。伊利石与高岭石相比较，伊利石含 K_2O 较多，而含水较少，故其成分及结构是介于白云母与高岭石或白云母与蒙脱石之间。

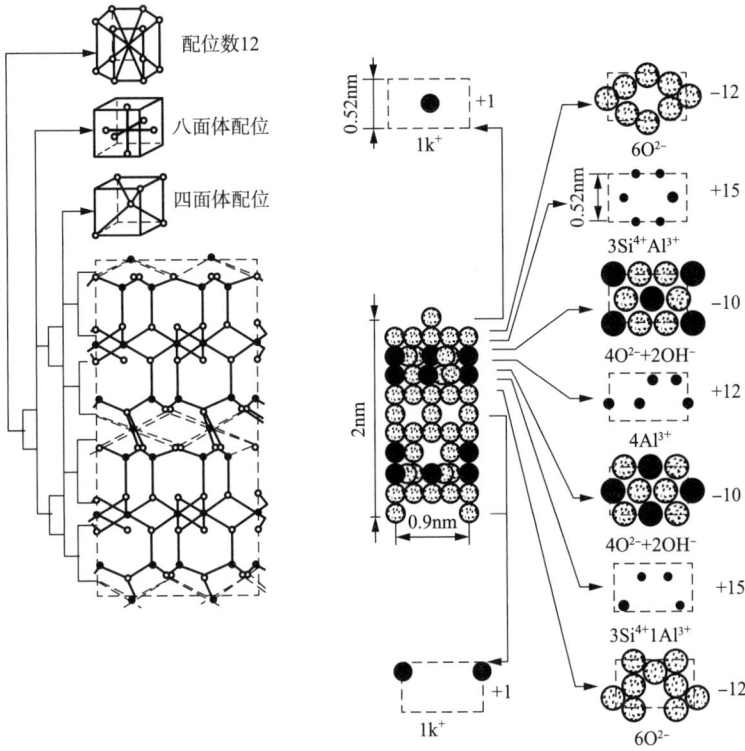

图 2-6　白云石晶体结构图

○—阴离子　●—阳离子

○—O^{2-} $R=0.13nm$　●—OH^- $R=0.13nm$　●—K^+ $R=0.13nm$

●—Mg^{2+} $R=0.08nm$　●—Al^{3+} $R=0.06nm$　●—Si^{4+} $R=0.04nm$

　　伊利石的晶体呈厚度不等的鳞片状，有时带有劈裂与折断的痕迹，也有呈板条状的。伊利石类的黏土属单斜晶系，纯者洁白，因含杂质而染成黄、绿、褐等色，莫氏硬度 1～2，密度 2.6～2.9g/cm³。

　　由于伊利石类矿物是白云母风化时的中间产物，其转变的程度不同可形成各种矿物。绢云母是在热液或变质作用下形成的细小鳞片状白云母，晶体结构及成分与白云母相似，但外观呈土状，表面呈丝绢光泽，故而得名，具有黏土性质，是南方瓷石中的主要黏土矿物之一。另外，属于水云母类矿物的还有绿鳞石、海绿石等。

　　伊利石类矿物的基本结构虽与蒙脱石相仿，但因其无膨润性，且其结晶也比蒙脱石粗，因此可塑性较低，干燥强度小，干燥收缩小，软化温度比高岭石低。使用时应注意这些特点。

④水铝英石类。水铝英石是一种非晶质的含水硅酸铝，它的结构可能是由硅氧四面体和金属离子配位八面体任意排列而成。水铝英石的组成变动无常，SiO_2/Al_2O_3 的摩尔比在 0.4~8 之间变化。水铝英石在自然界并不多见。往往少量地包含在其他黏土中，在水中能形成胶凝层，包围在其他黏土颗粒中，从而提高黏土的可塑性。

2）杂质矿物

①石英及母岩残渣。石英经常是长石的共生矿物，在风化后常保存其原有形态，特别在一次黏土中游离石英是常见的杂质之一。其他未风化的母岩残渣还有长石和云母等。这些杂质一般以较粗的颗粒混在黏土中，对黏土的可塑性和干燥强度产生不良影响。工厂多采用淘洗法（或用水力旋流器）将黏土中的粗颗粒杂质除去。对于含石英较多的黏土，若在原料细碎和配方上采取措施也可不经淘洗，直接配料，这样可提高原料的利用率，降低生产成本。

②碳酸盐及硫酸盐类。黏土中的碳酸盐及硫酸盐类矿物也是常见的杂质。碳酸盐矿物主要是方解石 ($CaCO_3$) 和菱镁矿 ($MgCO_3$)。硫酸盐矿物主要是石膏 ($CaSO_4 \cdot 2H_2O$)、明矾石 [$KAl_3(SO_4)_2(OH)_6$ 或 $K_2SO_4 \cdot Al_2(SO_4)_3 \cdot 4Al(OH)_3$] 及可溶性硫酸钾、钠等。

$CaCO_3$、$MgCO_3$ 如果以很微细的颗粒分布在黏土中，其影响不大；如以较粗的颗粒存在，则往往在烧后会吸收空气中的水分而局部爆裂。含有较细的碳酸盐的黏土，碳酸盐可在高温下分解出 CaO、MgO，起熔剂作用，能降低陶瓷的烧成温度。

黏土中如含有可溶性硫酸盐，能使制品表面形成一层白霜。这是由于坯体在干燥时，可溶性盐随水的蒸发而在表面析出所致，较多的硫酸盐因其在氧化气氛中的分解温度较高，容易引起坯泡。石膏细块还会和黏土熔化形成绿色的玻璃质熔洞。

③铁和钛的化合物。铁的杂质矿物以黄铁矿（FeS_2）、褐铁矿（$HFeO_2 \cdot H_2O$）、菱铁矿（$FeCO_3$）、赤铁矿（Fe_2O_3）、针铁矿（$HFeO_2$）和钛铁矿（$FeTiO_3$）等形式存在于黏土之中，其中呈结核状铁质矿物存在的可用淘洗等方法清除，分散度大、易于被磁吸引的铁杂质可用电磁选矿来除去，而黄铁矿的晶体细小又坚硬，既不易粉碎也难于被电磁除去，往往在烧成中造成坯体的深黑斑点。黏土中铁的化合物都能使坯体呈色，同时降低黏土的耐火度，也会严重影响制品的介电性能、化学稳定性等。

钛的化合物一般以金红石、锐钛矿和板钛矿（TiO_2）等形式存在于黏土中，纯净的 TiO_2 是白色的，但与铁的化合物共存时，在还原焰中烧成呈灰色，在氧化焰中烧成呈浅黄或象牙色。

④有机杂质。很多黏土中含有不同数量的有机物质，如褐煤、蜡、腐殖酸衍生物等，这些都能使黏土呈暗色，甚至黑色。但它们在煅烧时能被烧掉，因此只要不含其他着色物质，黑色黏土仍可烧出白质陶瓷。有的有机物质（如腐殖质）有着显著的胶体性质，可以增加黏土的可塑性和泥浆的流动性，但有机物质过多也有造成瓷器表面起泡与针孔的可能，须在烧成中加强氧化来解决这个矛盾。

我国陶瓷工业常用的几种黏土的矿物组成列于表2-3。

表2-3　我国几种主要黏土原料的矿物组成

序号	产地名称	主要矿物组成
1	辽宁复州黏土	高岭石，个别样品有游离石英
2	辽宁黑山膨润土	蒙脱石，少量石英
3	河北章村瓷土	伊利石，少量石英、钠长石、白云石等
4	河北唐山紫木节	高岭石类为主，少量长石及杂质
5	山西大同土	高岭石在90%以上，有少量长石和石英
6	河南巩县高岭土	结晶较差的高岭石
7	山东潍坊坊子土	高岭石、水云母类
8	山东淄博焦宝石	高岭石
9	陕西铜川上店土	结晶较差的高岭石，含有一定量的高铝矿物（可能是水铝英石）
10	江苏苏州土	高岭石、多水高岭石
11	江苏南京王府山土	水云母及埃洛石的混合层矿物
12	浙江青田蜡石	叶蜡石
13	江西景德镇明砂高岭土	高岭石65%~70%，水云母25%~30%，余为石英、多水高岭石、金红石等
14	江西南港瓷石	石英58%~62%，高岭石10%，绢云母25%~28%
15	安徽祁门瓷石	绢云母50%~60%，余为石英、少量方解石
16	湖南衡阳界牌泥	杆状结构的高岭石60%~65%，余为石英
17	湖南衡山东湖泥	高岭石90%~95%，石英
18	广东潮安飞天燕瓷土	高岭石为主，含有较多的石英和一定量的水白云母
19	广东清远浸潭洗泥	高岭石、石英为主，少量长石、水云母
20	四川叙永土	多水高岭石（叙永石）

（3）颗粒组成

颗粒组成是指黏土中含有不同大小颗粒的质量分数。黏土中黏土矿物的颗粒是很细的，其直径一般在 $1 \sim 2 \mu m$ 以下，而不同的黏土矿物其颗粒大小也不同。蒙脱石和伊利石的颗粒要比高岭石小。黏土中的非黏土矿物的颗粒一般较粗，可在 $1 \sim 2 \mu m$ 以上。在颗粒分析时，其细颗粒部分主要是黏土矿物的颗粒，而粗颗粒部分中大部分是杂质矿物颗粒。所以在对黏土原料分级处理时，往往可以通过淘洗等手段，富集细颗粒部分，从而得到较纯的黏土。

颗粒大小的不同，在工艺性质上也能表现出很大的不同，由于细颗粒的比表面积大，其表面能也大，因此当黏土中的细颗粒越多时，其可塑性越强，干燥收缩越大，干燥强度越高，在烧成时也易于烧结，烧后的气孔率亦小，有利于成品的机械强度、白度和半透明度的提高。表 2-4 为黏土颗粒的大小对其物理性质的影响。

表 2-4　黏土颗粒的大小对其物理性质的影响

颗粒平均直径 / μm	100g 颗粒的表面积 /m²	干燥收缩 /%	干燥强度 /MPa	相对可塑性
8.50	13	0.0	0.451	无
2.20	392	0.0	1.37	无
1.10	794	0.6	4.61	4.40
0.55	1750	7.8	6.28	6.30
0.45	2710	10.0	12.75	7.60
0.28	3880	23.0	29.03	8.20
0.14	7100	30.5	44.92	10.20

此外，黏土颗粒的形状和结晶程度也会影响其工艺性质，片状结构比杆状结构的颗粒堆积致密、塑性大、强度高，结晶程度差的颗粒可塑性也大。

测定黏土原料颗粒大小的方法有很多，如显微镜测定、水簸法、混浊计法、吸附法等，最简单和最普通的方法是筛分法（0.06mm 以上）与沉降法（1～50μm）。测定的结果，一般粗颗粒是石英、长石、云母及其他非可塑性杂质，细颗粒中绝大部分是黏土矿物及少量如赤铁矿等杂质矿物，两者的比率可略推测该黏土所属的矿物类型。

4. 黏土的工艺性质

黏土是陶瓷工业的主要原料，黏土的性质对陶瓷的生产有很大的影响。因此掌握黏土的性质尤其是工艺性质是稳定陶瓷生产的基本条件。黏土的工艺性质主要取决于黏土的化学组成、矿物组成与颗粒组成，其中矿物组成是基本因素。如膨润土主要是蒙脱石矿物，由于其矿物类型及细颗粒含量较多，表现出黏性强、成型水分高、收缩大、烧结温度低等特性；苏州高岭土由于含有大量杆状结构外形的高岭石，因而可塑性低、干燥气孔率高、干燥强度低、烧成收缩大、泥浆流动时的含水量多，且呈强烈触变性等特性；而紫木节土，由于其黏土矿物高岭石的结晶程度较差，颗粒细，含有机物质较多，所以可塑性及泥浆性质良好。因此在研究黏土原料的工艺性质时，不但要了解各种黏土的工艺性质指标，还应将工艺性质与黏土的组成及其结构密切联系起来，使外部性质与内因联系起来，才能深入地了解和掌握黏土的工艺性质，以指导我们合理地选用黏土，正确地拟定配方。

（1）可塑性

黏土与适量的水混练以后形成泥团，这种泥团在一定的外力作用下产生形变但不开裂，当外力去掉以后，仍能保持形状不变。黏土的这种性质称为可塑性。

可塑性是黏土的主要工业技术指标，是黏土能够制成各种陶瓷制品的成型基础。由于黏土达到可塑状态时包含固体和液体两种形态，属于由固体分散相和液体分散介质所组成的多相系统，因此黏土可塑性的大小主要取决于固相与液相的性质和数量。

固相的性质主要是指固体物料类型、颗粒形状、颗粒大小及粒度分布、颗粒的离子交换能力等，液相性质主要是指液相对固相的浸润能力和液相的黏度。一般说来固体分散相的颗粒越小，分散度越高，比表面积越大，可塑性就越好。尤其是黏土中是否有胶体物质存在，对其可塑性的影响较大。所以黏土中水铝英石含量高，可塑性亦好。另外，固体分散相的颗粒形状也对可塑性有影响，一般对于具有层状结构的黏土矿物来说，呈薄片状颗粒要比呈杆状颗粒，或呈棱角状颗粒具有更好的可塑性。同时，黏土矿物的离子交换能力较大者，其可塑性也较高。对于液相来说，对黏土颗粒具有较大浸润能力的液相，一般都是含有羟基（如水）的液体，其与黏土拌和后就呈较高的可塑性。此类液体黏度较大者，可塑性也较高。

影响黏土可塑性的因素，除了形成泥团的固相和液相的性质外，固相与液相的相对数量对黏土的可塑性也有很大的影响。当黏土中加入的水量不多时，黏土还难以形成可塑状态，很容易散碎，只有水量达到一定程度，黏土才形成具有可塑状态的泥团，这时泥团的含水量称为塑限含水量。若继续在泥团中加入水分，泥团的可塑性会逐渐增高，直至泥团能自行流动变形，此时的含水量称为液限含水量。但在生产中适合于成型的泥团，其含水量一般都在塑限含水量与液限含水量之间，此时泥团的含水量称为工作泥团的可塑水量，这是陶瓷生产中塑性成型时的一个重要参数。各种黏土的可塑水量很不一致，可塑性越大的黏土所需的水量也越多，高可塑性黏土的可塑水量可达 28%~40%，中可塑性的为 20%~28%，低可塑性的为 15%~20%。

测定黏土可塑性的方法很多，目前我国常用的方法有可塑性指数法与可塑性指标法两种。

可塑性指数是指黏土的液限含水率与塑限含水率之差，即：

$$W = W_{液} - W_{塑}$$

式中，W 为黏土的可塑性指数；$W_{液}$ 为黏土呈可塑性时的最高含水率，即液限含水率；$W_{塑}$ 为黏土呈可塑性时的最低含水率，即塑限含水率。

从黏土与水的相对关系来看，塑限含水率表示黏土被水湿润后，形成水化膜，使黏土颗粒能相对滑动而出现可塑性的含水量。所谓塑限高，说明黏土颗粒的水化膜厚，工作水分高，但干燥收缩也大。液限含水量反映黏土颗粒与水分子亲和力的大小，液限高的黏土颗粒很细，在水中分散度大，不易干燥，湿坯的强度低。可塑性指数表示黏土能形成可塑泥团的水分变化范围。指数大则成型水分范围大，成型时不易受周围环境湿度及模具的影响，即成型性能好。但可塑性指数小的黏土调成的泥浆厚化度大、渗水性强，便于压滤榨泥。

可塑性指标指在工作水分下，黏土泥团受外力作用最初出现裂纹时应力与应变的乘积，同时还应测定泥团的相应含水率。可塑性指标也反映了黏土泥团的成型性能的好坏，但要注意相应含水率。若相应含水率大，则工作水分多，干燥过程易变形、开裂。测定时用可塑性指标测定仪进行，它是利用一定大小的泥球在受力情况下所产生的变形大小与变形力的乘积来表示黏土的可塑性：

$$S=(D \times H) P$$

式中：S 为黏土的可塑性指标（kg·cm）；D 为试验前泥球的直径（cm）；H 为破坏时泥球的高度（cm）；P 为破坏时对泥球施加的力（kg）。

黏土的可塑性能根据可塑性指数或可塑性指标分为以下几类：强塑性黏土指数 >15 或指标 >3.6；中塑性黏土指数 7~15 或指标 2.5~3.6；弱塑性黏土指数 1~7 或指标 <2.5；非塑性黏土指数 <1。

陶瓷生产中为了获得成型性能良好的坯料，除了选择适宜的黏土外，还可调节坯料的可塑性以满足生产上对可塑性的要求。提高坯料可塑性的措施有：将黏土原矿进行淘洗，除去所夹杂的非可塑性物料，或进行长期风化；将湿润了的黏土或坯料长期陈腐；将泥料进行真空处理，并多次练泥；掺用少量的强可塑性黏土；必要时加入适当的胶体物质，如糊精、胶体 SiO_2、$Al(OH)_3$、羧甲基纤维素等。降低坯料可塑性的措施有：加入非可塑性原料，如石英、瘠性黏土、熟瓷粉等；将部分黏土预先煅烧。

（2）结合性

黏土的结合性是指黏土能黏结一定细度的瘠性物料，形成可塑泥团并有一定干燥强度的性能。黏土的这一性质能保证坯体有一定的干燥强度，是坯体干燥、修理、上釉等能够进行的基础，也是配料时调节泥料性质的重要因素。黏土结合力的大小在很大程度上由黏土矿物的结构决定。一般说来可塑性强的黏土结合力大，但也有例外。黏土的结合力与可塑性是两个概念，是两个不完全相同的工艺性质。

在工程上要直接测定分离黏土质点所需的力是困难的，生产上常用测定由黏土制作的生坯的抗折强度来间接表示黏土的结合力。在实验中通常以能够形成可塑泥团时所加入标准石英砂（颗粒组成为 0.25～0.15mm 占 70%，0.15～0.09mm 占 30%）的数量及干燥后抗折强度来反映。黏土结合性按加砂量的分类见表 2-5。

表 2-5　黏土的结合性

分类	仍能保持可塑性泥用的最高加砂量 /%
结合黏土	50
可塑黏土	20～50
非可塑黏土	20
石状黏土	不能形成可塑泥团

（3）离子交换性

黏土颗粒由于其表面层的断键和晶格内部离子的置换，黏土表面总是带有电荷同时又吸附一些反离子。在水溶液中，这种吸附的离子又可被其他相同电荷的离子所置换。这种离子交换反应发生在黏土粒子的表面部分，而不影响铝硅酸盐晶体的结构。各种黏土由于其晶格内部离子置换的程度不同以及黏土颗粒大小不同，其离子交换的能力也不同。

离子交换的能力一般用交换容量来表示，即 100g 干黏土所吸附能够交换的阳离子或阴离子的量。不同黏土矿物的离子交换容量可以从表 2-6 看出。黏土颗粒大小与阳离子交换容量的关系见表 2-7。

表 2-6　不同黏土的离子交换容量　单位: 10^{-1} mmol/g

黏土种类	吸附离子种类	
	阳离子	阴离子
高岭土	3～9	—
高岭土类黏土	9～20	7～20
伊利石类黏土	10～40	—
叙永土	15～40	—
膨润土	40～150	20～50

表 2-7　黏土颗粒大小与离子交换容量的关系　单位: 10^{-1} mmol/g

矿物	颗粒大小 / μm							
	10～20	5～10	2～4	1.0～0.5	0.5～0.25	0.25～0.1	0.1～0.05	<0.05
高岭石	2.4	2.5	3.6	3.8	3.9	5.4	9.5	—
伊利石	—	—	—	—	13～20	—	20～30	27.5～41.7

另外，黏土中有机物含量和黏土矿物的结晶程度也影响其交换容量。如唐山紫木节土中有机物多，因有机物中的—OH、—COOH 活性基团具有吸附

阳离子的能力，故其阳离子交换容量达 2.52mmol/g，远较纯高岭土的阳离子交换容量大（苏州土为 0.7mmol/g）。这也是由于紫木节土的结晶程度差，晶格内存在类质同晶的置换所致。

黏土的离子交换容量不仅与黏土本身的性质有关，而且也取决于其吸附的离子种类，黏土吸附阳离子的能力比阴离子要大（表 2-6）。而黏土吸附阳离子的种类不同，其交换容量也不同，黏土的阳离子交换容量大小一般情况下可按下列顺序排列：

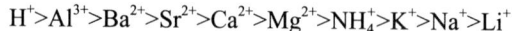

$$H^+>Al^{3+}>Ba^{2+}>Sr^{2+}>Ca^{2+}>Mg^{2+}>NH_4^+>K^+>Na^+>Li^+$$

即左边的离子能置换右边的离子，自右至左交换容量逐渐增大。黏土吸附阴离子的能力较小，一般按下列顺序排列：

$$OH^->CO_3^{2-}>P_2O_7^{4-}>PO_4^{3-}>CNS^->I^->Br^->Cl^->NO_3^->F^->SO_4^{2-}$$

即左边的阴离子能在离子浓度相同的情况下从黏土上交换出右边的阴离子。

黏土吸附的离子种类不同，对黏土泥料的其他工艺性质会有不同的影响，表 2-8 列出了黏土吸附不同离子对可塑泥团及泥浆性质的影响。

表 2-8　吸附离子的种类与黏土泥料性质的关系

性质	吸附离子种类和性质变化的关系
结合水数量 （膨润土）	$K^+<Na^+<H^+<Ca^{2+}$
湿润热：膨润土	$K^+<Na^+<H^+<Mg^{2+}<Ca^{2+}$
高岭土	$H^+<Na^+<K^+<Ca^{2+}$
$\zeta-$ 电位 （高岭土、膨润土）	$Ca^{2+}<Mg^{2+}<H^+<Na^+<K^+$
触变性	$Al^{3+}<Ca^{2+}<Mg^{2+}<K^+<Na^+<H^+$
干燥速度和干后气孔率	$Na^+<Ca^{2+}<H^+<Al^{3+}$
可塑泥团的液限 （高岭土）	$Li^+<Na^+<Ca^{2+}<Ba^{2+}<Mg^{2+}<Al^{3+}<K^+<Fe^{2+}<H^+$
泥团破坏前的扭转角	$Fe^{2+}<H^+<Al^{3+}<Ca^{2+}<K^+<Mg^{2+}<Ba^{2+}<Na^+<Li^+$
泥团干燥强度	$H^+<Ba^{2+}<Na^+$；$H^+<Ca^{2+}<Na^+$；$Cl^-<CO_3^{2-}<OH^-$
水中溶解下列电解质时泥浆的过滤速度	$NaOH<Na_2CO_3 = H_2O<KCl = NaCl = Na_2SO_4<CaCl_2 = BaCl_2<Al_2（SO_4）_3$

（4）离子交换性

黏土泥浆或可塑泥团受到振动或搅拌时，黏度会降低而流动性增加，静置后逐渐恢复原状。此外，泥料放置一段时间后，在维持原有水分的情况下也会出现变稠和固化现象，这种性质统称为触变性。黏土的触变性在生产中对泥料的输送和成型加工有较大影响。生产中一般希望泥料有一定触变性，泥料触变性过小时，成型后生坯的强度不够，影响脱模与修坯的品质。而触变性过大的泥浆在管道输送过程中会带来不便，成型后生坯也易变形。因此控制泥料的触变性，对满足生产需要、提高生产效率和产品品质有重要意义。

黏土的触变性主要取决于黏土的矿物组成、粒度大小与形状、水分含量、使用电解质种类与用量，以及泥料（包括泥浆）的温度等。黏土的触变性与黏土矿物结构的遇水膨胀有关，溶剂水分子渗入黏土矿物颗粒中有两种情况：一种是水分子仅渗入黏土颗粒之间，如高岭石和伊利石颗粒；另一种是水分子还可渗入单位晶胞之间，蒙脱石与拜来石就属于这两种情况都存在。因此蒙脱石的遇水膨胀要比高岭石和伊利石高，矿物颗粒也较细，其触变性较大，触变容积也大。黏土颗粒的大小与形状对触变性的影响，表现为颗粒越细，活性边表面越多，形状越不对称，越易呈触变性。球状颗粒不易显示触变性，此外，触变效应与吸附离子及其水化密切相关。黏土吸附的阳离子价数越小或价数相同而离子半径越小者，其触变效应越大。

泥料的触变性与含水量有关，含水量大的泥浆，不易形成触变结构，反之易形成触变结构而呈触变现象。温度对泥料的触变性亦有影响，温度升高，黏土质点的热运动剧烈，使黏土颗粒间的联系力减弱，不易建立触变结构，从而使触变现象减弱。

黏土泥料的触变性在测定时以厚化度（或稠化度）来表示。厚化度以泥料的黏度变化之比或剪切应力变化的百分数来表示，泥浆的厚化度是泥浆放置 30min 和 30s 后其相对黏度之比。即

$$\text{泥浆厚化度} = t_{30min}/t_{30s}$$

式中：t_{30min} 为 100mL 泥浆放置 30min 后，由恩氏黏度计中流出的时间；t_{30s} 为 100mL 泥浆放置 30s 后，由恩氏黏度计中流出的时间。

可塑泥团的厚化度为放置一定时间后，球体或圆锥体压入泥团达一定深度时剪切强度增加的百分数。即

$$\text{泥团厚化度} = (F_n - F_0)/F_0 \times 100\%$$

式中：F_n 为经过一定时间后，球体或锥体压入相同深度时泥团承受的负荷（N）；F_0 为泥团开始承受的负荷（N）。

（5）干燥收缩与烧成收缩

黏土泥料干燥时，因包围在黏土颗粒间的水分蒸发，颗粒相互靠拢引起体积收缩，称为干燥收缩。黏土泥料在煅烧时，由于发生一系列的物理化学变化（如脱水作用、分解作用、莫来石的生成、易熔杂质的熔化，以及这些熔化物充满质点间空隙等），因而黏土再度收缩，称为烧成收缩。这两种收缩构成黏土泥料的总收缩。

黏土的收缩情况主要取决于它的组成、含水量、吸附离子及其他工艺性质等，细颗粒黏土及呈长形纤维状粒子的黏土收缩较大。表 2-9 为黏土矿物组成

与其收缩的关系。收缩测定以直线长度或体积大小的变化来表示。方便起见，可将体积收缩近似等于直线收缩的 3 倍，但有 6%～9% 的误差。

表 2-9　各类黏土的收缩范围　　　　　　　　　　单位：%

线收缩	高岭石类	伊利石类	蒙脱石类	叙永石类
干燥收缩	3～10	4～11	12～23	7～15
烧成收缩	2～17	9～15	6～10	8～12

干燥收缩是以试样干燥至 105～110℃ 时尺寸的变化来表示的，可按下式计算：

$$\varepsilon_{干} = (L_0 - L_干)/L_0 \times 100\%$$

式中：$\varepsilon_干$ 为试样的干燥线收缩率；L_0 为试样的原始长度；$L_干$ 为试样干燥后的长度。

线收缩与体积收缩的关系为：

$$\varepsilon_干 = \left(1 - \sqrt[3]{1 - \frac{\varepsilon_{v干}}{100}}\right) \times 100\%$$

式中：$\varepsilon_{v干}$ 为试样的干燥体积收缩率。

有时也用干燥灵敏度的大小来表示坯体在干燥时产生变形和开裂的倾向。灵敏度越大，则其在干燥过程中越容易变形和开裂。干燥灵敏度与坯体的干燥体积收缩率成正比，与干燥后坯体的总气孔率成反比。即

$$K_敏 = \varepsilon_{v干} / P_孔$$

式中：$P_孔$ 为试样干燥后的总气孔率；$K_敏$ 为干燥灵敏度。

黏土坯体的 $K_敏 \leqslant 1$ 时，在干燥中比较安全，介于 1～2 者为中等，如大于 2 则容易形成缺陷。

烧成线收缩按下式计算：

$$\varepsilon_烧 = (L_干 - L_烧)/L_干 \times 100\%$$

式中：$L_干$ 为试样干燥后的长度；$L_烧$ 为试样烧成后的长度；$\varepsilon_烧$ 为试样的烧成线收缩率。

由于干燥线收缩是以试样干燥前的原始长度为基础，而烧成线收缩是以试样干燥后的长度为基准，因此黏土试样的总收缩 $\varepsilon_总$ 并不等于干燥线收缩 $\varepsilon_干$ 与烧成线收缩 $\varepsilon_烧$ 之和。它们之间的数学关系为：

$$\varepsilon_烧 = (\varepsilon_总 - \varepsilon_干)/(100 - \varepsilon_干) \times 100\%$$

测定收缩是研制模型放尺的依据，由于黏土原料性质的不同，收缩也不相同，一般黏土的总收缩波动为 5%～20%。黏土或配成的坯料如果收缩太大，在干燥与烧成过程中，将产生有害的应力，容易导致坯体开裂，这时就

应调整配方，加以防止。在制造大型坯件时，其水平收缩与垂直收缩也会略有差异，在制模时应予注意。

（6）烧结温度与烧结范围

黏土是多矿物组成的物质，它没有固定的熔点，而是在相当大的温度范围内逐渐软化。当黏土在煅烧过程中温度超过900℃，低熔物开始出现并填充在未熔颗粒之间的空隙中，由于表面张力的作用，将未熔颗粒拉近，使体积急剧收缩，气孔率下降，密度提高。这种使体积开始剧烈变化的温度称为开始烧结温度（图2-7中t_1）。随着温度的继续升高，黏土的气孔率不断降低，收缩不断增大，当其密度达到最大值时（一般以吸水率≤5%为标志），称为完全烧结，相应的此时的温度叫烧结温度（图2-7中的t_2）。

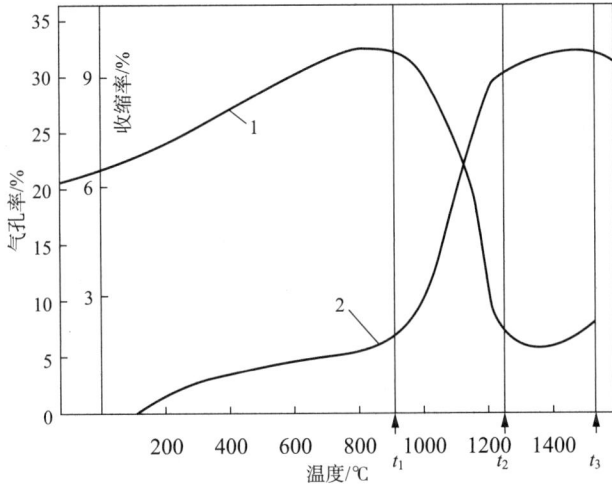

图2-7　黏土加热时的收缩与气孔率曲线

从完全烧结开始，温度继续上升，会出现一个稳定阶段，在此阶段中，体积密度和收缩等不发生显著变化。持续一段时间后，由于黏土中的液相不断增多，以至于不能维持黏土原试样的形状而变形，同时也会因发生一系列高温化学反应，使黏土试样的气孔率反而增大，出现膨胀。出现这种情况的最低温度称软化温度（图2-7中的t_3），通常把烧结温度到软化温度之间黏土试样处于相对稳定阶段的温度范围称为烧结范围（图2-7中的$t_2 \sim t_3$）。

黏土的烧结属液相烧结，影响烧结的因素很多，其中主要的因素是化学组成与矿物组成。从化学组成来看，碱性成分多、游离石英少的黏土易于烧结，烧结温度也低；从矿物组成来看，膨润土、伊利石类黏土比高岭土易于烧结，烧结后的吸水率也较低。不同黏土的烧结范围差别也很大，主要取决于黏土中所含熔剂杂质的量和种类以及相应液相的增加速率，纯耐火黏土烧结范围约250℃，优质高岭土约200℃，不纯的黏土约150℃，伊利石类黏土仅50～80℃，低钙泥灰岩只有20～30℃。烧结范围越宽，陶瓷制品的烧成操作越容易掌握，也越容易得到煅烧均匀的制品。因此，黏土的烧结范围在陶瓷生产中十分重要，它是制定烧成制度、选择烧成温度范围、决定坯料配方、选择窑炉等的参考和依据之一。

（7）耐火度

耐火度是耐火材料的重要技术指标，它表征材料抵抗高温作用而不熔化的性能。一定程度上它指出了材料的最高使用温度，并作为衡量材料在高温作用时承受高温程度的标准。

黏土的耐火度主要取决于其化学组成。Al_2O_3 含量高其耐火度就高，碱类氧化物能降低黏土的耐火度。通常可根据黏土原料中的 Al_2O_3/SiO_2 比值来判断耐火度，比值越大，耐火度越高，烧结范围也越宽。

耐火度的测定是将一定细度的原料制成截头三角锥（高 30mm，下底边长 8mm，顶边长 2mm），在高温电炉中以一定的升温速度加热，当三角锥靠自重变形而逐渐弯倒，顶点与底盘接触时的温度就是它的耐火度（图 2-8）。

黏土的耐火度也可根据黏土的化学分析用下列经验公式来计算：

$$t=[360+(\omega_A - \omega_{MO})]/0.228$$

式中，t 为耐火度（℃）；ω_A 为黏土中 Al_2O_3 和 SiO_2 总量换算为 100% 时，Al_2O_3 的质量分数（%）；ω_{MO} 为黏土中 Al_2O_3 和 SiO_2 总量换算为 100% 时，相应带入的其他杂质氧化物的总质量分数（%）。上式适用于 Al_2O_3 质量分数为 20%～50% 的黏土。

$$t=1534+5.5\omega_A - 30(8.3\omega_F + 2\omega_{MO})/\omega_A$$

式中：ω_A 为 Al_2O_3 质量分数（%）；ω_F 为 Fe_2O_3 质量分数（%）；ω_{MO} 为 TiO_2、CaO、MgO 和 R_2O 等杂质质量分数（%）。上式适用于 Al_2O_3 质量分数在 15%～50% 的黏土，计算时各质量分数须换算为无灼减量的质量分数。

5. 黏土的加热变化

黏土是陶瓷的主要原料，陶瓷在烧成过程中所发生的一系列物理和化学变化，是在黏土加热变化的基础上进行的，因此黏土的加热变化是陶瓷制品烧成的基本理论基础。研究黏土的加热变化对确定陶瓷制品的烧成温度具有很重要的意义。不仅如此，不同矿物组成的黏土加热时发生各种变化的温度和热效应也不同，由此还可用以鉴定黏土的矿物组成。

黏土在加热过程中的变化包括两个阶段：脱水阶段与脱水后产物的继续转化阶段。

（1）脱水阶段

黏土干燥后，继续加热，首先出现的反应是脱水，其中最主要的是结构水的排出，黏土中的结构水大部分都在

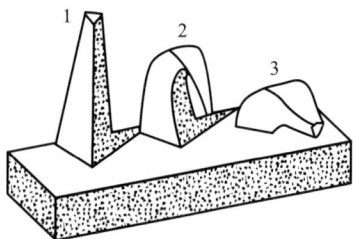

图 2-8　试样的耐火度测定
1—熔融开始之前　2—开始熔融，顶端触及底座　到达耐火度　3—高于耐火度的温度下全部熔融

430~600℃时放出，但在比这更低的温度下，也有少量的水被去除。在更高的温度下，残余的结构水可继续排出。

现以高岭土的加热脱水为例进行说明，其脱水的过程如下：100~110℃吸附水与自由水的排出；110~400℃其他矿物杂质带入水的排出（如多水高岭土中的部分水）；400~450℃结构水开始缓慢排出；450~550℃结构水快速排出；550~800℃脱水缓慢下来，到800℃时排水近于停滞；800~1000℃残余的水排出完毕。

上述的脱水过程与结晶程度有关，结晶程度差、分散程度大的高岭土，其脱水温度相应降低。脱水温度除了与黏土本身有关外，还随加热的快慢而变化，快速加热时黏土中的各脱水温度都相应地提高。

高岭石类黏土脱水后生成偏高岭石，是接近于高岭石结构的产物，但不完全是晶体，反应式如下：

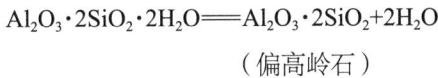

$$Al_2O_3 \cdot 2SiO_2 \cdot 2H_2O = Al_2O_3 \cdot 2SiO_2 + 2H_2O$$
（偏高岭石）

黏土脱水时失去部分质量，并产生吸热效应，可从各种黏土的差热曲线和失重曲线上看出其脱水与温度的关系。图2-9为几种黏土的典型差热曲线和失重曲线。

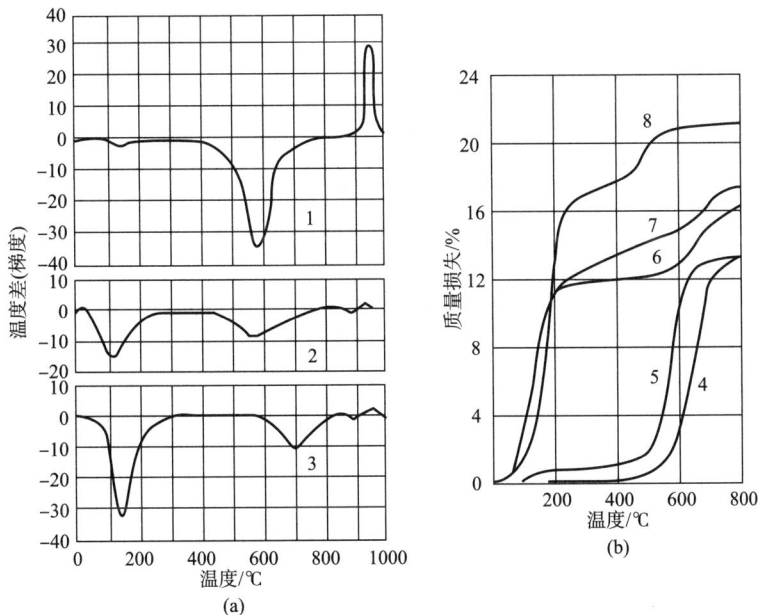

图2-9　几种黏土的典型差热曲线（a）和失重曲线（b）

1—高岭石　2—伊利石　3—蒙脱石
4—地开石　5—高岭石　6—蒙脱石　7—绿脱石　8—伊利石

从室温开始加热时，黏土会发生膨胀，至100℃以后，当吸附水开始排出时，体积出现一个小收缩，在 250℃ 左右收缩终止，其后继续膨胀至晶体开始分解，并转为再收缩。由于不同矿物类型的黏土其结构水排出的温度不同，其开始收缩的温度也不同，高岭石在 500~600℃ 开始收缩，绢云母和叶蜡石则要到 800~900℃ 时才收缩。这是由于具有二层结构的高岭石，其结构水排出较易，结构水刚排出时，体积急剧膨胀，但随即转入收缩过程。而绢云母等三层结构的矿物，当其结构水开始排出时，晶格结构会发生很大变化，所以有较大的膨胀，几乎要到所有的水分排出后才开始收缩，故其开始收缩温度较高。黏土结构水排出后的体积收缩，可以一直进行到结构水完全排出。

（2）脱水后产物继续转化阶段

温度继续升高，黏土脱水后的产物可继续转化，偏高岭石由 925℃ 开始转化为由 $[AlO_6]$ 和 $[SiO_4]$ 构成的尖晶石型新的结构物，同时发生强的放热效应，其反应如下：

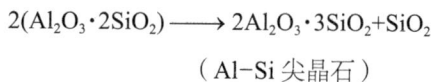

$$2(Al_2O_3 \cdot 2SiO_2) \longrightarrow 2Al_2O_3 \cdot 3SiO_2 + SiO_2$$
（Al-Si 尖晶石）

当温度升至 1050~1100℃ 时，Al-Si 尖晶石开始转化为莫来石：

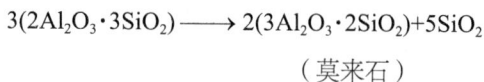

$$3(2Al_2O_3 \cdot 3SiO_2) \longrightarrow 2(3Al_2O_3 \cdot 2SiO_2) + 5SiO_2$$
（莫来石）

当温度升至 1200~1400℃ 时，莫来石晶体发育长大，结晶大量出现，同时游离石英转变为方石英，伴随着弱的放热效应。

其他类型黏土矿物的加热变化稍有不同，但在高温下都能生成莫来石晶体。莫来石是一种针状或细柱状晶体，化学组成在 $3Al_2O_3 \cdot 2SiO_2$ 与 $2Al_2O_3 \cdot 3SiO_2$ 之间，一般写作 $3Al_2O_3 \cdot 2SiO_2$，理论化学组成为 Al_2O_3 71.8%、SiO_2 28.2%，密度 3.15g/cm³，熔融温度 1810℃，熔融后分解为刚玉和石英玻璃。莫来石本身机械强度高，热稳定性及化学稳定性好，它能赋予陶瓷制品许多良好的性能。

加热时伴随着黏土物质所发生的化学变化，也相应地发生了物理性质的变化：

① 气孔率从 900℃ 开始陆续下降，至 1200℃ 以后下降速度最为剧烈；

② 失重现象主要发生在脱水阶段，之后由于残留结构水的排出仍会失去微小质量；

③ 密度在 900℃ 以前稍有降低，而在 900~1000℃ 的范围内大大增加；

④ 黏土的种类不同其开始收缩的温度也不同，一般在 500~900℃，至 900~1000℃ 以上时收缩急剧增加，到达烧结温度时（高岭石类黏土可达 1350℃）收缩才终止；

⑤ 温度超出烧结温度范围时，将重新出现气孔增加、坯体膨胀现象，乃至整个坯体熔融。

6. 黏土在陶瓷生产中的作用

黏土作为陶瓷制品的主要原料，赋予泥料可塑性和烧结性，不仅能保证陶瓷制品的成型，而且能决定烧后制品的性质。黏土在陶瓷生产中的作用概括如下：

①黏土的可塑性是陶瓷坯泥赖以成型的基础。黏土可塑性的变化对陶瓷成型的品质影响很大，因此选择各种黏土的可塑性，或调节坯泥的可塑性，已成为确定陶瓷坯料配方的主要依据之一。

②黏土使注浆泥料与釉料具有悬浮性与稳定性。这是陶瓷注浆泥料与釉料所必备的性质，因此选择能使泥浆有良好悬浮性与稳定性的黏土，也是注浆配料和釉浆配料中的主要问题之一。

③黏土一般呈细分散颗粒，同时具有结合性。这可在坯料中结合其他瘠性原料并使坯料具有一定的干燥强度，有利于坯体的成型加工。另外细分散的黏土颗粒与较粗的瘠性原料相结合，可得到较大堆积密度而有利于烧结。

④黏土是陶瓷坯体烧结时的主体，黏土中的 Al_2O_3 含量和杂质含量是决定陶瓷坯体的烧结程度、烧结温度和软化温度的主要因素。也可以说，黏土的种类是确定生产何种陶瓷制品品种的主要根据。

⑤黏土是形成陶器主体结构和瓷器中莫来石晶体的主要来源。黏土的加热分解产物和莫来石晶体是决定陶瓷器主要性能的结构组成。莫来石晶体能赋予瓷器以良好的机械强度、介电性能、热稳定性和化学稳定性。

2.1.2 石英类原料

1. 石英的种类和一般性质

（1）石英的种类

石英又称硅石，是所有天然二氧化硅矿物的统称。石英的化学组成为 SiO_2，是自然界中构成地壳的主要成分。SiO_2 在自然界的存在形式有两种：一种以硅酸盐矿物状态存在，另一种则以独立状态存在，成为单独的矿物体。由于造岩成矿的条件不同，SiO_2 有多种状态和同质多象变体。

在陶瓷工业中石英是一种基本原料，常用的石英类原料有下列几种：

1）脉石英

由含二氧化硅的熔融岩浆填充岩隙并在地壳的较浅部分经急冷凝固成为致密状结晶态石英（有的可凝固为玻璃态石英），并呈矿脉状产出，是火成岩。脉石英呈纯白色，半透明，有油脂光泽，断口呈贝壳状，其 SiO_2 含量可高达 99%，是生产日用细瓷的良好原料。

2）砂岩

石英颗粒被胶结物结合而成的一种碎屑沉积岩。根据胶结物质的不同，可分为石灰质砂岩、黏土质砂岩、石膏质砂岩、云母质砂岩和硅质砂岩等。

在陶瓷工业中仅硅质砂岩有使用价值。砂岩的颜色有白、黄、红等，SiO_2含量为 90% ~ 95% 。

3）石英岩

系硅质砂岩经变质作用，石英颗粒再结晶形成的岩石。含 SiO_2 量一般在 97% 以上，常呈灰白色，有鲜明光泽，断面致密，强度大，硬度高。加热时晶型转化比较困难。石英岩是制造一般陶瓷制品的良好原料，其中品质好的可作细瓷原料。

4）石英砂

花岗岩、伟晶岩等风化成细粒后，由水流冲击淘洗后自然聚集而成。利用石英砂作为陶瓷原料，可不用破碎，简化工艺过程，降低成本，但由于其中杂质较多，成分波动也大，用时须进行控制。

5）燧石

含 SiO_2 溶液经化学沉积在岩石夹层或岩石中的隐晶质 SiO_2，属沉积岩。常以层状、结核状产出，色浅灰、深灰或白色。因其硬度高，可作研磨材料、球磨机内衬等，品质好的燧石也可代替石英作为细陶瓷坯、釉的原料。

6）硅藻土

溶解在水里的一部分二氧化硅被微细的硅藻类水生物吸取沉积演变而成，本质是含水的非晶质二氧化硅。常含少量黏土，有一定可塑性。硅藻土有很多空隙，是制造绝热材料、轻质砖、过滤体等多孔陶瓷的重要原料。

（2）石英的一般性质

石英的外观视其种类不同而异，有的呈乳白色，有的呈灰白半透明状态，表面具有玻璃光泽或脂肪光泽，莫氏硬度为 7。密度因晶型而异，变动于 2.22 ~ 2.65g/cm³。

石英的主要化学成分为 SiO_2，常含有少量杂质成分，如 Al_2O_3、Fe_2O_3、CaO、MgO、TiO_2 等。这些杂质是成矿过程中残留的其他夹杂矿物带入的，杂质矿物主要有碳酸盐（白云石、方解石、菱镁矿等）、长石、金红石、板铁矿、云母、铁的氧化物等。此外，尚有一些微量的液态和气态包裹物。我国几个主要产地的石英原料的化学组成列于表 2-10。

表 2-10 我国几种主要石英原料的化学组成   单位：%

序号	原料名称	产地（省县）	化学组成								
			SiO_2	Al_2O_3	K_2O	Na_2O	Fe_2O_3	SiO_2	CaO	MgO	灼减
1	石英	山东泰安	99.48	0.36	—	—	0.010	—	—	—	0.03
2	石英	河南铁门	98.94	0.41	—	—	0.19	—	痕迹	—	—
3	石英砂	江苏宿迁	94.90	4.64	—	—	0.21	—	0.20	痕迹	0.24
4	石英	湖南湘潭	95.31	1.93	—	—	0.26	—	0.39	0.10	1.74

序号	原料名称	产地（省县）	化学组成								
			SiO_2	Al_2O_3	K_2O	Na_2O	Fe_2O_3	SiO_2	CaO	MgO	灼减
5	石英	广东桑甫	99.53	0.19	—	—	—	—	痕迹	0.40	—
6	石英	江西星子	97.95	0.53	痕迹	0.44	0.19	—	0.33	0.04	0.29
7	石英	江西景德镇	98.24	—	—	—	—	—	—	0.63	—
8	石英	广西	98.24	—	—	—	1.02	—	—	—	—
9	石英	山西五台	98.71	0.65	—	—	0.16	—	—	—	—
10	石英	四川青山	98.89	1.03	—	—	0.032	—	0.17	—	—
11	石英	贵州贵阳	98.23	0.18	—	—	0.02	—	—	—	微
12	石英砂	贵州普定	96.77	0.16	—	—	0.57	—	—	—	—
13	石英	新疆尾亚	98.4	0.18	—	0.22	0.80	—	—	—	—
14	石英	云南昆明	97.07	—	—	—	0.56	—	—	—	—
15	石英	陕西凤县	97.0	1.41	—	—	—	—	—	—	—
16	石英	山西闻喜	98.05	—	—	—	0.10	—	—	—	—
17	石英	北京	99.02	0.024	—	—	—	—	—	—	—
18	石英	内蒙古包头	98.08	0.84	—	—	0.34	—	0.19	—	—

石英具有很强的耐酸性，除氢氟酸外，一般酸类对它都不产生作用。当石英与碱性物质接触时，则能起反应而生成可溶性的硅酸盐。在高温中与碱金属氧化物作用生成硅酸盐与玻璃态物质。

石英材料的熔融温度范围取决于氧化硅的形态和杂质含量。硅藻土的熔融终了点一般是 1400～1700℃，无定形氧化硅约在 1713℃熔融。脉石英、石英岩和砂岩在 1750～1770℃熔融，但当杂质含量达 3%～5% 时，在 1690～1710℃时即可熔融。当含有 5.5% Al_2O_3 时，其低共熔点温度会降低至 1595℃。

2. 石英的晶型转化

石英是由 $[SiO_4]$ 四面体互相以顶点连接而成的三维空间架状结构。连接后在三维空间扩展，由于它们以共价键连接，连接之后又很紧密，因而空隙很小，其他离子不易侵入网穴中，致使晶体纯净，硬度与强度高，熔融温度也高。由于 $[SiO_4]$ 四面体之间的连接在不同的条件与温度下呈现出不同的连接方式，石英可呈现出多种晶型，各晶型间的转变温度见图 2-10。

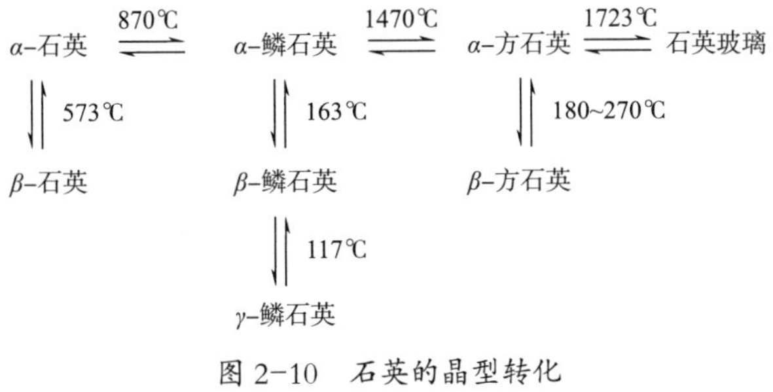

图 2-10 石英的晶型转化

石英在自然界中大部分以 $\beta-$ 石英的形态稳定存在，只有很少部分以鳞石英或方石英的介稳状态存在。上述的石英晶型转化根据其转化时的情况可以分为高温型的缓慢转化和低温型的快速转化两种。

①高温型的缓慢转化。见图 2-10 中的横向转化。这种转化由表面开始逐步向内部进行，转化后发生结构变化，形成新的稳定晶型，因而需要较高的活化能。转化进程缓慢，转化时体积变化较大，并需要较高的温度与较长的时间。为了加速转化，可以添加细磨的矿化剂或助熔剂。

②低温型的快速转化。见图 2-10 中的纵向转化。这种转化进行迅速，转化是在达到转化温度之后，晶体表里瞬间同时发生转化，结构不发生特殊变化，因而转化较容易进行，体积变化不大，转化为可逆的。

石英的晶型转化引起一系列物理化学变化，如体积、密度、强度等变化，其中对陶瓷生产影响较大的是体积变化，可由密度的变化计算出晶型转化的体积效应（表 2-11）。

表 2-11　石英晶型转化的体积效应（计算值）

缓慢转化	计算转化效应时的温度 /℃	该温度下晶型转化时的体积效应 /%	快速转化	计算转化效应时的温度 /℃	该温度下晶型转化时的体积效应 /%
$\alpha-$ 石英→$\alpha-$ 鳞石英	1000	+16.00	$\beta-$ 石英→$\alpha-$ 石英	573	+0.82
$\alpha-$ 石英→$\alpha-$ 方石英	1000	+15.04	$\gamma-$ 鳞石英→$\beta-$ 鳞石英	117	+0.20
$\alpha-$ 石英→石英玻璃	1000	+15.05	$\beta-$ 鳞石英→$\alpha-$ 鳞石英	163	+0.20
石英玻璃→$\alpha-$ 方石英	1000	-0.09	$\beta-$ 方石英→$\alpha-$ 方石英	150	+2.80

由表 2-11 所列计算值看出，属缓慢转化的体积效应值大，如在 $\alpha-$ 石英向 $\alpha-$ 鳞石英的转化中，体积膨胀达到 16%，而属快速转化的体积变化则很小，如 573℃的 $\beta-$ 石英向 $\alpha-$ 石英的转化的体积膨胀仅 0.82%。

单纯从数值上看，缓慢转化似会出现严重问题，但实际上由于它们的转化速度非常缓慢，同时转化时间也很长，再加上液相的缓冲作用，因而使得体积的膨胀进行缓慢，抵消了固体膨胀应力所造成的破坏作用，对生产过程的危害反而不大。而低温下的快速转化，虽然体积膨胀很小，但因其转化迅速，又是在无液相出现的干条件下进行转化，因而破坏性强，危害性大。

所有陶瓷制品在其煅烧过程中都不可能使石英顺次完成全部转化过程，而只能在本身的烧成温度范围内，实际转化为相应的晶型。我国普通陶瓷烧成温度一般都在 1300～1400℃，同时陶瓷坯料又是多组分配料，因此石英在烧成过程中的转化与理想状态下的转化差别很大。石英的实际转化见图 2-11。

(冷却后重新加热)
1000℃很慢
1200~1300℃明显
1500℃强烈
(无矿化剂)

β-方石英

150~275℃ ΔV=±2.8%

α-方石英 ← 半安定方石英

>1470℃

ΔV=+15.4%

半安定方石英

1050℃开始

1200~1300℃
较强烈

无矿化剂时
的干转化

石英玻璃

β-石英 573℃ α-石英

570℃

ΔV=±0.82%

700~900℃开始

1200~1400℃
十分明显

① ②

>1720℃

快
冷

半安定方石英

ΔV=+16%

有矿化剂时
的湿转化

熔融石英

1200~1400℃明显

快速加热时
1670℃以上

1200~1400℃强烈

高于850℃，有矿化剂时

α-鳞石英 ← 半安定方石英

163℃ ΔV=±0.2%

β-鳞石英

171℃ ΔV=±0.2%

γ-鳞石英

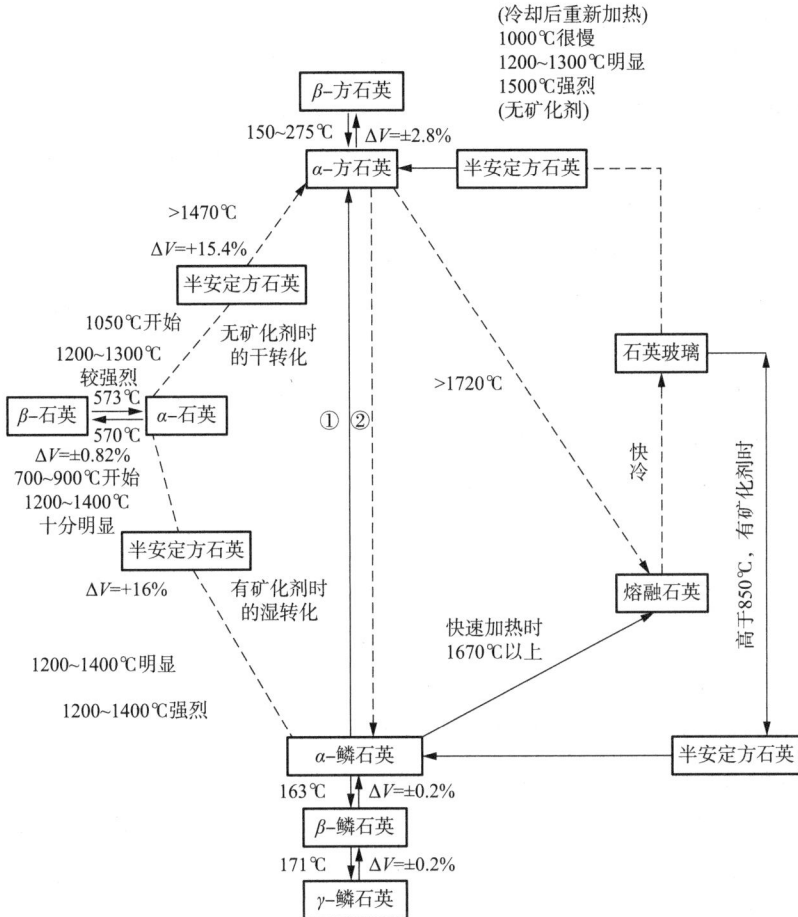

图 2-11 石英实际转化示意图

ΔV—体积膨胀值

注：① 1470 ~ 1500℃缓慢，长时间保温时转化完全，高于 1500℃时转化迅速；
    ② 1300℃以上可以看得出转化，1400 ~ 1470℃转化强烈（无矿化剂）。

从实际转化示意图可以看出，由 α- 石英转化为 α- 方石英或 α- 鳞石英时，不论有无矿化剂存在，都需先经由半安定方石英阶段，然后才能在不同的温度与条件下继续转化。

石英在转化为半安定方石英的过程中，石英颗粒会开裂。如果此时有矿化剂存在，矿化剂产生的液相就会沿着裂缝侵入内部，促使半安定方石英转化为鳞石英。假如无矿化剂存在或矿化剂很少时，就转化为方石英，而颗粒内部仍保持部分半安定方石英。

上述转化均在温度达到 1200℃之后明显进行，在 1400℃之后则强烈进行。就日用陶瓷来讲，烧成温度达不到使之继续充分转化的条件，因而实际上无法完成全部转化，所以得到的是半安定方石英晶型和少量其他晶型。在这一转化过程中，体积变化很大，可高达 15% 以上，无液相存在时破坏性很强，有液相存在时，由于表面张力的作用可减缓不良影响。

关于半安定方石英的研究，一般认为它是一种在鳞石英稳定温度范围内形成的，具有光学各向同性的方石英，结构接近方石英。形成温度在1200~1250℃，处于稳定状态，冷却后可以保持下来。

综上所述，掌握了石英的理论转化与实际转化之后，在指导生产上有一定的实际意义。可以利用它的加热膨胀作用，预先煅烧块状石英然后急速冷却，使其组织结构破坏，便于粉碎。一般预烧温度为1000℃左右，具体情况需视其温度、时间、冷却速度等因素而定。总的体积膨胀为2%~4%，这样的体积变化能使块状石英疏松开裂。此外，在制品烧成和冷却时，处于晶型转化的温度阶段，应适当控制升温与冷却速度，以保证制品不开裂。

3. 滚压特点与操作方法

石英是作为瘠性原料加入陶瓷坯料中的，是主要组分之一，在陶瓷生产中具有重要的作用。现概括如下：

①在烧成前是瘠性原料，可对泥料的可塑性起调节作用，能降低坯体的干燥收缩，缩短干燥时间并防止坯体变形。

②在烧成时，石英的加热膨胀可部分地抵消坯体收缩的影响，当玻璃质大量出现时，在高温下石英能部分熔解于液相中，增加熔体的黏度，而未熔解的石英颗粒，则构成坯体的骨架，可防止坯体发生软化变形等缺陷。

③在瓷器中，石英对坯体的机械强度有着很大的影响，合理的石英颗粒能大大提高坯体的强度，否则效果相反。同时，石英也能使瓷坯的透光度和白度得到改善。

④在釉料中二氧化硅是生成玻璃质的主要组分，增加釉料中的石英含量能提高釉的熔融温度与黏度，并降低釉的热膨胀系数。同时它是赋予釉以高的机械强度、硬度、耐磨性和耐化学侵蚀性的主要因素。

2.1.3　长石类原料

长石是陶瓷原料中最常用的熔剂性原料，在陶瓷生产中用作坯料、釉料、色料熔剂等的基本组分，用量较大，是陶瓷三大原料之一。

1. 长石的种类和一般性质

长石是地壳上分布广泛的造岩矿物，呈架状硅酸盐结构，化学成分为碱金属或碱土金属（主要是钾、钠、钙和少量钡）的铝硅酸盐，有时含有微量的铯、铷、锶等金属离子。自然界中，一般纯的长石较少，多数是以各类岩石的集合体产生，共生矿物有石英、云母、霞石、角闪石等，其中云母（尤其黑云母）与角闪石为有害杂质。

长石主要有钠长石、钾长石、钙长石和钡长石四种基本类型，见表2-12。其中，前三种居多，后一种较少。

表 2-12　长石类矿物的化学组成及性质

名称	化学式	密度（g/cm³）	莫氏硬度	外观色泽
钠长石	Na[AlSi₃O₈] 或 Na₂O·Al₂O₃·6SiO₂	2.61~2.64	6~6.5	无色
钾长石	K[AlSi₃O₈] 或 K₂O·Al₂O₃·6SiO₂	2.56	6	肉红、浅黄、灰白
钙长石	Ca[Al₂Si₂O₈] 或 CaO·Al₂O₃·2SiO₂	2.70~2.76	6~6.5	无色、白、灰白
钡长石	Ba[Al₂Si₂O₈] 或 BaO·Al₂O₃·2SiO₂	3.37	>6	白、无色

这几种基本类型长石，彼此可以混合形成固溶体。钠长石与钾长石在高温时可以形成连续固溶体，但温度降低时可混溶性减弱，固溶体会分解，这种长石也称条纹长石；钠长石与钙长石能以任何比例混溶，形成连续的类质同象系列，低温下也不分离，即常见的斜长石；钾长石与钙长石在任何温度下几乎都不混溶；钾长石与钡长石则可形成不同比例的固溶体，地壳上分布不广。

由于长石的互溶特性，地壳中单一的长石很少见，多数是几种长石的互溶物，按其化学组成和结晶化学特点，其中较重要的有两个亚族。

（1）钾钠长石亚族

钾长石分子的理论化学组成是 K_2O 16.9%，Al_2O_3 18.4%，SiO_2 64.7%。自然界的钾长石都混有钠长石。常见的钾钠长石有：

1）透长石

其成分中含钠长石可达 50%，单斜晶系，生成温度在 900~950℃以上，系高温型，产于喷出岩中。

2）正长石

其成分中含钠长石可达 30%，单斜晶系，生成温度在 650~900℃，系中温型，产于侵入岩和变质岩中。

3）微斜长石

其成分中含钠长石可达到 20%，三斜晶系，生成温度在 650C 以下，系低温型，多产于伟晶岩和变质岩中。

（2）斜长石亚族

钠长石和钙长石可以任意比例形成连续的类质同象系列，其化学式可写成（$100-n$）$Na[AlSi_3O_8] \cdot nCa[Al_2Si_2O_8]$，$n=0~100$。含钠长石在 90% 以上的，称为钠长石；含钠长石不足 10% 的，称为钙长石。含钠长石在 10%~90% 的混溶物，统称为斜长石。

生产中一般所称谓的钾长石，实际上是含钾为主的钾钠长石；而所谓的钠长石，实际上是含钠为主的钾钠长石。一般含钙的斜长石在日用陶瓷生产中较少用。我国各地所产的长石化学组成如表 2-13 所示。

表 2-13　我国各地主要长石的化学组成　　　　单位：%

序号	原料名称	产地	化学组成								
			SiO$_2$	Al$_2$O$_3$	K$_2$O	Na$_2$O	Fe$_2$O$_3$	TiO$_2$	CaO	MgO	灼减
1	营口长石	辽宁	63.67	19.27	11.58	—	0.85	—	1.36	3.27	—
2	山海关长石	河北	66.35	19.66	10.71	2.6	0.17	—	0.39	0.10	—
3	海城长石	辽宁	65.08	19.52	11.22	—	0.24	—	0.61	—	0.21
4	唐山长石	河北	66.74	18.90	7.67	0.98	0.30	—	—	0.45	—
5	北戴河长石	河北	66.80	19.13	14.63	0.63	0.28	—	0.19	0.14	0.48
6	莱芜长石	山东	64.71	23.26	10.87	—	0.45	—	0.60	—	0.30
7	祈县长石	山西	65.66	18.38	13.37	2.64	0.17	—	—	—	0.33
8	望城长石	湖南	63.41	19.18	13.79	2.36	0.17	—	0.36	痕	0.46
9	揭阳长石	广东	63.19	21.77	12.76	0.42	0.44	—	0.48	0.30	1.47
10	岳阳长石	湖南	64.28	20.44	13.72	—	0.36	—	0.83	0.08	0.28
11	衡山长石	湖南	66.29	20.95	0.90	9.58	0.02	—	0.97	0.64	0.37
12	资原长石	广西	65.91	17.89	13.96	—	0.21	—	0..34	0.20	0.77
13	平江长石	湖南	65.22	19.18	9.74	4.20	0.20	—	0.36	0.23	0.83
14	绥中长石	辽宁	65.62	19.42	8.97	4.85	0.71	0.04	0.20	0.24	0.44
15	闻喜长石	山西	64.62	19.98	8.72	4.15	0.17	0.26	0.62	0.32	0.35
16	包头长石	内蒙古	66.86	20.12	10.41	1.12	0.18	—	0.70	0.10	—
17	尾亚长石	新疆	65.83	18.94	10.10	4.23	0.39	—	—	—	0.51
18	张江川长石	甘肃	71.07	15.63	12.30	—	0.39	—	—	—	0.61
19	旺苍长石	四川	67.77	17.21	13.92	—	0.25	微	0.54	0.17	0.54

2. 长石的熔融特性

长石在陶瓷坯料中是作为熔剂使用的，在釉料中也是形成玻璃相的主要成分。为了使坯料便于烧结而又防止其变形，一般希望长石具有较低的熔化温度、较宽的熔融温度范围、较高的熔融液相黏度和良好的熔解其他物质的能力。因此，长石的熔融特性对于陶瓷生产来说具有很重要的意义。

从理论上讲，各种纯的长石的熔融温度分别为：钾长石 1150℃，钠长石 1100℃，钙长石 1550℃，钡长石 1715℃。但实际上，尽管长石是一种结晶物质，但因其经常是几种长石的互溶物，加之又含有一些石英、云母、氧化铁等杂质，所以陶瓷生产中使用的长石没有一个固定的熔点，只能在一个不太严格的温度范围内逐渐软化熔融，变为玻璃态物质。煅烧实验证明，长石变为滴状玻璃体时的温度并不低，一般在 1220℃以上，并依其粉碎细度、升温速度、气氛性质等条件而异，其熔融温度范围一般为：钾长石 1130～1450℃，钠长石 1120～1250℃，钙长石 1250～1550℃。

从上述可看出，钾长石的熔融温度不是太高，且其熔融温度范围宽。这与钾长石的熔融反应有关。钾长石从 1130℃开始软化熔融，在 1220℃时分解，生成白榴子石与 SiO_2 共熔体，成为玻璃态黏稠物，其反应如下：

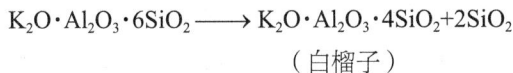

$$K_2O \cdot Al_2O_3 \cdot 6SiO_2 \longrightarrow K_2O \cdot Al_2O_3 \cdot 4SiO_2 + 2SiO_2$$
$$（白榴子）$$

温度再升高，逐渐全部变成液相。由于钾长石的熔融物中存在白榴子石和硅氧熔体，故黏度大，气泡难以排出，熔融物呈稍带透明的乳白色，体积膨胀 7%～8.65%。钾长石这种熔融后形成黏度较大的熔体，并且随着温度升高熔体的黏度逐渐降低的特性，在陶瓷生产中有利于烧成控制和防止变形。所以在陶瓷坯料中以选用正长石或微斜长石为宜。

钠长石的开始熔融温度比钾长石低，熔化时没有新的晶相产生，液相的组成和未熔长石的组成相似，形成的液相黏度较低，故熔融范围较窄，且其黏度随温度的升高而降低的速度较快，所以一般认为在坯料中使用钠长石容易引起产品变形。但钠长石在高温时对石英、黏土、莫来石的熔解最快、熔解度也最大，以之配合釉料是非常合适的。也有人认为钠长石的熔融温度低、黏度小，助熔作用更为良好，有利于提高瓷坯的瓷化程度和半透明性，关键在于控制好烧成制度，根据具体要求制订出适宜的升温曲线。

由于长石类矿物经常互相混熔，钾长石中总会掺入钠长石。如将长石原矿煅烧至熔融状态。可得到白色乳浊状和透明玻璃状的层状体。白色层为钾长石，而透明层为钠长石。在钾钠长石中若 K_2O 含量多，熔融温度较高，熔融后液相的黏度也大。若钠长石较多，则完全熔化成液相的温度就剧烈降低，即熔融温度范围变窄。另外，若加入氧化钙和氧化镁，则能显著地降低长石的熔化温度和黏度。图 2-12 显示出了不同长石的高温黏度变化值。

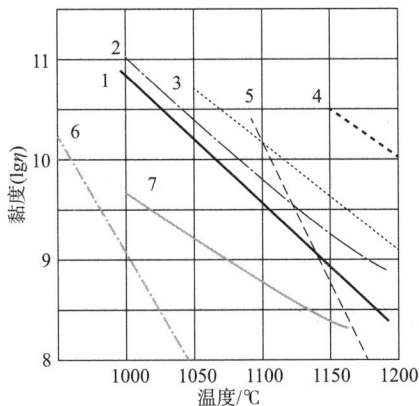

图 2-12　不同长石的高温黏度变化值

1—钾长石　2—钾长石 75%+石英 25%　3—钾长石 60%+石英 40%　4—钾长石 40%+石英 60%
5—钠长石　6—钾长石 98%+CaO 2%　7—钾长石 98%+MgO 2%

钙长石的熔化温度较高，高温下的熔体不透明，黏度也小，冷却时容易析晶，化学稳定性也差。斜长石的化学组成波动范围较大，无固定点，熔融范围窄，溶液黏度较小，配成瓷件的半透明性强，强度较大。

日用陶瓷一般选用含钾长石较多的钾钠长石，一般要求 K_2O 与 Na_2O 总量不小于 11%，其中 K_2O 与 Na_2O 的质量比大于 3，CaO 与 MgO 总量不大于 1.5%，Fe_2O_3 含量在 0.5% 以下为宜。在选用时，应对长石的熔融温度、熔融温度范围及熔体的黏度作熔烧实验。陶瓷生产中适用的长石要求共熔融温度低于 1230℃，熔融温度范围应不小于 30 ~ 50℃。

3. 长石在陶瓷生产中的作用

长石在陶瓷原料中是作为熔剂使用的，因而在陶瓷生产中的作用主要表现为它的熔融和熔化其他物质的性质。

①长石在高温下熔融，形成黏稠的玻璃熔体，是坯料中碱金属氧化物（K_2O、Na_2O）的主要来源，能降低陶瓷坯体组分的熔化温度，有利于成瓷和降低烧成温度。

②熔融后的长石熔体能熔解部分高岭土分解产物和石英颗粒（其熔解的百分比见表 2-14）。液相中 Al_2O_3 和 SiO_2 互相作用，促进莫来石晶体的形成和长大，赋予坯体一定的机械强度和化学稳定性。

表 2-14 长石熔体对黏土、石英的熔解度 单位：%

被熔解的物质	1300℃的熔解度		1500℃的熔解度	
	钾长石	钠长石	钾长石	钠长石
黏土分解产物	15 ~ 20	25 ~ 33	40 ~ 50	60 ~ 70
石英	5 ~ 10	8 ~ 15	15 ~ 25	18 ~ 28

③长石熔体能填充于各结晶颗粒之间，有助于坯体致密和减少空隙。冷却后的长石熔体构成了瓷的玻璃基质，增加了透明度，并有助于瓷坯机械强度和电气性能的提高。

④在釉料中长石是主要熔剂。

⑤长石作为瘠性原料，在生坯中还可以缩短坯体干燥时间，减少坯体的干燥收缩和变形等。

2.1.4 其他矿物原料

1. 硅酸盐类原料

（1）滑石

滑石是镁的含水硅酸盐矿物，其化学通式为 $3MgO \cdot 4SiO_2 \cdot H_2O$，结构式为 $Mg_3[Si_4O_{10}](OH)_2$，理论化学组成为 MgO 31.88%，SiO_2 63.37%，H_2O 4.74%。成分中常含有铁、铝、锰、钙等杂质。滑石属单斜晶系，晶体呈六方或菱形板状，常呈两种形态产出，一种为粗鳞片状，另一种为细鳞片致密块状集合体（称块滑石）。纯净的滑石为白色，含有杂质时一般为淡绿、浅黄、浅灰、淡褐等。具有脂肪光泽，富滑腻感，莫氏硬度为1，密度 $2.7 \sim 2.8g/cm^3$。

滑石在加热时，于600℃左右开始脱水，在 $880 \sim 970$℃时结构水完全排出，滑石分解为偏硅酸镁和 SiO_2，反应式如下：

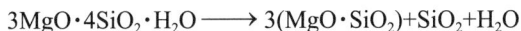

$$3MgO \cdot 4SiO_2 \cdot H_2O \longrightarrow 3(MgO \cdot SiO_2) + SiO_2 + H_2O$$

偏硅酸镁有三种晶型，即原顽火辉石、顽火辉石及斜顽火辉石。滑石加热脱水后先转变为顽火辉石，顽火辉石可在1260℃左右转变为原顽火辉石，原顽火辉石是高温稳定形态，在冷却时，原顽火辉石可转变为低温稳定的斜顽火辉石或顽火辉石。在原顽火辉石变为斜顽火辉石或顽火辉石时，伴随有较大的体积变化。斜顽火辉石为斜短柱状无色晶体。莫氏硬度6，密度 $3.19g/cm^3$，1557℃熔融。

滑石在普通日用陶瓷中一般作为熔剂使用，在细陶瓷坯体中加入少量滑石，可降低烧成温度，在较低的温度下形成液相，加速莫来石晶体的生成，同时扩大烧结温度范围，提高白度、透明度、机械强度和热稳定性。在精陶坯体中如用滑石代替长石（即镁质精陶），则精陶制品的湿膨胀倾向将大为减少，釉的后期龟裂风险也可相应降低。在陶瓷釉料中加入滑石可改善釉层的弹性、热稳定性，增宽熔融温度范围。

滑石在镁质瓷中是作为主要原料使用的。滑石在镁质瓷中不仅是瘠性原料，而且能与黏土在高温下反应生成镁质瓷的主晶相，根据滑石与黏土的使用比例不同（滑石用量可达34%～90%），可制成堇青石（ $2MgO \cdot 2Al_2O_3 \cdot 5SiO_2$ ）质耐热瓷、用于高频绝缘材料的原顽火辉石 – 堇青石质瓷和块滑石瓷（原顽火辉石瓷）以及日用滑石质等。

由于滑石多是片状结构，破碎时易呈片状颗粒并较软，故不易粉碎。在陶瓷制品成型过程中极易趋于定向排列，烧成时产生各向异性收缩，往往引起制品开裂。故在使用时常采用预烧的方法来破坏滑石的原片状结构。预烧温度随各产地原料组织结构不同可在1200～1400℃变化。

滑石是制造镁质瓷的主要原料，在普通陶瓷的坯料中也可加入少量以改善性能。

（2）蛇纹石

蛇纹石与滑石同属镁的含水硅酸盐矿物，结构式为 $Mg_3[Si_2O_5](OH)_4$，化学通式 $3MgO \cdot 2SiO_2 \cdot 2H_2O$，理论化学组成是 MgO 43.0%，$SiO_2$ 44.1%，H_2O 12.9%。常含铁、钛、镍等杂质，铁含量较高。

蛇纹石属单斜晶系，晶体发育不完全，呈微细的鳞片状和纤维状集合体，有的呈致密块状，有时夹杂极薄的石棉细脉。一般蛇纹石性质较柔软，外观呈绿色或暗绿色，叶片状蛇纹石呈灰、浅黄、淡棕、淡蓝等颜色，具有玻璃或脂肪光泽。莫氏硬度 2.5~3.0，密度 2.5~2.7g/cm³。

蛇纹石在加热过程中，温度在 500~700℃时失去结构水，在 1000~1200℃时分解为镁橄榄石（一种橄榄绿色、硬度为 6.5~7 的架状硅酸镁，熔点 1910℃）与游离 SiO_2，1200℃之后，游离 SiO_2 与部分镁橄榄石结合生成顽火辉石，总反应式如下：

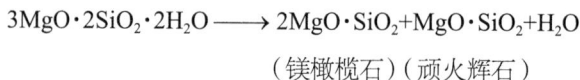

$$3MgO \cdot 2SiO_2 \cdot 2H_2O \longrightarrow 2MgO \cdot SiO_2 + MgO \cdot SiO_2 + H_2O$$
$$\text{（镁橄榄石）（顽火辉石）}$$

蛇纹石的成分与滑石有一定的相似之处，但由于其铁含量高（可达 7%~8%），一般只用作碱性耐火材料，也可用于制造有色的炻瓷器、地砖、耐酸陶器以及堇青石质匣钵等，蛇纹石在使用时与滑石一样也需预烧，预烧温度约 1400℃，以破坏其鳞片状和纤维状结构。它也可以在陶瓷配料中代替滑石使用。

（3）硅灰石

硅灰石是偏硅酸钙类矿物，化学通式为 $CaO \cdot SiO_2$，理论化学组成：CaO 48.25%，SiO_2 51.75%。天然硅灰石通常存在于变质石灰岩中，由酸性岩浆和方解石发生变质交代作用而生成。天然硅灰石由于常与透辉石、石榴石、绿廉石、方解石、石英等共存，故还含有 Fe_2O_3、Al_2O_3、MgO、MnO 及 K_2O、Na_2O 等。

硅灰石矿物包括 $CaSiO_3$ 的两种同质多相变体。高温变体即 β-$CaSiO_3$，属于三斜晶系，具有三个 [SiO_4] 四面体形成的三方环 [Si_3O_9]$^{6-}$ 结构，称为环硅灰石；低温变体即 α-$CaSiO_3$，有两种形态，一种为三斜晶系，另一种为单斜晶系，都具有由 [SiO_4] 四面体形成的单链 [Si_3O_9]$_n^{6n-}$ 结构，只是单链的堆积方式有所不同。β-$CaSiO_3$ 和 α-$CaSiO_3$（单斜晶系）在自然界中较少见，一般说的硅灰石指的是 α-$CaSiO_3$（三斜晶系）。硅灰石单晶体呈板状或片状，集合体呈片状、纤维状、块状或柱状等。颜色通常为白色、灰白色，具有玻璃光泽，莫氏硬度 4.5~5.0，密度 2.8~2.9g/cm³，熔点 1540℃。

硅灰石作为碱土金属硅酸盐，在普通陶瓷坯体中可起助熔作用，降低坯体的烧结温度，用它代替方解石和石英配釉时，釉面不会因析出气体而产生釉泡和针孔。但若用量过多会影响釉面的光泽。

硅灰石在陶瓷中大多是作为陶瓷坯体的主要原料使用。硅灰石可与黏土配成硅灰石质坯料，由于硅灰石本身不含有机物和结构水，而且干燥收缩和烧成收缩都很小，仅为 $6.7 \times 10^{-6}/℃$（室温~800℃），因此其坯料很适宜快速烧成，特别适用于薄陶瓷制品。另外，在烧成后生成的硅灰石针状晶体，在坯体中交叉排列成网状，使产品的机械强度提高，同时所形成的含碱土金属氧化物较多的玻璃相，其吸湿膨胀也小。这些特点使硅灰石在陶瓷工业中的用途颇广，可用于制造釉面砖、日用陶瓷、低损耗无线电陶瓷等，也有用来生产卫生陶瓷、磨具、火花塞等。

硅灰石坯体存在的主要问题是烧成温度范围较小。加入 Al_2O_3、ZrO_2、SiO_2 或钡锆硅酸盐等可提高坯体中液相的黏度，扩大硅灰石质瓷的烧成温度范围。

（4）透辉石

透辉石是偏硅酸钙镁，化学通式为 $CaO \cdot MgO \cdot 2SiO_2$，结构式为 $CaMg[Si_2O_6]$，理论化学组成为：CaO 25.9%，MgO18.5%，SiO_2 55.6%。透辉石与硅灰石一样都属于链状结构硅酸盐矿物。透辉石主要形成于接触交代过程，也可是硅质白云岩热变质的产物。透辉石常与含铁的钙铁辉石系列矿物共生，故常含有铁、锰、铬等成分。透辉石属单斜晶系，晶体呈短柱状，集合体呈粒状、柱状、放射状，色呈浅绿或淡灰，当钙铁辉石含量较高时颜色较深。玻璃光泽，莫氏硬度 6~7，密度 $3.3g/cm^3$，透辉石无晶形转变，纯透辉石熔融温度为 1391℃。

透辉石在普通陶瓷中的应用与硅灰石类似，既可作为助熔剂使用，也可作为主要原料。由于透辉石与硅灰石性质相似，不含有机物和结构水，膨胀系数也不大（250~800℃时为 7.5×10^{-6}/℃），收缩小，热效应也较小，故透辉石坯料可制成低温烧成的陶瓷坯体，亦宜于快速烧成，尤其在釉面砖生产中得到了广泛应用。

由于透辉石中的 Mg^{2+} 可与 Fe^{2+} 进行完全类质同相置换，天然产出的透辉石中都含有一定量的铁，所以在生产白色陶瓷制品时，需要对透辉石原料进行控制和选择。

（5）透闪石

透闪石为含水的钙镁硅酸盐，属于角闪石族单斜角闪石亚族，其化学通式为 $2CaO \cdot 5MgO \cdot 2SiO_2 \cdot H_2O$，结构式为 $Ca_2Mg_5[Si_4O_{11}]_2(OH)_2$，理论化学组成为：$CaO$ 13.8%，MgO 24.6%，SiO_2 58.8%，H_2O 2.8%，FeO 的含量有时可达 3%，还有少量 Na、K、Mn 等，其中羟基也可由 F、Cl 等置换。透闪石属单斜晶系，晶体呈长柱状、针状，有时呈毛发状。通常呈柱状、放射状或纤维状集合体，有时形成致密隐晶粒块状体，称为软玉。透闪石色白或灰，莫氏硬度 5~6，密度 $3g/cm^3$ 左右。

透闪石是典型的变质矿物，主要由接触交代变质作用形成，原岩中含有 Si、Ca、Mg 时，也可通过区域变质作用形成。透闪石可产于不纯石灰岩或白云岩中，或产于结晶片岩中，常与滑石共生。也可产于火成岩中，为由橄榄石、辉石等因热液蚀变构成的二次矿物。故透闪石可能伴生有方解石、白云石，也可能伴生透辉石或橄榄石以及石英等。

透闪石作为钙镁硅酸盐在陶瓷中的应用与硅灰石、透辉石相似，常作为釉面砖的主要原料使用。但因晶体结构中有少量结构水，其排出温度较高（1050℃），故可能不适于一次低温快烧。另外，透闪石矿常有其他碳酸盐伴生，使坯体烧失量大，气孔率难以控制，也难以实现快烧，在使用前应注意检选。由于常见的透闪石与硅灰石一样，呈放射状或纤维状集合体，风化后虽易破碎，但不易磨细，且硬度较高，对设备磨损较大。

（6）硅线石

硅线石为无水铝硅酸盐矿物，其化学通式为 $Al_2O_3 \cdot SiO_2$，理论化学组成为 Al_2O_3 62.9%，SiO_2 37.1%。

硅线石类矿物是由氧化铝水成岩受变质作用形成的，存在于变质岩中，属于高温变质矿体，一般矿床中含量较少，大都在 10%～40%，所以都需要选矿后使用。多与锆英石、石榴石、尖晶石、云母、石英等矿物共生。此外，还常混有水铝石、叶蜡石、电气石、磁铁矿、赤铁矿、黄铁矿等杂质。外观随共生矿物的不同呈现橙红、灰褐等颜色，质脆有韧性，有透明与不透明的，并呈玻璃光泽。

硅线石具有三种同质异晶体，分别是硅线石、蓝晶石和红柱石，它们的化学组成完全相同，区别在于物理化学性质，见表 2-15。

表 2-15　硅线石类矿物的物理化学性质

名称	晶系	晶状	莫氏硬度	密度 /（g/cm³）
硅线石	斜方	针状、纤维状	6～7	3.2～3.25
蓝晶石	三斜	刃片状	4.7～7	3.5～3.6
红柱石	斜方	柱状	7～7.5	3.1～3.2

蓝晶石与红柱石在一定的温度下可转化为硅线石。蓝晶石转化温度为 1478℃，红柱石转化温度为 1300℃，为非可逆性转化。继续升温至 1500～1550℃，硅线石开始转变为莫来石和方石英（或石英玻璃），转化过程是颗粒内外同时进行。在长时间的保温和有熔剂（Fe_2O_3、TiO_2 等）的情况下，加热到 1300℃以上时蓝晶石或红柱石可以不经过硅线石而直接转化为莫来石，但转化速度很缓慢，而且只是颗粒表面转化的程度较显著。

硅线石在加热过程中会产生一定的体积膨胀，因此一般采取预先煅烧的方法来消除其影响。硅线石族矿物原料 Al_2O_3 含量高，又能在高温下转变为莫来石，可用于合成莫来石或配制高铝耐火材料与窑具。

（7）锆英石

锆英石的化学式为 $ZrSiO_4$，理论化学组成为 ZrO_2 67.2%，SiO_2 32.8%。

由于含有微量 U、Th 等放射性元素，因而带有微量放射性。

它主要是酸性火成岩风化后，其母岩中的锆英石随着独居石、钛铁矿、金红石及石榴石等冲积至河床或海岸形成的沉积矿床。锆英石属四方晶系，莫氏硬度 7~8，密度 3.9~4.9g/cm³。由于含有杂质而呈现不同颜色，有无色的，亦有淡黄、浅灰、淡黄绿、棕黄和淡红褐色。

锆英石加热至 1540~2000℃发生分解，纯度、研究方法和试验条件不同，得到的分解产物也不同。根据克尔斯（C.E.Curtis）和索维曼（H.G.sowaman）的测定，高纯度锆英石约自 1540℃开始缓慢分解，1700℃迅速分解，并随温度升高分解量增大，于 1870℃分解达 95%，分解产物是单斜 ZrO_2 和非晶质 SiO_2。

锆英石作为普通陶瓷釉料的乳浊剂被广泛使用，加入量一般为 10%~16%。此外，还可提高釉的白度和耐磨性，增大釉面抗龟裂性和釉面硬度。

2. 碳酸盐类原料

（1）方解石与石灰石

方解石的主要成分为碳酸钙 $CaCO_3$，理论化学组成为 CaO 56%，CO_2 44%。常含镁、铁、锰、锌等杂质。属于此组成的还包括冰洲石、石灰石、石笋、钟乳石、白奎、大理石、霰石等。

方解石属三方晶系，晶体呈菱面体，有时呈粒状或板状。一般为白色，当含有杂质时可呈灰、黄、浅红、绿、蓝、紫和黑等颜色。具有玻璃光泽，解理面为珍珠光泽，性脆，莫氏硬度为 3，密度 2.6~2.8g/cm³。

方解石在冷稀盐酸中极易溶解并急剧起泡。将方解石加热至 850℃左右开始分解，放出 CO_2 气体，950℃左右反应激烈。方解石在坯料中于分解前起瘠化作用，分解后起熔剂作用。方解石能和坯料中的黏土及石英在较低温度下起反应，缩短烧成时间，并能增加产品的透明度，使坯釉结合牢固。在制造石灰质釉陶器时，方解石的用量可达 10%~20%，制造软质瓷器时为 1%~3%。

方解石在釉料中是一个重要原料。在高温釉中能增大釉的折射率，提高光泽度，并能改善釉的透光性。但若配合不当，则易出现乳浊现象（析晶）。单独作熔剂时，在煤窑或油窑中易引起阴黄、吸烟。

石灰石是石灰岩的俗称，为方解石微晶或潜晶聚集块体，无解理，多呈灰白色、黄色等。质坚硬，其作用与方解石相同，但纯度较方解石差。

（2）白云石

白云石是 $CaCO_3$ 和 $MgCO_3$ 的复合盐，化学通式为 $CaMg(CO_3)_2$，理论化学组成为 CaO 30.41%，MgO 21.87%。

白云石矿分布广泛，蕴藏量大。莫氏硬度 3.5~4.0，密度 2.8~2.9g/cm³，性脆，遇稀酸微微起泡。白云石为无色或白色，含铁者为黄褐色或褐色，含锰者略现淡红色，有时为灰色或绿色，玻璃至珍珠光泽。按 m（CaO）$/m$

（MgO）比值的不同，白云石原料可分为白云石（比值约为 1.39）、镁质白云石（比值小于 1.39）和石灰质白云石（比值大于 1.39）三种。

白云石在加热过程中发生分解，反应过程如下：

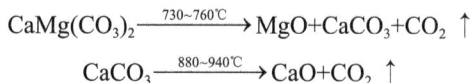

$$CaMg(CO_3)_2 \xrightarrow{730\sim760℃} MgO+CaCO_3+CO_2\uparrow$$

$$CaCO_3 \xrightarrow{880\sim940℃} CaO+CO_2\uparrow$$

由于原料化学组成、晶体结构与岩石构造上的差别，各种白云石的分解温度不完全一致。分解产物 CaO、MgO 呈游离态，且晶格缺陷较多，发育不完全，结构疏松，密度较低（仅为 $1.45g/cm^3$ 左右），气孔率较大（大于 50%）。外观呈白色粉块，化学活性很高，在大气中极易水化，温度继续升高，晶格缺陷得到校正，晶体发育长大，密度大大提高，活性下降，水化变缓。

白云石能降低坯体的烧成温度，增加坯体透明度，促进石英的熔解及莫来石的生成。用白云石代替坯内的 $CaCO_3$ 组分，可以使坯体的烧结温度范围扩大 $20\sim30℃$。

白云石也是瓷釉的重要原料，可以代替方解石。加入白云石的釉不会乳浊，但慢冷时釉中会析出少量针状莫来石，能提高釉的热稳定性以及在一定程度上防止吸烟。

（3）菱镁矿

菱镁矿是一种天然矿石，化学通式为 $MgCO_3$，理论化学组成为 MgO 47.82%，CO_2 52.18%。

天然菱镁矿可分为晶质或隐晶质。晶质菱镁矿属三方晶系，呈菱面体晶形，莫氏硬度 $3.4\sim5.0$，密度 $2.96\sim3.12g/cm^3$，沿棱面解理完全，具有玻璃光泽，伴生矿物主要有白云石、石灰石，此外还有石英和滑石。蛋白石是隐晶质菱镁矿常见的杂质。菱镁矿可与菱铁矿形成连续固溶体，随着铁矿含量的增加，密度和折射率也提高。从化学组成看，菱镁矿最常见的杂质是 CaO、SiO_2、Fe_2O_3、Al_2O_3 等，由于所含杂质不同，颜色可以由白到浅灰、暗灰、黄或灰黄色。

菱镁矿煅烧时，从 350℃ 开始分解，伴有很大的体积收缩，反应式如下：

$$MgCO_3 \longrightarrow MgO+CO_2\uparrow$$

温度达到 $550\sim650℃$ 时，反应激烈，至 1000℃ 时分解完全。生成的轻烧 MgO，质地疏松，化学活性大。继续升温，MgO 体积收缩，化学活性减小，密度增加。同时菱镁矿中 CaO、SiO_2、Fe_2O_3 等杂质与 MgO 逐步生成低熔点化合物。至 $1550\sim1650℃$ 时，MgO 晶格缺陷得到校正，晶粒逐渐发育长大，组织结构致密，生成以方镁石为主要矿物的烧结镁石。

由于菱镁矿的分解温度比方解石低，所以含有菱镁矿的陶瓷坯料在烧结开始前就停止逸出 CO_2。用菱镁矿代替部分长石，可降低坯料的烧结温度，并减少液相数量。另外，MgO 还可以减弱坯体中由于铁、钛等化合物所产生的黄色，促进坯体的半透明性。提高坯体的机械强度。在釉料中加入 Mg，可增宽熔融温度范围，改善釉层的弹性和热稳定性。

菱镁矿不仅是制造耐火材料的重要原料，也是新型陶瓷工业中用于合成尖晶石（$MgO \cdot Al_2O_3$）、钛酸镁（$MgO \cdot TiO_2$）和镁橄榄石瓷（$2MgO \cdot SiO_2$）等的主要原料，同时作为辅助原料和添加剂被广泛应用。

3. 碳酸盐类原料

（1）骨灰

骨灰是脊椎动物骨骼经一定温度煅烧后的产物。其中绝大部分有机物被烧掉，而剩下的主要成分是羟基磷灰石，结构式为 $Ca_{10}(PO_4)_6(OH)_2$，另有少量的氟化钙、碳酸钙、磷酸镁等。另有一种看法认为骨头主要成分的结构式为 $Ca_4(PO_4)_2(HPO_4)_{0.4}(CO_3)_{0.6}$，这与羟基磷灰石中的 Ca 与 P 之摩尔比是一致的，也与天然骨中的碳酸盐含量是一致的。

生产中使用的骨灰是牛、羊、猪等骨骼先在 900～1000℃温度下用蒸汽蒸煮脱脂，然后在 900～1300℃下煅烧，球磨机细磨后，经水洗、除铁、陈化、烘干备用。煅烧时一定要通风良好，避免炭化发黑。一般骨胶厂提取骨胶后的骨渣，也可使用。

骨灰瓷以骨灰为主要原料，用量可达整个坯料的一半左右，是骨灰瓷中主晶相 β-$Ca_3(PO_4)_2$ 的主要来源。骨灰在细磨后呈微弱可塑性，为了保证骨灰瓷坯料的成型塑性，需加入一定量的增塑黏土。实践证明骨灰的加工处理（包括蒸煮、煅烧、细磨等）与坯料的可塑性有很大关系。另外，骨灰的用量对骨灰瓷制品的色调、透明度以及烧成温度和强度等也都有较大影响。

骨灰作为原料其本身是难熔的，β-$Ca_3(PO_4)_2$ 的熔融温度可达 1720℃，可是在普通黏土坯料中骨灰用量较少时（2%～20%）可作为一种强助熔剂使用。

（2）磷灰石

磷灰石是天然磷酸钙矿物，化学通式为 $Ca_5[PO_4]_3(F,Cl,OH)$。可按成分中附加阴离子的不同分类，常见的有氟磷灰石 $Ca_5[PO_4]_3F$ 和氯磷灰石 $Ca_5[PO_4]_3Cl$，另外尚有羟基磷灰石 $Ca_5[PO_4]_3(OH)$ 和碳酸磷灰石 $Ca_5[PO_4]_3(CO_3)$ 等。通常以氟磷灰石居多。

磷灰石系六方晶系，呈六方柱状或粒状集合体，柱面具有纵的条纹，解理不完全。外观呈灰白或黄绿、浅蓝、紫等色。具有玻璃光泽，亦有土状光泽，性脆，莫氏硬度为 5，密度 $3.18～3.21g/cm^3$。

磷灰石与骨灰的化学成分相似，可部分替代骨灰作骨灰瓷，坯体的透明度很好，但形状的稳定性较差。同时，因含有一定量的氟，不利于作为坯料使用，常有针孔、气泡或发阴现象，选择原料时必须注意。

将磷灰石少量引入长石釉中,能提高釉面光泽度,使釉具有柔和感,但用量不宜过多,如 P_2O_5 含量超过 2% 时,易使釉面发生针孔、气泡,还会使釉难熔。

4. 长石的代用品

(1)伟晶花岗岩

伟晶花岗岩是一种颗粒很粗的岩石(与细晶花岗岩相对应)。其矿物成分主要是石英、正长石、斜长石以及少量的白云母等,其中石英含量波动较大。适用于陶瓷工业的伟晶花岗岩中,一般石英含量为 25% ~30%,长石含量为 60%~70%,并含有少量杂质。

伟晶花岗岩的组成中以 Fe_2O_3 最为有害,使用时应磁选,如含黑云母时须考虑筛选。一般要求 Fe_2O_3 控制在 0.5% 以下,碱成分不小于 8%,CaO 含量不大于 2%,游离石英不大于 30%。$m(K_2O)/m(Na_2O)$(质量比)不小于 2%。

(2)霞石正长岩

霞石正长岩的矿物组成主要为长石类(正长石、微斜长石、钠长石)及霞石 $[(Na,K)AlSiO_4]$ 的固溶体。次要矿物为辉石、角闪石等。它的外观是浅灰绿或浅红褐色,有脂肪光泽。

霞石正长岩在 1060℃ 左右开始熔化,随着碱含量的不同而变化,在 1150~1200℃ 内完全熔融。由于霞石正长岩中 Al_2O_3 的含量比正长石高(一般在 23% 左右),以及几乎不含游离石英,而且高温下能熔解石英,故其熔融后的黏度较高。用霞石正长岩代替长石使用,可使坯体烧成时不易沉塌,产品不易变形,热稳定性好,机械强度有所提高。但它的含铁量往往较多,需要精选。

(3)酸性玻璃熔岩

这类原料属火成玻璃质岩石,主要由玻璃质组成,含 SiO_2 较多,一般为 65%~75%。碱金属氧化物含量较高(可高达 8%~9%),含铁钛等着色氧化物较少。这类熔岩包括珍珠岩、松脂岩、黑曜岩、浮岩(又称浮石)等。

(4)含锂矿物

常用的含锂矿物有锂辉石和锂云母两种。

1)锂辉石

锂辉石的化学式为 $LiAl(SiO_3)_2$,理论化学组成为 Li_2O 8.02%,SiO_2 64.58%,Al_2O_3 27.40%,尚有钾、钠、镁、锰、铁等杂质。锂辉石有三种同质多晶体,即 α-锂辉石、β-锂辉石及 γ-锂辉石,其中 α-锂辉石是低温稳定变体,仅存在于自然界,在地质学上通常称为锂辉石,属于单斜晶系,链状结构。β-锂辉石是高温稳定变体,属于四方晶系,架状结构。γ-锂辉石为高温亚稳态变体，属于六方晶系，架状结构。自然界中的锂辉石晶质粗大，常呈长柱状，集合体呈板状和致密块状。颜色为浅灰白色，常带浅绿和黄绿等色调。莫氏硬度 6.5～7.0，密度 3.13～3.2g/cm³。

$\alpha-$ 锂辉石在加热过程中，于 850℃开始转化为 $\beta-$ 锂辉石，1000℃时转化趋于完全，此时出现亚稳态 $\gamma-$ 锂辉石，1100℃时 $\gamma-$ 锂辉石转化为 $\beta-$ 锂辉石，加热到 1430℃时达到不一致熔融，其中的 $\beta-$ 锂辉石视矿物杂质含量多少可为 $\beta-$ 锂辉石固溶体。

2）锂云母

锂云母又称鳞云母，是一种富含挥发成分的三层型结构状硅酸盐，其化学式为 $KLi[Al(OHF)_2]Al(SiO_3)_3$，化学组成不定，$Li_2O$ 1.2%～5.9%，SiO_2 46.9%～60.60%，Al_2O_3 11.3%～28.8%，K_2O 4.8%～13.9%，H_2O 0.6%～3.2%，成分中尚含有氟，有时含有铷和铯。

锂云母为单斜晶系，晶体呈板状或短柱状，通常呈片状或细鳞片状集合体产出。颜色呈玫瑰色、浅紫色，有时为白色。莫氏硬度 2.5～4.0，密度 2.8～2.9g/cm³。烧后常呈黄玉色，于 1300℃完全熔化。

由于锂的原子量小，化学活性强，且 Li^+ 具有很高的静电场，有非常强的熔剂化作用，因此能显著降低材料的烧结和熔融温度，提高釉的流动性。此外，Li^+ 半径小，使一般含锂矿物都具有很低的甚至负的热膨胀特性。在陶瓷坯釉中引用含锂矿物，能改善釉面性能，如降低热膨胀系数、提高耐热急变性、提高釉的显微硬度与光泽度及釉的化学稳定性。如果在陶瓷坯料中加入 60%～80% 的锂辉石，瓷坯的热膨胀系数可以小于 2×10^{-6}℃，甚至接近于零膨胀。

含锂矿物广泛用于抗热震性能好、尺寸公差小的工业陶瓷领域，如窑炉的加热部件、汽轮机叶片、火花塞、喷气飞机的喷嘴、微波炉托盘、耐热炊具等。

（5）风化长石（瓷石）

瓷石的化学组成接近一般瓷器成分，它是长石类矿物风化生成高岭石的中间过渡产物。

瓷石的矿物组成主要是石英和水云母类矿物（绢云母、伊利石），并含有若干高岭石、长石及少量碳酸盐。绢云母的存在使瓷石具有一定的可塑性，烧成时绢云母中的 K_2O 和长石中的碱性成分产生熔剂作用，游离石英起减黏作用，生产瓷器的三种作用兼而有之。由于其本身就含有构成瓷坯的各种成分，并具有制瓷工艺与烧成所需的性质，在我国很早就用于瓷器生产。

但瓷石的风化程度不够完全，以之单独成瓷，可塑性难以满足成型性能的要求，同时因 Al_2O_3 含量不足，成瓷温度低，烧成时易变形。但若同时采用多量高岭土，利用瓷石与黏土配料，完全可以不用长石和石英而生产出很好的瓷器。

5. 高铝矾土

高铝矾土的主要矿物组成是水铝石（$\alpha-Al_2O_3 \cdot H_2O$）和高岭石（$Al_2O_3 \cdot 2SiO_2 \cdot 2H_2O$）。此外，还存在一些次要矿物，有波美石（$\gamma-Al_2O_3 \cdot H_2O$）、迪开石（$Al_2O_3 \cdot 2SiO_2 \cdot 2H_2O$）、三水铝石（$Al_2O_3 \cdot 3H_2O$）、金红石（$TiO_2$）、含铁矿物（褐铁矿、黄铁矿、赤铁矿、菱铁矿等），以及滑石、长石、方解石、白云母、绢云母等。一般 Al_2O_3 含量在 45%～80%，SiO_2 含量在 1%～40%，杂质总量在 2.5%～6.0%。杂质中 TiO_2 含量在 1.5%～3.6%，随 Al_2O_3 含量增加而递增，常以细分散状态分布于主要矿物之间。其他杂质与 Al_2O_3 含量无直接关系。含铁杂质往往分布极不均匀。CaO 和 MgO 含量较低，一般都在 0.3%～0.5% 以下。K_2O 和 Na_2O 含量也很低，但个别产地的矾土中含量较高，可达 0.5% 以上。

高铝矾土中的水铝石，晶体呈粒状、片状以及针状，一般在 0.012～0.06mm，以隐晶质或胶质状存在。高铝矾土中的高岭石，结晶发育程度各有不同，通常晶粒细小。矾土的组织结构差别很大，通常是水铝石质和高岭石—水铝石质两类矾土较均匀致密；水铝石—高岭石质则较不均匀，多鲕状结构，硬度很大，很难破碎。

高铝矾土在煅烧过程中发生一系列物理化学变化，大致可分为三个阶段，即分解、二次莫来石化及重结晶烧结。

（1）分解阶段

高铝矾土的脱水一般开始于 400℃，450～600℃ 时激烈进行，在 700～800℃ 完成。水铝石脱水后形成的刚玉相仍保持水铝石的外形，当温度超过 1100℃ 后，逐渐转变为刚玉。水铝石和高岭石的分解反应如下：

$$\alpha-Al_2O_3 \cdot H_2O \longrightarrow \alpha-Al_2O_3 + 2H_2O（400～500℃）$$

（刚玉假相）

$$3（Al_2O_3 \cdot 2SiO_2 \cdot 2H_2O）\longrightarrow 3（Al_2O_3 \cdot 2SiO_2）+ 6H_2O$$

$$\downarrow >950℃$$

$$3Al_2O_3 \cdot 2SiO_2 + SiO_2$$

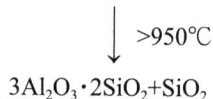

（2）二次莫来石化阶段

二次莫来石化是指高铝矾土中所含高岭石分解并转变为莫来石后，析出的 SiO_2 与水铝石分解后形成的刚玉相作用形成莫来石的过程。一般开始于 1200℃，1400～1500℃ 完成。伴随二次莫来石的生成，产生较大的体积膨胀（约 10%），导致结构疏松，气孔率增大，这是高铝矾土难烧结的主要原因。其反应过程可用图 2-13 表示。

高铝矾土

水铝石 ─ 脱水 → (刚玉化) → 刚玉晶体

高岭石 ─ 脱水 → (莫来石化)

方石英(或无定形SiO_2)　莫来石晶体(一次)

刚玉再结晶　二次莫来石化　莫来石再结晶

莫来石再结晶　硅酸盐玻璃(二次)

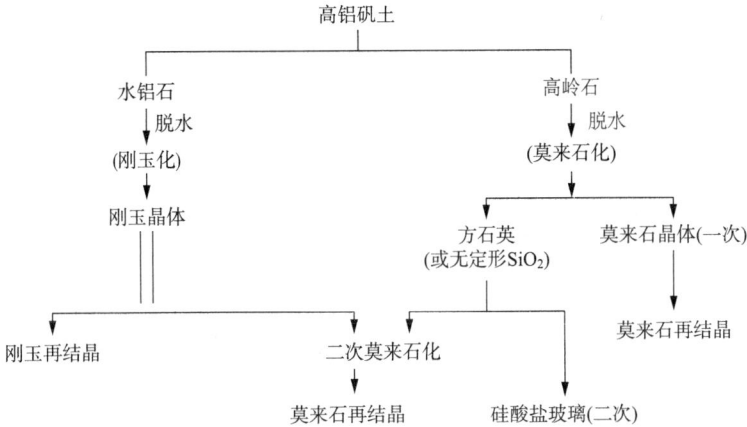

图 2-13　高铝矾土的加热变化

（3）重结晶烧结阶段

当矾土的二次莫来石化趋于完成后，进入重结晶阶段，莫来石和刚玉晶体发育长大，气泡缩小和消失，坯体逐渐致密化并烧结。矾土的重结晶烧结主要是在液相存在下进行的，以液相烧结为主。矾土中所含的 Fe_2O_3、TiO_2 在高温下能与莫来石和刚玉晶体形成固溶体，造成晶格缺陷，加速重结晶作用。

高铝矾土除用于生产高铝陶瓷外，还用于生产窑具和砌筑窑炉的耐火材料。

6. 熟料和瓷粉

将部分彩土预先煅烧成熟料，也是一种瘠性原料。熟料加入坯料中，能降低坯料的可塑性，同时能减少坯料的收缩，有利于减少坯体的变形和开裂。

在坯料中加入废瓷粉能和石英一样起瘠化作用，减少干燥收缩，在烧成中能起熔剂作用，并减少坯体的灼减量和烧成收缩，有利于克服产品的变形，提高产品质量。用废瓷粉代替部分石英不会产生因晶型转变而引起的体积变化，对瓷胎的某些性能，如高硅质瓷的热稳定性和机械强度也有所改善。

在釉料中加入废瓷粉能增加坯釉适应性，提高釉的始熔温度，减少釉层中的气泡，从而提高釉面光泽度。

废瓷粉在坯料中的使用量可达 12%~20%，最好用没有施釉的素坯或与坯料配方组成相同的瓷垫片。在釉料中的使用量为 10%~25%，不论施釉或未施釉的废瓷都可使用，但已经彩绘的废瓷不能使用。

由于废瓷附有釉层而且配方组成上可能不一致，故在利用时，必须分批粉碎，分批检验。

7. 工业废渣

（1）磷矿渣

磷矿渣是用磷矿石生产黄磷排除的废渣，其化学组成依磷矿石和黄磷的生产工艺不同而有所不同。某厂排除的磷矿渣化学成分为 SiO_2 44.08%，AlO_3

0.47%，Fe_2O_3 0.49%，CaO 43.66%，MgO 0.68%，K_2O 0.96%，Na_2O 0.32%，P_2O_5 0.96%，SO_3 0.08%，灼减1.25%。磷矿渣可向陶瓷坯体中引入CaO而不带入挥发组分，是快速烧成的理想原料。磷矿渣也可以用来配制低温釉的熔块。

（2）高炉矿渣

高炉矿渣是冶炼生铁时的副产品。用高炉冶炼生铁时，除了铁矿石（磁铁矿Fe_3O_4或赤铁矿Fe_2O_3和杂质石英、黏土、碳酸盐、磷灰岩等）和燃料（焦炭，含灰分10%左右）外，还需要加入相当数量的石灰石和白云石作为熔剂。石灰石和白云石分解所得的CaO和MgO及铁矿石中的废矿、焦炭中的灰分相互熔化在一起，生成主要为硅酸钙（镁）和铝硅酸钙（镁）的熔融体，密度2.3～2.8g/cm³。根据冶炼生铁的种类，矿渣可分为铸铁矿渣、炼钢生铁矿渣、特种生铁矿渣（如锰矿渣、镁矿渣）。根据矿渣中碱性氧化物（CaO+MgO）与酸性氧化物（SiO_2+Al_2O_3）的比值大小，可分为三种：比值大于1的为碱性矿渣；比值等于1的为中性矿渣；比值小于1的为酸性矿渣。根据冷却方法矿渣还可分为缓冷渣和急冷渣。

高炉矿渣的化学成分主要为CaO、SiO_2、Al_2O_3，其总量一般在90%以上，另外还有少量的MgO、FeO和一些硫化物。矿渣的化学组成中CaO 38%～45%，SiO_2 26%～42%，Al_2O_3 7%～20%，MgO 4%～13%，FeO 0.2%～1.0%，MnO 0.1%～10%，S 1%～2%。

高炉矿渣的矿物组成和结构，根据所用原料、冶炼生铁种类和冷却方法的不同而有所不同。在慢冷的结晶态矿渣中，碱性矿渣的主要晶相组成为硅酸二钙和钙铝黄长石；而在酸性矿渣中，则主要为硅酸一钙和钙长石。此外，还可能存在透辉石、镁方柱石、镁蔷薇辉石、尖晶石、二硅酸三钙等。慢冷的矿渣，根据其组成的不同，或转变成坚固的石状体，为各种矿物的集合体；或转变成细粉。矿渣经水淬或空气急冷以后，则冷凝成尺寸为0.5～5mm的颗粒状矿渣，即粒化高炉矿渣。粒化高炉矿渣主要由玻璃体组成，而玻璃体含量与矿渣熔体的化学组成及冷却速度有很大关系。一般来说，酸性矿渣的玻璃体含量较碱性矿渣为高。这是由于酸性熔体的黏度较碱性熔体高，易于形成玻璃体。此外，冷却速度越快，玻璃体含量也越高。

高炉矿渣可以作为生产建筑瓷的原料。如用于生产釉面砖，作为一种瘠性原料，可减小烧成收缩。但在使用粒化高炉矿渣时，由于其具有较强的水硬活性，在制备和贮存泥浆时产生稠化，给球磨工序、泥浆的输送、喷雾干燥造成困难，因此在使用时要注意。结晶态高炉矿渣在坯料中加入量为5%～30%，但较坚硬，不易球磨。粒化高炉矿渣一般在坯料中加入量为10%，而且泥浆不能贮存。无论使用哪种矿渣，在煅烧时，反应要完全，否则釉面易出现针孔。

（3）萤石矿渣

萤石矿渣的化学组成为 SiO_2 42.76%，Al_2O_3 7.58%，Fe_2O_3 1.02%，CaO 38.97%，MgO 2.82%，SO_3 0.20%，K_2O 1.10%，Na_2O 0.44%，TiO_2 0.12%，P_2O_5 1.69%，F 2.00%，灼减 1.36%。由于萤石矿渣的主要组成是硅酸钙，因此可以代替硅灰石配制釉面砖坯料，也可作地砖的熔剂。

（4）粉煤灰

煤灰是火力发电厂燃煤粉锅炉排出的废渣。它来源于煤的灰分，而煤的灰分来源于在地质时期沉积煤过程中混入的泥砂、黏土等。粉煤灰外观随其组成、细度、含水量等不同而变化，特别是组分中含碳量的变化，可以使粉煤灰的颜色从乳白变到灰黑色。粉煤灰的颜色可以反映含碳量多少和粉煤灰的细度，颜色较黑，说明含碳量较高，颗粒也粗。粉煤灰无黏结性，为瘠性物料，密度 $1.8 \sim 2.4 g/cm^3$。粉煤灰的化学组成是由原煤的成分和燃烧条件决定的，根据我国 40 个大型电厂的资料，粉煤灰化学组成的变动范围较大，SiO_2 40% ~ 65%，Al_2O_3 15% ~ 40%，Fe_2O_3 4% ~ 20%，CaO 2% ~ 7%，MgO 0.2% ~ 5%，灼减 3% ~ 10%。

关于粉煤灰的矿物组成，根据研究结果，一般认为主要是玻璃体 50% ~ 80%，莫来石 5% ~ 30%，石英 3% ~ 20%，Fe_2O_3+FeO 1% ~ 6%，玻璃体中 SiO_2 20% ~ 45%，Al_2O_3 3% ~ 25%。此外，粉煤灰中尚有方解石、钙长石、β-C_2S、赤铁矿和较少量的硫酸盐、磷酸盐矿物等。

粉煤灰具有一定活性，可用于生产建筑制品和粉煤灰硅酸盐水泥，也可用于制作釉面砖。由于粉煤灰为瘠性原料，烧结温度较高，因此在使用时要加入黏土提高可塑性和黏性，加入助熔剂，以降低烧结温度。粉煤灰加入量可达 50% ~ 60%。

（5）煤矸石

煤矸石是夹在煤层间的脉石，包括掘进矸石和洗选矸石。它实际上是含碳岩石（碳质页岩、碳质灰岩等和少量煤块）和其他岩石（页岩、砂岩等）的混杂物。煤矸石的成分复杂，随地质形成条件和取样方法的不同有较大的波动，主要化学组成为 SiO_2、Al_2O_3，一般占总量的 60% ~ 85%，它们对煤矸石的性能有重要影响。次要成分有 Fe_2O_3、K_2O、Na_2O、CaO、MgO、TiO_2、SO_3 等，有时对煤矸石的性能有较大的影响。

在煤矸石的矿物组成中，凡是页岩基质都由黏土矿物组成，并夹有数量不等的碎屑矿物和碳质。煤矸石中黏土矿物主要为高岭石、水云母、蒙脱石和绿泥石，随着地质形成条件的不同，有的以高岭石为主，有的则以水云母为主，还有的以蒙脱石或绿泥石为主，但以前两者居多。除黏土矿物外，煤矸石中还含有石英、长石、云母类、黄铁矿、碳酸盐等陆源碎屑和自生矿物，随着地质形成条件的不同，它们的种类和数量也不相同。

由于煤矸石矿物成分复杂，在加热过程中会发生一系列变化。当加热到 600℃后，高岭石已基本分解成无定形物质；黄铁矿已转变成赤铁矿；在450～600℃水云母失去结构水，到 800～870℃水云母变成无定形物质；加热到 1000℃时，煤矸石已部分熔融，并析出莫来石晶相，随着温度的提高，莫来石晶相数量迅速增长，莫来石晶相出现的温度提前，可能是由于杂质的存在降低了系统的熔点，能在较低的温度下产生液相促进莫来石析晶的缘故；加热到 1000～1300℃，石英发生晶型转变，形成鳞石英、方石英。

煤矸石可用于生产建筑瓷，如釉面砖、地砖、烧结砖等。生产釉面砖、地砖加入量可达 60%～80%，生产烧结砖加入量还可增加。

2.2 发展中的陶瓷粉体制备新技术

2.2.1 粉体制备工艺

所谓粉体（powder），就是大量固体粒子的集合系。粉体由一个个固体颗粒组成，它仍有很多固体的属性，陶瓷材料的显微结构在很大程度上由粉体的特性，如颗粒度、形状、粒度分布等决定。粉体的制备方法一般可分为粉碎法和合成法。粉碎法通常采用一般机械粉碎、气流粉碎、一般球磨和高能球磨；通常合成法包括固相法、液相法和气相法。

1. 机械法

（1）振动磨

振动磨有多种形式，较有代表性的是惯性式振动磨。如图 2-14 所示，振动磨机由筒体、振动器、弹性支座、挠性联轴器和电机等机构所组成。三维立式振动磨首先由美国 SWECO 公司发明。筒体内衬采用耐磨橡胶或聚氨酯材质，以防止振动磨介质对先进陶瓷材料的污染。

振动磨工作时电机带动主轴高速旋转，主轴上的偏心重块产生的离心力迫使筒体振动。筒体内的装填物由于振动不断地沿着与主轴转向相反的方向循环运动，使物料不停地翻动。同时研磨体还作剧烈的自转运动，并具有分层排列整齐的特点。特别是高频时，研磨体运动剧烈，各层空隙扩大，几乎呈悬浮状态。筒体内的物料受到剧烈且高频率的撞击和研磨作用，首先产生疲劳裂纹并不断扩展终至碎裂。

其性能特点为：

①进料粒度不大于 250μm。

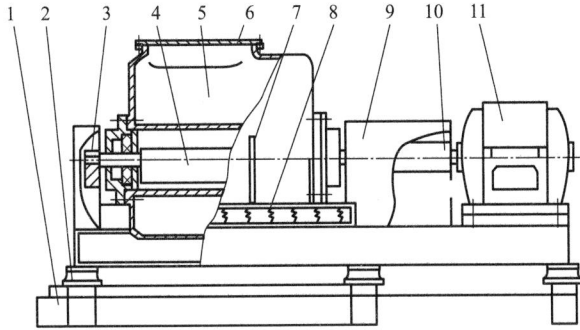

图 2-14 惯性式振动磨机示意图

1—底座　2—减速橡皮垫　3—不平衡重块　4—惯性振动器　5—筒体　6—筒盖
7—支撑角铁　8—弹簧　9—防护罩　10—挠性联轴器　11—电动机

②被研磨的物料在单位时间内受到研磨体的冲击与研磨作用次数极大，其作用次数成千倍于球磨机。

振动磨的使用要点：

①筒体内衬，以整体式为好，常用的有橡胶、刚玉瓷质等。

②研磨体应选用球形或短柱形，密度大的钢、瓷、石质等材料，以高性能耐磨瓷为佳。

③填充系数 $\varphi = 0.7 \sim 0.9$，研磨体与物料体积比以 2.5：1 为宜。

④振动磨的喂料尺寸受振幅、研磨体大小及其填塞程度等所限制。喂料尺寸一般不大于 250μm（过 60 目筛）。

⑤振动磨可干磨、湿磨，湿磨时浆料的黏稠度以不影响研磨体的运动为宜。

⑥振动磨应严禁空载情况下开车，以防弹簧的损坏。

（2）行星式研磨

行星式研磨机由球磨罐、罐座、转盘、固定带轮和电动机等所组成，如图 2-15 所示。

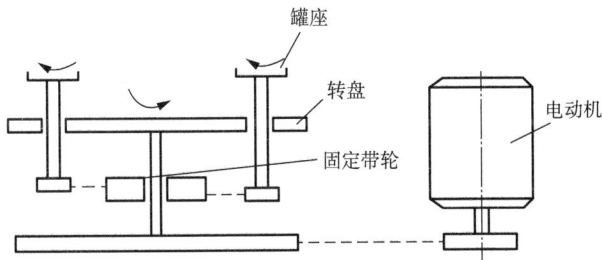

图 2-15　行星式研磨结构示意图

行星式研磨机在转盘上装有 4 个球磨罐，当转盘转动时，球磨罐随转盘围绕同一轴心（即中心轴）作行星式运动，罐中磨料在高速运动中研磨和混匀被研磨的坯（瓷）料。

行星式研磨有以下显著特点：

①进料粒度：18目左右；出料粒度：小于200目（最小粒度可达0.5μm）。

②球磨罐转速快（不为罐体尺寸所限制），球磨效率高，公转：±（37~250）r/min，自转：78~527r/min。

③结构紧凑，操作方便，密封取样，安全可靠，噪声低，无污染，无损耗。

（3）高能球磨

在矿物加工、陶瓷工艺中所使用的基本方法是材料的球磨。球磨工艺的主要作用为减小粒子尺寸、固态合金化、混合或融合，以及改变粒子的形状。

球磨大部分是用于加工有限制的或相对硬的、脆性的材料，这些材料在球磨过程中断裂、形变和冷焊。氧化物分散增强的超合金是机械摩擦方法的最初应用，这种技术已扩展到生产各种非平衡结构，包括纳米晶、非晶和准晶材料。

通过使用高频或小振幅的振动能够获得高能球磨力，用于小批量的粉体的振动磨是高能的，而且发生化学反应，比其他球磨快一个数量级。

由于球磨的动能是质量和速度的函数，致密的材料使用陶瓷球，在连续、严重的塑性形变中，粉末粒子的内部结构连续地细化到纳米级尺寸，球磨过程中温度上升得不是很高，一般低于100~200℃。

在使用球磨方法制备粉体材料时，所要考虑的一个重要问题是表面和界面的污染。对于用各种方法合成的材料，如果最后要经过球磨的话，这都是要考虑的一个主要问题。特别是在球磨中由磨球（一般是铁）和气氛（氧、氮等）引起的污染，可通过缩短球磨时间和采用纯净、延展性好的金属粉末来克服。因为，这样磨球可以被这些粉末材料包覆起来，从而大大减少铁的污染。采用真空密封的方法和在手套箱中操作可以降低气氛污染，铁的污染可减少到1%~2%以下，氧和氮的污染可以降到0.03%以下。但是耐高温金属长期使用球磨时（30h以上）铁的污染可达到10%（摩尔）。

球磨工艺具有产量大、工艺简便等特点，工业上很早就使用球磨方法，但是，要制备分布均匀的纳米级材料也并非一件容易的事。

1988年，日本京都大学Shingu等人首先报道了高能球磨法制备Al-Fe纳米晶材料，为纳米材料的制备找出一条实用化的途径。近年来，高能球磨法已成为制备纳米材料的一种重要方法。

高能球磨法是利用球磨的转动或振动，使硬球对原料进行强烈的撞击、研磨和搅拌，把粉末粉碎为纳米级微粒的方法。如果将两种或两种以上粉末同时放入球磨的球磨罐中进行高能球磨，粉末颗粒经压延、压合、碾碎、再压合的反复过程（冷焊—粉碎—冷焊的反复进行），最后获得组织和成分分布均匀的陶瓷粉末。这是一个无外部热能供给的、干的高能球磨过程，是一个由大晶粒变为小晶粒的过程。

高能球磨与传统筒式低能球磨的不同之处在于高能磨球的运动速度较大，使粉末产生塑性形变及固相形变，而传统的球磨工艺只对粉末起混合均匀的作用。由于高能球磨法制备金属粉末具有产量高、工艺简单等优点，近年来它已成为制备纳米材料的重要方法之一，被广泛应用于合金、陶瓷、磁性材料、超导材料、金属间化合物、过饱和固溶体材料以及非晶、准晶、纳米晶等亚稳态材料的制备。

高能球磨法（以机械合金化球磨为例）的制备工艺如下：

①根据所制产品的元素组成，将两种或多种单质或合金粉末组成初始粉末。

②选择球磨介质，根据所制产品的性质，在钢球、刚玉球或其他材质的球中选择一种组成球磨介质。

③初始粉末和球磨介质按一定的比例放入球磨机球磨。

④工艺的过程是：球与球，球与研磨桶壁的碰撞制成粉末，并使其产生塑性形变，形成合金粉。经过长时间的球磨，复合粉末组成细化，并发生扩散和固态反应，形成合金粉。

⑤球磨时一般需要使用惰性气体 Ar、N 等保护。

⑥塑性非常好的粉末往往加入 1%~2%（质量）的有机添加剂（甲醇或硬脂酸），以防止粉末过度焊接和粘球。

机械合金化通常是在搅拌式、振动式或行星式球磨中进行。近年来的研究表明，使用不同的球磨、球磨强度、球磨介质、球的直径、球料比和球磨温度等会得到不同的产物。相变是其中的重要因素，在不同的球磨条件下，会产生不同的相变过程。碰撞过程中使粉末产生形变，形成复合粉的同时，也会导致温度升高，同时伴随产生空位、位错、晶界及成分的浓度梯度，进一步发生溶质的快速输运和再分散，为形成新相创造条件。

因此，在球磨过程中的粉末结构与特征、尺寸的变化以及温度、应力和缺陷的数量，都直接影响相变过程，而相变过程又反过来进一步影响形变和缺陷密度的变化。这是使用机械合金化方法时必须重视的两个方面。

高能球磨制备纳米晶时需要控制以下参数和条件：硬球的材质，有不锈钢球、玛瑙球、硬质合金球等；球磨温度与时间；原料性状，一般为微米级的粉体或小尺寸条带磁片；球磨过程中颗粒尺寸、成分和结构变化，可通过不同时间球磨粉体的 X 光衍射、电镜观察等方法进行监视。

2. 固相法

固相法是通过从固相到固相的变化来制造粉体，其特征是不像气相法和液相法伴随有气相→固相、液相→固相那样的状态（相）变化。对于气相或液相，分子（原子）具有大的易动度，所以集合状态是均匀的，对外界条件的反应很敏感。另一方面，对于固相，分子（原子）的扩散很迟缓，集合状态是多样的。固相法其原料本身是固体，这较之于液体和气体有很大的差异。固相法所得的固相粉体和最初固相原料可以是同一物质，也可以不是同一物质。

物质的微粉化机理大致可分为如下两类：一类是将大块物质极细地分割（尺寸降低过程）的方法。另一类是将最小单位（分子或原子）组合（构筑过程）的方法。

尺寸降低过程——物质无变化：机械粉碎（用普通球磨、振磨、搅拌磨、高能球磨、喷射磨等进行粉碎），化学处理（溶出法）等。

构筑过程——物质发生变化：热分解法（大多是盐的分解），固相反应法（大多数是化合物，包括化合反应和氧化还原反应），火花放电法（用金属铝生产氢氧化铝）等。

（1）热分解法

热分解反应不仅仅限于固相，气体和液体也可引起热分解反应。在此只介绍固相热分解生成新固相的系统，热分解通常如下（S 代表固相、G 代表气相）：

$$S_1 \longrightarrow S_2 + G_1$$

$$S_1 \longrightarrow S_2 + G_1 + G_2$$

$$S_1 \longrightarrow S_2 + S_3$$

式一是最普通的，式三是相分离，不能用于制备粉体，式二是式一的特殊情形。热分解反应往往生成两种固体，所以要考虑同时生成两种固体时导致反应不均匀的问题。热分解反应基本上是式一的形式。

粉体除了粒度和形态外，纯度和组成也是主要因素。从这点考虑有机酸盐很早就被注意到了，其原因是：有机酸盐易于金属提纯，容易制成含两种以上金属的复合盐，分解温度比较低，产生的气体组成为 C、H、O。另一方面也存在下列缺点：价格较高，碳容易进入分解的生成物中等。

（2）固相反应法

由固相热分解可获得单一的金属氧化物，但氧化物以外的物质，如碳化物、硅化物、氮化物等以及含两种金属元素以上的氧化物制成的化合物，仅仅用热分解就很难制备，通常是按最终合成所需组成的原料混合，再用高温使其反应。首先按规定的组成称量混合，通常用水等作为分散剂，在玛瑙球的球磨内混合，然后通过压滤机脱水后再用电炉焙烧，通常焙烧温度比烧成温度低。对于电子材料所用的原料，大部分在1100℃左右焙烧，将焙烧后的原料粉碎到1~2μm。粉碎后的原料再次充分混合而制成烧结用粉体，当反应不完全时往往需再次煅烧。

固相反应是陶瓷材料科学的基本手段，粉体间的反应相当复杂，反应虽从固体间的接触部分通过离子扩散来进行，但接触状态和各种原料颗粒的分布情况显著地受各颗粒的性质（粒径、颗粒形状和表面状态等）和粉体处理方法（团聚状态和填充状态等）的影响。

另外，当加热上述粉体时，固相反应以外的现象也同时进行。一个烧结，另一个是颗粒生长，这两种现象均在同种原料间和反应生成物间出现。烧结和颗粒生长是完全不同于固相反应的现象，烧结是粉体在低于其熔点的温度以下颗粒间产生结合，烧结成牢固结合的现象，颗粒间是由粒界区分开来，没有各个被区分的颗粒之大小问题。

颗粒生长着眼于各个颗粒，各个颗粒通过粒界与其他颗粒结合，要单独存在也无问题，因为在这里仅仅考虑颗粒大小如何变化，而烧结是颗粒的接触，所以颗粒边缘的粒界当然就决定了颗粒的大小，粒界移动即为颗粒生长（颗粒数量减少）。通常烧结进行时，颗粒也同时生长，但是，除了与气相有关外，假设颗粒生长是由于粒界移动而引起的，那么烧结早在低温就进行了，而颗粒生长则在高温下才开始明显。实际上，烧结体的相对密度超过90%以后，颗粒生长比烧结更显著。

对于由固相反应合成的化合物，原料的烧结和颗粒生长均使原料的反应性降低，并且导致扩散距离增加和接触点密度的减少，所以应尽量抑制烧结和颗粒生长。使组分原料间紧密接触对进行反应有利，因此应降低原料粒径并充分混合。此时出现的问题是颗粒团聚，由于团聚，即使一次颗粒的粒径小也变得不均匀。特别是颗粒小的情况下，表面状态往往粉碎也难以分离，此时采用恰当的溶剂使之分散开来是至关重要的。

3. 液相法

（1）沉淀法

1）共沉淀法

含多种阳离子的溶液中加入沉淀剂后，所有离子完全沉淀的方法称共沉淀法。它又可分成单相共沉淀和混合物共沉淀。

①单相共沉淀。沉淀物为单一化合物或单相固溶体时，称为单相共沉淀，亦称化合物沉淀法。例如在 Ba、Ti 的硝酸盐溶液中加入草酸沉淀剂后，形成了单相化合物 $BaTiO(C_2O_4)_2 \cdot 4H_2O$ 沉淀；在 $BaCl_2$ 和 $TiCl_4$ 的混

合水溶液中加入草酸后也可得到单一化合物 $BaTiO(C_2O_4)_2 \cdot 4H_2O$ 沉淀。由 $BaTiO(C_2O_4)_2 \cdot 4H_2O$ 合成 $BaTiO_3$ 微粉，$BaTiO(C_2O_4)_2 \cdot 4H_2O$ 沉淀由于煅烧，发生热解：

$$BaTiO(C_2O_4)_2 \cdot 4H_2O \longrightarrow BaTiO(C_2O_4)_2 + 4H_2O$$

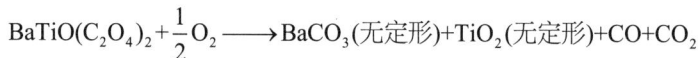

$$BaTiO(C_2O_4)_2 + \frac{1}{2}O_2 \longrightarrow BaCO_3(无定形) + TiO_2(无定形) + CO + CO_2$$

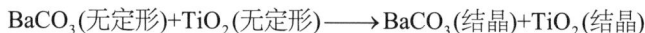

$$BaCO_3(无定形) + TiO_2(无定形) \longrightarrow BaCO_3(结晶) + TiO_2(结晶)$$

$BaTiO_3$ 并不是由沉淀物 $BaTiO(C_2O_4)_2 \cdot 4H_2O$ 微粒的热解直接合成，而是分解为碳酸钡和二氧化钛之后，再通过它们之间的固相反应来合成的。因为由热解而得到的碳酸钡和二氧化钛是微细颗粒，具有很高的活性，所以这种合成反应在450℃的低温就开始，不过要得到完全单一相的钛酸钡，必须加热到750℃。在这期间的各种温度下，很多中间产物参与钛酸钡的生成，而且这些中间产物的反应活性也不同。所以，$BaTiO(C_2O_4)_2 \cdot 4H_2O$ 沉淀所具有的良好的化学计量性就丧失了。几乎所有利用化合物沉淀法来合成微粉的过程中，都伴随有中间产物的生成，因而，中间产物之间的热稳定性差别越大，所合成的微粉组成不均匀性就越大。这种方法的缺点是适用范围很窄，仅对有限的草酸盐沉淀适用，如二价金属的草酸盐是产生固溶体沉淀。

②混合物共沉淀。如果沉淀产物为混合物时，称为混合物共沉淀。四方氧化锆或全稳定立方氧化锆的共沉淀制备就是一个很普通的例子。$ZrOCl_2 \cdot 8H_2O$ 和 Y_2O_3（化学纯）为原料来制备 $ZrO_2 \cdot Y_2O_3$ 的纳米粒子的过程如下：Y_2O_3 用盐酸溶解得到 YCl_3，然后将 $ZrOCl_2 \cdot 8H_2O$ 和 Y_2O_3 配制成一定浓度的混合溶液，在其中加 NH_4OH 后便有 $Zr(OH)_4$ 和 $Y(OH)_3$ 的沉淀粒子缓慢形成。反应式如下：

$$ZrOCl_2 + 2NH_4OH + H_2O \longrightarrow Zr(OH)_4 \downarrow + 2NH_4Cl$$

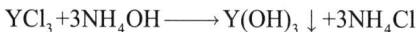

$$YCl_3 + 3NH_4OH \longrightarrow Y(OH)_3 \downarrow + 3NH_4Cl$$

得到的氢氧化物共沉淀物经洗涤、脱水、煅烧可得到具有很好烧结活性的 $ZrO_2(Y_2O_3)$ 微粒。混合物共沉淀过程是非常复杂的，溶液中不同种类的阳离子不能同时沉淀，各种离子沉淀的先后与溶液的 pH 值密切相关。例如，Zr、Y、Mg、Ca 的氯化物溶入水形成溶液，随 pH 值的逐渐增大，各种金属离子发生沉淀的 pH 值范围不同。上述各种离子分别进行沉淀，形成了水、氢氧化钴和其他氢氧化物微粒的混合沉淀物，为了获得沉淀的均匀性，通常是将含多种阳离子的盐溶液慢慢加到过量的沉淀剂中并进行搅拌，使所有沉淀离子的浓度大大超过沉淀的平衡浓度，尽量使各组分按比例同时沉淀出来，从而得到较均匀的沉淀物。但由于组分之间的沉淀产生的浓度及沉淀速度存在差异，故溶液的原始原子水平的均匀性可能部分地失去，沉淀通常是氢氧化物或水合氧化物，但也可以是草酸盐、碳酸盐等。

2）均相沉淀法

一般的沉淀过程是不平衡的，但如果控制溶液中的沉淀剂浓度，使之缓慢地增加，则使溶液中的沉淀处于平衡状态，且沉淀能在整个溶液中均匀地出现，这种方法称为均相沉淀法。通常是通过溶液中的化学反应使沉淀剂慢慢地生成，从而克服了由外部向溶液中加沉淀剂而造成沉淀剂的局部不均匀性，结果沉淀不能在整个溶液中均匀出现的缺点。例如，随尿素水溶液的温度逐渐升高至 70℃附近，尿素会发生分解，即：

$$(NH_2)_2CO+3H_2O \longrightarrow 2NH_4OH+CO_2\uparrow$$

由此生成的沉淀剂 NH_4OH 在金属盐的溶液中分布均匀，浓度低，使得沉淀物均匀地生成。由于尿素的分解速度受加热温度和尿素浓度的控制，因此可以使尿素分解速度降得很低。有人采用低的尿素分解速度来制得单晶微粒，用此种方法可制备多种盐的均匀沉淀，如锆盐颗粒以及球形 $Al(OH)_3$ 粒子。

（2）*水热法*

用水热法制备的超细粉末，最小粒径已经达到数纳米的水平，归纳起来，可分成以下几种类型。

1）水热氧化

经典反应可用下式表示：

$$mM+nH_2O \longrightarrow M_mO_n+H_2$$

其中 M 可为铬、铁及合金等。

2）水热沉淀

$$KF+MnCl_2 \longrightarrow KMnF_2$$

3）水热合成

$$FeTiO_3+KOH \longrightarrow K_2O×FeTiO_2$$

4）水热还原

$$Me_xO_y+yH_2 \longrightarrow xMe+yH_2O$$

其中 Me 可为铜、银等。

5）水热分解

$$ZrSiO_4+NaOH \longrightarrow ZrO_2+Na_2SiO_3$$

6）水热结晶

$$Al(OH)_3 \longrightarrow Al_2O_3×H_2O$$

水热合成法是指在高温、高压下一些氢氧化物在水中的溶解度大于对应的氧化物在水中的溶解度，于是氢氧化物溶入水中同时析出氧化物。如果氧化物在高温高压下溶解度大于相对应的氢氧化物，则无法通过水热法来合成。水热合成法的优点在于可直接生成氧化物，避免了一般液相合成方法需要经过煅烧转化成氧化物这一步骤，从而极大地降低乃至避免了硬团聚的形成。如以 Ti(OH)$_4$ 胶体为前驱物，采用 $\varphi30mm\times430mm$ 的管式高压釜，内加贵金属内衬，高压釜作分段加热，以建立适宜的上下温度梯度。在 300℃纯水中加热反应 8h，用乙酸调至中性，用去离子水充分洗涤，再用乙醇洗涤，在 100℃下烘干可得到 25nm 的 TiO$_2$ 粉体。在水溶液条件下制得的氧化物粉体的晶粒粒度有一个比较确定的下限，而复合氧化物粉体的晶粒粒度一般都比相应的单元氧化物粉体的晶粒粒度大。如在相同条件下，以 Ba(OH)$_2$·8H$_2$O 和 TiO$_2$ 为前驱物，制得的 BaTiO$_3$ 粉体的晶粒粒度为 170nm。

（3）蒸发溶剂热法

蒸发溶剂热解法的原理是利用可溶性盐或在酸作用下能完全溶解的化合物为原料，在水中混合为均匀的溶液，通过加热蒸发、喷雾干燥、火焰干燥及冷冻干燥等方法蒸发掉溶剂，然后通过热分解反应得到混合氧化物粉料。

这里主要介绍一种广泛应用的制备高活性超微粒子的方法，即冻结干燥法（图 2-16）。这种方法主要特点是：生产批量大，适用于大型工厂制造超微粒子；设备简单、成本低；粒子成分均匀。制备过程的特点如下：能由可溶性盐的均匀溶液来调制出复杂组成的粉末原料；靠急速的冻结，可以保持金属离子在溶液中的均匀混合状态；通过冷冻干燥可以简单地制备无水盐，无水盐的水合熔融，一般是在比无水盐的熔融温度低得多的条件下发生，因而，可以避免混合盐在熔融时发生组成分离；经冻结干燥生成多孔性干燥体，因此，气体透过性好。在煅烧时生成的气体易于放出的同时，其粉碎性也好，所以容易微细化。

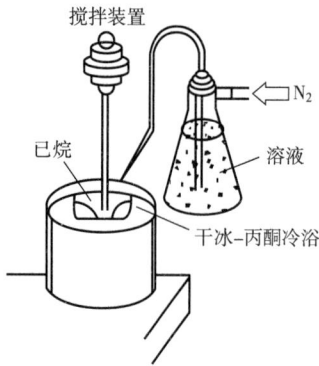

图 2-16 实验室用液滴冻结装置示意图

4. 气相法

气相法是直接利用气体或者通过各种手段将物质变成气体，使之在气体状态下发生物理变化或化学反应，最后在冷却过程中凝聚长大形成纳米微粒的方法。气相法又大致可分为：化学气相凝聚法、溅射法、气体中蒸发法、化学气相反应法等。

（1）化学气相凝聚法

泥浆注入模型后，在毛细管的作用下，水分沿着毛细管排出，可以认为毛细管是泥浆脱水过程的推动力。这种推动力取决于毛细管的半径大小、分布和水的表面张力。毛细管越细，水的表面张力越大，则脱水的推动力越大。当模型内表面形成一层坯体后，水分必先通过坯层的毛细孔，然后再进入模型的毛细管中。这时脱水的阻力来自模型和坯体两个方面。注浆的前期模型的阻力起主要作用，注浆的后期坯体厚度增加所产生的阻力起主导作用。

坯体产生的阻力大小决定泥浆的性质和坯体的结构。含塑性原料多、胶体粒径多的泥浆脱水阻力大，模型中形成的坯体密度大则阻力也大。石膏模型产生的阻力取决于毛细管的大小和分布，这又和制造模型时的水与熟石膏粉的比例有关。当水∶石膏 =78∶100 时，总阻力最小而相应的吸浆速度最大。若水分少于 78 份时，则模型的气孔少，泥浆水分的排出主要由模型阻力所控制。随着水分增加，模型阻力和总阻力均减少，吸浆速度则增大。若水分超出 78 份，模型的气孔增多，水分的排出受坯体的阻力所控制，坯体的阻力和总阻力均随水分增多而加大，吸浆速度则随之降低。

纳米微粒的合成关键在于得到纳米微粒合成的前驱体并使这些前驱体在很大的温度梯度条件下迅速成核，生长为产物，以控制团聚、凝聚和烧结。气体中蒸发法的优点在于颗粒的形态容易控制，其缺陷在于可以得到的前驱体类型不多；而化学气相沉积法（CVD）正好相反，化学反应的多样性使得它能够得到各种所需的前驱体，但其产物形态不容易控制，易团聚和烧结。所以如将热 CVD 中的化学反应过程和气体中蒸发法的冷凝过程结合起来，则能克服上述弊端，得到满意的结果。正是出于这样的考虑，1994 年一种新型的纳米微粒合成技术——化学气相凝聚技术出现，简称 CVC 法，并用这种方法成功地合成了 SiC、Si_3N_4、ZrO_2 和 TiO_2 等多种纳米微粒。

化学气相凝聚法是利用气相原料在气相中通过化学反应形成基本粒子并进行冷凝聚合成纳米微粒的方法。

该方法主要是通过金属有机先驱物分子热解获得纳米陶瓷粉体。其基本原理是利用高纯惰性气体作为载气，携带金属有机前驱物，例如六甲基二硅烷等，进入钼丝炉（图 2-17），炉温为 1100～1400℃，气氛的压力保持在 100～1000Pa 的低压状态。在此环境下，原料热解成团簇，进而凝聚成纳米粒子，最后附着在内部充满液氮的转动衬底上，经刮刀刮下进入纳米粉收集器。

（2）溅射法

溅射法的原理是在惰性气氛或活性气氛下在阳极和阴极蒸发材料间加上几百伏的直流电压，使之

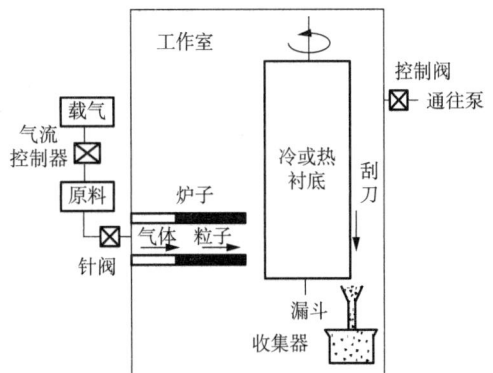

图 2-17　化学气相凝聚（CVC）装置示意图
（工作压力为 100～1000Pa）

产生辉光放电，放电中的离子撞击在阴极的蒸发材料靶上，靶材的原子就会由其表面蒸发出来，蒸发原子被惰性气体冷却而凝结或与活性气体反应而形成纳米微粒。

在这种成膜过程中，蒸发材料（靶）在形成膜的时候并没有熔融。它不像其他方法那样，诸如真空沉积，要在蒸发材料被加热和熔融之后，其原子才由表面放射出去。它与这种所谓的蒸发现象是不同的。

用溅射法制备纳米微粒有如下优点：不需要坩埚；蒸发材料（靶）放在什么地方都可以（向上、向下都行）；高熔点金属也可制成纳米微粒；可以具有很大的蒸发面；使用反应性气体的反应性溅射可以制备化合物纳米微粒；可形成纳米颗粒薄膜等。

如图 2-18 所示，将两块金属板（Al 板阳极和蒸发材料靶之阴极）平行放置在 Ar 气（40~250Pa）中，在两极板间加上几百伏的直流电压，使之产生辉光放电。两极板间辉光放电中的离子撞击时，放电的电流、电压以及气体的压力都是生成纳米微粒的因素。使用 Ag 靶的时候，制备出了粒径 5~20nm 的纳米微粒。蒸发速度基本上与靶的面积成正比。

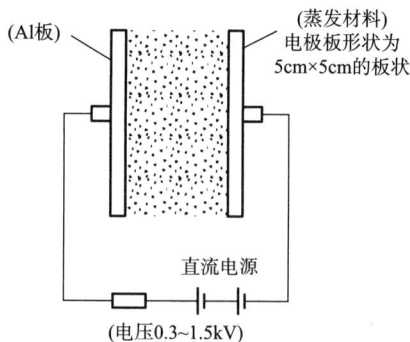

图 2-18　用溅射法制备纳米微粒的原理

当在更高的压力空间使用溅射法时，也同样制备出了纳米微粒。在这一方法中，由于靶的温度较高，造成表面熔融。该方法的示意图如图 2-19 所示。以环状的蒸发材料为阴极，在它和与此相对的阳极之间，在 15%H_2+85%He 混合气体气氛和 13kPa 的压力下加上直流电压，产生放电，由熔化了的蒸发材料（靶）表面开始蒸发。蒸发生成的纳米微粒通过上部的空心阳极，到达黏附面。

生成的纳米微粒平均粒径可控制在 10~40nm 范围内。以平均粒径为 11nm 的情形为例，其粒度分布很窄，全部颗粒的 90% 左右处在最可几粒径值的 50% 以内的粒径范围内。可以认为该方法是粒度分布很窄的一种纳米微粒制备方法。

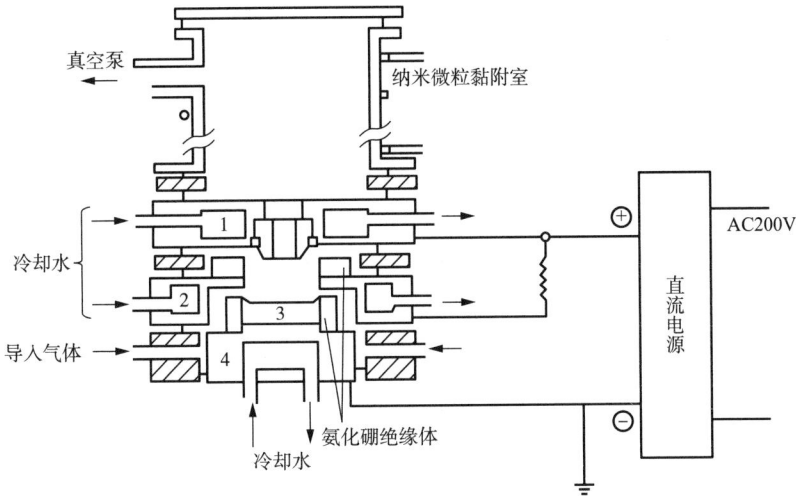

图 2-19 使用电弧等离子体溅射法制备纳米微粒
1—阳极 2—环状栅极 3—蒸发材料 4—阴极

2.2.2 粉体的物理性质及表征

1. 粉料的工艺性质

（1）颗粒的概念

1）颗粒（primary particle）

一种分离的低气孔率粒子单体，其特点是不可渗透，一般是指没有堆积、絮联等的最小单元，即一次颗粒。

2）团聚体（agglomerate）

由次颗粒通过表面力吸引或化学键键合形成的颗粒，它是很多一次颗粒的集合体。颗粒团聚的原因有：分子间的范德华引力；颗粒间的静电引力；吸附水分的毛细管力；颗粒间的磁引力；颗粒表面不平滑引起的机械纠缠力。由于以上原因形成的团聚体称为软团聚体。由化学键键合形成的团聚体称为硬团聚体。

3）二次颗粒（granules）

通过某种方式人为制造的粉体团聚粒子，也有人称为假颗粒。

4）胶粒（colloidal particles）

即胶体颗粒。胶粒尺寸小于 100nm，并可在液相中形成稳定胶体而无沉降现象。

（2）颗粒的尺寸

球形颗粒的颗粒尺寸即为其直径，不规则颗粒的颗粒尺寸常为等当直径。表 2-16 为一组等当直径的定义。

表 2-16　等当直径的定义

符号	名称	定义
d_V	体积直径	与颗粒同体积的球直径
d_f	自由下降直径	相同流体中，与颗粒相同密度和相同自由下降速度的球直径
d_s	斯托克斯直径	层流颗粒的自由下落直径
d_c	周长直径	与颗粒投影轮廓相同周长的圆直径
d_F	菲莱特径	颗粒可通过的最小方孔宽度
d_A	筛分直径	颗粒影像的对开线长度，也称定向径
d_M	马丁径	颗粒影像的二对边切线（相互平行）之间距离

（3）颗粒分布

颗粒分布用于表征多分散颗粒体系中，粒径大小不等的颗粒的组成情况，分为频率分布和累积分布。频率分布表示与各个粒径相对应的粒子占全部颗粒的百分含量；累积分布表示小于或大于某一粒径的粒子占全部颗粒的百分含量。累积分布是频率分布的积分形式。其中，百分含量一般以颗粒质量、体积、个数等为基准。颗粒分布常见的表达形式有粒度分布曲线、平均粒径、标准偏差、分布宽度等。

粒度分布曲线，包括累积分布曲线和频率分布曲线（图 2-20）。其中，（a）为累积分布曲线，（b）为频率分布曲线。

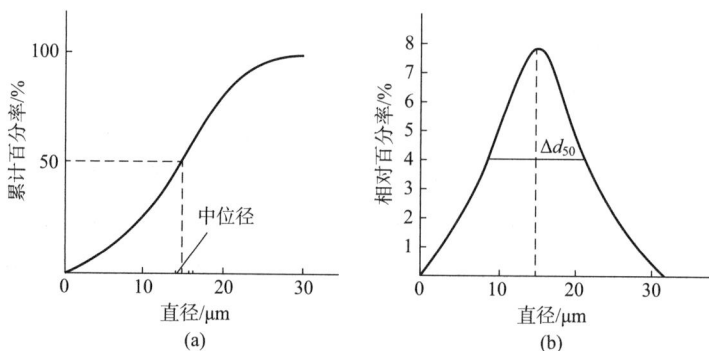

图 2-20　粒度分布曲线

颗粒粒径包括众数直径（mode diameter）、中位径（medium diameter，d_{50} 或 $d_{1/2}$）和平均粒径（$\bar{d}$）。众数直径是指颗粒出现最多的粒度值，即频率曲线的最高峰值；d_{50}、d_{90} 和 d_{10} 分别指在累积分布曲线上占颗粒总量为 50%、90% 及 10% 所对应的粒子直径；Δd_{50} 指众数直径即最高峰的半高宽。

平均粒径：

$$\bar{d} = \sum_{i=1}^{n} f_{d_i} d_i$$

式中：n 为粒度间隔的数目；d_i 为每一间隔内的平均径；f_{d_i} 为颗粒在粒度间隔的个数或质量分数。

标准偏差 σ 用于表征体系的粒度分布范围：

$$\sigma = \sqrt{\frac{\sum n\left(d_i - d_{50}\right)^2}{\sum n}}$$

式中：n 为体系中的颗粒数；d_i 为体系中任一颗粒的粒径；d_{50} 为中位粒径。

体系粒度分布范围也可用分布宽度 $SPAN$ 表示：

$$SPAN = \frac{d_{90} - d_{50}}{d_{10}}$$

粉体的颗粒尺寸及分布、颗粒形状等是其最基本的性质，对陶瓷的成型、烧结有直接的影响。因此，做好颗粒的表征具有极其重要的意义。另外，由于团聚体对粉体的性能有极重要的影响，所以一般情况下团聚体的表征单独归为一类讨论。

2. 粉体粒度测定方法

（1）X 射线小角度散射法

小角度 X 射线是指射线衍射中倒易点阵原点附近的相干散射现象。散射角 ε 大约为十分之几度到几度的数量级。ε 与颗粒尺寸 d 及 X 射线波长的关系为：

$$\varepsilon = \frac{\lambda}{d}$$

假定粉体粒子为均匀大小，则散射强度 I 与颗粒的重心转动惯量的回转半径 $\overline{R}$ 的关系为：

$$\ln I = a - \frac{4\pi \overline{R}^2 \varepsilon^2}{3\lambda^2}$$

式中：a 为常数。

如果得到 $\ln I \sim \varepsilon^2$ 直线，由直线斜率 σ 得到 $\overline{R}$：

$$\overline{R} = \sqrt{\frac{3\lambda^2}{4\pi}} \sqrt{-\sigma}$$

X 射线波长约为 0.1nm，而可测量的 ε 为 $10^{-2} \sim 10^{-1}$ rad，故可测的颗粒尺寸为几纳米到几十纳米。用此种方法测试时按《超细粉末粒度分布的测定，X 射线小角散射法》（GB/T 13221—2004）进行，从测试结果可知平均粒度和粒度分布曲线。

（2）X 射线衍射线线宽法

用一般的表征方法测定得到的是颗粒尺寸，而颗粒不一定是单个晶粒，而 X 射线衍射线线宽法测定的是微细晶粒尺寸。同时，这种方法不仅可用于分散颗粒的测定，也可用于晶粒极细的纳米陶瓷的晶粒大小的测定。

当晶粒度小于一定数量级时，由于每一个晶粒中某一族晶数目的减少，使得 Debye 环宽化并漫射（同样使衍射线条宽化），这时衍射线宽度与晶粒度的关系可由谢乐公式表示：

$$B = \frac{0.89\lambda}{D\cos\theta}$$

式中：B 为半峰值强度处所测量得到的衍射线条的宽化度，以弧度计；D 为晶粒直径；λ 为所用单色 X 射线波长；θ 为入射束与某一组晶面所成的半衍射角或称布拉格角。

谢乐公式的适用范围是微晶的尺寸在 $1 \sim 100nm$。晶粒较大时误差增加。用衍射仪对衍射峰宽度进行测量时仪器条件等其他因素也会引起线条宽化。故上式的使用中，B 值应校正，即由晶粒度引起的宽化度为实测宽化与仪器宽化之差。

3. 颗粒形貌结构分析

（1）透射电子显微镜（transmission electron microscope，TEM）

透射电子显微镜是一种高分辨率、高放大倍数的显微镜，它是以聚焦电子束为照明源，使用对电子束透明的薄膜试样，以透射电子为成像信号。其工作原理是：电子束经聚焦后均匀照射到试样的某一待观察微小区域上，入射电子与试样物质相互作用，透射的电子经放大投射在观察图形的荧光屏上，显出与待观察试样区的形貌、组织、结构对应的图像。

作为显微技术的一种，透射电子显微镜是一种准确、可靠、直观的测定、分析方法。由于电子显微镜以电子束代替普通光学显微镜中的光束，而电子束波长远短于光波波长，结果使电子显微镜的分辨率大大提高，成为观察和分析纳米颗粒、团聚体及纳米陶瓷的最有力的方法。对于纳米颗粒，它不仅可以观察其大小、形态，还可根据像的衬度来估计颗粒的厚度、是空心还是实心；通过观察颗粒的表面复型则还可了解颗粒表面的细节特征。对于团聚体，可利用电子束的偏转和样品的倾斜从不同角度进一步分析，观察团聚体的内部结构，从观察到的情况可估计团聚体内的键合性质，由此可判断团聚体的强度。其缺点是只能观察局部区域，所获数据统计性较差。

（2）扫描电子显微镜（scanning electron microscope，SEM）

SEM 是利用聚集电子束在试样表面按一定时间、空间顺序作栅网式扫描，与试样相互作用产生二次电子信号发射（或其他物理信号），发射量的变化经转换后在镜外显微荧光屏上逐点显现出来，得到反映试样表面形貌的二次电子像。

利用 SEM 的二次电子像观察表面起伏的样品和断口，同时特别适合于粉体样品，可观察颗粒三维方向的立体形貌。另外，扫描电镜可较大范围地观察较大尺寸的团聚体的大小、形状和分布等几何性质。

（3）扫描隧道显微镜（scanning tunneling microscope，STM）

扫描隧道显微镜（STM）是 20 世纪 80 年代初发展起来的一种原子分辨率的表面结构研究工具。其基本原理是基于量子隧道效应。利用直径为原子尺度的针尖，在离样品表面只有 10^{-12}m 量级的距离时，双方原子外层的电子云略有重叠。这时样品和针尖间产生隧道电流的大小与针尖到样品的间距不变，这样可由电流的变化反馈出样品表面起伏的电子信号。扫描隧道显微镜自发明以来发展迅猛，现在，在 STM 的基础上，又出现了一系列新型显微镜，包括原子力显微镜、激光力显微镜、摩擦力显微镜、磁力显微镜、静电力显微镜、扫描热显微镜、弹道电子发射显微镜、扫描隧道电位仪、扫描离子电导显微镜、扫描近场光学显微镜和扫描超声显微镜等。

隧道电子显微镜能真实地反映材料的三维图像，可观察颗粒三维方向的立体形貌，最突出的特点是：可以对单个原子和分子进行操纵，这对于研究纳米颗粒及组装纳米材料都很有意义。

4. 颗粒成分分析

化学组成包括主要组分、次要成分、添加剂及杂质等。化学组成对粉料的烧结及纳米陶瓷的性能有极大影响，是决定陶瓷性质的最基本的因素。因此，对化学组分的种类、含量，特别是微量添加剂，以及杂质的含量、级别、分布等进行表征，在陶瓷的研究中都是非常必要和重要的。

化学组成的表征方法可分为化学分析法和仪器分析法。而仪器分析法按原理可分为原光谱法、特征 X 射线分析法、光电子能谱法、质谱法等。

（1）化学分析法

化学分析法是根据物质间相互的化学作用，如中和、沉淀、络合、氧化—还原等测定物质含量及鉴定元素是否存在的一种方法。该方法的准确性和可靠性都比较高，但是对于陶瓷材料来说，这种方法有较大的局限性。我们知道，陶瓷材料的化学稳定性较好，一般很难溶解。多晶的结构陶瓷更是如此。因此，基于溶液化学反应的化学分析法对于这些材料的限制较大，分析过程耗时、困难。此外，化学分析方法仅能得到分析试样的平均成分。

（2）特征 X 射线分析法

特征 X 射线分析法是一种显微分析和成分分析相结合的微区分析，特别适用于分析试样中微小区域的化学成分。其基本原理是用电子探针照射在试样表面待测的微小区域上，来激发试样中各元素的不同波长（或能量）的特征射线（或荧光 X 射线）。然后根据射线的波长或能量进行元素定性分析，根据射线的强度进行元素的定量分析。

根据特征 X 射线的激发方式不同，可细分为 X 射线荧光光谱法（X-ray fluorescence spectroscopy）和电子探针微区分析法（electron probe microanalysis）。根据所分析的特征 X 射线是利用波长不同来展谱实现对射线的检测还是利用能量不同来展谱，还可分为波谱法（wavelength dispersion spectroscopy，WDS）和能谱法（energy dispersion spectroscopy，EDS），这样，可构成四种分析方法：XPFS-WDS，XPFS-EDS，EPMA-WDS，EPMA-EDS。

一般而言，波谱仪分析的元素范围广、探测极限小、分辨率高，适用于多种成分的定量分析；其缺点是要求试样表面平整光滑、分析速度慢，需要用较大的束流，容易引起样品的污染。而能谱仪虽然在分析元素范围、探测极限、分辨率等方面不如波谱仪，但却有分析速度快、可用较小的束流和微细的电子束、对试样表面要求不很严格等优点。

（3）质谱法

质谱法是 20 世纪初建立起来的一种分析方法。其基本原理是：利用具有不同质荷比（也称质量数，即质量与所带电荷之比）的离子在静电场和磁场中所受的作用力不同，因而运动方向不同，导致彼此分离。经过分别捕获收集，确定离子的种类和相对含量，从而对样品进行成分定性及定量分析。

质谱分析的特点是可做全元素分析，适于无机、有机成分分析，样品可以是气体、固体或液体；分析灵敏度高，对各种物质都有较高的灵敏度，且分辨率高，对于性质极为相似的成分都能分辨出来；用样量少，一般只需 10^{-6} g 级样品，甚至 10^{-9} g 级样品也可得到足以辨认的信号；分析速度快，可实现多组分同时检测。现在质谱法使用较广泛的是二次离子质谱分析法（SIMS）。它是利用载能离子束轰击样品，引起样品表面的原子或分子溅射，收集其中的二次离子并进行质量分析，就可得到二次离子质谱。其横向分辨率达 100~200nm。现在二次中子质谱分析法（SNMS）也发展很快，其横向分辨率为 100nn，个别情况下可达 10nm。

质谱仪的最大缺点是结构复杂，造价昂贵，维修不便。

5. 粉体晶态的表征

（1）X 射线衍射法（X-ray diffraction，XRD）

X 射线衍射法是利用 X 射线在晶体中的衍射现象来测试晶态的。其基本原理是布拉格（Bragg）公式：

$$n\lambda = 2d\sin\theta$$

式中：θ 为布拉格角；d 为晶面间距；λ 为 X 射线波长。

满足 Bragg 公式时，可得到衍射。根据试样射线的位置、数目及相对强度等确定试样中包含哪些结晶物质以及它们的相对含量。具体的 X 射线衍射方法有劳厄法、转晶法、粉末法、衍射仪法等，其中常用于纳米陶瓷的方法为粉末法和衍射仪法。

（2）电子衍射法

电子衍射法与射线法原理相同，遵循劳厄方程或布拉格方程所规定的衍射条件和几何关系，只不过其发射源是以聚焦电子束代替了 X 射线。电子波的波长短，使单晶的电子衍射谱和晶体倒易点阵的二维截面完全相似，从而使晶体几何关系的研究变得比较简单。另外，聚焦电子束直径大约为 0.1μm 或更小，因而对这样大小的粉体颗粒上所进行的电子衍射往往是单晶衍射图案，与单晶的劳厄 X 射线衍射图案相似。而纳米粉体一般在 0.1μm 范围内有很多颗粒，所以得到的多为断续或连续圆环，即多晶电子衍射谱。

电子衍射法包括以下几种：选区电子衍射、微束电子衍射、高分辨电子衍射、高分散性电子衍射、会聚束电子衍射等。

电子衍射物相分析的特点是：

①分析灵敏度高，小到几十甚至几纳米的微晶也能给出清晰的电子图像。适用于试样总量很少、待定物在试样中含量很低（如晶界的微量沉淀）和待定物颗粒非常小的情况下的物相分析。

②可以得到有关晶体取向关系的信息。

③电子衍射物相分析可与形貌观察结合进行，得到有关物相的大小、形态和分布等资料。

6. 纳米陶瓷的谱学表征

谱学表征提供的信息是丰富的。选用合适的谱学表征手段，能得到大量的包括化学组成、晶态和结构以及尺寸效应等内容的重要信息。尤其对于粒径小于 10nm 的超细颗粒，更离不开系统的谱学表征。这里主要介绍较为常用的红外、拉曼以及紫外可见光谱。

（1）红外光谱

振动光谱是指物质因受光的作用，引起分子或原子基团的振动，从而产生对光的吸收。将透过物质的光辐射用单色器加以色散，使波长按长短依次排列，同时测量在不同波长处的辐射强度，得到的是吸收光谱。如果所用光谱为红外光波长范围，即 0.78 ~ 1000μm，就是红外吸收光谱，红外光谱是使用很广的表征手段，其应用包括两方面，即分子结构的研究和化学组成研究。这两个方面都可用在纳米陶瓷的表征中，但应用较多的为后一种，即根据谱的吸收频率的位置和形状来判别物质的种类，并根据其吸收的强度来测定它们的含量。

与其他研究物质结构的方法相比较，红外光谱法具有以下特点：

①特征性高。从红外光谱图产生的条件以及谱带的性质看，对于每种化合物来说，都有其特征红外光谱图，这与组成分子化合物的原子质量、键的性质、力常数以及分子的结构形式都有密切关系。因此，几乎很少有两个不

同的化合物具有相同的红外光谱图。

②不受物质的物理状态的限制，气态、液态和固态均可测定。

③测定所需的样品极少，只需几毫克甚至几微克。

④操作方便、测定速度快，重复性好。

⑤已有的标准图谱较多，便于查阅对照。

红外光谱法的缺点是灵敏度和精度不够高，一般用于作定性分析，定量分析较困难。但用有机物对纳米粉体进行改性或包覆时，红外光谱能有效地判断有机物的吸附以及成键情况。另外，在研究纳米粉体的分散和吸附时，红外光谱也是一种被广为采用的方法。测试中，可以通过改变压片时样品的浓度或利用差谱来提高检出精度。

（2）拉曼光谱

拉曼光谱是建立在拉曼效应的基础上的。样品分子受波数为 v_0 的单色光照射时，大部分辐射将毫无改变地透射过去，但还有一部分被散射掉。如果对散射辐射的频率进行分析，就会发现不仅出现与入射辐射相联系的 v_0，而且，一般还会出现 $v_0=v_0v_m$ 类型的新波数。在分子系统中，v_m 基本上落在与分子的转动能级、振动能级和电子能级之间跃迁相联系的范围。在拉曼光谱中，新波数的谱线称作拉曼线或拉曼带。记录并分析这些谱线，即可得到有关物质结构的一些信息。对纳米粉体和纳米陶瓷来说，同样可以用拉曼光谱进行晶相、受热过程中物质的相变以及超细粉体的尺寸效应研究。拉曼光谱的特点是可以用很低的频率进行测量，在形态上和解释上较红外光谱简单，且所需样品少；现代拉曼光谱仪已有显微成像系统，能进行微区分析。配备光纤后，可以实现远程检测。只需要把激光传到样品上，而无须把样品拿到实验室。"遥测"技术使拉曼光谱在工业应用中极有前景。拉曼光谱的缺点是要求样品必须对激发辐射透明。

目前，用拉曼光谱表征颗粒正受到越来越多的关注，很多颗粒的红外光谱并没有表现出尺寸效应，但它们的拉曼光谱却有显著的尺寸效应。如 ZrO_2、TiO_2 等超细颗粒的拉曼光谱与单晶或尺寸较大的颗粒明显不同。纳米颗粒尤其是粒径小于 10nm 的纳米颗粒的拉曼光谱的特点主要表现在：低频的拉曼峰向高频方向移动或出现新的拉曼峰；拉曼峰的半高宽明显宽化（HWHM）。拉曼位移的原因是复杂的，表面效应是造成其尺寸效应的主要原因，另外，非化学计量比以及光子限域效应也可能是重要原因。

7. 坯体气孔分布

（1）氮吸附法

氮吸附法是通过测定作为相对压力函数的气体吸附量或气体脱附量来确定细孔孔径分布的。其基本原理是：蒸气凝聚（或蒸发）时的压力取决于孔中凝聚液体弯曲面的曲率。开尔文（Kelvin）方程给出了蒸气压随一端封闭的毛细管中表面曲率的变化：

$$\ln \frac{p}{p_0} = -\frac{2\sigma V_m \cos\theta}{r_k RT}$$

式中：p 为曲面上的液体蒸汽压；p_0 为平面上的液体蒸汽压；σ 为液体吸附质的表面张力；V_m 为液体吸附质的摩尔体积；θ 为接触角；r_k 为曲率半径；R 为气体常数；T 为绝对温度。

在氮吸附的条件下，气孔的半径 r_k 可表示为：

$$r_k = \frac{2\sigma V_m}{RT \ln \dfrac{p}{p_0}} + t$$

式中：t 为吸附层厚度。

能用氮吸附法测定的最小孔尺寸为直径 1.5～2nm，最大可达 300nm 左右。对于更小或更大孔径的测定误差较大。这种分析方法对纳米陶瓷有特殊的意义，纳米陶瓷的一次颗粒小于 100nm，其堆集形成的孔径应小于 100nm。另外，二次颗粒形成的大孔也可以测定出来。

（2）压汞仪法

压汞仪是基于毛细管中不润湿液体的性质。如果液体和固体之间的接触角 $\theta > 90°$，则界面张力反抗液体进入孔中，它能被外界压力克服。假定孔能以圆筒来代表，则反抗液体进入孔的力是沿周界起作用的，并等于 $-2\pi r \sigma \cos\theta$。反抗这个力的外界压力作用于整个孔截面面积上，并等于 $\pi r^2 p$。平衡时两力相等，故：

$$r = \frac{-2\pi r \sigma \cos\theta}{p}$$

式中：r 为气孔的半径；σ 为表面张力；p 为所加的外力。

从式中可知，水银压入的孔半径与压力成反比，所以用此方法所能测出的最小孔尺寸与在特定的装置中水银所能承受的压力有关。在一般的低压下，压汞仪法通常只能测定几个到几百个微米大小的孔径；要测定纳米陶瓷坯体的气孔分布，必须在高压下进行测定，在几百兆帕的压力下，压汞仪法可测定直径仅为数纳米的气孔。

从测量方法和测量精度来看，测定纳米陶瓷的孔径分布方面，氮吸附法更为简单和有效。

扩展阅读

陶瓷原料章节，主要学习的是陶瓷制备过程中用到的矿物原料及化学原料，包括黏土类原料、石英类原料、长石类原料及其他矿物原料。通过着重对某种矿物的用途、特点及来源进行讲解，学生们通过实物对比及观摩学习，体会自然界地质作用对矿物形成的决定性作用，激发学生对自然的敬畏，培养学生生态伦理意识。自然界中的矿物原料在使用前需经过初碎、中碎、细碎及超细碎的处理，而各种不同的破碎环节都使用到特定的破碎设备，这些设备的设计及使用极大地推动了陶瓷的发展，体现了科技就是生产力的重要论断。

陶瓷矿山原料为消耗性资源，原料开采从勘探、建矿、开采、尾矿处理到加工、储藏、运输的一系列过程，都会导致不同程度的环境的破坏和陶土资源的渐渐枯竭[3-5]。虽然我国是陶瓷产业大国，但是原料供应的标准化程度不高，寻找新的原料大多是凭感觉，做试烧等方法，存在较大的盲目性。盲目地勘探与开采不仅造成大量的财力和物力的浪费，也会给当地环境和资源造成严重破坏。通过对原料进行全分析，可以对该原料的开采价值做出更科学的评估。依据分析结果制定合理的配方及工艺制度，从而减少后期原料生产与应用中的废料废品产生，减少了不必要的浪费，提高资源与能源的利用率。

石英在地球上储量多，在陶瓷工业中属于非可塑性陶瓷原料，可用于陶瓷产品的坯体、釉料等配方。我国优质石英资源储量丰富，全国各地均有大量出产。其中以湖南、江西、河北、福建等省最丰富。石英的化学成分主要是二氧化硅。石英是陶瓷坯体中的主要原料，它可以降低陶瓷泥料的可塑性，减小坯体的干燥收缩，缩短干燥时间，防止坯体变形。

熔剂原料通常指能够降低陶瓷坯釉烧成温度，促进产品烧结的原料。陶瓷工业常用的熔剂原料有长石钾长石、钠长石、方解石、白云石、滑石、萤石、含锂矿物、珍珠岩等。这类陶瓷原料在我国储藏都非常丰富，而且分布较广。我国长石资源分布于江西、湖南、福建、广西、广东、河南、河北、辽宁、内蒙古等地。长石的主要作用是降低烧成温度；在烧成中长石熔融玻璃可以充填坯体颗粒间空隙，并能促进熔融其他矿物原料；长石原料还可以使坯体质地致密，提高了陶瓷制品的机械强度、电气性能与半透明度。

碳酸盐类熔剂原料作为主要的陶瓷熔剂原料，其品种非常多。它们有碳酸钙、方解石、大理石、白云石、菱镁矿碳酸镁、石灰岩。碳酸盐类熔剂原料的主要成分碳酸钙在陶瓷坯釉料中主要是发挥熔剂作用。

此外还有广东的萤石、霞石、锆石英，新疆的含锂矿物，东北地区的透辉石，遍布全国许多地区的硅灰石及磷酸盐类原料等，在我国的储量均非常丰富，许多原料可供使用上千年或上万年。这一资源优势既能够为继续推动我国陶瓷发展打下基础。

陶瓷是资源、能源消耗型的行业。陶瓷所用原料是不可再生的资源，长期以来陶瓷行业一直是粗放型发展，在全球陶瓷业中以量取胜。目前陶瓷界的有识之士已经有了转变经济增长方式的紧迫感，正在从推动技术进步，提高资源利用效率，降低能源消耗，保护生态环境，坚持节约发展等方面进行研究、宣传和实践，以实现陶瓷行业的可持续发展。

参考文献

［1］FENG MING, TIAN YUMING, JI GUORONG, et al. Synthesis and characterization of reinforced bone china using Ulan feldspar as raw materials［J］. Ceramics International, 2022, 48（19）.

［2］聂贤勇，姚青山，陈淑琳，白梅.浅谈延安地区陶瓷砖坯用原料资源分布情况［J］.佛山陶瓷，2022，32（08）：9-14.

［3］林雪萍.论陶瓷原料标准化与资源环境保护［J］.陶瓷科学与艺术，2022，56（8）：43.

［4］林雪萍.浅谈陶瓷原料标准化生产［J］.佛山陶瓷，2022，32（6）：21-22.

［5］AYUBA G. S, SULLAYMAN A.U, YAWAS D.S, et al. Development of a Polymeric Composite Jar for the Processing of Ceramic Raw Materials.［J］. Chemistry and Materials Research, 2016, 8（7）.

［6］陈国典.依托标准化增强陶瓷品质管控［J］.陶瓷，2021（11）：79-80.

［7］NGAYAKAMO B, PARK S. E, et al. Evaluation of Tanzania local ceramic raw materials for high voltage porcelain insulators production［J］. Cerâmica, 2018, 64（372）.

［8］SABRINA GUALTIERI. Ceramic raw materials：how to establish the technological suitability of a raw material［J］. Archaeological and Anthropological Sciences, 2020, 12（8）.

［9］ANNO HEIN, VASSILIS KILIKOGLOU. Ceramic raw materials：how to recognize them and locate the supply basins：chemistry［J］. Archaeological and Anthropological Sciences, 2020, 12（8）.

［10］SAMARENDRA BASAK, DIPALI KUNDU. Evaluation of measurement uncertainty components associated with the results of complexometric determination of calcium in ceramic raw materials using EDTA［J］. Accreditation and Quality Assurance, 2013, 18（3）.

［11］洪泽伟.试论我国陶瓷原料标准化和坯釉料商品化中的几个问题［J］.轻工标准与质量，2020（2）：111-113.

［12］KENAWY SAYED H, KHALIL AHMED M. Advanced ceramics and relevant polymers for environmental and biomedical applications［J］. Biointerface

Research in Applied Chemistry, 2020, 10（4）.

［13］HUBIN BAI, MING GONG, KAIFANG WANG, et al. Analysis on Standardization of Building Ceramic Raw Material Based on Manufacturability［J］. E3S Web of Conferences, 2020, 185.

［14］ODEWOLE, PETER OLUWAGBENGA, KASHIM, et al. Production of Refractory Porcelain Crucibles from Local Ceramic Raw Materials using Slip Casting［J］. International Journal of Engineering and Manufacturing（IJEM）, 2019, 9（5）.

［15］TANG YUN, GUO LIANBO, TANG SHISONG, et al. Determination of potassium in ceramic raw materials using laser-induced breakdown spectroscopy combined with profile fitting［J］. Applied optics, 2018, 57（22）.

［16］NGAYAKAMO BLASIUS, PARK S. Eugene. Effect of firing temperature on triaxial electrical porcelain properties made from Tanzania locally sourced ceramic raw materials［J］. Epitoanyag-Journal of Silicate Based and Composite Materials, 2018, 70（4）.

［17］冉舰波. 新型抛釉轻质高强陶瓷板制备技术的研究与应用［J］. 陶瓷, 2022（8）: 34-36.

［18］王伟伟, 隋松林, 马旭朝. 光固化 3D 打印低温共烧陶瓷制备技术研究［C］. 中国材料研究学会. 中国材料大会 2021 论文集. 中国材料研究学会, 2021: 7.

［19］BENJAMIN GEHRES, ANTHONY LEFORT. Cross-channel exchanges of technical traditions in the ceramics preparation: the Gallic port site of La Batterie-Basse at Urville-Nacqueville（Manche）［J］. ArchéoSciences, 2018（42）.

［20］ZHANG HAO, XU YAN, JIN HAI YUN, et al. Research on Preparation Technology for Machinable Ceramics［J］. Materials Science Forum, 2014, 804（804-804）.

［21］ZHOU YONG ZHENG, OUYANG RU DONG, WU HAN JUN, et al. Research of Ceramic Raw Materials Classification Base on Multivariate Chart Method［J］. Applied Mechanics and Materials, 2012: 246-247.

［22］SILVA F A, PEREIRA I D S, SUELLEN LISBOA DIAS, et al. Characterization of New Occurrences of Clays in the City of Pedra Lavrada-PB, for Use as Ceramics Raw Materials［J］. Materials Science Forum, 2012, 1994（727-728）.

［23］GODOY L H, MORENO M M T, ZANARDO A, et al. Caracterização da matéria-prima cerâmica da Mina Tabajara（Limeira, SP）Characterization of Tabajara Mine ceramic raw materials（Limeira, SP）［J］. Cerâmica, 2011, 57（344）.

［24］MOUSSI B, MEDHIOUB M, HATIRA N, et al. Identification and use of white clayey deposits from the area of Tamra（northern Tunisia）as ceramic raw materials［J］. Clay Minerals, 2011, 46（1）.

[25] DJAMBAZOV S, MALINOV O, YOLEVA A, et al. Ceramic Raw Materials for Facing Tiles from Northeastern Bulgaria [J]. Interceram: International Journal for Bricks, Structural Clay Products, Refractories, Pottery, Fine Ceramics, Abrasives and Special Ceramics, 2011, 60 (3/4).

[26] KORNILOV A V, PERMYAKOV E N, LYGINA T Z, et al. Promising technologies for refining ceramic raw materials [J]. Glass and Ceramics, 2009, 66 (1-2).

[27] MOTA L, TOLEDO R, FARIA R T, et al. Delgadillo-Holtfort. Thermally treated soil clays as ceramic raw materials: Characterization by X-ray diffraction, photoacoustic spectroscopy and electron spin resonance [J]. Applied Clay Science, 2008, 43 (2).

[28] LISBOA J V, CARVALHO J M F, OLIVEIRA A, C, et al. A preliminary case study of potential ceramic raw materials in the Aileu area of Timor Leste [J]. Journal of Asian Earth Sciences, 2006, 29 (5).

[29] IPEK, UCBAS, YEKELER, et al. Grinding of ceramic raw materials by a standard Bond mill: quartz, kaolin and K-feldspar [J]. Mineral Processing and Extractive Metallurgy, 2005, 114 (4).

[30] PARK H K, KIM J S, CHOI Y Y, et al. Pilot Plant Test for Production of Reclaimed Ceramic Raw Materials by Recycling of Waste Aluminum Dross [C]. 中国有色金属学会. 第八届东亚资源再生技术国际会议论文集. 中国有色金属学会, 2005: 4.

[31] HOJAMBERDIEV M I, EMINOV A M, SARKISJAN OS, et al. Alliance Kaolin - A New Ceramic Raw Material, Part 1: Investigation of Chemical-Mineralogical Composition [J]. Interceram: International Journal for Bricks, Structural Clay Products, Refractories, Pottery, Fine Ceramics, Abrasives and Special Ceramics, 2005, 54 (4).

[32] IPEK H, UCBAS Y, HOSTEN C, et al. Ternary-mixture grinding of ceramic raw materials 51 Modelling of entrainment in industrial flotation cells: the effect of solids suspension [J]. Minerals Engineering, 2005, 18 (1).

[33] FIEDERLING-KAPTEINAT H G. The Ukrainian Clay Mining Industry and its Effect on the European Ceramic Raw Materials Market, Part 2 [J]. Interceram: International Journal for Bricks, Structural Clay Products, Refractories, Pottery, Fine Ceramics, Abrasives and Special Ceramics, 2005, 54 (1).

[34] IPEK H, UCBAS Y, HOSTEN C, et al. The bond work index of mixtures of ceramic raw materials [J]. Minerals Engineering, 2004, 18 (9).

[35] IPEK H, UCBAS Y, HOSTEN C, et al. Ternary-mixture grinding of ceramic raw materials [J]. Minerals Engineering, 2004, 18 (1).

［36］IPEK H, UCBAS Y, YEKELER M, HOSTEN C, et al. Dry grinding kinetics of binary mixtures of ceramic raw materials by Bond milling ［J］. Ceramics International, 2004, 31（8）.

［37］BLANCO GARCíA I, RODAS M, SáNchez C J, et al. Gravel Mud as Building Ceramic Raw Material ［J］. Key Engineering Materials, 2004, 496（264-268）.

［38］KUZUGUDENLI O E. Use of Pumice Stone as a Ceramic Raw Material ［J］. Key Engineering Materials, 2004, 496（264-268）.

［39］HG. Fiederling-Kapteinat. The Ukrainian Clay Mining Industry and its Effect on the European Ceramic Raw Materials Market, Part 1 ［J］. Interceram: International Journal for Bricks, Structural Clay Products, Refractories, Pottery, Fine Ceramics, Abrasives and Special Ceramics, 2004, 53（6）.

［40］HART N, BRANDON N, SHEMILT J, et al. Environmental Evaluation of Thick Film Ceramic Fabrication Techniques for Solid Oxide Fuel Cells ［J］. Materials and Manufacturing Processes, 2000, 15（1）.

第 3 章

陶瓷坯釉料制备

3

陶瓷作为人民生活必不可少的日用品，其与中国文化密切相关，蕴含着许多可供挖掘的中国文化和工匠精神等思政元素。培养学生在日后实际工作中思想政治的觉悟和意识，方可为社会输送越来越多的高素质全面型人才。通过引入陶瓷科研者在陶瓷研究中精益求精的态度及渊博的科学理论知识，并通过课程实践，培养学生与工匠精神相关的职业素养，提高学生的综合实力，使学生更适应市场职业现状。改革教与学的方法，突破习惯性认知模式，通过发挥学生主体作用，培养学生深度分析、大胆质疑、勇于创新的精神和能力。物理化学在陶瓷科技史中的应用非常广泛。运用物理化学理论作为研究的基础，以物理化学的研究方法作为验证各种现象的手段，为陶瓷发展过程中遇到的许多问题提供了科学的依据。在对分相釉、陶瓷釉中的气泡，陶瓷釉的呈色和古陶瓷过渡层的研究中都通过物理化学的应用得到了合理、科学和正确的解释。在古陶瓷的烧成温度和烧制年代测量上也应用到了物理化学的原理，为古陶瓷的仿制和鉴定提供了理论依据和标准。随着物理化学的发展，新理论和新方法不断涌现，努力掌握这些新方法和新理论，并探索将其应用于陶瓷科学技术史研究中，将有可能获得更加显著的成果。本章节将主要讲述陶瓷坯釉料的制备以及物理化学在陶瓷科技史中的应用与发展。

3.1 陶瓷坯料配方

3.1.1 坯料的类型

陶瓷坯料有很多类型，按照其所用原料组成的不同，可分为长石质瓷坯料、绢云母质瓷坯料、磷酸盐质瓷坯料和镁质瓷坯料等。

1. 长石质瓷坯料

长石质瓷是目前国内外陶瓷工业普遍采用的"长石—石英—高岭土"三组分系统瓷。它以长石、石英、高岭土为主要原料，按一定比例配合成坯料，利用长石在较低温度下熔融形成高黏度液相的特性，在一定的温度范围内烧后成瓷。长石质瓷的特点是烧成温度范围比较宽，我国长石质瓷的烧成温度一般为 1250～1350℃。长石质瓷的瓷胎由玻璃相、莫来石晶相、残余石英晶相及微量气孔构成，瓷质洁白，薄层呈半透明。断面呈贝壳状，不透气，吸水率很低，质地坚硬，机械强度高，化学稳定性好，热稳定性好。

（1）三元相图

长石质瓷的生产是以"K_2O-Al_2O_3-SiO_2"三元系统相图为基础的，通过该相图不仅可以对陶瓷的组成和温度特性进行分析，而且对了解高岭土和钾长石的加热分解、石英的晶型转化以及釉的组成和熔融特性等具有指导意义。

根据 K_2O-Al_2O_3-SiO_2 相图，长石质瓷的坯料组成范围处于图 3-1 中右上角的莫来石区域（SiO_2-$K_2O \cdot Al_2O_3 \cdot 6SiO_2$-$3Al_2O_3 \cdot 2SiO_2$ 所围成的区域），并在莫来石（M 点）与最低共熔点（E 点）连线的两侧。此区域的物相是玻璃相、莫来石晶体和残余二氧化硅，它们是多相混熔物，冷凝后成为洁白的产物，即瓷。长石、石英、莫来石于（985 ± 20）℃形成最低共熔点，瓷的组成越靠近最低共熔点，其成瓷温度越低，液相量越多，莫来石量越少。反之，越靠近莫来石组成点，成瓷温度越高，莫来石量越多，液相量越少。

（2）化学组成

长石质瓷与其他硅酸盐工业制品一样，有其特定的化学组成。但由于其制品种类繁多，所用原料成分复杂，而且各企业的配方和生产方法也不同，因而其化学组成波动范围较宽。目前我国各重点产瓷区瓷坯的化学组成列于表 3-1。

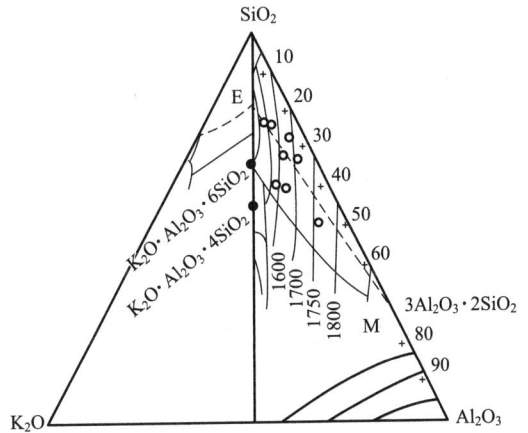

图 3-1　K_2O-Al_2O_3-SiO_2 三元相图

○—日用瓷　●—高压电瓷

表 3-1　我国长石质瓷坯的化学组成　　　　　　　　　　　单位：%

序号	产地名称	SiO_2	TiO_2	Al_2O_3	Fe_2O_3	K_2O	Na_2O	CaO	MgO	碱性氧化物的总量
1	醴陵 422# 瓷	69.50	0.01	24.00	0.17	3.76	0.82	0.32	1.21	6.11
2	醴陵 371# 瓷	67.20	0.01	25.80	0.20	4.97	0.90	0.45	0.25	6.57
3	界牌 26# 瓷	74.9	—	21.20	0.22	3.63	3.63	0.25	0.13	4.01
4	长沙建湘 378# 瓷	74.0	—	20.60	0.42	3.72	3.72	0.70	0.25	4.67
5	唐山 25# 瓷	70.0	0.37	25.20	0.27	2.82	0.50	0.39	0.73	4.44
6	唐山 61# 瓷	70.5	0.06	22.9	0.41	3.10	0.47	0.31	1.89	5.77
7	唐山第七瓷厂瓷	71.75	0.27	22.15	0.31	3.26	1.47	0.22	0.56	5.57
8	唐山第五瓷厂瓷	71.00	0.22	24.90	0.34	1.79	0.72	0.46	0.56	3.53
9	邯郸第一瓷厂瓷	73.00	0.22	20.70	0.17	3.12	1.08	0.44	0.31	4.95
10	邯郸第二瓷厂瓷	75.38	0.14	19.20	0.30	2.90	0.65	0.39	0.56	4.50
11	邯郸陶瓷研究所	72.40	0.11	21.50	0.11	3.24	0.69	1.30	1.30	6.53
12	唐山陶瓷研究所	70.50	0.06	22.90	0.41	3.10	0.47	0.31	1.89	5.77
13	郑州瓷厂 1# 瓷	69.50	—	25.70	0.19	3.87	3.87	0.16	0.07	4.10
14	北京大华瓷厂瓷	68.70	—	24.30	0.70	4.45	4.45	1.98	0.49	6.92
15	重庆瓷厂瓷	73.20	0.03	23.50	0.28	2.73	2.73	0.13	0.18	3.04
16	云南易门瓷厂瓷	71.12	—	22.05	0.40	5.79	5.79	0.20	0.40	6.39
17	广东电白瓷厂瓷	70.44	—	21.70	1.10	6.40	6.40	0.18	0.73	7.30

　　从表 3-1 中可以看出，我国各地瓷坯的化学组成虽略有不同，但一般在下述范围内变动：SiO_2 65%～75%，Al_2O_3 19%～25%，R_2O+RO 4%～6%（其中 $KNaO$ 应不低于 2.5%）。

　　瓷的化学组成与烧成温度有密切关系。烧成温度高的瓷，组成中铝含量高，硅含量相应少一些，如欧美瓷。烧成温度低的瓷则铝含量少，硅含量相应多一些，如我国及日本的瓷。国外一些陶瓷的化学组成列于表 3-2。

表 3-2　国外长石质瓷坯化学组成　　　　　　　　　　　单位：%

序号	国别及名称	SiO_2	TiO_2	Al_2O_3	Fe_2O_3	K_2O	Na_2O	CaO	MgO	碱性氧化物的总量
1	日本瓷（N1）	69.71	0.10	23.21	0.62	3.00	0.90	0.81	1.22	5.93
2	日本瓷（N2）	64.91	—	28.61	—	3.99	0.90	0.24	0.91	6.02
3	德国迈生瓷	62.82	—	31.38	0.33	2.94	0.71	0.51	1.02	5.18
4	法国赛弗尔瓷	59.57	—	32.53	0.54	1.92	0.77	0.49	0.19	3.42
5	苏联罗厂瓷	66.03	0.30	22.32	0.32	3.75	3.75	0.66	0.09	—
6	捷克瓷	71.08	0.08	25.93	0.64	1.21	1.55	0.36	0.05	3.17
7	德国（柏林）	67.51	—	26.81	0.91	3.39	—	0.30	0.33	4.02
8	德国（麦森）	71.87	—	23.57	0.29	2.46	1.04	0.75	0.02	4.27

序号	国别及名称	SiO₂	TiO₂	Al₂O₃	Fe₂O₃	K₂O	Na₂O	CaO	MgO	碱性氧化物的总量
9	奥地利	58.75	—	35.03	0.70	4.27		0.28	0.20	5.06
10	奥地利	59.75	—	34.57	0.76	1.57		1.72	0.97	4.26

1）各氧化物在瓷中的作用

SiO_2 是瓷的主要组分，以"半安定方石英""残余石英颗粒"、熔解在玻璃相中的"熔融石英"以及在莫来石晶体中的结合状态存在，直接影响瓷的性能。SiO_2 含量不能过高，如果超过 75%，瓷的热稳定性变差，易出现自行炸裂现象。

Al_2O_3 主要是由长石和高岭土引入的，也是瓷的主要组分，一部分存在于莫来石晶体中，另一部分熔解于玻璃相中。Al_2O_3 可以提高瓷的化学稳定性、热稳定性、力学性能和白度。Al_2O_3 含量过高会提高瓷的烧成温度，若过低（低于 15%）则瓷坯易熔而造成变形。

K_2O 与 Na_2O 主要由长石引入，也是瓷的主要组分，起助熔作用，存在于玻璃相中提高其透明度。据研究，K_2O 可使瓷的音韵洪亮、铿锵有声，而 Na_2O 则使瓷的声音沉哑。一般 K_2O 与 Na_2O 的总量控制在 5% 以下为宜，否则会急剧地降低瓷的烧成温度与热稳定性。

碱土金属氧化物（CaO、MgO 等）一般情况下含量较少，主要与碱金属氧化物共同起着助熔作用。此外，还可以相应提高瓷的热稳定性和机械强度，改进瓷的色调，减弱铁、钛的不良着色影响。

着色氧化物（Fe_2O_3 与 TiO_2）含量很少，但它们的有害影响却很大，可使瓷坯着色，影响其外观品质。

我国南方一些省区的瓷中，铁含量较高，钛含量较低，在还原气氛中烧成后，瓷呈现"白里泛青"色调。北方一些省区，瓷中铁含量较低，钛含量较高，在氧化焰中烧成后，瓷呈现"白里泛黄"的色调。一般，瓷中 Fe_2O_3 含量在 1% 以下，TiO_2 含量在 0.2% 以下为宜，并配合一定的工艺措施减弱它们的有害影响。

2）各氧化物成分之间的关系

从瓷的组成实例可以看出，它们的化学组成波动范围较宽，但同时各组分之间也有一定的比例关系。为说明瓷的这种组成特点，我们令坯式中"R_2O+RO"的物质的量为 1，以 SiO_2 的物质的量为横坐标，Al_2O_3 的物质的量为纵坐标画出硅铝比坐标图（图 3-2），在图中标出一系列瓷坯的组成点。

从图 3-2 中可以明显看出，这些组成点密集分布在两个分离的区域，分别代表两种烧成温度范围的瓷组成。

区域一是我国日用瓷的组成区，组成范围为（R_2O+RO）·(1.9～4.5)

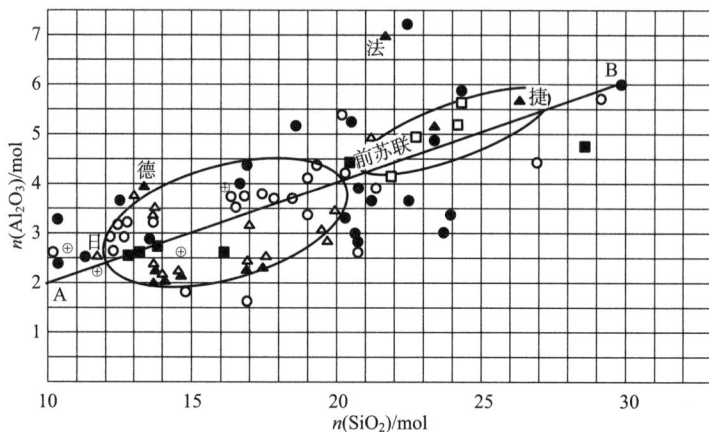

○—唐山瓷坯，●—中国历代名窑瓷坯，⊕—清初瓷坯，△—景德镇历史瓷坯，
□—醴陵建湘瓷坯，▲—国外瓷坯，■—龙泉青瓷坯。

图 3-2　坯式硅铝比坐标图

$Al_2O_3 \cdot (12 \sim 20) SiO_2$，该区域瓷的烧成温度均在 1300℃ 左右。区域二是国外瓷及个别国内瓷的组成区，组成范围为（R_2O+RO）·（$4.0 \sim 6.0$）$Al_2O_3 \cdot (20.5 \sim 27.5) SiO_2$，该区域瓷的烧成温度均在 1400℃ 左右。

这两个区域瓷的组成及烧成温度虽然有所不同，但却符合一个基本一致的规律，即 $n(Al_2O_3)/n(SiO_2)=1:5$ 左右，且 Al_2O_3 不低于 2mol。图中的 AB 线，即是这种比例的关系线，各种瓷的组成点均在该线上下跳动，远离的飞点极少。

国内外瓷坯的坯式比较如表 3-3 所示。

表 3-3　国内外瓷的坯式对比

序号	瓷名	坯式	温度 /℃
1	中国古瓷	（R_2O+RO）·（$2.52 \sim 3.78$）$Al_2O_3 \cdot (10.4 \sim 15.7) SiO_2$	1200 ~ 1300
2	中国现代瓷	（R_2O+RO）·（$1.9 \sim 4.5$）$Al_2O_3 \cdot (12 \sim 20) SiO_2$	1300 ~ 1350
3	景德镇瓷	（R_2O+RO）·（$2.2 \sim 2.8$）$Al_2O_3 \cdot (12 \sim 20) SiO_2$	1300 ~ 1350
4	唐山瓷	（R_2O+RO）·（$3.5 \sim 4.1$）$Al_2O_3 \cdot (16.4 \sim 19.0) SiO_2$	1300 ~ 1350
5	醴陵瓷	（R_2O+RO）·$1.62Al_2O_3 \cdot 8.5SiO_2$	1300 ~ 1350
6	界牌瓷	（R_2O+RO）·$4.05Al_2O_3 \cdot 24.2SiO_2$	1340
7	软质瓷	（R_2O+RO）·（$1.3 \sim 3.6$）$Al_2O_3 \cdot (16.4 \sim 19.0) SiO_2$	1250 ~ 1320
8	硬质瓷	（R_2O+RO）·（$3.13 \sim 4.59$）$Al_2O_3 \cdot (15.47 \sim 20.89) SiO_2$	1320 ~ 1450

（3）示性矿物组成

长石质瓷的示性矿物组成是指在能够成瓷的前提下，理论上的长石、石英、高岭土三种矿物的配合比例。这三种矿物在一定的配合比例下，于一定的温度范围内通过一系列的物理化学作用，得到许多不同类型的瓷。图 3-3 给出了主要瓷坯类型的组成范围和温度概况。

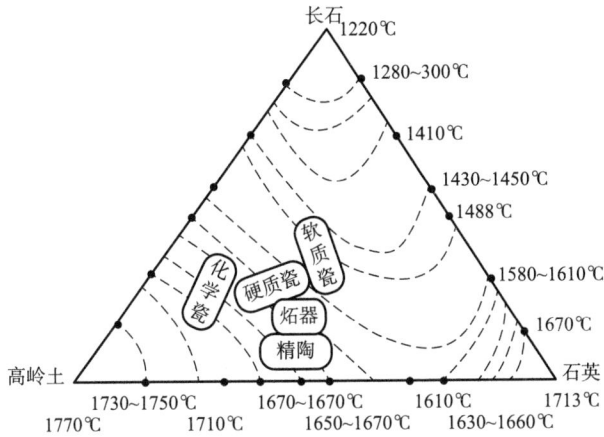

图 3-3　成瓷范围及其耐火度分布

图中的硬质瓷指组成中高岭土含量较多，长石及其他熔剂物质含量较少，成瓷温度较高（1350～1450℃或更高温度），莫来石含量较多，瓷及釉面硬度也较高（莫氏硬度 7 左右）。软质瓷则与之相反，配方中的熔剂原料较多，烧成温度较低，瓷质较软。

我国瓷器的示性矿物组成范围一般为长石 20%～30%，石英 25%～35%，黏土物质 40%～50%，烧成温度在 1250～1350℃。

（4）坯料配方

实际配方是在示性矿物组成的基础上，考虑具体原料与生产工艺条件等因素而制定的生产配方，应使用高岭土或烧后呈白色的其他黏土。为了考虑其成型性能，在使用高岭土的同时，必须使用一定数量的强可塑性的黏土。具体用量应根据成型的要求及黏土的可塑性强弱而定。例如可以用膨润土作为增塑剂，用量一般在 5% 以下，也可用其他塑性强的黏土，用量应通过具体实验而定。有时为了提高氧化铝的引入量，必须大量采用可塑性强的黏土时，可将部分黏土煅烧成熟料使用，视其情况可在 10% 以下。

长石与石英的用量主要根据瓷的性能要求决定，其次应考虑到成型和干燥性能所要求的减黏作用。

瓷坯组成中主要采用钾长石，它的特点是高温黏度大，随温度的变化其黏度变化速度慢，熔融温度范围宽，在成瓷温度下能提供足够的玻璃相，使坯体得以良好烧结，防止产品变形。根据界牌瓷厂的研究，钾长石还可使瓷器音韵洪亮。

钠长石的缺点是高温黏度小，流动性大，因而产品易于变形，烧成中不易控制。成瓷后的产品音韵沉哑。它的优点是利于晶体的发育成长，控制适当，会得到较好效果。

由于自然界纯的钾长石较少，多数是钾钠长石的固溶体，因而实际使用的长石多少含有一定比例的钠长石，一般要求长石中纯钠长石含量在 30% 以下。从化学成分看，长石中的钾钠比应在 3：1 以上。

石英在低温下主要起减黏作用，降低坯体的收缩，利于干燥，防止变形。在高温下则参与成瓷反应，熔解在长石玻璃中，提高黏度，一部分残存下来，一部分转化成为方石英，构成骨架，提高强度。

坯体组成中的石英和长石，可采用伟晶花岗岩或其他富含石英和长石的岩石代替，但应根据实际矿物情况决定用量。

除上述三种主要组分外，为了调整和改善瓷的性能，尚可考虑加入下述补充成分：

加入 1%～2% 的滑石，可降低瓷化温度 20～30℃，扩大烧结温度范围，促进瓷体良好地莫来石化，提高瓷的抗冲击及抗弯曲强度。加入量多时，生成膨胀系数小的堇青石，可提高瓷的热稳定性。此外，熔融滑石的乳浊作用可提高制品的白度，改善外观品质。

加入一定数量的废瓷粉，一方面可改善瓷的性能，调节坯釉结合性，另一方面达到了利用废品降低成本的目的。具体用量通过实验决定，一般在 10% 以下。

加入少量磷酸盐物料，可降低原料中铁、钛的不良着色影响，具体用量通过实验决定。氧化焰烧成时，铁杂质使制品呈黄色调，可加入微量氧化钴，利用补色原理可提高制品的白度，一般用量在 0.05% 左右。

我国各主要瓷区陶瓷坯料配方举例见表 3-4 和表 3-5。

表 3-4　我国各地陶瓷坯料的配方表（北方地区）

序号	厂名及料别	配方组成 /%	化学组成 / %									烧成温度 /℃
			SiO_2	Al_2O_3	Fe_2O_3	TiO_2	CaO	MgO	K_2O	Na_2O	灼减量	
1	辽宁锦州某瓷厂（塑性坯料）	硅石 12 长石 24 大同土 22 界牌土 32 回泥 5 膨润土 5	66.28	21.71	0.48	—	0.50	0.24	4.02		7.16	1270～1280
2	河北唐山某瓷厂（塑性坯料）	石英 32 长石 18 生砂石 19 熟砂石 3 木节土 3 衡阳土 25	70.87	19.64	0.26	0.17	0.27	0.22	1.70	0.10	6.53	1250～1280
3	河北唐山某瓷厂（注浆坯料）	石英 34 长石 21 砂石 21 熟砂石 10 木节土 7 碱干 7	68.70	22.38	0.25	0.13	0.27	0.27	1.92	0.69	5.41	1250～1280

序号	厂名及料别	配方组成 /%	化学组成 /%									烧成温度 /℃
			SiO₂	Al₂O₃	Fe₂O₃	TiO₂	CaO	MgO	K₂O	Na₂O	灼减量	
4	山东某瓷厂（塑性坯料）	长石 18 石英 26 生大同 26 熟大同 10 界牌土 11 莱阳土 2 洪山土 5 滑石 2	68.42	21.15	0.17	0.22	0.27	0.64	2.09	0.98	6.11	1240~1260
5	河北邯郸一瓷厂（塑性坯料）	石英 35 长石 22 生砂石 36 木节土 7	67.82	20.06	0.223	0.262	0.304	0.034	3.04	0.82	7.48	1280~1300
6	河北邯郸二瓷厂（塑性坯料）	石英 22 长石 13 大同土 23 木节土 5 衡阳土 25 章村土 6 易县土 6	68.82	20.15	0.29	0.25	0.34	0.52	1.85	0.60	6.85	1280~1300
7	沈阳某瓷厂（塑性坯料）	石英 29 长石 21 大同 32 界牌土 15 滑石 3	70.29	18.48	0.53	—	1.12	1.20	—	—	—	1240
8	长春某瓷厂（塑性坯料）	石英 26 长石 22 大同土 28 界牌土 18 紫木节 6	68.12	20.60	0.42	—	0.28	0.22	2.97	—	—	1270~1290
9	唐山研究所（白玉瓷）	石英 13 长石 22 宽城土 65 滑石 1	70.50	22.90	0.41	0.06	0.31	1.89	3.1	0.47	—	1250~1280
10	河北唐山五瓷厂（塑性坯料）	石英 34 长石 16 大同 39 滑石 1 紫木节 3 碱干 7	65.76	23.08	0.32	0.20	0.43	0.52	1.66	0.66	—	1250
11	河北唐山七瓷厂（塑性坯料）	石英 35 长石 10 紫木节 10 膨润土 2 章村土 17 D 石 24 彰武土 2	71.35	22.49	0.31	0.27	0.22	0.56	3.26	1.47	—	1220

序号	厂名及料别	配方组成 /%	化学组成 / %									烧成温度 /℃
			SiO$_2$	Al$_2$O$_3$	Fe$_2$O$_3$	TiO$_2$	CaO	MgO	K$_2$O	Na$_2$O	灼减量	
12	河南郑州某瓷厂（塑性坯料）	石英 10 长石 25 大同 30 界牌土 35	64.10	23.77	0.18	—	0.15	0.06	3.57	—	8.34	1260～1280
13	乌鲁木齐瓷厂（塑性坯料）	长石 25 界牌土 50 碱干 12 额敏土 13	64.28	21.26	—	—	—	—	2.82	1.46	—	—

表 3-5 我国各地陶瓷坯料的配方表（南方地区）

序号	厂名及料别	配方组成 /%	化学组成 / %									烧成温度 /℃
			SiO$_2$	Al$_2$O$_3$	Fe$_2$O$_3$	TiO$_2$	CaO	MgO	K$_2$O	Na$_2$O	灼减量	
1	江苏宜兴某瓷厂（青瓷坯料）	石英 27 长石 20 界牌土 27 苏州土 17 山西木节 5 膨润土 4	70.92	18.84	0.45	—	0.58	0.28	2.70		5.54	1280（还原焰）
2	湖南建湘瓷厂（378#）	界牌桃红泥 35 衡山东湖泥 37 衡山马迹泥 5 山西阳泉泥 3 平江长石 20	70.17	20.46	0.45	—	0.32	0.23	3.24		5.8	1400～1410
3	广东潮安某瓷厂（坯料）	飞天燕洗泥 30 高岭土 20 风化长石原矿 40 石英 10	61.49	27.43	0.14	—	0.61	—	4.61	0.50	6.18	1320～1340
4	重庆某瓷厂（塑性坯料）	石英 32 长石 20 界牌土 10 白黏土 10 煤层黏土 20 灰黏土 8	66.36	21.29	0.26	0.22	0.11	0.16	2.48		9.10	1280～1300
5	界牌某瓷厂（塑性坯料）	石英 8 长石 24 界牌土 68	70.04	19.98	0.21	—	0.24	0.12	3.41		5.92	1340
6	闽清某瓷厂	长石 5 高岭土 45 普贤土 32 晋江土 18	74.87	18.12	0.21	-	0.05	0.38	-		6.36	1380

序号	厂名及料别	配方组成 /%	化学组成 / %								灼减量	烧成温度 /℃
			SiO$_2$	Al$_2$O$_3$	Fe$_2$O$_3$	TiO$_2$	CaO	MgO	K$_2$O	Na$_2$O		
7	贵阳黔陶瓷 （塑性坯料）	石英 30 长石 13 高岭土 28 瓷泥 29	71.80	18.34	0.20	—	—	—	—		—	1280～1300
8	北流某瓷厂 （塑性坯料）	高州土 70 蟠龙土 30	62.58	25.28	0.26	—	0.60	0.10	—		6.15	1310～1340
9	贵阳王武某瓷厂 （塑性坯料）	长石 25 高岭土 15 烧高岭土 7 黄砂 53	70.60	19.94	0.78	—	—	—	—		—	1260～1290
10	易门某瓷厂 （9# 塑性坯料）	—	71.12	22.05	0.26	—	0.20	0.40	5.79		—	1320

2. 绢云母质瓷坯料

绢云母质瓷是我国传统的瓷质之一，它是以绢云母为熔剂的"绢云母—石英—高岭土"系统瓷。在我国南方一些省区，尤其江西景德镇地区广为生产，是盛名于世、历史悠久的中国瓷代表。

这种瓷是利用瓷石中所含绢云母熔融后形成高黏度玻璃的性质，并利用瓷石本身已经含有石英的特点，另外按一定比例加入高岭土配合成坯料，在一定温度范围内烧后成瓷。烧成温度视瓷石与高岭土用量比例，变动于 1250～1450℃，但考虑经济与技术条件，实际生产中一般在 1350℃以下。

绢云母质瓷的瓷质由"石英、方石英、莫来石、玻璃相"构成，除具有长石质瓷的一般性能特点外，透明度也较高，加之采用还原焰烧成，外观呈"白里泛青"的特色。适用于餐具、工艺美术陈设瓷等。

（1）化学组成

绢云母质瓷的化学组成列于表 3-6 中。它的组成与长石质瓷大体一致，组成范围为（R$_2$O+RO）4.5%～7%，Al$_2$O$_3$ 22%～30%，SiO$_2$ 60%～70%。

表 3-6　绢云母质瓷的化学组成　　　　　　　　　　单位：%

序号	产地及名称	SiO$_2$	TiO$_2$	Al$_2$O$_3$	Fe$_2$O$_3$	K$_2$O	Na$_2$O	CaO	MgO	碱性氧化物的总量
1	景德镇薄胎瓷	69.31	—	27.0	1.02	3.36	1.02	0.02	0.12	4.52
2	景德镇 1956 年试制瓷	62.50	—	30.90	0.81	4.33		1.43	0.32	6.08
3	景德镇 64-7# 瓷	69.29	—	24.32	0.54	2.66	1.21	1.14	0.84	5.85
4	景德镇 64-9# 瓷	69.34	0.05	24.19	0.54	2.67	2.86	0.28	0.08	5.89
5	景德镇 79# 瓷	70.8	0.06	21.90	0.38	3.78	1.51	0.82	0.32	6.43

续表

序号	产地及名称	SiO₂	TiO₂	Al₂O₃	Fe₂O₃	K₂O	Na₂O	CaO	MgO	碱性氧化物的总量
6	江苏某瓷厂瓷	73.59	—	22.46	0.47	1.97	1.33	0.50	0.18	3.98
7	福建某瓷厂瓷	82.63	—	13.69	0.22	2.77	0.22	0.28	0.19	3.46
8	湖南醴陵某瓷	72.89	—	21.20	0.47	4.50		0.44	0.49	5.43
9	中国古瓷（清）	66.21	—	27.42	0.77	3.07	1.29	1.36	0.13	6.85

（2）示性矿物组成

绢云母质瓷的示性矿物组成与长石质瓷的示性矿物组成大体相仿，但因为该瓷所用原料的特色，其示性矿物组成范围一般为绢云母 30%～50%，石英 15%～25%，高岭土 30%～50%，其他矿物 5%～10%，烧成温度在 1250～1450℃。

（3）坯料配方

中国传统的古瓷生产，开始是以单一的水云母、绢云母质黏土为原料，后来随着工艺技术的发展及新材料的采用，逐渐增加高岭土的用量来提高瓷的质地。渐渐地由单一组分配料演变为瓷石与高岭土的二组分配料。这种配料是以一种高岭土和一种瓷石，或以几种高岭土和几种瓷石配合而成。

由于瓷石中含有大量的绢云母、水云母、石英等矿物，少量的多水高岭土、碳酸盐矿物，有时也存在少量的长石，因而实际的组成主要是绢云母（或水白云母）、石英和高岭土。在考虑坯料配方时，应根据原料的实际矿物组成通过实验确定。

烧成温度在 1250～1450℃ 的绢云母质瓷的配料比例为瓷石 70%～30%，高岭土 30%～70%。增加高岭土的含量使烧成温度提高，也可扩大烧成温度范围。

绢云母质瓷的坯料配方如表 3-7 所示。坯料组成与烧成温度的关系如图 3-4 所示。

表 3-7　绢云母质瓷坯料配方　　　　　单位：%

序号	名称	配比		示性矿物组成			
		瓷石	高岭土	绢云母	高岭土	石英	其他
1	景德镇薄胎瓷	63.20	36.8	49	26	19	6
2	景德镇厚胎瓷	71.1	28.9	—	—	—	—
3	景德镇 8# 瓷	50	50	—	—	—	—
4	景德镇 9# 瓷	45	55	—	—	—	—
5	景研 Bb# 瓷	50	50	37～45	35～40	15	3
6	景研 Bs# 瓷	30	70	38～48	22～28	21	7
7	红星瓷厂	40	60	—	—	—	—
8	宇宙瓷厂	40	60	—	—	—	—

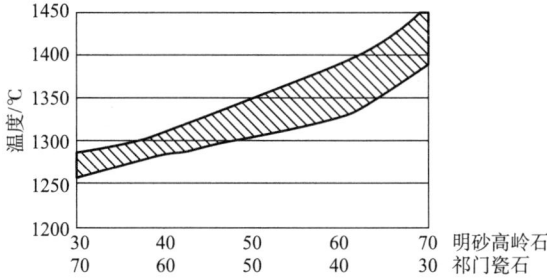

图 3-4　绢云母质瓷的烧成温度与配料

绢云母质瓷的烧成采用还原焰，成瓷后的外观色调比长石质瓷好，而内在性能上无大差异。

目前绢云母质瓷已不局限于二组分配料，逐渐增加了长石含量，兼有长石质瓷的一些配方特点，在品质上有了进一步的改进和提高。

3. 磷酸盐质瓷坯料

磷酸盐质瓷是以磷酸钙作熔剂的"磷酸盐—高岭土—石英—长石"系统瓷，其中磷酸盐可由骨胶生产的副产品——骨灰或骨磷引入，习惯上称这类瓷为骨灰瓷。

骨灰瓷的瓷质主要由钙长石、β-$Ca_3(PO_4)_2$、方石英、莫来石和玻璃相构成。该瓷的白度高，透明度好，瓷质软，光泽柔和，但脆性较大，热稳定性较差，而且烧成范围狭窄，不易控制。

（1）三元相图

骨灰瓷的生产是以 $Ca_3(PO_4)_2$-SiO_2-$CaO \cdot Al_2O_3 \cdot 2SiO_2$ 三元相图为依据的（图 3-5）。图中有一个三元最低共熔点，其组成为 $Ca_3(PO_4)_2$ 11%，钙长石 51%，SiO_2 38%，三元最低共熔点为 1290℃。骨灰瓷的组成就选在该点左侧附近。

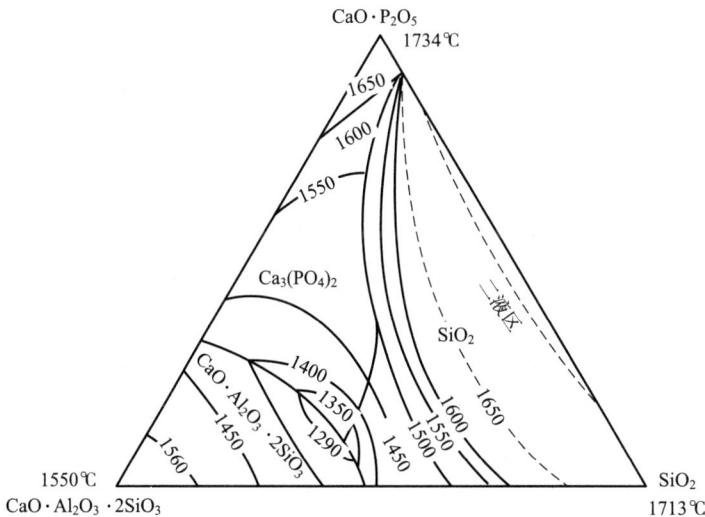

图 3-5　$Ca_3(PO_4)_2$-SiO_2-$CaO \cdot Al_2O_3 \cdot 2SiO_2$ 三元相图

$Ca_3(PO_4)_2$ 是由骨灰引入的，骨灰的主要化学组成如表 3-8 所示。

表 3-8　骨灰的主要化学组成　　　　　　　　单位：%

化学组成	P_2O_5	CaO	SiO_2	Al_2O_3	K_2O	Na_2O	合计
猪骨	47.85	51.21	0.40	0.13	0.24	0.18	100.01
牛羊骨	44.10	53.10	0.44	0.19	0.15	1.21	99.17

兽骨中的钙主要以磷酸盐形式存在，经高温烧成后就分解为 $Ca_3(PO_4)_2$ 和 CaO，后者与坯料中的高岭土分解产物——偏高岭石作用生成钙长石。

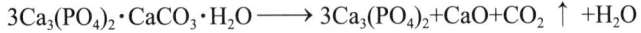

$$3Ca_3(PO_4)_2 \cdot CaCO_3 \cdot H_2O \longrightarrow 3Ca_3(PO_4)_2 + CaO + CO_2\uparrow + H_2O$$

$$CaO + Al_2O_3 \cdot 2SiO_2 \longrightarrow CaO \cdot Al_2O_3 \cdot 2SiO_2$$

$Ca_3(PO_4)_2$ 本身的熔点并不低（1734℃），它的助熔作用并不是自身的低温熔融，而是与其他两个组分在较低温度形成共熔，生成大量液相。骨灰瓷的烧成在 1200℃ 开始，初期熔融缓慢进行，液相量增加迟缓，达到共熔温度后，液相量急剧增加，易变形熔塌，因而瓷坯的烧成温度范围狭窄。一般应在 1200~1280℃ 烧成，且升温速率不能过急，务必使熔融缓慢进行。

骨磷（牛骨经酸溶提胶中和后的沉淀物）也可用作原料，其主要组成是 $CaHPO_4 \cdot 2H_2O$ 和 $Ca(OH)_2$。煅烧时，在 420℃ 左右可发生下列反应：

$$2(CaHPO_4 \cdot 2H_2O) \longrightarrow \gamma\text{-}Ca_2P_2O_7 + 5H_2O\uparrow$$

$$Ca(OH)_2 \xrightarrow{200℃} CaO + H_2O\uparrow$$

$$\gamma\text{-}Ca_2P_2O_7 + CaO \xrightarrow{800℃} \beta\text{-}Ca_2P_2O_7$$

$$\beta\text{-}Ca_2P_2O_7 + CaO \xrightarrow{920℃} \beta\text{-}Ca_3(PO_4)_2$$

$$偏高岭石 + CaO \xrightarrow{920℃} 钙长石$$

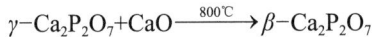

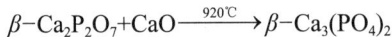

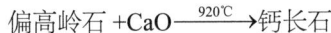

将骨磷瓷坯和骨灰瓷坯做比较，发现两者的透明度、显微结构、烧成坯体的性能和煅烧过程中的性状变化都无明显差异，现以骨灰瓷为例说明两者的焙烧性状（图 3-6）。

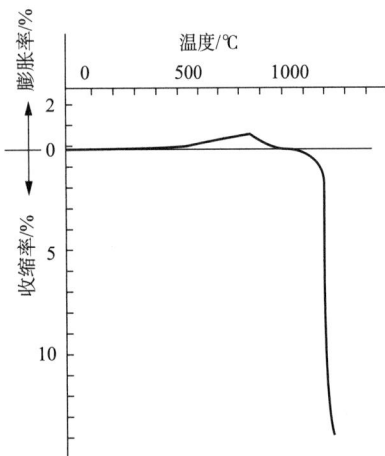

图 3-6　骨灰瓷的烧成性能

曲线在 900℃ 和 1200℃ 以上为两个明显的收缩阶段。900℃ 附近的收缩主要原因是生成 $Ca_3(PO_4)_2$ 和钙长石所致。1200℃ 附近的收缩与坯料的致密化过程有关，此时由于所形成的液相产生黏滞流动和 $Ca_3(PO_4)_2$ 晶体在液相中熔解，引起了极大的收缩。实践证明，只有在略低于最大收缩的温度下，采取长时间保温的烧成法才可烧得优质瓷件。

Fe^{3+} 在硅酸盐玻璃中以 $[FeO_4]$ 形式存在，为显黄色的强着色剂。而在磷酸盐玻璃中，它却以 $[FeO_6]$ 形式存在，不显色。因此，在氧化焰下烧成的骨灰瓷一般为纯白色。

骨灰瓷中玻璃相可达 40% 左右，各相之间的折射率差别不大（玻璃相为 1.56，钙长石为 1.58，磷酸钙为

$1.59 \sim 1.62$），因而光的散射较少，透明度好且光亮柔和，装饰效果佳，声音特别悦耳。

（2）化学组成

骨灰瓷的化学组分主要是 P_2O_5，SiO_2，Al_2O_3，CaO，属于 $CaO\text{-}Al_2O_3\text{-}P_2O_5\text{-}SiO_2$ 系统。SiO_2 由石英和长石引入，Al_2O_3 由长石和高岭土引入，CaO 和 P_2O_5 由骨灰引入。

英国以生产骨灰瓷而著名，其瓷质白里略带黄色，釉面光滑，针孔少。日本骨灰瓷瓷质也极优异。我国唐山、景德镇、山东、湖南等地也有少量生产。表 3-9 为国内外一些骨灰瓷的化学组成。

表 3-9　国内外部分骨灰瓷的化学组成　　　　单位：%

序号	名称	SiO_2	Al_2O_3	CaO	P_2O_5	K_2O	Na_2O	MgO	Fe_2O_3	TiO_2	F	SO_2	灼减量
1	中国骨灰瓷	34.47	14.40	21.46	18.60	2.43	1.67	2.11	0.204	0.07	—	—	4.55
2	英国骨灰瓷	32.27	17.47	25.63	21.21	1.18	1.35	0.50	0.19	0.02	—	—	—
3	英国骨灰瓷	31.40	13.63	25.48	21.53	1.67	0.76	0.05	0.31	0.02	0.17	0.08	1.89
4	英国骨灰瓷	32.88	14.35	25.48	18.76	1.37	0.97	0.03	0.25	0.31	0.20	0.08	5.36
5	苏联骨灰瓷	28.30	14.79	27.39	19.53	2.53	1.00	1.77	0.35	—	—	—	4.35
6	美国骨灰瓷	37.0	15.7	24.0	20.4	2.9	—	—	—	—	—	—	—
7	日本骨灰瓷	36.84	17.84	23.13	17.79	2.44	0.81	0.60	0.29	0.34	—	—	0.24

（3）坯料配方

骨灰瓷坯料的特点是含大量的骨灰，其次是高岭土和石英以及一定数量的长石。坯料配比一般为骨灰 $20\% \sim 60\%$，长石 $8\% \sim 22\%$，高岭土 $25\% \sim 45\%$，石英 $9\% \sim 20\%$。

由于具体原料和生产条件的不同，各国骨灰瓷配方也各有差异，表 3-10 和表 3-11 为国内外一些骨灰瓷的坯料配方。

表 3-10　唐山试制的骨灰瓷坯料配方　　　　单位：%

坯料	石英	长石	骨灰	紫木节	大同土	滑石	宽城土	章村土
1	8.0	10	40	11	7	2	22	—
2	10	8	50	4	17	0.5	0.5	10.5

表 3-11　国外骨灰瓷坯料配方　　　　单位：%

原料	骨灰	高岭土	黏土	石英	长石	瓷石	伟晶花岗岩
英国	46	24	—	3.0	—	—	27
英国	47	30	—	13	10	—	—
英国	45	26	—	3	—	—	26

续表

原料	骨灰	高岭土	黏土	石英	长石	瓷石	伟晶花岗岩
德国	50.9	22	3	—	24.1	—	—
德国	50.9	25	—	—	24.1	—	—
日本	30~50	15~40	0~20	0~20	—	15~30	—
苏联	50	20	10	—	—	-20	—

骨灰瓷坯料中，骨灰含量最好在 50% 左右，过多会使瓷质发黄，且坯料可塑性太差。一般配方中要有一定量的黏土物质，有时还要保持一定量的可塑性黏土，以提高坯料的成型性能。骨灰瓷中长石和石英的作用与在其他瓷坯料中的作用相同，其用量要根据烧成温度和骨灰的用量而定，一般在 20%~25%。

骨灰瓷坯料可用可塑法和注浆法成型，均采用二次烧成。我国试制的骨灰瓷均为低温素烧（850~900℃），高温釉烧。英国则采用高温素烧，低温釉烧，并用振动抛光机将瓷坯表面抛光，所以釉面光亮平滑。骨灰瓷处于软质瓷与硬质瓷之间，缺点是热稳定性差，这是钙长石等晶相膨胀系数较大所致。

4. 镁质瓷坯料

镁质瓷是以含 MgO 的铝硅酸盐为主晶相的一类陶瓷。按照主晶相的不同，镁质瓷又可以分为原顽辉石瓷（即滑石瓷）、镁橄榄石瓷、尖晶石瓷及堇青石瓷。滑石瓷的特点是瓷质白度高，透明度好，色泽光润，可作精细日用瓷和工艺美术瓷。

（1）三元相图

滑石瓷的配方以滑石为主体，外加少量黏土。在 $MgO-Al_2O_3-SiO_2$ 三元相图中（图 3-7），它们的组成一般是在偏高岭石—脱水滑石的连线上或附近。其位置接近于方石英—原顽辉石的界线处，图中 L、M 及 N 是某些滑石瓷的组成，它们相应地含 5%、10% 及 15% 的偏高岭石，落在方石英和原顽辉石初晶区内。适当增加黏土及 MgO 的含量，使坯体组成接近于镁橄榄石—原顽辉石界线处，这就是低介电损耗的滑石瓷区，例如图上的 O 点及 P 点。当瓷坯中含有较多量的 MgO 时，就达到镁橄榄石瓷坯区，如图上的 R 点。如果坯料中黏土含量增多时，就向堇青石区域移动，成为以堇青石为主要晶相的堇青石质瓷，如图上的 Q 点。L、M、N、O、P、Q 点的组成，都在三元系统的最低共熔点 1347℃ 下出现液相。R 点则在另一共熔点 1362℃ 出现液相。根据杠杆定律，可以计算出它们在不同温度下的液相量，如图 3-8 所示。对镁质瓷来说，液相量在 35% 时将使瓷坯充分烧结，接近 45% 时则会造成变形。由图 3-8 可见，O、P、Q 及 N 点的配方，烧成温度范围都很窄，温度相差仅 50℃，坯体已由生烧变为过烧。而 L 及 M 点配方的烧结温度范围 30 ~ 40℃。只有镁橄榄石瓷的液相线较平坦，R 点配方的液相出现温度为 1362℃，液相量约 25%。由图 3-8 可见，它的烧成温度范围较宽。

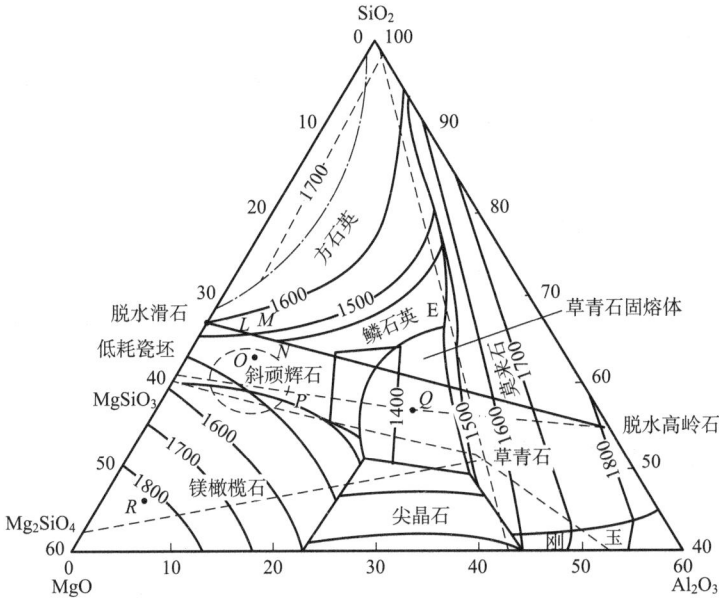

图 3-7　$MgO-Al_2O_3-SiO_2$ 三元相图（部分）

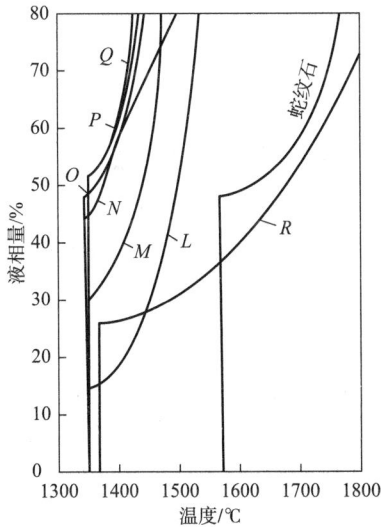

图 3-8　镁质瓷坯体的理论熔融曲线

（2）化学组成

滑石瓷的化学组成主要是 SiO_2 和 MgO，一定量的 Al_2O_3 和少量的 CaO、K_2O、Na_2O 等。比较成熟的坯料化学组分如：SiO_2 66.10%，MgO 23.91%，Al_2O_3 7.00%，CaO 1.08%，K_2O 1.38%，Na_2O 0.28%，Fe_2O_3 0.18%，TiO_2 0.08%。

（3）坯料配方

滑石瓷的坯料配方，由于所使用的原料不同而有所差异，但其范围大致如下：滑石 65%～75%，高岭土 8%～12%，长石 6%～10%，强可塑黏土 4%～6%。

滑石的可塑性差，用量多时难以成型，若减少坯料中的滑石用量，增加黏土的用量，坯料的烧结温度范围则变窄。因此为提高坯料的可塑性，常加少量的强可塑性黏土作增塑剂，如膨润土，但必须防止带入多量的着色氧化物。为了保证在高温烧成时的液相黏度较大，防止变形，配料中的长石宜选用钾长石。所用滑石须经高温煅烧，以破坏其片状结构，利于细磨、成型和烧成。此外，为克服滑石瓷的高温变形，可用高温素烧和施以硼—铅釉的低温釉烧工艺。

3.1.2　配料的依据

①以基本理论为依据，并充分借鉴当地或国内外成功的配方经验进行配方设计。

②以科学、准确的配方计算作为进行配方实验的依据。

③以反复的实验结果和试样分析结果为依据。

3.1.3　配料的计算

1. 配料组成的计算

配料计算时，首先要考虑原料的吸附水含量。各种原料由于不同的开采、加工和存放方式，其吸附水含量有很大的不同。为了保证准确，配料时应以干料为基准进行计算。此外，陶瓷坯、釉料在加热的过程中会有一定的失重，也应扣除该量后再进行相应的计算。

（1）湿含量的计算

假设某一原料的湿质量为 G，经过 105～110℃的干燥至恒重后的质量为 G_1，则此物料的吸附水含量可以以湿基或干基两种方式来表示。

以湿基表示为：

$$W \cdot W\% = (G - G_1)/G \times 100\%$$

以干基表示为：

$$D \cdot W\% = (G - G_1)/G_1 \times 100\%$$

在实际配料中，往往根据干料的用量及原料的湿含量，采用湿基计算方法，算出湿料的实际加入量。

（2）灼减量的计算

灼减量也称为烧失量，它是将试样置于已灼烧至恒重的坩埚内，按常法进行灼烧、称重，直至恒重后，试样损失的质量。按下列公式计算：

$$灼减量 (I.L)=(G_1-G_2)/(G_1-G_0)\times 100\%$$

式中，G_0 为灼烧前坩埚的质量（g）；G_1 为灼烧前坩埚和试样的质量（g）；G_2 为灼烧后坩埚和试样的质量（g）。

（3）实验式的计算

1）由化学组成计算实验式

若已知坯料的化学组成，可按下列步骤计算实验式：

①用各氧化物的摩尔质量分别去除相应氧化物的质量分数，得到各氧化物的物质的量；

②用中性氧化物 R_2O_3 的物质的量总和，分别去除各氧化物的物质的量，得到一套以中性氧化物为 1mol 的各氧化物的数值；

③按照碱性氧化物、中性氧化物和酸性氧化物的先后顺序，列出各氧化物的物质的量，即为该坯料的实验式。

【例 3-1】某瓷坯的化学组成如表 3-12 所示，试求该瓷坯的实验式。

表 3-12　某瓷坯的化学组成　　　　　　　　单位：%

组成	SiO_2	Al_2O_3	Fe_2O_3	CaO	MgO	K_2O	Na_2O	灼减量	合计
含量	63.37	24.87	0.81	1.15	0.32	2.05	1.89	5.54	100.00

【解】先将该瓷坯的化学组成换算成不含灼减量的化学组成：

$$\omega(SiO_2)=\frac{63.37}{100-5.54}\times 100\%=67.09\%$$

$$\omega(Al_2O_3)=\frac{24.87}{100-5.54}\times 100\%=26.33\%$$

$$\omega(Fe_2O_3)=\frac{0.81}{100-5.54}\times 100\%=0.8575\%$$

$$\omega(CaO)=\frac{1.15}{100-5.54}\times 100\%=1.217\%$$

$$\omega(MgO)=\frac{0.32}{100-5.54}\times 100\%=0.3388\%$$

$$\omega(K_2O)=\frac{2.05}{100-5.54}\times 100\%=2.170\%$$

$$\omega(Na_2O)=\frac{1.89}{100-5.54}\times 100\%=2.001\%$$

$$\sum=100.00\%$$

将各氧化物质量分数除以对应的摩尔质量，得到各种氧化物的物质的量 (mol)：

$$n(SiO_2)=67.09\div 60.1=1.116(mol)$$

$$n(Al_2O_3)=26.33\div 101.9=0.2584(mol)$$

$$n(Fe_2O_3)=0.8575 \div 159.7=0.0054(mol)$$

$$n(CaO)=1.217 \div 56.1=0.0217(mol)$$

$$n(MgO)=0.3388 \div 40.3=0.0084(mol)$$

$$n(K_2O)=2.170 \div 94.2=0.0230(mol)$$

$$n(Na_2O)=2.001 \div 62.0=0.0323(mol)$$

将中性氧化物的总量算出：

$$0.2583+0.0054=0.2637（mol）$$

用 0.2637 分别除各氧化物的量，得到一套以 R_2O_3 系数为 1 的各氧化物的系数：

$$SiO_2=1.116 \div 0.2637=4.232$$

$$Al_2O_3=0.2583 \div 0.2637=0.9795$$

$$Fe_2O_3=0.0054 \div 0.2637=0.0205$$

$$CaO=0.0217 \div 0.2637=0.0823$$

$$MgO=0.0084 \div 0.2637=0.0319$$

$$K_2O=0.0230 \div 0.2637=0.0872$$

$$Na_2O=0.0323 \div 0.2637=0.1225$$

将所得到的各氧化物系数按规定的顺序排列，即可得到所要求的实验式：

$$\left. \begin{array}{l} 0.0872K_2O \\ 0.1225Na_2O \\ 0.0823MgO \\ 0.0319CaO \end{array} \right\} \left. \begin{array}{l} 0.9795Al_2O_3 \\ 0.0205Fe_2O_3 \end{array} \right\} 4.232SiO_2$$

2）由实验式计算化学组成

若已知坯料的实验式，可通过下列步骤的计算，得到坯料的化学组成：

①用实验式中各氧化物的量分别乘以对应的摩尔质量，得到各氧化物的质量；

②算出各氧化物质量的总和；

③分别用各氧化物的质量除以氧化物质量的总和，可获得各氧化物所占质量分数。

【例 3-2】我国雍正薄胎粉彩碟的瓷胎实验式如下所示，试计算该瓷胎的化学组成。

$$\left. \begin{array}{l} 0.120K_2O \\ 0.077Na_2O \\ 0.010MgO \\ 0.088CaO \end{array} \right\} \left. \begin{array}{l} 0.982Al_2O_3 \\ 0.018Fe_2O_3 \end{array} \right\} 4.033SiO_2$$

【解】计算各氧化物的质量：

$$m(CaO)=0.088 \times 56.1=4.937g$$

$$m(MgO)=0.010 \times 40.3=0.403g$$

$$m(Na_2O)=0.077 \times 62.0=4.774g$$

$$m(K_2O)=0.120 \times 94.2=11.30g$$

$$m(Al_2O_3)=0.982 \times 101.9=100.1g$$

$$m(Fe_2O_3)=0.018 \times 159.7=2.875g$$

$$m(SiO_2)=4.033 \times 60.1=242.4g$$

$$\sum=366.8g$$

计算各氧化物质量的总和为 366.8g。

计算各氧化物所占的质量分数：

$$\omega(CaO)=4.937 \div 366.8 \times 100\%=1.346\%$$

$$\omega(MgO)=0.403 \div 366.8 \times 100\%=0.1099\%$$

$$\omega(Na_2O)=4.774 \div 366.8 \times 100\%=1.301\%$$

$$\omega(K_2O)=11.30 \div 366.8 \times 100\%=3.081\%$$

$$\omega(Al_2O_3)=100.1 \div 366.8 \times 100\%=27.29\%$$

$$\omega(Fe_2O_3)=2.875 \div 366.8 \times 100\%=0.78\%$$

$$\omega(SiO_2)=242.4 \div 366.8 \times 100\%=66.09\%$$

$$\sum = 100.00\%$$

该瓷胎的化学组成见表 3-13。

表 3-13　瓷胎的化学组成　　　　　　　　　单位：%

组成	SiO_2	Al_2O_3	Fe_2O_3	CaO	MgO	K_2O	Na_2O	合计
含量	66.09	27.29	0.78	1.346	0.1099	3.081	1.301	100.00

（4）示性矿物组成的计算

1）原料示性矿物组成的计算

在评价原料的性能特点时，需要知道其示性矿物组成。对组成复杂的原料（如黏土），如果要精确判定其示性矿物组成，要依靠仪器的精确分析，然而在许多情况下没有这样的条件，因此根据原料的化学组成可以初步地计算出它的矿物组成。

若已知原料的化学组成，计算其示性矿物组成时，步骤如下：

①根据原料组成中 SiO_2/Al_2O_3 的比值、灼减量以及熔剂含量，初步判定该原料的主要矿物类型。

②根据同类型矿物的理论化学组成，将该原料的各项已知组成换算成不同示性矿物的组成比例。

③由繁到简，逐项满足：先计算组成复杂的矿物，再计算组成简单的矿物。

先从 K_2O、Na_2O 的含量计算钾、钠长石的含量；从剩余 Al_2O_3 的含量来计算高岭土的含量；从剩余 SiO_2 的含量来计算石英的含量；从 CaO、MgO 的含量计算碳酸盐、滑石的含量；从 Fe_2O_3 的含量计算游离 Fe_2O_3 或 Fe_3O_4、$FeCO_3$ 的含量；从 TiO_2 的含量计算金红石、板钛矿的含量。

【例 3-3】某黏土的化学组成如表 3-14 所示，且已知原料中含有碳酸盐类矿物。请计算该原料的示性矿物组成。

表 3-14　黏土的化学组成　　　　　　单位：%

组成	SiO_2	Al_2O_3	Fe_2O_3	CaO	MgO	K_2O	Na_2O	灼减量
含量	58.7	29.9	0.28	0.25	0.15	0.5	0.1	10.62

【解】计算钾长石的含量。因为 Na_2O 的量较少，将其与 K_2O 合并计算钾长石量。钾长石的理论组成是：K_2O 16.9%，Al_2O_3 18.4%，SiO_2 64.7%。该黏土 $KNaO$ 的量为 0.6%，故相当于钾长石的含量为：

$$0.6 \div 16.9 = 3.55\%$$

3.55% 的钾长石所含相应的 Al_2O_3 和 SiO_2 的量分别为：

$$Al_2O_3 \quad 18.4 \times 3.55\% = 0.65\%$$
$$SiO_2 \quad 64.7 \times 3.55\% = 2.3\%$$

计算高岭土的含量。因为长石带入了一部分 Al_2O_3，所以剩余 Al_2O_3 的含量按高岭土来计算。高岭土的理论组成是：Al_2O_3 39.5%，SiO_2 46.54%，H_2O 13.95%，相当于高岭土的含量是：

$$（29.9 - 0.65）\div 39.5\% = 74.05\%$$

74.05% 的高岭土所含相应的 SiO_2 和 H_2O 分别为：

$$SiO_2 \quad 46.54 \times 74.05\% = 34.46\%$$
$$H_2O \quad 13.95 \times 74.05\% = 10.33\%$$

计算石英的量。用 SiO_2 的总量减去长石、高岭土中 SiO_2 的量，剩余部分按石英来计算，相当于石英的量为：

$$58.7\% - 2.30\% - 34.46\% = 21.94\%$$

按 CaO 的组成计算方解石的量。

$$0.25 \div 56\% = 0.45\%$$

0.45% 的方解石中含相应的灼减量（CO_2）是：

$$0.45 \times 44\% = 0.20\%$$

按 MgO 的组成计算菱镁矿的量。

$$0.15 \div 40\% = 0.375\%$$

0.375% 中所含的灼减量是：

$$0.375 \times 52.26\% = 0.19\%$$

高岭土中的结晶水量及方解石、菱镁矿中的灼减量之和与原料组成中的灼减量相当：

$$10.33\% + 0.20\% + 0.19\% = 10.72\%$$

Fe_2O_3 按赤铁矿来对待，其含量为 0.28%。

经过计算得到该黏土的示性矿物组成如表 3-15。

表 3-15　黏土的示性矿物组成　　　　　　　　　单位：%

结果	高岭土	钾长石	石英	方解石	菱镁矿	赤铁矿	合计
初步计算值	74.05	3.55	21.94	0.45	0.31	0.28	100.58
示性矿物组成	73.62	3.53	21.81	0.45	0.31	0.28	100

2）坯料示性矿物组成的计算

在配方组成计算时，为了了解其对应的工艺及性能特点，往往要了解坯料的示性矿物组成，从而利用具有相应性能的原料进行配方组成的设计。

若已知坯料的化学组成，在计算其示性矿物组成时，首先应确定瓷种及其所具有的示性矿物种类，其次对已知的组成进行合理的分析，舍去可确认为是杂质的微量成分，再用所确定的示性矿物种类由繁到简、逐项满足坯料的各项组成。

【例 3-4】已知某绢云母质瓷坯的化学组成如表 3-16 所示，请计算该瓷坯的示性矿物组成。

表 3-16　绢云母质瓷坯的化学组成　　　　　　　　　单位：%

组成	SiO_2	Al_2O_3	Fe_2O_3	CaO	MgO	K_2O	Na_2O
含量	69.81	23.29	0.62	0.81	1.21	3.00	0.92

【解】将瓷坯的化学组成换算成各氧化物的物质的量（表 3-17）。

表 3-17　瓷坯中各氧化物的物质的量

组成	SiO_2	Al_2O_3	Fe_2O_3	CaO	MgO	K_2O	Na_2O
坯体组成 /%	69.81	23.29	0.62	0.81	1.21	3.00	0.92
摩尔质量	60.1	102	160	56.1	40	94.2	62
物质的量 /mol	1.162	0.288	0.004	0.014	0.030	0.032	0.015

组成中 K_2O、Na_2O 按绢云母计算，MgO 按滑石计算，CaO 按方解石计算，Fe_2O_3 作为少量杂质忽略不计，计算过程见表 3-18 和表 3-19。

表 3-18　瓷坯示性矿物组成物质的量的计算

组成	SiO₂	Al₂O₃	Fe₂O₃	CaO	MgO	K₂O	Na₂O
物质的量	1.162	0.288	0.004	0.014	0.030	0.032	0.015
引入 0.047mol 绢云母	0.282	0.414	—	—	—	0.047	
剩余	0.880	0.087	0.004	0.014	0.030	0	
引入 0.010mol 滑石	0.040	—	—	—	0.030		
剩余	0.840	0.087	0.004	0.014	0		
引入 0.014mol 方解石	—	—	—	0.014			
剩余	0.840	0.087	0.004	0			
引入 0.087mol 高岭土	0.174	0.087	—				
剩余	0.666	0	0.004				
引入 0.666mol 石英	0.666						
剩余	0	—	—	—	—	—	—

表 3-19　瓷坯示性矿物组成计算

矿物	绢云母	高岭土	石英	滑石	方解石
物质的量 /mol	0.047	0.087	0.666	0.010	0.014
摩尔质量	796.8	258.1	60.1	379.3	100
矿物质量	37.45	22.45	40.02	3.79	1.40
示性矿物组成 /%	35.63	21.36	38.07	3.61	1.33

（5）配料配方的计算

陶瓷坯料一般是由数种原料配制而成，因此必须根据产品的性能要求来考虑各种原料的组成和性质，并结合具体的工艺条件进行配制。

1）由化学组成计算配方

根据坯料所要求的化学组成，在已经掌握了所选用原料化学组成的基础上，可以通过计算来调整各种原料的用量，使之适合既定化学组成的要求。

可以采用三种途径进行配方计算：一是利用化学组成直接进行计算，即直接计算法；二是先将化学组成换算成三个主要组成然后再进行计算，即三元系统法；三是三角形直线计算法，这种方法可以解决需要使用三种黏土原料时的计算问题。

①直接计算法。根据制品的性能和化学组成以及所用原料的性能与化学组成，参照生产经验可以先确定一两种原料的用量，再确定组成中的某种氧化物主要由哪种原料提供，再逐项计算每种原料的用量，以求满足坯料的化学组成。

这种计算方法除了能满足坯料的化学组成，还能在一定程度上满足坯料的成型和烧成工艺性能的要求。然而由于原料种类、性能以及产地各不相同，最终还是要通过工艺试验来调整和确定配方。具体的计算步骤如下：

根据产品性能和成熟经验，预定配方组成。若是无灼减的瓷坯组成，则在计算时原料也应换算成无灼减的组成；若是有灼减的生坯组成，则在计算时原料可用有灼减的组成；也可在计算前，把所有的组成统一先换算成无灼减的组成，然后再进行计算。

为能清楚、完全、逐项地满足预定的化学组成，整个计算过程应采用列表方式进行计算。计算时自始至终都应遵循由繁到简、逐项满足的原则。

若是采用无灼减进行计算的，则计算结果要相应地换算成有灼减的原料组成。

实际配料时，还要根据原料含水率，换算成湿基配方，以便按此配方进行配料。

【例 3-5】某厂瓷坯化学组成及所用原料化学组成见表 3-20，试进行坯料配方计算。

表 3-20　瓷坯和原料的化学组成　　　　　　　　　单位：%

名称	SiO$_2$	Al$_2$O$_3$	Fe$_2$O$_3$	CaO	MgO	K$_2$O	Na$_2$O	灼减量
瓷坯	70.41	25.16	0.48	0.13	0.55	2.23	0.7	—
长石	65.60	18.96	0.83	—	0.62	10.25	3.21	0.48
石英	98.54	0.72	0.27	—	0.37	—	—	—
大同砂	43.25	39.44	0.27	0.09	0.24	—	—	16.07
紫木节	41.96	35.91	0.91	0.96	2.10	0.37	—	16.96
碱干	43.50	40.09	0.63	0.30	0.47	0.49	0.22	14.28

【解】列表计算原料的配比，见表 3-21。根据生产经验，确定紫木节和碱干的用量分别为 7%。

无灼减的原料配比换算成有灼减量的原料配比。计算结果见表 3-22。为便于称料，小数取 0.5% 为宜。

表 3-21　原料配比计算表

名称	SiO$_2$	Al$_2$O$_3$	Fe$_2$O$_3$	TiO$_2$	CaO	MgO	K$_2$O	Na$_2$O
瓷坯	70.41	25.16	0.48	0.13	0.56	0.25	2.23	0.70
引入紫木节 7	2.93	2.51	0.06	0.07	0.15	0.03	0.03	—
引入碱干 7	3.05	2.81	0.04	0.02	0.03	—	0.03	0.02
剩余	64.43	19.84	0.38	0.04	0.38	0.22	2.17	0.68
引入长石 21.7	13.88	4.01	0.17	—	0.13	—	2.17	0.68
剩余	50.55	15.83	0.21	0.04	0.25	0.22	0	0
引入大同砂 39.5	17.08	15.59	0.11	0.04	0.10	0.15	—	—
剩余	33.47	0.24	0.10	0	0.15	0.07	—	—
引入石英 33.97	33.47	0.24	0.10	—	0.12	—	—	—
剩余	—	—	—	—	0.03	0.08	—	—

表 3-22　原料配比计算表

原料	计算值	质量分数 /%	实取值 /%
长石	21.17	19.48	19.5
石英	33.97	31.23	31
大同砂	39.5	36.41	36.5
紫木节	7	6.44	6.5
碱干	7	6.44	6.5
合计	108.64	100	100

②三元系统法。这种方法的依据是熔剂氧化物对黏土熔点的影响和氧化物的当量质量相对应。具体方法是根据里奇特尔斯（Richters）近似原理，将坯料及所用原料（2～3 种）的化学组成换算成 K_2O、Al_2O_3、SiO_2 三元组分。由 CaO、MgO、Na_2O 转换为 K_2O 的转换系数分别是 1.68、2.35、1.52；由 Fe_2O_3 转换为 Al_2O_3 的系数为 0.92。再在 K_2O-Al_2O_3-SiO_2 三元系统图上标出坯料及原料组成点（A，B，C）的位置（图 3-9）。如坯料组成点 D 在连接两种原料组成点的线段上，或在三种原料组成点围成的三角形中，则说明用所选原料能配出给定化学组成的坯料。

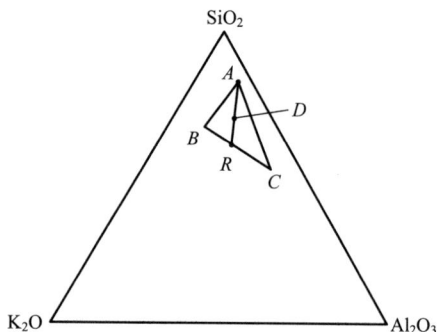

图 3-9　利用 K_2O-Al_2O_3-SiO_2 相图进行配方计算图示

根据图示，量出相应线段的长度，利用杠杆原理可以计算出各种原料的配比量。它们的计算公式如下：

$$A\% = \frac{DR}{AR} \times 100\%$$

$$B\% = \frac{CR}{CB} \times \frac{AD}{AR} 100\%$$

$$C\% = \frac{RB}{CB} \times \frac{AD}{AR} 100\%$$

由于作三元组分转换计算时必须采用无灼减量的化学组成，所以还必须把所得的上述配料的质量分数再换算成含有灼减量原料的质量分数，即得到所求的坯料配方。

因为氧化物转化系数的计算与实际情况相比有一定的差距，所以用三元系统法算出的配方也存在一定的缺陷，难以满足成型工艺性能的要求。另外，当采用三种以上原料进行配方计算时，这种方法就显得无能为力。

③三角形直线计算法。由坯料及所用原料的化学组成计算坯料的配料量还可以采用"三角形直线法"进行计算。用这种方法可以解决需要使用三种黏土原料时的计算问题。这种计算方法除了在一定范围内能满足化学组成外，还能根据各种黏土原料的性质调整几种黏土的用量，以改善坯料的工艺性能。"三角形直线"计算法是按坯料的化学组成或实验式来计算的。计算时，先选定坯料的组成范围，然后用已选定的原料，一般是长石、石英与两种或两种以上的黏土原料进行计算。

计算时，先根据黏土的成分和性能假定采用的总量和几种黏土原料之间的用量比例，然后算出黏土中所含的 K_2O 含量，并从采用的坯体配方的 K_2O 量中减去，所剩余的 K_2O 量计算成为长石的需要量，再把长石原料带来的 Al_2O_3 量，从坯料的 Al_2O_3 量中减去，根据所余的 Al_2O_3 量的范围算出各黏土原料的用量。计算时在以三种黏土原料构成的三轴图中定出一个区域，在这一区域内，三种黏土间任何不同比例的配合，都能符合所选定的瓷坯坯料中 Al_2O_3 的含量范围。其 SiO_2 的不足数量则可用石英原料来补足。

在确定的区域中，可以按黏土的物理化学性能，选择一个小的区域并选出几点进行配料和进行一切性能的测定，最后再确定一最佳配方。

以下是以 A、B、C 三种黏土和石英、长石为原料，用"三角形直线法"进行配方计算的实例。

【例 3-6】所选定的某瓷坯的化学组成范围及所用原料的化学组成如下（表 3-23），试用"三角形直线法"计算此坯料的配料量。

表 3-23　某瓷坯及原料的化学组成　　　　　　　　单位：%

化学组成	SiO_2	Al_2O_3	Fe_2O_3	TiO_2	CaO	MgO	K_2O	Na_2O
坯料	68~74	21~26	<1	—	—	—	2.5~5.0	
A 黏土	53.98	0.25	0.25	微量	0.41	微量	—	微量
B 黏土	69.07	23.00	1.24	2.69	0.05	0.70	2.96	0.23
C 黏土	54.34	34.46	1.56	0.99	0.83	1.44	6.38	微量
长石	63.93	19.28	0.17	—	0.36	—	13.88	2.37
石英	99.53	0.36	0.08	—	—	—		微量

【解】若所给定的坯料及原料的组成中含灼减量，应首先将其换算成不含灼减量的质量分数。

按坯料组成中 Al_2O_3 要求的质量分数，以理论组分比例计算出与其相应配比的 SiO_2 量，从而估计黏土的总用量。

在此计算中假设 Al_2O_3 的含量为 24%，即 100g 坯料中有 24g 的 Al_2O_3。

按高岭土理论成分脱水后，ω（Al_2O_3）：ω（SiO_2）=46：54，则24g Al_2O_3 需要 m（SiO_2）$= \dfrac{24 \times 54}{46} = 28.2$（g）

黏土的用量为：24+28.2=52.2（g）

按照各种黏土的物理性能以及生产与供应情况初步估计各种黏土的配料量，设：A 黏土 50%，B 黏土 40%，C 黏土 5%。

计算各种黏土原料带入坯料中 K_2O 的总量：

A 黏土中：K_2O 为 0

B 黏土中：K_2O 为 2.96%

C 黏土中：K_2O 为 6.38%

则由两种黏土带入的 K_2O 质量：

$$（50 \times 0 + 40 \times 0.0296 + 5 \times 0.0638）\times 0.52 = 0.782（g）$$

从坯料要求的 K_2O 的总量中减去各种黏土原料带入的 K_2O 量，剩余的 K_2O 量由长石原料来满足。假设坯料中需要的 K_2O 为 3.9%，则需要的长石量：

$$\frac{3.90 - 0.782}{13.88} \times 100 = 22.46（g）$$

从坯料总量100g中减去黏土原料总量及长石需要量，可得到石英原料的需要量：

$$100 -（52 + 22.46）= 25.54（g）$$

计算由长石原料带入的 Al_2O_3 量：

$$22.46 \times 19.28\% = 4.33（g）$$

从坯料所需 Al_2O_3 含量中减去由长石带入的 Al_2O_3 含量。因为坯料中所需 Al_2O_3 含量为 21%~26%，则

$$21 - 4.33 = 16.67（g）$$

$$26 - 4.33 = 21.67（g）$$

此剩余的 16.67%~21.67% 的 Al_2O_3 量应由三种黏土所含的 Al_2O_3 来补足。三种黏土中的 Al_2O_3 含量分别为：A 黏土 45.31%，B 黏土 23.00%，黏土 34.46%。

由三种黏土带入的 Al_2O_3 含量：

$$（0.4531\omega_{A1} + 0.23\omega_{B1} + 0.345\omega_{C1}）\times 52\% = 16.67\%$$

$$（0.4531\omega_{A2} + 0.23\omega_{B2} + 0.345\omega_{C2}）\times 52\% = 21.67\%$$

黏土三组分系统图见图 3-10。

$$\omega_A + \omega_B + \omega_C = 1$$

设 AD 为中线，则

$$\omega_B = \omega_C, \quad \omega_A + 2\omega_B = 1, \quad \omega_B = \frac{1 - \omega_A}{2} = \omega_C$$

所以

$$\begin{cases} \omega_{B1} = \omega_{C1} = \dfrac{1 - \omega_{A1}}{2} \\ \omega_{B2} = \omega_{C2} = \dfrac{1 - \omega_{A2}}{2} \end{cases}$$

将 ω_{B1} 和 ω_{B2} 代入上述方程组：

$$\left(0.4531\omega_{A1} + 0.23 \times \frac{1 - \omega_{A1}}{2} + 0.345 \times \frac{1 - \omega_{A1}}{2} \right) \times 52\% = 16.67\%$$

$$\left(0.4531\omega_{A2} + 0.23 \times \frac{1 - \omega_{A2}}{2} + 0.345 \times \frac{1 - \omega_{A2}}{2} \right) \times 52\% = 21.67\%$$

解此方程组得 $\omega_{A1} = 20.05\%$，$\omega_{A2} = 78.07\%$

将 ω_{A1} 和 ω_{A2} 在黏土三组分系统图上表示出来，相当图中的 E 点和 F 点。

另设图中 AB 线上有两点，它们所含的 Al_2O_3 量亦相当于上述的不足 Al_2O_3 量 $16.67\% \sim 21.67\%$，因为在 AB 线上，只有 A、B 两种黏土，没有 C 黏土，故 $\omega_C = 0$，$\omega_A + \omega_B = 1$ 则 $\omega_B = 1 - \omega_A$

于是

$$\begin{cases} \omega_{B1} = 1 - \omega_{A1} \\ \omega_{B2} = 1 - \omega_{A2} \end{cases}$$

将 ω_{B1} 和 ω_{B2} 也代入方程组中：

$$\begin{cases} (0.4531\omega_{B1} + 0.23\omega_{B1}) \times 52\% = 16.67\% \\ (0.4531\omega_{B2} + 0.23\omega_{B2}) \times 52\% = 21.67\% \end{cases}$$

$$\begin{cases} \{0.4531\omega_{A1} + 0.23(1 - \omega_{A1})\} \times 52\% = 16.67\% \\ \{0.4531\omega_{A2} + 0.23(1 - \omega_{A2})\} \times 52\% = 21.67\% \end{cases}$$

解此二元一次方程组得到：

$\omega_{A1} = 40.56\%$，$\omega_{A2} = 83.69\%$

也把 ω_{A1} 和 ω_{A2} 的值在黏土三组分系统图中分别表示出来，相当于图中的 H 点和 G 点。

这样在黏土三组分系统图上，得到了 E、F、H、G 四个点。连接 HE、GF 并延长交于 CB 和 AC 于 M 点和 N 点。于是在此三组分系统图上得到一个 $MNGH$ 区域，在 $MNGH$ 范围内的各组成点，均符合上述 $16.67\% \sim 21.67\%$ 的 Al_2O_3 含量。

由上述计算可以看出，除满足坯料所需的化学组成外，还可以在 $MNGH$ 范围内任意调整 A、B、C 三种黏

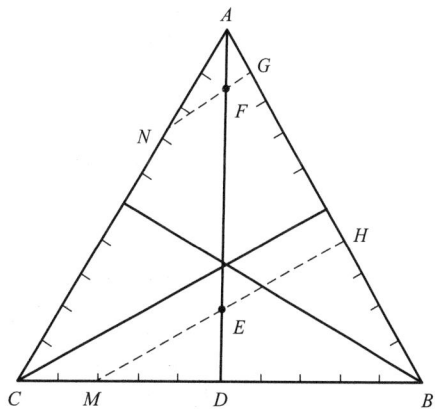

图 3-10　三角形直接法计算配料图

土的比例，来满足泥料所要求的各种工艺性能（如成型、干燥性能等）。

必须指出，在三角形中任选一点是黏土总量内三种黏土的质量比，还必须乘以黏土总量占总配料量的质量分数，才能换算成各种黏土在坯料总配比中的质量分数。例如 A 黏土为 55%，B 黏土为 40%，C 黏土为 5%，尚乘以 52%，得出在坯料总配比中 A 黏土为 28.6%，B 黏土为 20.8%，C 黏土为 2.6%。

故此坯料的配料量为：A 黏土 28.6%，B 黏土 20.8%，C 黏土 2.6%，长石 22.46%，石英 25.54%。

用此方法计算出各种原料的用量组成比较切合实际，但对所选用原料的物理性质及工艺性能必须有充分的了解，这是比较困难的。

2）由实验式计算配方

若已知所用原料的实验式，可以采用逐项满足坯料实验式中各氧化物物质的量的方法计算该坯料的配方组成。用这种方法能满足化学组成的要求，但难以满足坯料的工艺性能要求。具体步骤是：

把已知原料的化学组成换算成原料的实验式。在这样的换算过程中，对所用原料需充分分析，以便确定其在组成上的繁简，并对其性能做出合理的判断，以使各种原料的实验式与其纯原料实验式相对应。

用原料的实验式按由繁到简，逐项满足的原则进行计算。

【例 3-7】现选用坯料的实验式如下，所采用的原料及化学组成见表 3-24，请进行坯料配方计算。

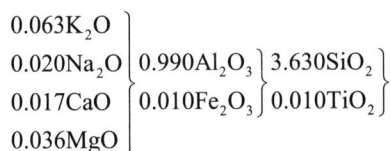

$$\left.\begin{array}{l} 0.063K_2O \\ 0.020Na_2O \\ 0.017CaO \\ 0.036MgO \end{array}\right\} \left.\begin{array}{l} 0.990Al_2O_3 \\ 0.010Fe_2O_3 \end{array}\right\} \left.\begin{array}{l} 3.630SiO_2 \\ 0.010TiO_2 \end{array}\right\}$$

表 3-24　原料的化学组成　　　　　　　　单位：%

名称	SiO$_2$	Al$_2$O$_3$	Fe$_2$O$_3$	TiO$_2$	CaO	MgO	K$_2$O	Na$_2$O	灼减量
大同土	44.16	38.90	0.20	0.38	0.04	—	—	—	16.67
紫木节	42.69	36.50	1.23	0.81	0.52	0.03	—	—	18.10
长石	55.01	19.04	0.15	—	0.29	0.11	12.23	2.59	—
石英	99.20	—	0.08	—	0.24	0.21	—	—	0.23
滑石	58.53	0.55	0.37	0.08	3.42	29.74	—	—	6.82

【解】计算各种原料的实验式和分子量。

先把各原料的化学组成换算成各氧化物的物质的量。结果见表 3-25。

表 3-25 所用原料各氧化物的物质的量

名称	SiO_2	Al_2O_3	Fe_2O_3	TiO_2	CaO	MgO	K_2O	Na_2O	H_2O
大同土	0.7348	0.3817	0.0020	0.0047	0.0001	—	—	—	0.9261
紫木节	0.7103	0.3582	0.0077	0.0101	0.0093	0.0007	—	—	1.006
长石	0.1098	0.3138	0.0009	—	0.0052	0.0027	0.1298	0.0418	—
石英	1.651	—	0.0005	—	0.0030	0.0050	—	—	0.0123
滑石	0.9739	0.0092	0.0023	0.0010	0.0610	0.7380	—	—	0.3789

再按原料的属性把各原料的氧化物物质的量换算成各原料的实验式，从而计算出各原料的分子量。

大同土原料中所含 Fe_2O_3、TiO_2、CaO 的物质的量较少，可以看成是杂质不予计算。因为大同土属于黏土类原料，故将其原料中 Al_2O_3 的物质的量换算成 1，这样得到大同土原料的实验式为：

$$Al_2O_3 \cdot 1.925\ SiO_2 \cdot 2.426\ H_2O$$

大同土的分子量为 261.3。

紫木节原料中 MgO 的物质的量较少，视为杂质，不予计算。同样，紫木节类属于黏土原料，也把其 Al_2O_3 的物质的量换算成 1，所以紫木节的实验式为：

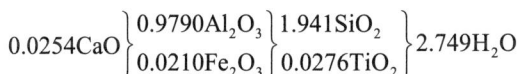

$$0.0254CaO \left.\begin{matrix} 0.9790Al_2O_3 \\ 0.0210Fe_2O_3 \end{matrix}\right\} \left.\begin{matrix} 1.941SiO_2 \\ 0.0276TiO_2 \end{matrix}\right\} 2.749H_2O$$

紫木节的分子量为 272.9。

长石中的 Fe_2O_3、MgO 的含量很少，可以看成杂质。把碱性氧化物的总物质的量换算成 1，最后排列得到如下的实验式：

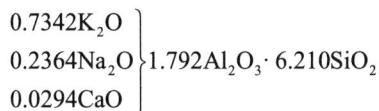

$$\left.\begin{matrix} 0.7342K_2O \\ 0.2364Na_2O \\ 0.0294CaO \end{matrix}\right\} 1.792Al_2O_3 \cdot 6.210SiO_2$$

长石的分子量为 641.3。

滑石中的 Al_2O_3、Fe_2O_3、TiO_2 的含量也很少，可以看成杂质，不予计算。根据滑石的结构式，把 MgO + CaO 的物质的量和换算成 3，所得滑石的实验式如下：

$$\left.\begin{matrix} 2.771MgO \\ 0.229CaO \end{matrix}\right\} 3.657SiO_2 \cdot 1.423H_2O$$

滑石的分子量为 369.9。

石英的实验式为 SiO_2，分子量为 60.1。

用实验式逐项满足法进行配方计算，见表 3-26。

表 3-26　实验式满足法配方计算表

组成	SiO$_2$	Al$_2$O$_3$	Fe$_2$O$_3$	TiO$_2$	CaO	MgO	K$_2$O	Na$_2$O
物质的量	3.630	0.990	0.010	0.010	0.017	0.036	0.063	0.020
引入长石 0.858	0.553	0.154	—	—	0.003	—	0.063	0.020
剩余	3.097	0.836	0.010	0.010	0.014	0.036	0	0
引入紫木节 0.3623	0.703	0.355	0.008	0.010	0.009	—	—	—
剩余	2.394	0.481	0.002	0	0.005	0.036	—	—
引入滑石 0.0130	0.048	—	—	—	0.003	0.036	—	—
剩余	2.346	0.481	0.002	—	0.002	0	—	—
引入大同土 0.481	0.926	0.481	—	—	—	—	—	—
剩余	1.420	0	0.002	—	0.002	—	—	—
引入石英 1.420	1.420	—	—	—	—	—	—	—
剩余	0	—	0.002	—	0.002	—	—	—

最后剩余的 0.002 Fe$_2$O$_3$ 和 0.002 CaO 可以视为杂质，忽略不计。

用分子量进行原料配合量计算，见表 3-27。

表 3-27　用分子量进行原料配合量的计算

原料种类	物质的量	分子量	配料量	质量分数 /%
长石	0.0858	641.3	55.02	14.88
紫木节	0.3623	272.9	98.87	26.74
滑石	0.0130	369.9	4.18	1.30
大同土	0.481	264.3	125.69	34.00
石英	1.420	60.1	85.34	23.08
含量	——	——	369.1	100

3）由示性矿物组成计算配方

陶瓷坯料的矿物组成有一定的范围要求。如果已知某坯料的矿物组成要求和所用原料的示性矿物组成，可以采用矿物组成逐项满足的方法进行计算。由于原料的矿物组成复杂，示性分析不容易算得十分准确，在工厂中较少应用。这种计算方法的步骤是：

①如已知原料的化学组成，须先将其换算成示性矿物组成。

②先用黏土原料中所含黏土矿物满足坯料的黏土矿物组成要求，算出黏土原料的用量。

③算出黏土原料所带入的长石、石英等其他矿物量。将其从坯料中相应矿物组成的总量中分别扣除，再逐项满足长石、石英及其他矿物的量。

【例 3-8】已知所用原料的化学组成如表 3-28 所示，试用上述四种原料计算坯料中含黏土矿物 63.08%，长石矿物 28.62%，石英矿物 8.3% 的配料量。

表 3-28　所用原料化学组成　　　　　　单位：%

组成	SiO₂	Al₂O₃	Fe₂O₃	CaO	MgO	K₂O	Na₂O	灼减量
高岭土	48.80	39.07	0.15	0.05	0.02	0.18	0.03	12.09
黏土 A	49.99	36.74	0.40	0.11	0.20	0.52	0.11	12.81
长石	64.93	18.04	0.12	0.38	0.21	14.45	1.54	0.33
石英	95.50	0.11	0.12	3.02	—	—	—	—

【解】根据所用原料化学组成，对原料进行分析。利用坯料的示性矿物，对原料进行示性矿物的计算。计算结果见表 3-29。

表 3-29　所用原料的示性矿物　　　　　　单位：%

原料	黏土矿物	长石矿物	石英矿物
高岭土	96.78	1.96	1.62
黏土 A	86.72	7.66	2.62
长石	—	100.0	—
石英	—	4.4	95.6

计算高岭土及黏土 A 的用量。

坯料的黏土矿物由高岭土及黏土 A 两种原料的用量确定。考虑到这两种原料的可塑性、收缩率、烧后颜色等各项工艺性能，初步确定坯料的黏土矿物一半由高岭土供给，另一半由黏土 A 供给。

高岭土用量：$\dfrac{63.08}{2\times96.78}\times100\%=32.59\%$

黏土 A 的用量：$\dfrac{63.08}{2\times86.72}\times100\%=36.37\%$

计算高岭土及黏土 A 中所含的石英矿物、长石矿物。

32.59% 高岭土中含：

长石矿物量 32.59%×1.96%＝0.64%

石英矿物量 32.59%×1.26%＝0.41%

36.37% 黏土 A 中含：

长石矿物量 36.37%×7.66%＝2.79%

石英矿物量 36.37%×2.62%＝0.95%

计算石英的量。

高岭土与黏土 A 共引入石英：

0.41%＋0.95%＝1.36%

坯料中的石英矿物为 8.30%，这样，剩余的部分全由石英供给，故石英用量为：

$$\frac{8.30-1.36}{95.60}\times100\%=7.26\%$$

7.26% 石英中引入长石矿物量：

$$7.26\% \times 4.4\% = 0.32\%$$

计算长石的用量。

由高岭土、黏土 A、石英引入的长石矿物量共计为：

$$0.64\% + 2.79\% + 0.32\% = 3.75\%$$

从而需要长石的量为：

$$28.62\% - 3.75\% = 24.87\%$$

由以上的计算得到各原料的配合比为：高岭土 32.59%，黏土 A 36.37%，长石 24.87%，石英 7.26%。

2. 配料性能的计算

经计算得到的坯料配方，在试验之前还应进行坯料性能的计算，从而能更好地指导试验，并在试验中及时对坯料组成作合理的调整，确保坯料配方在工艺性能上可行、在产品性能上可靠。对坯料性能的探讨与计算，可采取的手段与措施较多，下面简单介绍常用的性能计算方法。

（1）酸度系数的计算

酸度系数（C·A）是指坯料配方以实验式表示时的酸性氧化物物质的量和碱性氧化物、中性氧化物物质的量总和的比值，又称为酸度或酸值。工艺上常按下式计算：

$$C·A = RO_2 / (R_2O + RO + 3R_2O_3)$$

式中，RO_2 为 SiO_2、TiO_2、B_2O_3、P_2O_5 等酸性氧化物物质的量之和；R_2O 为碱金属氧化物物质的量之和；RO 为碱土金属氧化物物质的量之和；R_2O_3 为 Al_2O_3、Fe_2O_3 等中性氧化物物质的量之和。

坯料的酸度系数是一项重要的性能指标，可以用来评价其高温性能。酸度系数大，通常表明坯体烧成时易于软化，容易产生变形，烧成温度较低，制品的透明性提高，但脆性也将增加，热稳定性降低。酸度系数接近 1，表明其在煅烧时更加稳定。

不同的制品其酸度系数有所不同，但一般不会超过 1.8。有关制品的酸度系数范围见表 3-30。

表 3-30　各种制品坯、釉料的酸度系数

坯、釉料种类	C·A	坯、釉料种类	C·A
硬质坯料	1.1～1.3	软质釉料	1.4～1.6
软质坯料	1.68～1.78	精陶坯料	1.2～1.3
硬质釉料	1.3～1.8	精陶釉料	1.5～2.5

值得注意的是，Al_2O_3 是两性氧化物，具有酸性和碱性的双重性质。由

于 Al_2O_3 在硅酸盐系统中是一种无定形的氧化物，一般起酸性作用，Al_2O_3 与 SiO_2 一起形成复合硅酸盐。如果不考虑 Al_2O_3 的用量，则计算出来的酸值更接近真实值，而且计算出来的日用陶瓷制品坯料的酸度系数一般大于其釉料的酸度系数。

（2）烧成温度的计算

坯料的烧成温度既可以在实验室中测定，也可以在窑炉中试烧时测定，现介绍烧成温度的两种经验计算方法。

第一种经验计算方法：

$$t_{烧} = (360 + Al_2O_3 - RO) / 0.288$$

式中，$t_{烧}$ 为坯料烧成温度的计算值（℃）；Al_2O_3 为坯料化学组成中 Al_2O_3 与 SiO_2 总量为 100% 时 Al_2O_3 的质量分数；RO 为坯料化学组成中 Al_2O_3 与 SiO_2 总量为 100% 时所有熔剂氧化物的质量分数。

第二种经验计算方法：

$$t_{烧} = (0.8 \sim 0.9) t_{耐}$$

$$t_{耐} = 5.5A + 1534 - (8.3F + 2\sum M) \times \frac{30}{A}$$

式中，$t_{烧}$ 为坯料烧成温度的计算值（℃）；$t_{耐}$ 为坯料耐火度的计算值（℃）；A 为无灼减量的坯料化学组成中 Al_2O_3 的质量分数；F 为无灼减量的坯料化学组成中 Fe_2O_3 的质量分数；$\sum M$ 为无灼减量的坯料化学组成中所有熔剂的质量分数。

3.2　原料处理

3.2.1　原料的精制与煅烧

1. 精制

（1）目的

通过精制既可以提高原料的纯度，又可以改善原料的各项工艺性能，如可塑性、结合性、白度，从而达到改善原料性能、提高质量的目的。

（2）原料的拣选、洗涤与风化

原料拣选的目的：如果对制品白度有特殊要求，可通过拣选除去在原料开采和运输过程中混入的块状杂质成分，如铁矿石、杂色矿石、含铁矿物等。

洗涤的目的：通过洗涤除去附着在原料表面上的污物，如粉尘、泥土和油污等。

风化的目的：它是指某些软质黏土原料在露天下经风吹、日晒、雨淋和冰冻的过程，从而使其颗粒细化、组织达到均化的过程。

（3）黏土原料的精制

1）淘洗法

淘洗的目的：通过淘洗可以除去夹杂在黏土原料中的未风化的母岩残渣，如长石颗粒、石英颗粒、云母以及含铁矿物等，从而达到提纯原料并改善原料工艺性能的目的。

淘洗的原理：软质黏土原料中颗粒较细小的且相对密度较小的有用黏土，与夹杂在黏土中颗粒粗大且相对密度较大的杂质成分，两者在水中具有不同的沉降速度。

淘洗工艺流程：将碎散黏土原矿与水以1∶20在搅拌池中混合为稀浆→通过砂浆泵使稀泥浆经过粗筛后入"沉淀池"→淘洗槽→泥浆沉淀池→浓缩脱水（含水率为30%～35%）成泥饼。

淘洗后会使原料成本有所增加，一般可使售价增加100～200元/吨；淘洗所需设备简单，投资少；淘洗占地较多，生产周期较长。

由于南方黏土属于一次黏土，夹杂物较多，常需要淘洗；而北方黏土多为二次黏土，已经历过雨水或河流的自然冲洗，除去了大多数的颗粒，故无须淘洗。

2）水力旋流法

水力旋流器的工作过程和工作原理：利用软质黏土矿物中相对密度较大的粗颗粒杂质与相对密度较小的细颗粒黏土在锥形圆筒内会受到不同的离心力作用和具有不同的沉降速度的原理工作，从而使粗细颗粒得到分离。

其工作流程为：软质黏土矿物与水配比并入搅拌池→通过砂泵打浆至给浆管→粗颗粒的杂质经短圆筒和锥形管最终由排砂管排除；黏土泥浆经过溢流管排除→入浆池并待压滤脱水。

水力旋流工艺特点：占地少、效率高、投资少、能耗小、机械化程度高。

2. 原料的预烧

对各种原料进行预煅烧的目的：

（1）**石英**

通过煅烧，由于晶型转变会引起体积膨胀，使其结构松散，有利于粉碎；预烧后可使夹杂在其中的氧化铁得到明显暴露，有利于含铁杂质的拣选。

（2）**滑石**

通过煅烧可破坏其鳞片状结构，使之成为颗粒状结构，一来可以避免塑性成型时片状颗粒在坯体中形成定向排列，从而减少变形和开裂；二来可以避免或减少泥浆或釉浆中片状滑石颗粒的分层现象。

（3）**黏土**

黏土煅烧后有利于减少坯体的烧成收缩、减少坯体变形；黏土煅烧瘠化后有利于提高注浆料的流动性和釉料的流动性；通过煅烧可以使黏土得到瘠化，可达到调整坯料可塑性的目的。

3.2.2　原料的粉碎加工

1. 概念

指原料在各种机械力的作用下（如挤压、撞击、研磨和劈裂等）颗粒度减小、分散度增大的过程。

2. 目的

通过粉碎可以显著改善陶瓷原料或坯料的各种工艺性能，如可塑性、釉浆或泥浆的悬浮稳定性和流动性，同时还有利于改善坯体的烧结性，改善坯体组织的均一性。

3. 分类与常用设备

粗碎：粒径小于或等于 40～50mm　　　颚式破碎机

中碎：粒径小于或等于 0.5mm　　　　　轮碾机

细磨：粒径小于或等于 0.06mm　　　　　球磨机

4. 球磨机细磨加工

球磨方式：湿式球磨，即加入适量的水，其中水对原料微裂纹有劈裂作用，球磨效率高，无粉尘；干式球磨，粉尘大且效率低。

湿式球磨的装载物：被研磨物料、水和研磨体。

球磨机的缺点：能耗大、研磨效率低，属于间歇式粉碎。

影响球磨效率的主要因素：球磨机的转速，即球磨机的筒体每分钟的回转次数；研磨体的大小和形状；装载量，即料、球、水之和占球磨机总容积的 80% 即可；料、球、水，三者的比例，主要取决于研磨效率、产量、所装物料种类等因素，根据实际，三者的比例一般为，可塑坯料为 1：（1.5～2.0）：（0.8～1.2），注浆料或釉料为 1：（1.5～2.0）：（0.4～0.7）；加料方式，为了提高研磨效率，应当首先将硬质料与少量起悬浮作用的黏土入磨粉碎若干小时，然后将全部软质黏土入磨与前者一起粉磨；电解质，其作用是减少加水量并保持较高的球磨效率，常见电解质为纯碱和水玻璃。

3.2.3　原料的过筛与搅拌

1. 过筛

（1）目的

通过筛分可除去坯料中的粗颗粒成分及含铁矿物等，有利于改善坯料的工艺性能，如可塑性、结合性以及悬浮稳定性等。

（2）常用的筛分设备

振动筛和回转筛，它们具有生产能力大，不易堵塞，维修方便的特点。

公制，以"孔/cm²"为单位，即筛网在每平方厘米的面积上的孔数；英制，以"目"为单位，即筛网在每英寸（2.54cm）长度上的孔数。

换算关系为：（目×2/5）²=孔/cm²

振动筛常用筛网的规格为：

英制/目	公制/（孔/cm²）	孔径/mm
120	2300	0.125
200	6400	0.075
250	10000	0.06

（3）对坯釉料的筛分要求

可塑坯料万孔筛余一般为 0.2%～0.5%；釉料万孔筛余一般为 0.01%～0.05%。

2. 搅拌

（1）目的

防止泥浆分层、沉淀等不均匀现象发生，使之保持良好的稳定性。

（2）搅拌方式

采用螺旋桨式搅拌机搅拌，转速为 150～200r/min，效率较高，较多采用；采用中、高压气流进行搅拌，即通过空气压缩机提供压力为 0.2～0.4MPa（2～4 个大气压），其特点是可避免铁污染或油污染发生。

3.2.4 泥浆的压滤脱水

1. 目的

球磨后泥浆的含水率一般为 40%～70%，所以，通过压滤脱水可除去泥浆中多余的水分以便获得符合水分要求的坯料，脱水后的塑性坯料含水率一般为 19%～28%。

2. 脱水设备——板框式压滤机及其原理

（1）设备组成

圆形或方形滤板，可选用材料有铝合金、高分子工程塑料、不锈钢、玻璃钢或带波纹的铸铁；滤布，一般为尼龙布；泥浆泵，可提供压力为 0.8～1.2MPa；自动或半自动控制系统。

（2）工作原理

它是利用含水率较高的稀泥浆在高压作用下使多余水分通过滤布排出，从而获得符合水分要求的泥料。

（3）影响压滤效率的因素

泥浆自身的性质，如泥浆的黏性，泥浆中颗粒大小以及大中小颗粒比例，属于头坯泥还是回坯泥等；施加压力的大小和施压方式，一般压力越大，则脱水越快，泥饼的含水率越小，一般根据含水率要求控制在终压为0.8～1.2MPa。加压方式，一般加压采用先施低压（0.3～0.5MPa）后再加高压（0.8～1.2MPa），以利于提高效率；泥浆的相对密度，一般为1.45～1.55（含水率为40%～60%），泥浆密度越小则脱水周期越长；泥浆的温度上升，则泥浆黏度下降，有利于脱水，故选择适宜温度为30～50℃；滤布材料类型、新旧清洁程度等。

3.2.5 陈腐与练泥

1. 陈腐

（1）定义

陈腐即"焖料"，它是指经过压滤脱水后的泥饼或经粗练后的泥段置于阴暗、潮湿、温暖、封闭的室内环境中存放一段时间（有时加盖塑料布），经过复杂的物化反应和均化作用使泥料的可塑性、结合性等工艺性能得到改善，组织结构均化的加工工艺过程。

（2）陈腐时间

冬季通常为7～10天，夏季为3～5天，另外，还可通过多次练泥使陈腐时间缩短。

2. 练泥

（1）分类

粗练，也叫初练，即没有抽真空设备情况下的普通练泥；精练，即在设有抽真空设备时的真空练泥。

（2）练泥的目的

可使泥料组织进一步得到均化；通过排除泥料中的气体，使其体积百分比由7%～10%减少到1%以下，从而改善其工艺性能，如结合性、塑性等。

3.3 坯料制备

坯料制备对于整个陶瓷生产的产品品质影响重大，因此要谨慎选择坯料制备方案。实际生产中要根据原料特性、设备条件、生产规模、对产品的品质要求以及制备方案本身的技术经济指标等因素来选择。

陶瓷工业生产中的成型方法可分为可塑成型、注浆成型和压制成型。根据成型方法的不同，可将坯料分为：可塑成型用坯料，即可塑坯料，它是指加工好的含水量在18%～25%呈塑性状态的泥料；注浆成型用坯料，即注浆坯料，它是一种物料悬浮在水中的泥浆，含水量在28%～35%；压制成型用坯料，即压制坯料，根据坯料含水量的不同，又可分为半干压坯料（8%～15%）和干压坯料（3%～7%）。

3.3.1 可塑坯料的制备

可塑坯料制备的工艺流程主要有以下4种（图3-11、图3-12）。

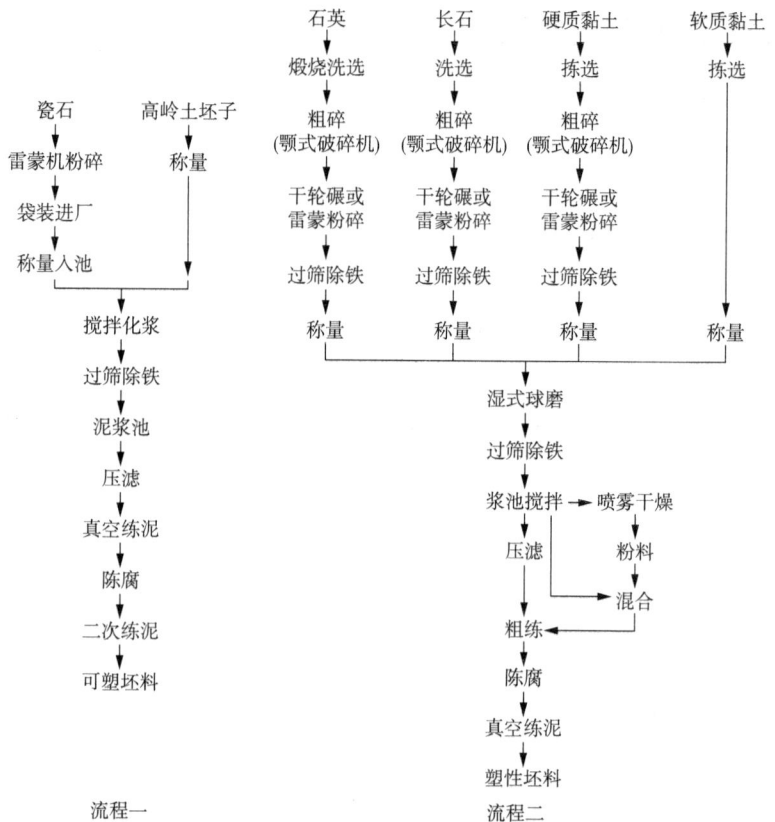

图 3-11 两种粉尘较大的可塑坯料制备的工艺流程

流程一采用粉料进厂进行称量配料，混合化浆。这种坯料制备工艺流程的特点是：不用球磨，减少投资，减少能耗；原料生产专业化、规格化，提高和保证了原料的质量，有利于产品质量的稳定；雷蒙机粉碎会带入杂质，加重了除铁的负担；雷蒙粉的颗粒级配不合理，影响泥料的可塑性；混合雷蒙粉，由于原料的密度不同，使得同一批混合粉中的前后组成有差别；粉尘较大，工人的工作环境较差。

流程二中将分别粗碎后的硬质原料和软质原料按配方称量再一起投入球磨。这样得到的可塑坯料其均匀性好，颗粒级配较理想，且细颗粒较多，有

石英　　　长石　　硬质黏土　软质黏土
↓　　　　↓　　　　↓　　　　↓
煅烧洗选　洗选　　拣选　　　拣选
↓　　　　↓　　　　↓　　　　↓
粗碎　　　粗碎　　粗碎
(颚式破碎机)(颚式破碎机)(颚式破碎机)
↓　　　　↓　　　　↓　　　　↓
称量　　　称量　　称量　　　称量
　　　　　　↓
　　　　湿式轮碾
　　　　　↓
　　　　过筛除铁
　　　　　↓
　　　　泥浆搅拌
　　　　　↓
　　　砂泵输送泥浆
　　　　　↓
　　　　湿球磨
　　　　　↓
　　　　过筛除铁
　　　　　↓
　　　浆池 → 喷雾干燥
　　　　↓　　　↓
　　　压滤　　粉料
　　　　　　　↓
　　　　　　混合
　　　　↓
　　　粗练 ←
　　　　↓
　　　陈腐
　　　　↓
　　　精练
　　　　↓
　　　塑性坯料
　　　流程三

石英　　　长石　　硬质黏土　软质黏土
↓　　　　↓　　　　↓　　　　↓
煅烧洗选(淬冷)　洗选　拣选　　拣选
↓　　　　↓　　　　↓　　　　↓
颚式破碎机破碎　粗碎　粗碎　搅拌池加水化浆
↓　　　　↓　　　　↓　　　　↓
雷蒙机细碎　雷蒙机细碎　雷蒙机细碎
↓　　　　↓　　　　↓
干粉除铁　干粉除铁　干粉除铁
↓　　　　↓　　　　↓
称量　　　称量　　称量
　　　　　↓
　　　　干混
　　　　　↓
　　　加泥浆湿混 ←
　　　　　↓
　　　双轴搅拌机
　　　　　↓
　　　真空练泥
　　　　　↓
　　　陈腐
　　　　　↓
　　　真空练泥
　　　　　↓
　　　塑性坯料
　　　流程四

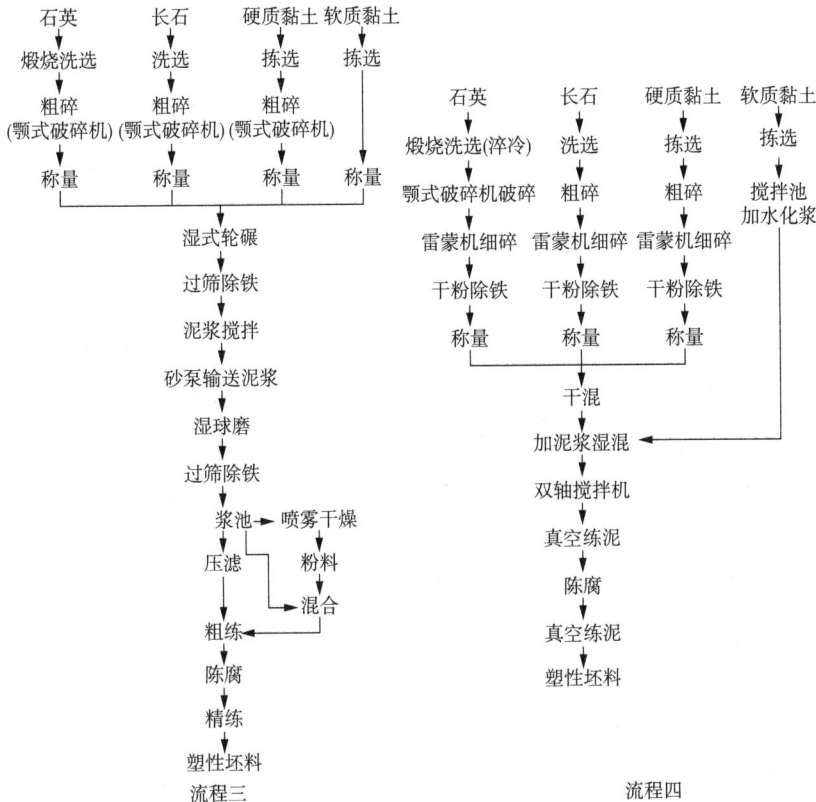

图 3-12　无粉尘的可塑坯料制备的工艺流程图

利于可塑性的提高。但球磨效率低，能耗大，干法轮碾或雷蒙粉碎时粉尘大，工人工作环境差，需要除尘设备。

流程三中采用了湿法轮碾，解决了粉尘问题。进行湿法球磨，降低了工人的劳动强度并提高了球磨效率。但是，这种方法的配料准确性较差。将硬质原料和软质原料进行称量湿碾后的泥浆注入浆池，再用砂浆泵打入球磨机进行湿磨的过程中，由于硬质原料和软质原料密度不同，砂浆泵将一个浆池中的泥浆先后分别打入几个球磨机，各球磨机中泥浆的组成一定有差别。解决这一问题的方法是按一池一球磨进行称量湿轮碾，但又增加了浆池的数量。

流程四采用干粉干混再加泥浆湿混工艺，减轻了劳动强度，减少了压滤工序，便于连续化生产。但坯料的均匀性和可塑性较差，而且雷蒙粉中带入一定量的铁杂质，降低了原料的质量。

1. 原料的精选

普通陶瓷原料如长石、石英、黏土等，或多或少含有一些杂质。天然的长石与石英原料中，除原料表面的污泥水锈等杂质外，还常含有一些云母类矿物及铁质杂质。黏土矿物中，常含有一些未风化完全的母岩、游离石英、云母类矿物、长石碎屑、铁和钛的氧化物，以及树皮草根等一些有机杂质。

这些杂质的存在，降低了原料的品位，直接使用将影响制品的性能及外观品质。所以，在使用前一般要进行精选处理。

原料精选，主要是对原料进行分离、提纯，除去原料中的各种杂质（尤其是含铁杂质），使之在化学组成、矿物组成、颗粒组成上更符合制品的品质要求。

（1）分级法

分级法一般有水簸、水力旋流、浮选、筛选等方法。原料分级处理主要是利用矿物颗粒直径或密度差别来进行的，适用于除去以分离状态存在的杂质。分级的目的主要是将原料中的粗粒杂质，如黏土中的砂砾、石英砂、长石、硫铁矿及树皮草根等除去。同时，通过分级可以更好地控制原料的颗粒组成。

一般湿法分级的精确度比较高。这是因为在空气中难以分散的集合颗粒在水中比较容易分散。尤其是对于黏着力较大的黏土类原料，湿法分级的效果比较好。干法分级时的单位面积处理能力大，占地面积小，但噪音和粉尘更大。湿法分级常用于黏土类原料的精选处理，方法有：水簸法，水力旋流法，浮选法。

（2）磁选法

磁选法是用来分离原料中的含铁矿物的，利用矿物的磁性差别，根据被磁化物质在磁场中必将受到磁力作用这一物理效应，将铁及其氧化物从原料中分选出来。磁选法对除去粗颗粒的强磁性矿物效果较好，如磁铁矿、钛铁矿及加工运输过程中混入的铁屑。但对黄铁矿等弱磁性矿物及细粒含铁杂质效果不明显。

（3）超声波法

超声波法是将料浆置于超声波作用下，使得原料颗粒和水溶液都产生高频振动，互相碰撞与摩擦，致使原料颗粒表面的氧化铁和氢氧化铁薄膜剥离脱出，从而达到除铁的目的。

（4）升华法

升华法是在高温下使原料中的氧化铁和氯气等气体反应，使之生成挥发性或可溶性的物质（如氯化铁等）而除去。由于氯气有毒，这种方法用得较少。

（5）溶解法

溶解法是用酸或其他各种反应剂对原料进行处理，通过化学反应将原料中所含的铁变为可溶盐，然后用水冲洗将其除去的方法。对于以微粒状态吸附于原料颗粒上的铁粉等杂质，物理方法几乎无能为力，而采用化学方法处理则有较好的效果。例如经钢球细碎的氧化铝粉料中混入的铁质较多，而且对原料的纯度要求又高，一般都采用酸洗方法将铁除去。

溶解法有各种反应类型，常用的有：酸处理、碱处理、氧化处理、还原处理等。溶解法中用得较多的是酸洗。根据原料的情况将几种方法混合使用，往往可以取得更好效果。

（6）电解法

电解法是基于电化学的原理除去混杂在原料颗粒中含铁杂质的一种方法。在电解过程中，黏土颗粒上的着色铁杂质被溶解除去。

2. 原料的预烧

陶瓷工业使用的原料中，有的具有特殊的片状结构（如滑石），有的硬度较大，不易粉碎（如石英），有的具有多种结晶形态（如氧化铝、氧化钛、氧化锆等）。有些高可塑性黏土，干燥收缩和烧成收缩都较大，容易引起制品开裂。对于这些原料，一般需要进行预烧。

原料的预烧可以改变其结晶形态和物理性能，便于加工处理、纯化原料，使之更加符合工艺要求，提高制品的品质，所以预烧是生产过程的一道重要工序。但原料预烧又会妨碍生产过程的连续化，对某些原料来说，会降低其可塑性，增大成型机械和模具的磨损。所以原料是否预烧，要根据制品及工艺过程的具体要求来决定。

（1）石英

我国陶瓷工业采用的石英原料通常是脉石英或石英岩，它们都是质地坚硬的块状物料，粉碎困难，且容易磨损设备零件。

天然石英是低温型的 β- 石英，当加热到 573℃时，转变为高温型 α- 石英，体积发生骤然膨胀，致使石英内部结构疏松，利于粉碎。利用石英这一性质，将石英在粉碎前先煅烧到 900～1000℃以强化晶型转变，然后在空气或冷水中急冷，加剧产生内应力，促使碎裂。

石英煅烧还可以使着色氧化物呈色加深，并使夹杂物暴露出来，便于肉眼鉴别进行拣选。石英的煅烧设备可以采用连续式或半连续式的立窑或倒焰窑。

（2）黏土

可塑性很强的黏土用量较多时，易使坯体在干燥和烧成过程中产生较大的收缩，导致制品开裂报废。为了减少这类损失，有时将一部分黏土预烧成熟料，以降低坯体的收缩。一般预烧温度为 700～900℃。预烧设备常采用倒焰窑进行。

（3）长石

长石是陶瓷坯体和釉料常用的原料，一般而言，坯体用长石无须预烧。釉料用长石只有在特定的条件下才需要预烧。配釉长石普遍采用的是钾长石，为了减少成熟的釉中产生气泡的倾向，最大限度地防止气泡对釉面造成不良影响，可以将长石先行煅烧。另外，长石预烧还可以避免长石中的 K_2O、Na_2O 在球磨和搅拌过程中被水溶液浸出，减少由于碱性成分分布不均而带来的烧成缺陷。当然，长石预烧要视长石的品质、釉性能要求而定。

（4）滑石

滑石具有片状结构，成型时容易造成泥料分层和颗粒定向排列，引起产品的变形和开裂。大量使用时要先进行预烧，使其转变为偏硅酸镁（$MgO \cdot SiO_2$），破坏原有的片状结构。

预烧滑石的温度与原料的产地有关。辽宁海城产的滑石，具有较明显的片状结构。破坏这种结构需要较高的温度。山东产的滑石呈细片状结构，具有一定杂质，结构破坏的温度比较低。根据电子显微镜观察，山东滑石在1350~1400℃，其片状结构已破坏，而海城滑石要烧到1400~1450℃才能破坏其片状结构。

滑石的预烧常在倒烟窑中进行，也有在隧道窑中煅烧的。

（5）工业氧化物

釉中的氧化锌用量较多时，容易造成缩釉，将工业氧化锌原料预烧可以改善这一状况。氧化锌预烧的温度一般为1250℃左右。可以把粉状氧化锌装在匣钵中，在倒焰窑或隧道窑中煅烧。

其他工业氧化物原料（如氧化铝、氧化铁、氧化锆等），都有几种同质多晶体，加热过程中发生晶型转变并伴有体积效应，对产品的品质有很大影响。同时，各结晶形态的性能也不一样。无论哪种原料，稳定的高温形态下性能最优良。对于这一类原料，在使用之前一般要进行预烧，使其发生晶型转变，成为所要求的稳定晶型。

3. 原料的粉碎

以机械力使物料粒度减小的粉碎作业在陶瓷工业中应用极为广泛。陶瓷原料进行粉碎可以提高原料精选效率，均匀坯料，致密坯体以及促进物化反应并降低烧成温度等。

粉碎按设备所采用的破碎力分成压碎、冲击、研磨、劈碎以及刨削等几种。通常粉碎机都具有一种或几种功能。粉碎天然原料时，应根据其硬度和块度的情况确定破碎时所经历的阶段。按粉碎机的粉碎能力及粉碎后物料的块度，大致经过的阶段可分成：粗碎（处理后物料块度直径≤50mm），中碎（处理后物料直径≤0.5mm）以及细碎（处理后物料直径≤0.06mm）。对细度要求较高的可采用超细磨，处理后物料直径在0.02mm以下。由于化工原料一般都很细，可以直接进入细碎设备加工处理。

目前陶瓷工业使用较多的粗碎设备为颚式破碎机，中碎采用轮碾机，细碎则采用球磨机与环辊磨机等。此外，按产量、颗粒形状与细度的要求也采用笼式打粉机、锤式打粉机以及振动磨等粉碎设备。

选择粉碎设备时还要考虑该设备对原料进行粉碎时能否达到要求的细度、效果，要做到物尽其用。只有这样才能以最低的成本生产出更多的、符合质量的粉料。

（1）颚式破碎机

颚式破碎机是陶瓷工业广泛采用的一种粗碎设备，具有结构简单、操作方便、产量高的特点。颚式破碎机按其颚板摆动形式可分为复杂摆动与简单摆动两种。它们的区别在于前者活动颚板有微小的上下运动，因而具有研磨作用，设备较轻、出料均匀又小。但它维修较难，同时遇到硬质材料时，由于机体不够坚固而发生振动，会导致偏心轴的主轴承发热而缩短寿命。因此，它不宜用于加工粗大硬质物料。

颚式破碎机的出料粒度可通过调节出口处两颚板间距离来控制。但通常颚式破碎机的粉碎比不大（约为4），而进料块度又很大，因此，其出料粒度一般都较粗，而且细度调节范围也不大。

（2）轮碾机

轮碾机是陶瓷企业常用的中碎设备。物料在碾盘与碾轮之间的相对滑动与碾轮的重力作用下被研磨与压碎。碾轮越重，尺寸越大，则粉碎力越强。制备坯釉料的轮碾机为了防止铁质污染，通常采用石质碾轮和碾盘。

为了改善操作条件，可采用水轮碾（湿轮碾），但必须同时加强粉碎后料浆的搅拌与管理。

轮碾机的粉碎比较大（约10以上），其细度通过机外的筛分设备来控制。细度要求越细，则筛分设备的回料量越大，生产能力降低。

轮碾机的最大允许加料尺寸取决于碾轮与碾盘间的钳角。一般碾轮直径等于14~40倍物料块直径。硬质物料取上限值，软质物料取下限值。

轮碾机的出料具有一定的颗粒组成。这是它常用于处理匣钵料的原因之一。通常颗粒组成中含有大量粉尘粒。当要求细度在0.5mm以下时，粉尘粒含量更高，且耗电量剧烈增大，工作条件变差。此外，除水轮碾外，轮碾机不适用于粉碎含水率在15%以上的物料，否则不但生产效率低，甚至将物料压成泥饼而设备无法操作。

（3）球磨机

球磨机是陶瓷企业广泛使用的细碎设备。当它细磨坯料或釉料时，能起到良好的研磨与混合作用。为了防止研磨过程中铁质的混入，球磨机内均采用石质材料或橡胶材料作衬里，并以瓷球或硅石为研磨体。

采用橡胶衬里，不但能增加球磨机的有效容积，提高台时产量，还可以降低能耗，降低噪音，改善车间的工作环境。但这种球磨机磨出来的浆料颗粒较粗，颗粒分布范围窄，会影响注浆料的使用性能。

间歇式湿球磨几乎是陶瓷工业制备坯釉料的唯一形式。其原因是采用湿球磨时水分对原料颗粒表面的裂缝有劈尖作用，并能防止原料结团，因此粉碎效率比干球磨高，制备的可塑泥料与泥浆质量比干球磨好，有利于提高除铁效率且没有粉尘飞扬等。但与其他细碎设备相比，间歇式湿球磨动力消耗大，粉碎效率低。因此，如何提高球磨效率就成为一个重要的课题。

球磨机是一种内装一定研磨体的旋转筒体。当筒体旋转时带动研磨体旋转，靠离心力和摩擦力的作用，将研磨体带到一定高度，当离心力小于其自身的质量时，研磨体落下，冲击下部的研磨体及泥料，泥料便受到冲击和研磨。所以，球磨机对粉料的作用可以分为两个部分：一部分是研磨体之间和研磨体与筒壁之间的研磨作用；另一部分是研磨体下落时的冲击作用。提高球磨机的粉碎效率就要从提高这两方面的作用入手。影响粉碎效率的因素有以下几方面。

1）转速

球磨机转速直接影响研磨体在球磨机内的运动状态。理论上把研磨体的离心力超过重力而不能自由落下时的最低转速称为临界转速。由图3-13可以看出，如转速太慢，低于临界转速很多时，研磨体上升不高就滑行下来，冲击作用也很小［图3-13（a）］。当转速太快，超过球磨机临界转速时，研磨体将附在球磨机内壁随球磨机旋转［图3-11（c）］而失去冲击作用。当球磨机转速略低于临界转速时，研磨体及物料能在离心力的作用下沿筒壁上升到一定高度然后下落［图3-13（b）］，这时物料受到最大的冲击和研磨作用，粉碎效率最高。

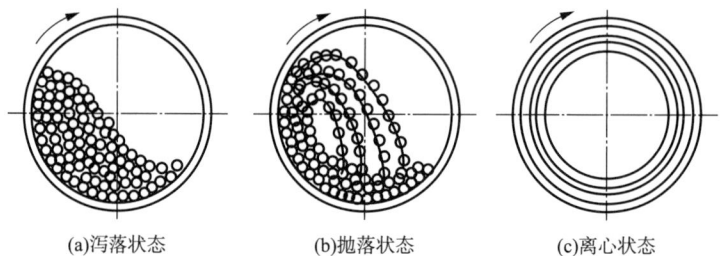

(a)泻落状态　　　　　(b)抛落状态　　　　　(c)离心状态

图3-13　球磨机转速对球磨效率的影响

球磨机的临界转速是随球磨机圆筒直径的大小而变化的。圆筒直径越大，临界转速就越小。根据生产实践和理论分析，球磨机的工作转速按下式表示。

$$D<1.25\text{m 时，} n=40/\sqrt{D}（\text{r/min}）$$

$$D=1.25\sim1.7\text{m 时，} n=35/\sqrt{D}（\text{r/min}）$$

$$D>1.7\text{m 时，} n=32/\sqrt{D}（\text{r/min}）$$

式中：n 为接近临界转速的工作转速（r/min）；D 为球磨机圆筒的有效内径（m）。

以上公式可以直接用于干磨工艺。对于湿磨工艺，考虑到研磨体的滑动和泥浆的流动作用，工作转速可以快些。

转速恒定的球磨机，不能有效地粉碎不同性质的物料，也不能适应细磨过程中颗粒细度及泥浆黏度不断变化的球磨条件，从而限制了球磨机生产效率的提高。20世纪70年代国外研制出了采用可变速的环形电动机直接驱动的大型球磨机，获得了很高的粉碎效率。近几年来，我国也在这方面进行了大量的科研工作。有资料显示，根据陶瓷原料性质的差异及粉碎过程粒度的变化规律，在其他条件相同的情况下，合适地变化转速与固定转速相比，可以缩短15%~20%的球磨时间，而且可以获得比较理想的颗粒分布。

2）研磨体

增大研磨体的相对密度，可以加强它的冲击作用，同时可以减小研磨体所占的空间，提高装载量，所以相对密度大的研磨体可以提高研磨效率。

大的研磨体冲击力大，而小的研磨体因其与粉料的接触面积较大，故研磨作用大。研磨体的大小以及级配取决于球磨机的直径，可用下式来表示。

$$d \le （1/18 \sim 1/24）\times D$$

式中：D 为球磨机圆筒有效直径（m）；d 为研磨体最大直径（m）。

研磨体的大小与被粉碎的物料性质也有关系。当脆性料较多时，研磨体应大些；黏性料较多时，研磨体可小些。根据工厂实际经验，大球直径（40~70mm）占50%，中球直径（30~40mm）占25%，小球直径（小于30mm）占25%时的粉碎效率最高。

研磨体以圆棒形较为适宜，因圆棒接触面积较球形大，对物料的研磨和撞击作用大，故球磨效率高。

研磨体可用鹅卵石或瓷质材料。高铝质瓷料制成的研磨体相对密度大，在相同吨位的球磨机中相对地可以多装物料，粉碎时冲击力也较大，并且其自身的磨损小，有条件时可以自制高铝质瓷棒作研磨体。

3）料、球、水的比例

球磨机中加入的研磨体越多，则在单位时间内物料被研磨的次数就越多，球磨效率越高。但研磨体过多会占据球磨机有效空间，反而导致球磨效率的降低。

球磨机加水量的多少也影响球磨效率。加水过多，不仅占据球磨机的有效空间，而且由于黏附在研磨体上的物料少，减弱了球石对物料的研磨效率。加水过少，泥浆流动性差，泥浆黏结在球石上成团，甚至球石彼此黏结在一起，失去球石互相撞击研磨的作用。另外，要考虑到原料的吸水率。若原料吸水率大要多加些水。实际经验指出，球磨可塑坯料时，料：球：水 =1：（1.5~2）：（0.8~1.2），球磨效率最高；球磨釉料或注浆料时，料：球：水 =1：（1.5~2）：（0.4~0.7），效果最佳。

为了提高研磨效率，可在球磨时加入电解质。电解质与水一样对颗粒表面的微裂缝产生劈尖作用，减弱了颗粒间的分子引力，提高了粉碎效率。如加入 0.5% ~ 1% 的亚硫酸纸浆废液或 $AlCl_3$ 可提高球磨效率 30% 左右。

4）加料粒度

加料粒度越细则球磨时间越短，但过细的加料粒度势必增加中碎的负担，通常球磨机的加料粒度为 2mm 左右。

5）加料方式

当球磨陶瓷坯料时，应先把硬质原料如长石、石英、瓷粉及少量黏土（为使硬质原料在细磨过程中不沉淀）先磨若干小时后再加软质原料黏土，这样可提高球磨效率。在球磨釉料时，应先加色料，以提高釉面呈色的均匀性。

6）装载量

球磨机中研磨体、水以及物料的总装载量对球磨效率有很大影响。通常球磨机的总装载量以容积计算时约占球磨机空间的 4/5。

7）球磨机直径

从研磨效率来看，筒体大则效率高，这是因为筒体大研磨体也可相应增大，研磨和冲击作用都会提高，进料粒度也可增大。所以大筒体的球磨机，可大大地提高球磨细度，而且产量大，成本低，可以制备性能一致、组分均匀的粉料。目前，普通陶瓷用的球磨机向大型化、自动化方向发展。

小直径的球磨机，对物料的研磨作用大于冲击作用，所得到的颗粒比较圆滑；大型球磨机，由于其冲击作用大于研磨作用，破碎能力强，所以得到的颗粒为多角形，在生产中应引起注意并可以通过调整研磨体的级配关系得到改善。

以上影响因素互相制约，互相影响，在生产中应根据产品的种类、原料的性能、设备情况等加以分析，制定合理的工艺参数，使球磨粉碎达到最高的粉碎效率。

（4）环辊磨机

环辊磨机（也称雷蒙机）的优点在于粉碎效率高，粉碎比大（大于 60）与细度高（通常可达 325 目）。但当细磨长石与石英等硬质原料时，锤辊由于转速高而磨损大，使磨料中混入不少的铁，这就要求后续工序加强除铁措施。环辊磨机的出料粒度是通过设备上部的风筛机来控制的，达到要求细度的粉料由风筛扫出机外，再通过旋风分离机收集。因此，由环辊磨机出来的粉料通常是同一粒度，不宜用于制备有粒级要求的粉料。

（5）打粉机

1）笼式打粉机

陶瓷企业主要用来打散湿的匣钵料，要求进料块度不大于 30mm，湿度不大于12%。

笼式打粉机的产量取决于笼盘的直径、宽度以及物料的黏性与湿度。笼盘转速增加虽然可提高产量，但与此同时出料粒度将变小。而且当转速超过某一数值时，对产量与细度反而不利。

笼式打粉机的结构简单，操作方便。但由于设备中无安全装置，操作时要严格防止混入硬石，否则钢条会很快磨损或折断。

2）锤式打粉机

有单锤与双锤之分。日用陶瓷厂用单锤式较多。锤式打粉机的生产能力取决于转子的直径与宽度。它的细度则由调整蓖条距离来控制。

（6）振动磨

振动磨是一种新型的超细粉碎设备，它是利用研磨体在磨机内作高频振动而将物料粉碎的。研磨体除了有激烈的循环运动外，还有激烈的自转运动，因此给予物料的研磨作用很大。另外固体物料在结构上总是有缺陷的，物料处于高频振动下会沿着最弱的地方产生疲劳破坏，这就是振动磨能有效地对物料进行超细粉碎的原因。

决定振动磨粉碎强度的主要因素是振动频率和振幅，它们直接影响着研磨体与物料的撞击次数和冲击力量。一般来说，频率高、振幅小时，其粉碎强度比频率低、振幅大时高。因为增大振幅只能提高研磨体对物料的冲击作用，这种作用仅在粉碎初期对粗颗粒有作用。而提高频率，则单位时间内对物料的冲击次数增加，从而增加了对物料的疲劳破坏作用。振动磨的振动频率一般为3000~6000次/min（50~100Hz）。

另外，研磨体的材质、大小与数量也是影响粉碎效率的因素。振动磨中常用的研磨体是由耐磨材料制成的磨球或磨柱（长度为直径的1~1.5倍）。瓷球相对密度较钢球小，冲击力虽小，但不会带入铁质。采用瓷球时，原料的入磨颗粒小于1mm；采用钢球时，原料的入磨颗粒小于2mm。

当粉碎粗的物料或脆性物料时，冲击作用是主要的，这时要用重而大的球。对粉碎细的物料来说，主要取决于疲劳效应——研磨体对物料的冲击次数，这时要用小球。由于在粉碎的不同阶段对球的大小有不同的要求，因此，一般采用大小混合磨球。大小球的质量比为$1:3~1:5$（小球为磨球总质量的75%~80%）。大小球直径比为$\sqrt{2}:1~2:1$。物料与研磨体体积比为$1:2.5$。振动磨的装载系数在干粉碎时为0.8~0.9（按体积计），湿粉碎时为0.7。振动磨用的研磨体宜用硬度大、强度高的刚玉质或锆英石质球石。研磨体与物料的质量比大于$8:1$。

在进行振动粉碎时同样可以加入助磨剂，以提高粉碎效率，选用的助磨剂与球磨粉碎时相似。

振动磨的缺点是内衬磨损比较快（尤以内衬两侧更甚），每次处理的物料量少，而且耗电量大。

4. 除铁、筛分与搅拌

（1）除铁

泥料中含铁杂质可分为金属铁、氧化铁与含铁矿物。这些含铁杂质有的来自原矿，有的来自制备过程中机器的磨耗混入。原矿中夹杂的铁质多半为含铁矿物，如黑云母、普通角闪石、磁铁矿、褐铁矿、赤铁矿与菱铁矿等。

坯料中混有铁质将使制品的外观质量受到影响，如降低白度与半透明性、产生斑点等。因此，在原料处理与坯釉料制备的过程中，除铁是一道重要的工序，其目的是清除坯釉料中的铁杂质，以提高产品的白度和透明度。

原料中的铁质矿物大部分可采用选矿法与淘洗法除去，但这种措施仅对一些含有铁质的粗粒原料有效，成细粉状的铁质可用磁铁分离器进行磁选。

磁场对不同的含铁矿物有不同的效应。含铁矿物的磁化率越大，则磁场对它的作用力越大。含铁矿物按磁化率大小可分为如下四类，见表3-31。

表3-31　各种含铁矿物的磁化率

类别	单位磁化率 / × 10^6	矿物
强磁性	>3000	金属铁、磁性铁
中磁性	300~3000	钛铁矿、赤铁矿
弱磁性	25~300	褐铁矿、菱铁矿
非磁性	<25	黄铁矿

通常磁选机只能除去强磁性矿物，特别是金属铁、磁铁矿等。而有些含铁矿物，如菱铁矿、黄铁矿、黑云母等不能除去。

磁铁分离器有干法与湿法两种。干法一般用于分离中碎后粉末中的铁质，而湿法是分离泥浆中的铁质。

目前常采用的干法除铁设备，有电轮式磁选机、滚筒式磁选机和传动带式磁选机等。由于物料与磁极间均存在间隙，因此，干式磁选机实际有效磁场强度很低，只有在薄层料流的情况下对强磁性铁矿物有效，因此其磁选效率很低。

湿法除铁，一般采用过滤式湿法磁选机。操作时先在线圈中通入直流电，使带筛格板的铁芯磁化，泥浆由漏斗加入，然后在静水压的作用下，由下往上经过筛格板，则含铁杂质被吸住，而净化的泥浆由溢流槽流出。由于泥浆通过筛格板时呈薄层细流状，因此，湿法磁选机的除铁效果较好。

除铁效率与泥浆相对密度和泥浆量等有关，泥浆相对密度一般控制在1.7

以下。

为提高除铁效率，可将湿法磁选机多级串联使用。另外，将振动筛（6400 孔 $/cm^2$）和磁选机配合使用，能更好地除去含铁杂质。

（2）筛分

将已经粉碎的物料，放在具有一定大小孔径的筛面上进行振动或摇动，使其分离为颗粒大小近似相等的若干部分，这种方法称为筛分。筛分的作用主要有：使原料颗粒适合于下一道制造工序的需要，例如，轮碾后的原料需经筛分除去较大颗粒，以保证球磨机进料块度的均匀性；在粉碎过程中及时筛去已符合细度的颗粒，使粗粒获得充分粉碎的机会，可提高设备的粉碎效率；确定颗粒的大小及其比例，并限制原料或坯料中粗颗粒（允许的）含量，从而可以提高成品的品质。

筛分有干筛和湿筛两种。干筛的筛分效率主要取决于物料湿度、物料相对于筛网的运动形式以及物料层厚度。当物料湿度和黏性较高时，容易黏附在筛面上，使筛孔堵塞影响筛分。当料层较薄而筛面与物料之间的相对运动越剧烈时，筛分效率就越高。湿筛的筛分效果主要取决于料浆的稠度和黏度。

常用的筛分设备有如下几种：

①摇动筛。这种筛分机是利用曲柄连杆机构使筛面作往复直线运动。摇动筛是用作分离 12mm 以下的物料，一般用于中碎后细粒的分离，并与中碎设备构成闭路循环系统。摇动筛可用于干筛与湿筛。

②回转筛。回转筛的运动过程中由于筛面仅作回转运动，在筛分时物料与筛面之间的相对运动很小，相当大一部分细粒分层于上层，没有被分离出去，所以筛分效果较差。多角筛比圆筒筛筛分效率高，在生产上使用较多。回转筛的转速不能太快，否则物料会紧贴在转筒的内壁上而失去筛分作用。

③振动筛。振动筛的筛面除发生偏移运动外还发生上下振动。由于这种筛具有振幅小（常用 1～3mm）、振动频率很高的特点，增加了物料与筛面的接触与相对运动，防止了筛孔的堵塞，故其筛分效率较高，通常用于中碎后原料的筛分。振动筛不适于筛分水分高、黏性大的物料，因为受振动后颗粒间容易黏结成团，影响筛分进行。

（3）搅拌

泥浆搅拌工序不仅使储存的泥浆保持悬浮状态，防止分层，还用于黏土或回坯泥的加水浸散，以及粉料配料时的化浆等。

常用的泥浆搅拌机有框式搅拌机与螺旋桨式搅拌机两种。框式搅拌机结构简单，搅拌效率较低。尤其当泥浆沉淀后很难再将其搅拌均匀，故工厂中采用螺旋桨式搅拌机较多。这种搅拌机由于螺旋片倾斜角向下，有把泥浆往上翻动的作用。因此，即使泥浆已经沉淀，也可将沉淀的泥浆翻起来，使泥浆搅拌均匀。

搅拌池一般为六角形或八角形。如采用圆形浆池，则料浆在搅拌时会随桨叶一起旋转，搅拌作用差。

也可采用气流搅拌。这种方法装置简单，只要在泥浆池中插入一根或几根开有 3～6mm 小孔的气管，间断地通入压缩气体就可以达到搅拌的目的。气体的压力通常为 0.2～0.4MPa。这样在起搅拌作用的同时，还可以有效地防止铁质和油污混入。

5. 泥浆脱水

采用湿法球磨制备泥料，泥浆含水率通常在 60% 左右，而可塑成型用坯料，其含水率为 19%～26%，因此，泥浆必须经过脱水工序除去多余水分形成可塑泥料才能供可塑成型使用。

脱水操作一般采用压滤脱水法，也有采用喷雾干燥法制备可塑坯料的新工艺。

在压滤脱水法中一般采用压滤机，这种设备主要是由许多双面凹入的方形或圆形滤板所组成，每两片滤板之间形成一个过滤室。在凹入的表面上刻有环形沟纹，泥浆在压力作用下从进浆孔进入过滤室，水分通过滤布从沟纹中流向排水孔排出，在两滤板间则形成了泥饼。当水分停止滤出时即可打开滤板，取出泥饼。压滤时间一般为 45～65min，回坯泥的压滤时间则较长。

压滤是陶瓷生产中生产效率低，劳动强度又大的一道工序。为了减轻压滤机的劳动强度，可将压滤机安装在离地面高 1.5～2m 的平台上，平台下面设有小车或皮带运输机，从滤布上脱下来的泥饼直接落在小车或皮带运输机上，送往泥库陈腐或送往真空练泥机进行加工处理。

影响压滤效率的因素有如下几方面：

①压力大小。一般来说，压滤效率与所加的压力成正比。但当压力超过一定数值时，则会降低压滤效率，这个值与泥料的性质有关。按陶瓷泥料的物理性质可简单分为可压缩的成分（如黏土）与不可压缩的成分（如长石、石英）两种。不可压缩成分其颗粒大小及形状是不随压力大小的变化而改变的，颗粒间的孔隙大小也不会改变。因此，加大压力对过滤效率是有利的。可压缩性成分在承受相当大压力时则产生变形而挤紧，使颗粒间的毛细管孔道变小，这时继续增加压力，就会降低过滤速率，一般压滤压力为 $78.4 \times 10^4 \sim 117.6 \times 10^4$MPa。

②加压方式。压滤操作初期加压不宜采用高压，因为泥浆中的黏土微粒容易使最初一层泥饼在过滤介质滤布上排列过于致密，甚至堵塞滤布的孔眼，影响以后泥浆的过滤速率。因此，一般在加压初期采用较低的压力，然后增加到最终操作压力。

③泥浆温度。温度增高，水的黏度降低，因此提高泥浆温度，可以提高压滤速率。一般适宜的温度为 40～60℃。

④泥浆相对密度。泥浆相对密度较小时，往往会延长压滤时间。一般泥浆相对密度为 1.45～1.55，含水率在 60% 左右。

⑤泥料性能。颗粒越细，黏性越强的泥料，过滤操作越困难，因此一般新浆料压滤所需时间短（30～60min），而回坯泥所需时间长。为了有利于压滤，通常将新浆料与回坯泥料浆按一定比例混合后进行压滤。

⑥电解质。泥浆中加入 0.15%～0.2%$CaCl_2$ 或醋酸可促使泥浆凝聚，从而构成较粗的毛细管而有利于提高压滤效率。

6. 陈腐与练泥

经过压滤所获得的泥饼其组织是不均匀的，而且含有 7% 的空气。不均匀的泥料，在干燥和烧成时会产生不均匀收缩。而空气的存在，不但降低泥料的可塑性，还会导致气泡、分层、裂纹等缺陷的产生。因此，脱水后的泥料还需进行陈腐与练泥。

（1）陈腐

陈腐可以促使泥料中水分的均匀分布，同时在陈腐过程中还有细菌作用，促使有机物的腐烂，并产生有机酸使泥料的可塑性进一步提高。

陈腐泥料要求保持一定的温度和湿度，以利于坯料氧化和水解反应的进行。因此，储泥库通常要求关闭，并装有喷雾器，供喷水或喷蒸汽之用。

陈腐泥料需占用较大的面积，且陈腐不能排除泥料中的空气，有些工厂采用多次真空练泥来代替陈腐。

（2）真空练泥

泥料经过真空练泥，可以排除泥饼中的残留空气，提高泥料的致密度和可塑性，并使泥料组织均匀，改善成型性能，提高干燥强度和成瓷后的机械强度。

泥料进入真空室时被切成细泥条或薄片，空气就在真空室内被抽吸走。一般真空室的真空度应保持在 93.3～98.7kPa（700～740mmHg）范围内。

影响真空练泥质量的因素有以下几方面：

①泥料水分。从压滤机出来的泥饼常内外软硬不均，有时边缘已很硬，而内部仍是泥浆。过硬则不易被机内泥刀切碎，导致练泥机发热而影响真空度；过软又容易将真空室堵塞。软硬不一的泥饼，练出来的泥段软硬也不一致。

②泥料温度。泥饼温度过高容易汽化而影响真空度，温度过低容易造成挤出的泥段层裂。一般冬天室温应保持 15～20℃，泥饼温度不低于 30℃，但不超过 45℃。夏天则温度不应过高，最好用冷泥。

③加泥速度。加泥量要根据机器容量大小及泥料性能来决定，不能快慢

不匀地加入，也不能一大块一大块地加入，加入过快易使真空室堵塞而影响真空度，加入过慢会造成脱节而使泥段产生层裂或断裂。

④真空度。真空度越高越有利，真空度不足会影响泥料性能。

3.3.2 注浆坯料的制备

1. 工艺流程

注浆坯料的制备工艺流程基本上和可塑坯料制备工艺流程相似。一般有经过压滤与不经过压滤两种方法。不压滤法是按配比将各种原料、水和电解质一起装入球磨机混合研磨，直接制成注浆泥浆，或将球磨好的各种原料按配比在搅拌机中加水和电解质混合成均匀的泥浆。注浆坯料常见的几种制备工艺流程如下（图3-14）：

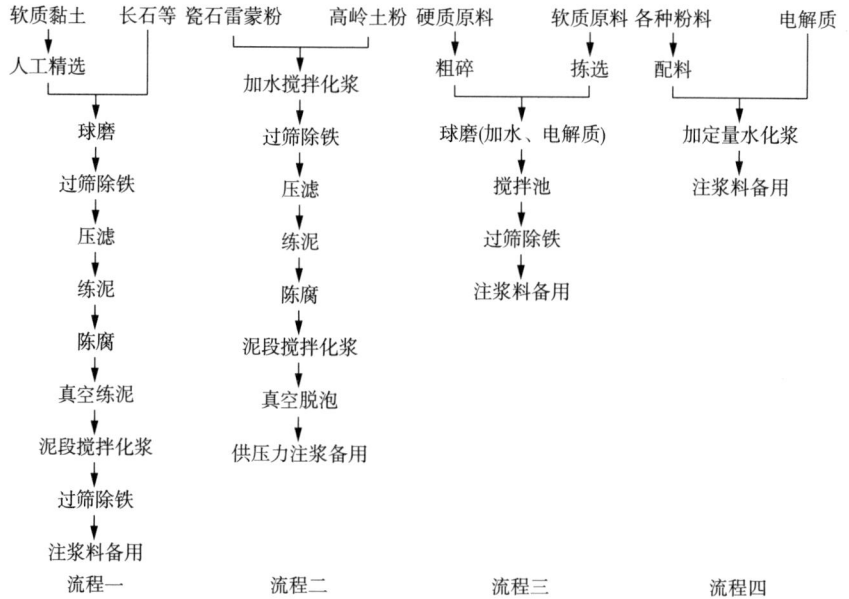

图 3-14 注浆坯料制备工艺流程图

流程一中采用经过压滤的泥料进行化浆，滤去了原料中混入的可溶性盐类，从而改善了泥浆的稳定性，适合生产质量要求较高、形状复杂的制品。在泥料化浆时，将泥段切割成小块再入池，加入一定量的电解质如水玻璃和碳酸钠或水玻璃和腐植酸钠等。

流程二中使用了真空脱泡，从而使泥浆的空气含量降低，生坯强度得到提高，真空脱泡是压力注浆料的必经工序。

流程三是只球磨不压滤的较简单的浆料制备工艺流程。球磨机起到研磨、混合、化浆的作用。这种流程所需设备少、工序少、成本低，但是泥浆的稳定性较差。

流程四是最简单的浆料制备工艺流程,浆料的性质取决于所用粉料的颗粒形状和加水量。

2. 泥浆的稀释机理

对注浆坯料来说,要求它在含水率较低的情况下具有良好的流动性、悬浮性与稳定性,料浆中各原料与水分均匀混合,还应具有良好的渗透性等。上述这些工艺性能,主要是通过调整坯料配方与加入合适的电解质来解决。正确选择制备流程与工艺控制也可以在某种程度上改善泥浆性能,如泥浆搅拌可促使泥浆的组成均一,保持悬浮状态,减少分层现象。陈腐不但可以使水分均匀,促使泥料中的空气排除,同时也可以增加坯料的黏性和强度。

（1）吸附现象

泥浆的矿物组成为高岭土、石英、长石等,由于它们晶格力的作用,位于晶体表面的原子引力没有饱和,晶体表面在电性上是活泼的,从液相中可吸引和吸附离子,从而发生离子吸附现象。这一现象使得矿物质点周围形成了离子球面。在纯水和矿物的情况下,此球面是由氢离子所构成的。如果是高岭石,则称为"氢高岭土"或"氢黏土",此时的高岭石本身像酸一样,在氢离子被置换后形成某种一价、二价或三价的金属盐类。例如氢离子被钠离子所置换,则得到"钠高岭土",如被钙离子所置换,则得到"钙高岭土",依此类推,一般情况下,被黏土吸附的阳离子数量取决于黏土物质本身的性质。

在阳离子交换吸附过程中,阳离子按活性程度由大到小排列如下:

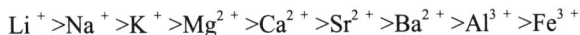

$$Li^+ > Na^+ > K^+ > Mg^{2+} > Ca^{2+} > Sr^{2+} > Ba^{2+} > Al^{3+} > Fe^{3+}$$

（2）矿物质点与水结合的状态

当矿物被水润湿时,水分子与矿物质点表面形成牢固结合水,并在表面上作定向排列。水与矿物质点的这种结合,称为溶剂化。而由定向水分子形成的膜称为"溶剂化膜"。在溶剂化膜中,定向水分子层的厚度是不一样的,它取决于矿物本身的性质和在水中有无不同的电解质。在溶剂化膜中水的性质与标准状态下的水的性质也不同。

紧邻定向水分子吸附层的是扩散层水膜,随着远离质点表面,水分子的定向性降低,水的性质也渐渐地改变,接近于正常的水,此扩散水膜称为疏松结合水。

处于水介质中的阳离子也被水膜所包围。相同离子价的阳离子半径越小,水膜越厚。在交换吸附过程中一个阳离子被另一个阳离子置换时,阳离子以及它的溶剂化膜一起被置换。根据阳离子的交换顺序和阳离子溶剂化膜的性质,我们可以确定,被锂置换后的黏土物质,其溶剂化膜最厚,而钠、镁、钙的黏土的溶剂化膜厚度逐步减小。

（3）泥浆的稀释

黏土和高岭土在水中浸散时，水分有三种形式，即牢固结合水（用于形成溶剂化膜）、疏松结合水（用于形成扩散膜）以及稀释水（用于填充泥浆质点间的容积）。

在离子球面内吸附离子的活性越大，包围着质点的扩散水膜越厚，也就是离子从泥浆所含总水量中吸过来的水量越多。减小疏松结合水膜的厚度，并使该水转到稀释水范围内去，可以增加稀释水的总含量。泥浆的这种作用，实际上是由加入电解质来实现的。

泥浆的稀释过程分为三个阶段：

首先是悬浊液稳定阶段。当加入电解质的量濒于该物料的吸附量时，由于 Na^+ 容易解离且水化程度大，所带水膜较厚，物料所吸附的部分阳离子（一般为 Ca^{2+}）被电解质的 Na^+ 所置换，因而使颗粒间排斥力增大，粒子易于分散，由此产生了解凝作用，使泥浆悬浮性能良好，并处于稳定状态。曾被质点聚集体机械地占有的水解脱出来。但是因为疏松结合水量在这个阶段有所增加，所以不发生稀释作用，相反地，泥浆的黏度还有所增加。

其次是稀释阶段。当继续加入电解质时，由于 Na^+ 浓度的增加，其中少量 Na^+ 将黏土质点的负电荷中和，使吸附着的 Na^+ 解离作用降低，由此疏松结合水层的厚度减小，部分水转变为自由水，结果产生了泥浆的稀释现象。

最后是稠化阶段。如果再加入电解质，则疏松结合水膜的厚度达到临界值，呈现出水膜再也不能阻止质点相互吸引的现象。质点开始连成聚集体，也就是泥浆开始凝聚，此时部分自由水被封闭在连起来的质点之间。由于自由水的减少，泥浆的黏度又增加了。

黏土及坯料的稀释曲线有一个转折点，此点相当于该电解质稀释的最大效能。实践证明，如果在泥浆中加入电解质的数量比最高稀释作用所需的量少些，则泥浆的工艺性能最佳。当然，电解质的加入量取决于泥浆原料的性质，一般不超过 0.5%（以干物料为基础）。正确地选择电解质的种类和用量，能使泥浆达到最佳的稀释状态，从而减少泥浆流动时所要求的水分，增加物料的分散程度，使注浆的坯体不会黏结在石膏模上，易脱模，并降低坯体的开裂现象。同时，还可以缩短注浆所用的时间，降低收缩，减少变形，提高坯体的质量。

3. 电解质的种类

在制备泥浆时，经常采用电解质来调整泥浆的性能。常用的电解质有三类：

（1）能产生碱性溶液并能离解成阳离子（或离子团）以及氢氧离子的电解质，如弱酸性的碱盐 Na_2CO_3、Na_2SiO_3、$Na_2P_2O_7$ 等和碱金属的氢氧化物

NaOH、LiOH 等。

（2）能产生保护胶的电解质，如丹宁、水玻璃、腐殖酸钠、木质素、亚硫酸盐纸浆废液、碱性的麦秆浸出液等。

（3）能产生不溶性盐类的物质，如草酸、柠檬酸、五倍子酸。这些弱有机酸，只是在与碱性电解质混合后才能对泥浆性能产生良好的影响。

工业常用的电解质为 Na_2CO_3、Na_2SiO_3 两种。Na_2CO_3 在储藏中应特别注意防潮，因为受潮变为 $NaHCO_3$，会对黏土发生凝聚作用。SiO_2/Na_2O 比值大于 4 的水玻璃放置很久后会析出胶体 SiO_2，在制造日用瓷制品时一般控制 SiO_2/Na_2O 的比值为 2.3~2.8，对含低可塑性原料多的坯料这个比值可以控制在 2.5~3.1。

电解质 NaOH 一般不用来作为稀释剂，因为它与黏土表面所吸附的 Ca^{2+} 进行交换后所生成的 $Ca(OH)_2$ 溶解度大而依然产生 Ca^{2+}，这样黏土泥浆发生凝聚现象而达不到稀释的目的。用 Na_2CO_3 及水玻璃时所得到的 $CaCO_3$ 及 $CaSiO_3$ 为难溶解的沉淀，使 Ca^{2+} 浓度降低。

一般电解质的用量为干坯料的 0.3%~0.5%。含黏土较多的泥浆要求电解质多些。电解质的正确用量与黏土的性质有关，其用量应通过实验来决定。

3.3.3 压制坯料的制备

1. 工艺流程

压制坯料的含水率低，对原料的可塑性要求不高，但要求粉料具有良好的流动性，因此就必须采用合理的工艺手段进行造粒。目前，造粒的方法有普通造粒法、加压造粒法和喷雾造粒法。

普通造粒法是将粉料加适量的黏结剂水溶液，混合均匀后过筛。通过黏结剂的黏聚作用及筛子的振动或旋转作用，得到粒度大小比较均匀的团粒。

加压造粒法是将混有黏结剂的粉料预先压成块状，再粉碎过筛。压滤后的滤饼进行干燥，用双滚筒辊碎机压碎，经过轮碾机、筒形旋转筛、振动筛等进行造粒。由于经过压滤所得到的粉料颗粒形状是棱角状的，所以旋转筒形筛是为了磨掉颗粒的棱角而造成球形团粒，振动筛是为了除去粗颗粒，筛上粗颗粒送平板压床重新压块。筛下料再经旋风分离器，成球状团粒的为合格干压坯料，而微细粉状料重新送平板压床压块。加压造粒法的优点是团粒的体积密度大、机械强度高，能满足各种大件和异形制品的成型要求。

喷雾干燥法是用雾化器将具有流动性的泥浆喷入塔内进行雾化，被雾化后的雾粒在塔内与从另一路进入塔内的热气体相接触而被干燥成颗粒，由塔底漏出，再输送到料仓中陈腐、备用。用这种方法造出的粉料形状接近球形，具有理想的流动性，能够满足干法成型的要求。而且产量大、劳动强度小，可以连续化生产，为自动化成型工艺创造了良好的条件。

压制坯料的制备工艺流程可参照可塑坯料的制备工艺流程先制备好浆料，再采用喷雾干燥工艺或烘干打粉工艺来制备粉料。

2. 喷雾干燥

喷雾干燥是把要干燥的泥浆经一定的雾化装置分散成雾状的细滴，在干燥塔内与热气流进行热交换，将雾状细滴中的水分蒸发，最后得到含水率在8%以下并具有一定粒度的球形粉料。由此可见，喷雾干燥既是一个脱水过程，又是一个造粒过程。

（1）雾化方式

泥浆的喷雾干燥过程主要由以下几个工序组成：泥浆的制备与输送、热源的发生与热气流的供给、雾化与干燥、干粉的收集与废气的分离等。其中最主要的过程是雾化和干燥过程。根据泥料雾化方式的不同，喷雾干燥设备分为离心式雾化、压力式雾化、气流式雾化三种。图3-15为三种喷雾干燥示意图。

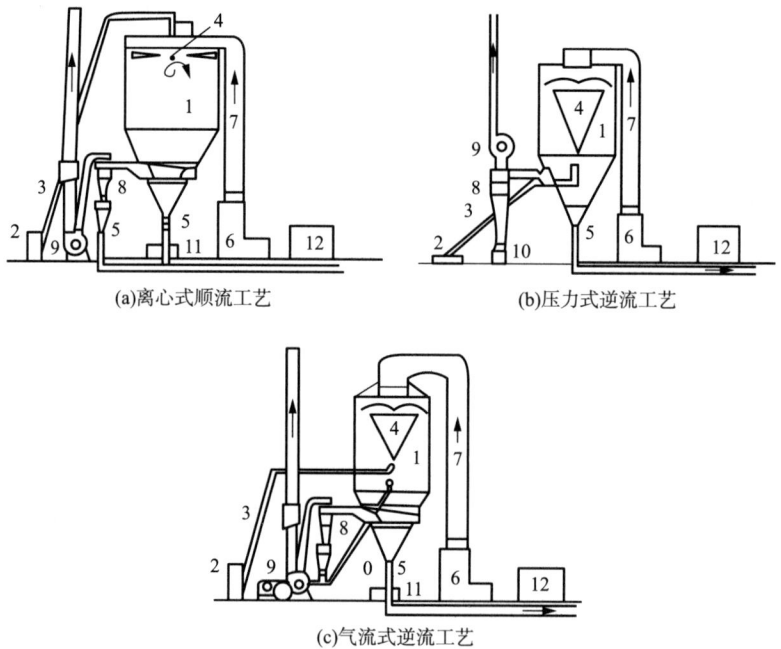

(a)离心式顺流工艺   (b)压力式逆流工艺

(c)气流式逆流工艺

图 3-15 喷雾干燥示意图

1—塔体 2—泥浆输送泵 3—泥浆输送线 4—喷嘴或离心盘 5—卸料口
6—热风炉 7—热风管 8—旋风收尘器 9—风机 10—细粉收集器 11—振动筛 12—控制台

1）离心式雾化

它是将需要雾化的泥浆送到一个高速旋转的离心盘上，由于离心力的作用，泥浆被强制性地通过均匀分布在离心盘周边的槽式喷孔撕裂成微粒，并以极高的速度离开离心盘形成雾状颗粒。

离心式雾化的工艺特点是可以雾化黏度较高并带有大颗粒悬浮物的料浆,不易堵塞喷孔,能均匀喷雾,所得到的雾粒较细,干燥后的粉料粒径在10μm左右。但这种雾化设备的加工精度要求较高,费用较大,旋转轴用材要求有较高的韧性。另外,由于喷距较大,所以要求干燥塔的直径相应较大。与压力喷雾相比,所得到的粉料颗粒粒度较小,且容重较低,粒度分布范围较宽。

2)压力式雾化

利用泥浆泵的压力将泥浆送到喷嘴中,使泥浆在喷嘴中迅速旋转,一直到喷嘴的孔口,泥浆在离开喷嘴时,形成雾粒,这些雾粒由喷孔中均匀喷出。以锥体状散开,形成喷泉状雾。

压力式喷嘴雾化适合于低黏度、不含大颗粒的泥浆的雾化,所得到的粉料粒径比离心式的粗,但容重较大、流动性较好,具有良好的成型性能。设备结构简单紧凑、造价低、维修方便、占地面积小、能耗小等。但是这种雾化需要高的泥浆压力,要配备高压泥浆泵,同时,由于喷嘴直径较小容易被堵塞,浆料最好过筛后再送浆。另外,由于喷速较高,造成喷嘴磨损较大,要定时更换喷嘴,否则将引起进料波动,造成泥浆雾化不均匀,影响其粒度分布。

3)气流式雾化

输浆管道至喷出口是一个双层复式管,压缩空气由外层管道中向上喷出,将内管中压出的料浆喷成雾状。这种方法制出的粉料颗粒细,流动性较差,一般不应用于陶瓷粉料的生产。

在确定雾化方式时应充分考虑干粉料的质量要求、操作的灵活性、设备维修和加工的要求、成本等方面。当压制尺寸较大、较厚的坯体和采用高速压机时,希望坯粉容易排出气体和填满钢模。颗粒要求粗些、颗粒分布宽些、堆积密度大些为好。这时选用压力式雾化制粉工艺方能满足这些要求。若对坯粉颗粒大小及分布要求不严时则可优先考虑离心喷雾干燥法。因为它的适应性较强,泥浆性能和进浆量变化时仍能维持良好的效果,更换离心盘比压力喷嘴的维修容易。

喷雾干燥废气中回收粉料的效果直接影响喷雾干燥的经济指标。泥浆喷雾干燥后废气排出的温度高达45~100℃,一般采用旋风分离器作分离设备。

(2)影响因素

在喷雾干燥工艺中,影响粉料性能和干燥效率的主要因素是泥浆的浓度、进风温度、排风温度、离心盘转速和喷雾压力。它们彼此之间是相互影响、相互制约的。

1）泥浆浓度

在进风温度、离心盘转速或喷嘴压力和孔径不变的前提下，泥浆浓度的大小直接影响到所得粉料的容重、颗粒组成及产量、能耗等。对于喷雾干燥工艺，总是希望泥浆的浓度尽可能高，这样制出的粉料具有较高的体积密度、较大的产量以及较低的能耗。最为关键的是这样所得到的粉料颗粒组成中，粗颗粒部分增多，细颗粒部分减少，改善了粉料的流动性，从而有利于压制成型。提高泥浆的浓度是发挥喷雾干燥的生产能力、提高粉料的产量、降低能耗和成本的有效手段。目前在陶瓷生产中普遍采用性能极强的减水剂来制取高浓度泥浆。常用的减水剂列于表3-32。

表 3-32　常用减水剂

减水剂种类	主要成分
水玻璃	$Na_2O \cdot nSiO_2$
纯碱	Na_2CO_3
AST 减水剂	橡椀单宁和木质素的碘酸盐混合物
SN-II 型水泥减水剂	β-萘磺酸钠甲醛缩合
802 水泥减水剂	多环芳烃钠盐
腐殖酸钠	腐殖酸钠
六偏磷酸钠	$(Na_2PO_3)_6$（工业纯）

2）进风温度和排风温度

进风温度的高低取决于泥浆的组成和性质。温度的高低不能使泥浆中的成分因干燥而发生化学反应。进风温度主要影响粉料的含水率和粉料的体积密度。在其他条件不变的前提下，提高进风温度，可以降低粉料的含水率。但由于雾滴与高温气体接触时表面生成硬壳，阻碍了雾滴的收缩，从而使粉料的体积密度下降，所以干燥工艺中应严格控制塔的进风温度。

应当注意的是，进风温度与进风量的大小有着不可分割的关系。当进风温度较高时，较少量的热气也还是可以带入相同的热量。这时如果燃油（气）量不变，就可以减少电耗，降低成本。

在严格控制进风温度的同时，还要控制排风温度。在其他工艺参数不变的前提下，排风温度的高低严重地影响着粉料的含水率。排风温度的提高，将导致粉料的含水率降低。此外，在其他条件不变的前提下，增加进浆量，将使排风温度下降导致粉料水分增加。调节泥浆的流量可以改变排风温度，从而调整粉料的含水率，使粉料具有理想的压制性能。因此，如果将进浆量与排风温度进行联控，则能保证粉料水分的稳定和塔的正常工作。

3）离心盘转速和喷雾压力

在离心式喷雾干燥中，加大离心盘的转速可以使粉料中的粗颗粒含量减少而细颗粒含量增加，导致粉料的体积密度减小，压制成型时容易分层和粘模，使粉料的压缩比加大。

对压力式雾化来说，压力主要影响喷射出的雾焰的高度，同时就影响到塔的高度。不同孔径的喷嘴，在不同的喷射压力下，喷射的高度和流量不同。喷射压力增加，喷射高度和流量也增加。与此同时，所得粉料也就越细。为使粉料具有理想的颗粒大小，必须严格控制泥浆泵对泥浆提供的压力。

3. 烘干打粉法

这种工艺是将泥浆压滤，制得水分为 22% ~ 23% 的泥饼，然后烘干进行制粉。常用火炕、链板机或余热干燥室进行泥饼的干燥。

火炕法的优点是投资少，投产快；缺点是水分不均匀，有时会过热而无黏性，劳动条件差，劳动强度大，这种方法基本上已经被淘汰。

用链板机干燥泥饼，是先用练泥机把泥饼挤成小泥条，再由一对齿辊将其轧成小泥段，落到金属传动带上，随链板进入干燥室，达到水分要求后由皮带输入料仓。调整干燥温度、链板速度即可保证进料仓时泥段的水分。采用这种方法尽管设备较多，但泥段水分较均匀，而且不会有过热的现象，同时占地少，产量大，劳动条件较好。

干燥好的泥饼多用轮碾机碾压成适当的粒度，形成粒状的粉料后再经一定时间的陈腐即可供成型使用。

3.3.4 调整坯料性能的添加剂

为了使坯料性能适合成型及以后各工序的要求，常向坯料中加入一些添加剂。根据所起的作用，添加剂有以下几类：

解凝剂（解胶剂、稀释剂）。用来改善泥浆的流动性，使其在低水分的情况下黏度适当便于浇注。这类添加物可用无机电解质，也可用有机盐类或聚合电解质。前者多用于黏土质泥浆中，后二者既可用于黏土质泥浆，也可用于瘠性料浆。

塑化剂。用来提高塑性坯料的塑性，增强生坯的强度。有一类塑化剂在常温下能将坯料颗粒黏合在一起，使其具有成型能力，而烧成时它们会挥发、分解、氧化，多数是有机物及其溶液。另一类塑化剂在常温下可提高坯料的塑性，高温下仍在坯体中，多数为无机物质，如硅酸盐和磷酸盐等。

润滑剂。用于提高粉料的湿润性，减少粉料颗粒之间及粉料与模壁之间的摩擦，以促进压制坯体密度增大和均匀化。通常采用含极性官能团的有机物作润滑剂。

实际上一种添加物往往不止起一种作用，如石蜡既可黏结粉料颗粒，也可减少粉料的摩擦力；一些表面活性物质既可作解凝剂，又具有湿润的作用。

各种添加物的共同要求是：和坯料颗粒不发生化学反应，不会影响产品性能；分散性好，便于和坯料混合均匀；有机物质希望在较低温度下烧尽，灰分少；氧化分解的温度范围宽些，以防引起坯体开裂。

1. 解凝剂

（1）解凝剂应具备的条件

根据胶体化学的基本原理可将用作解凝剂的电解质所必须具备的条件归纳为：能离解成水化能力强的一价阳离子（如 Na^+）；能直接离解或水解，提供足够的 OH^-，使黏土质泥浆呈碱性；它的阳离子能与料浆中引起絮凝的有害离子形成难溶的盐类或稳定的络合物。

（2）常用的解凝剂

1）无机电解质

这类解凝剂多数为无机酸的钠盐，如水玻璃、碳酸钠、磷酸钠、六偏磷酸钠等，它们会和黏土泥浆中的絮凝离子 Ca^{2+}、Mg^{2+} 进行交换，生成不溶性或溶解度极小的盐类，将 Ca^{2+}、Mg^{2+} 原来吸附的水膜释出成自由水；水化度大的 Na^+ 使扩散层增大、水化膜加厚，系统的 ζ-电位升高，泥浆流动性增强。此外，加入这类电解质会使泥浆变成碱性。使颗粒带负电荷，除中和正电荷外，剩余负电荷使颗粒间相互斥力加大，ζ-电位增高，促进泥浆稀释。

要得到黏度适当的泥浆所需加入的无机电解质的种类和数量与泥浆中黏土的类型有密切关系。水玻璃对高岭土泥浆的悬浮效果最有利，它不仅显著地降低其黏度，而且在相当宽的范围内黏度都是低的，这样有利于生产控制。

若黏土中含有机物质，采用 Na_2CO_3、Na_2SiO_3，均可使它解凝。但二者的作用不尽相同。Na_2CO_3 主要使有机物质离解，离解后的 Na^+ 和 COO^- 均能使泥浆解凝。

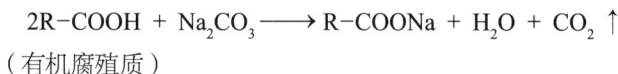

$$2R\text{-}COOH + Na_2CO_3 \longrightarrow R\text{-}COONa + H_2O + CO_2 \uparrow$$
（有机腐殖质）

$$R\text{-}COONa \longrightarrow R\text{-}COO^- + Na^+$$

Na_2SiO_3 除提供 Na^+ 进行阳离子交换，聚合的 SiO_3^{2-} 还能和有机阴离子一样，部分与黏土吸附的 Ca^{2+}、Mg^{2+} 形成稳定的络合物，部分吸附在黏土颗粒断裂的界面上，加强胶粒的净电荷。对于紫木节土来说，虽然 Na_2SiO_3 能使泥浆流动性更好，但由于它解凝的泥浆并不稳定，聚沉物紧密，渗水性低，会降低成型时的吸浆速度，所以采用 Na_2CO_3 作解凝剂更为有效。

生产中常同时采用水玻璃和纯碱作解凝剂，以调整吸浆速度和坯体的软硬程度。单用水玻璃时，坯体脱模后硬化较快，致密变硬，容易开裂；单用纯碱时，脱模后的坯体硬化较慢，坯体较软，或内软而外硬。

使用电解质时，要注意其品质，纯碱如果受潮会变成碳酸氢钠，后者会使泥浆絮凝。水玻璃是一种可溶性硅酸盐，由不同比例的碱金属氧化物（通常为 Na_2O）及二氧化硅所组成。通常以 SiO_2/Na_2O 的摩尔比（称为水玻璃的模量）表示其组成。不同组成的水玻璃对陶器泥浆黏度的影响是不同的（图 3-16）。当模量 >4 时，长期放置会吸潮水解析出胶体二氧化硅。

加入解凝剂不仅会改变泥浆的黏度，而且会影响浇注性能和生坯的某些性能。若在泥浆中加入水玻璃，随着水玻璃含量的增加，使聚集的粒子分散，泥浆水分降低，粒子的填充率及比表面积加大。但若水玻璃加入量过多，颗粒又开始再凝聚，泥浆水分又增大。泥浆的浇注性质（如屈服值、吸浆速度常数）及坯体干燥收缩均随水玻璃用量增加而降低，而坯体脱模时及干燥后强度则增大。

一些特种陶瓷的瘠性料浆常通过调整 pH 值来控制料浆的流动性，这时解凝剂多为无机的酸、碱或盐类。

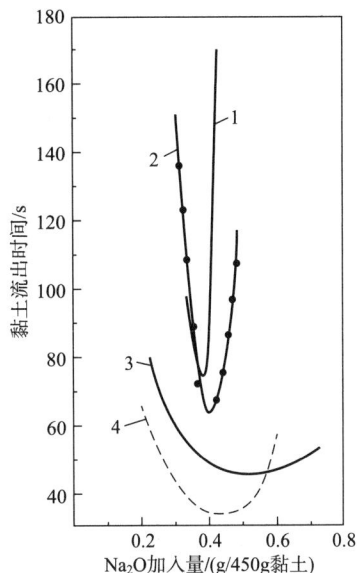

图 3-16　水玻璃组成对陶瓷泥浆的解凝作用
1—$Na_2O \cdot 3.5SiO_2$　2—$Na_2O \cdot 3.0SiO_2$
3—$Na_2O \cdot SiO_2$　4—$Na_2O \cdot 2.0SiO_2$

2）生成保护胶体的有机酸盐类

这类解凝剂为腐殖酸钠、单宁酸钠、柠檬酸钠、松香皂等。其解凝作用的规律和无机电解质相似，即加入少量时会降低泥浆黏度，超过一定数量，泥浆黏度又会升高。以腐殖酸钠为例说明其解凝作用的机理。由腐殖酸钠解离出来的 Na^+ 吸附在泥浆中的黏土胶粒上，增厚扩散层、加大 ζ-电位，使胶团斥力增加，长期悬浮。同时，腐殖酸根 $R-COO^-$ 中的羧基朝着另一方向排列。它减弱黏土胶团由于布朗运动产生的吸引力，使泥浆黏度降低。此外，由于腐殖酸钙、镁盐难溶于水，而腐殖酸根又具有络合能力，因而使泥浆中的 Ca^{2+}、Mg^{2+} 浓度减小，起着反絮凝作用，也促使泥浆解凝。应注意的是腐殖酸钠的用量若超过 0.25%，由于有机物不一定能完全烧尽，会使釉面发暗，而且过多的腐殖酸根会彼此黏结从而减弱泥浆的流动性。

生产中还采用橡椀烤胶作解凝剂，它是栲树或乐树果实的外壳提取出来的浓缩物，主要成分为单宁酸，经碱处理后得到单宁酸钠，因而可代替单宁酸及纯碱作泥浆的解凝剂，用量为 0.3%～0.6%。

3）聚合电解质

使用效果较好的是聚丙烯酸盐、羧甲基纤维素、木质素磺酸、阿拉伯树胶等。它们是水溶性聚合物，对泥浆（包括坯浆和釉浆）的影响取决于聚合物的特性：表面吸附能力、聚合度和结构。聚合物的链长对它与矿物质点的相互作用有很大影响。含 50 个单体的聚丙烯酸盐显示出解凝的能力；若聚合度达到 5000 单位，则起稠化的作用；聚合度为 500000 单位则有絮凝性。因此，用作解凝剂的是低相对分子质量的聚合物；中等相对分子质量的聚合物可作黏结剂使用；高分子聚合物可作絮凝剂。聚合物的结构会改变聚合电解质的性能，如用作解凝剂的聚合物希望是线型的；有侧链（支链）结构的聚合物可以在三度空间发展，使其变为不可溶的。无论作解凝剂、黏合剂还是絮凝剂都要求聚合物在水溶液中能充分吸附在固体粒子的表面。

用聚丙烯酸盐作解凝剂时，可采用它的铵盐或钠盐。实际测定的结果表明，若欲获得相同黏度的日用瓷、卫生瓷和陶器的泥浆，用聚丙烯酸盐作解凝剂时泥浆的浓度比用无机电解质时高约 1%。含聚丙烯酸盐的泥浆长期放置会比含硅酸盐电解质的泥浆稳定些。获得最低黏度泥浆所需聚丙烯酸盐的用量比无机电解质要少。但加入水玻璃及纯碱的泥浆黏度比加入聚丙烯酸盐要小。聚丙烯酸盐对石膏模的侵蚀很小，聚丙烯酸钙部分溶于水中，不会沉淀在模型与坯体的接触面上。含聚丙烯酸铵的泥浆触变性较强，而含聚丙烯酸钠的泥浆无触变性。

一些特种陶瓷的瘠性料浆常用阿拉伯树胶、桃胶、明胶、羧甲基纤维素钠盐等有机胶体作解凝剂。这类胶体用量较多时才会呈现解凝作用，用量少时反而会使料浆聚沉。因为少量树胶无法将料浆中的固体颗粒覆盖，反将附着在树胶链节上的固体颗粒连接起来，促使其聚沉。若树胶用量增多，每个颗粒黏附的树胶分子增加，颗粒外表形成保护膜，阻碍料浆颗粒聚沉。此外，有机胶体会提高料浆中液相的黏度，会增加固体颗粒聚沉时的阻力。

2. 塑化剂

普通陶瓷的坯料常用可塑黏土、膨润土来提高其塑性和坯体的强度。特种陶瓷的坯料则需要用有机塑化剂以便成型。生产中使用的塑化剂常用几种物质配成。

（1）黏合剂

它们既可以是亲水的，也可以是憎水的，均要求溶解（或融化）成液态时有较高的黏结能力。这类黏合剂中有的是天然产物（如淀粉、阿拉伯树胶、桐油、石蜡等），有的是合成产物（如聚乙烯醇、羧甲基纤维素钠盐、酚醛树脂等）。它们可用于压制成型及多种塑性成型（挤制、热压注、注射、轧膜等），还可用于浇注成型（包括流延法）。

（2）增塑剂

增塑剂一般用来溶解有机黏合剂和湿润坯料颗粒，在颗粒之间形成液态间层，提高坯料的可塑性。常用的增塑剂多数为有机的醇类或脂类。轧膜成型所用的增塑剂的作用是：插入高分子化合物链节之间，减弱相互之间的吸引力，使黏合剂受力变形后，不致出现弹性收缩和破裂，从而提高坯料的可塑性。

（3）溶剂

溶剂的分子结构与黏合剂和增塑剂相似或有相同的官能团能够将它们溶解，常用溶剂为水及有机醇、酮、醋或汽油。

3. 有机黏合剂的性能

作为黏合剂的有机物要控制的性质主要有以下几个方面。

（1）在水中或有机溶剂中的溶解度

大多数可溶性有机黏合剂都是长链聚合物。分子的主链上含有共价结合的原子（如碳、氧、氮），沿分子长度方向一些支链的官能团与主链相接。这些官能团的性质部分地决定黏合剂可溶解于什么液体中。若官能团极性强，则黏合剂可溶于水中；极性中等的官能团使黏合剂溶于极性有机溶剂中；含非极性官能团的黏合剂溶于非极性液体中。当然，物质的化学极性以及与液体的亲和能力只是影响其溶解度的必要条件，并不是唯一条件。

（2）溶液的黏度

根据一些水溶性黏合剂的黏度与浓度的关系可将溶液的黏度划分为若干等级供选用时参考：乙烯类、丙烯类黏合剂属于低黏度或极低黏度一类；纤维素衍生物的黏度属中等及高黏度范围；而藻酸盐及大多数天然胶的黏度是高或极高的。从使用角度来说，挤制成型要求用黏度中等的黏合剂（如淀粉、甲基纤维素、羟乙基纤维素）；喷雾干燥粉料干压成型时可用黏度不大的阿拉伯树胶、聚乙烯醇及低黏度的淀粉作黏合剂；半干压成型可用黏度极低且价廉的黏合剂（如木质素磺酸盐、糊精、糖蜜及聚乙烯醇）。

（3）凝胶化的能力

黏合剂溶液在一定条件下（冷却、加热或与化学药品作用）会形成凝胶。凝胶不会流动，在一定屈服应力下会呈现弹性。含胶凝液体的坯体干燥时水分不易渗透至表面，难以干燥，且一般受热会变成液态的凝胶，所以只能在低温下缓慢干燥。

（4）受热失重的情况

有机黏合剂及增塑剂一般在450℃以下会烧尽，留下少量灰分。不同类型黏合剂及增塑剂氧化分解的速度不同。通常希望它们氧化分解的温度范围宽些，即失重缓慢以防坯体开裂。

（5）灰分及其成分

煅烧产品后希望有机物留下灰分少，而且不要影响产品的性能。仅含碳、氢、氧的黏合剂大部分含灰分 0.5% ~ 2%，这样引入的金属杂质在 100 ~ 500mg/L。一些黏合剂属阴离子型聚合电解质（如木质素磺酸盐、羧甲基纤维素及藻酸盐），它们都是含钾、钠、钙及铵的盐类，用作黏土质陶瓷及一些耐火材料的黏合剂时，金属离子的不利影响是允许的。而对于要求纯度高的坯体来说，只能用其铵盐。非离子型黏合剂一般不含金属离子，但却含有氮，如聚乙烯基吡咯烷酮（PVP）、聚丙烯酰胺、聚乙烯亚胺（PEI）。这类含氮的黏合剂在陶瓷生产中的使用是有限的，因为它们的成本高，而且煅烧的产物会污染环境。

3.3.5　水质对坯料及制品性能的影响

陶瓷生产过程中水的应用是不可缺少的。水质的好坏直接影响坯料性能及制品性能。因此，在生产上随着对产品品质的日益关注，对水质的要求也越来越高。

陶瓷厂一般对水质的要求主要关注的是水中所含的矿物杂质。如可溶性的钙、镁、钠的碳酸氢盐、硫酸盐及氯化物等。Ca^{2+}、Mg^{2+}、SO_4^{2-} 对泥浆的稳定性影响较大，容易引起泥浆絮凝。当含量较大时，对可塑性坯料的化学成分也会带来影响。一般要求水中 Ca^{2+}、Mg^{2+} 不大于 $10\sim15mg/kg$，SO_4^{2-} 小于 $10mg/kg$。除去 Ca^{2+}、Mg^{2+} 的办法，一是借助离子交换将水软化，二是加入添加剂（如磷酸钠、焦磷酸钠等）将 Ca^{2+}、Mg^{2+}、Fe^{3+} 等变成不溶性物质。SO_4^{2-} 不易在离子交换中除去，一般可加入少量钡盐，使之成为不溶性物质。如加入 $BaCO_3$ 可生成 $BaSO_4$，生成的 $BaSO_4$ 不但不溶于水，而且在普通的烧成温度下，也不会分解。陶瓷厂已有采用软化水配料的，这种软化水除去了高浓的 Ca^{2+}、Mg^{2+} 离子，使泥浆悬浮剂的用量显著减少，泥浆稳定性得到改善。目前，软化水在陶瓷工业中的使用日益受到普遍的重视。

水的 pH 值会影响坯料的可塑性。一般认为水的 pH=6.0～8.5 对坯料的可塑性最为有利，故生产中一般采用中性水。

近年来国外采用磁化水，可使生坯和制品的强度有一定的提高。流经磁化水处理装置的水被磁化，其水分子的结构发生变化。采用磁化水配置泥浆可使泥浆的水化膜减薄，颗粒之间容易靠拢、聚积，从而使得生坯和制品的强度都得到提高。

3.4　釉料制备

陶瓷釉中的玻璃相、晶相和气孔直接影响陶瓷制品的釉面透光度、光泽度、白度、热稳定性和机械强度等物理性能。陶瓷釉的宏观性质取决于它的微观结构，而微观结构又取决于釉料组成、釉料制备工艺、施釉方法和烧成制度等各种因素。因此，要提高釉面品质必须重视釉料制备。

3.4.1 釉的作用及特点

1. 釉的作用

施釉的目的在于改善坯体的表面性能，提高产品的使用性能，增加产品的美感。釉的作用可归纳如下：

①使坯体对液体和气体具有不渗透性，提高其化学稳定性。

②覆盖于坯体表面，给制品以美感。如将颜色釉（大红釉、橄榄绿釉等）与艺术釉（铜红釉、铁红釉、油滴釉、闪光釉等）施于坯体表面，增加了制品的艺术价值与欣赏价值。

③防止沾污坯体。平整光滑的釉面，即使有沾污也容易洗涤干净。

④使制品具有特定的物理和化学性能。如电性能（压电、介电、绝缘等）、抗菌性能、红外辐射性能等。

⑤改善制品的性能。釉与坯体高温下反应，冷却后成为一个整体，正确选择釉料配方，可以使釉面产生均匀的压应力，从而改善制品的力学性能、热性能、电性能等。

2. 釉的特点

（1）熔融温度范围

釉和玻璃一样无固定的熔点，仅在一定的温度范围内逐渐熔化。该范围的下限系指釉的软化变形点，习惯上称为釉的始熔温度。上限温度是指釉的完全熔融温度，也称为流淌温度。在熔融温度范围内，釉熔体呈现较好的熔融状态，并能均匀地铺展在坯体表面，形成光亮、平滑的釉层。表3-33列出了釉的熔融温度范围。

表3-33　釉的熔融温度范围　　　　　　　　单位/℃

制品	收缩温度	烧结温度	始熔温度	流淌温度
瓷器	1100~1150	1140~1180	1120~1250	1250~1280
精陶	700~750	850~900	1000~1100	1080~1150
低温瓷	1080~1090	750~1070	900~1060	1120~1160
炻器瓷	720~780	1100~1150	1110~1180	1200~1220
彩陶	720~780	820~860	920~960	960~1000

釉始熔温度的高低和熔融温度范围的宽窄对制品的烧成过程及釉面质量有重要的影响。如果始熔温度较低，则意味着釉将过早熔化，使坯体表面过早地被釉熔体所封闭，阻碍坯中残余气体排出，容易造成制品起泡或出现针

孔等缺陷。同时，釉过早熔融又会渗入到具有较大气孔率的坯体中，从而引起"干釉"现象。但始熔温度过高时，又可能影响到釉的正常成熟并使熔融温度范围变窄。如果釉的熔融温度范围过窄，不仅会影响到烧成控制，还容易产生生釉或流釉缺陷。但是，过宽的熔融温度范围又会加大上、下限间的坯釉反应差别，使上限温度附近容易发生结晶作用及熔剂成分的挥发，难以获得质量均一的釉面。由此可知，始熔温度与熔融温度范围既非常重要，又相互关联，在确定时应充分考虑坯体的烧结性能和具体的烧成条件。比如在日用瓷生产中釉的始熔温度应比坯体开始急剧收缩时的温度高得多，以保证坯中的气体全部顺畅地排出，也避免了釉被多孔的坯体吸收造成"干釉"。而熔融温度范围则应适于烧成设备及操作对烧成范围所控制的程度，应使上限温度略低于坯体烧成的上限温度。

影响釉熔融温度范围的因素有很多，但主要与釉的化学组成、矿物组成、细度、混合均匀程度等有关。

组成对釉熔融温度范围的影响主要取决于釉式中的 SiO_2、Al_2O_3 的含量和熔剂组分的种类与含量，其中以熔剂的影响最大。熔剂可分为碱金属和碱土金属氧化物两大类，也可以按习惯分为软熔剂和硬熔剂。软熔剂包括 Li_2O、Na_2O、K_2O、PbO，大部分属于 R_2O 族，硬熔剂包括 CaO、MgO、ZnO，属于 RO 族。BaO 属于硬熔剂，但在制造熔块时，它的助熔作用与 PbO 相似，因此又属于软熔剂。助熔剂在瓷釉中的作用能力有如下关系：

1mol CaO 相当于 1/6mol K_2O 1mol CaO 相当于 1/2mol ZnO

1mol CaO 相当于 1/6mol Na_2O 1mol CaO 相当于 1mol BaO

当然，这只是大致的关系，助熔剂在不同釉中的作用能力有所不同。

Al_2O_3 的含量对釉的熔融温度和黏度影响很大，其含量增加将使釉的熔融温度和黏度增加。SiO_2 也用来调节釉的熔融温度和黏度，SiO_2 的含量越多，釉的熔融温度越高。另外，适量增加 K_2O 和 MgO 的含量可以扩大釉的熔融温度范围。

釉料的物理状态也影响釉的熔融温度，釉料的颗粒细，混合得均匀，其熔融温度越低。

釉的熔融温度既可以通过实验方法获得，也可以通过酸度系数、熔融温度系数大致地进行推测。

实验方法：把磨细的釉料制成 3mm 高的小圆柱体，用高温显微镜观察，当其受热至棱角变圆时的温度为始熔温度；当软化至与底盘面形成半球时的温度为熔融温度；其高度降至 1/2 半球高度时的温度称为流淌温度。或者采用测温锥法，把釉料加适量水或黏合剂制成截头三角锥，然后与标准温锥一起放入电炉中，以三角锥顶点弯曲接触底盘的温度定为釉的熔融温度。

酸度系数法：釉料以实验式表示时的酸性氧化物物质的量和碱性氧化物、中性氧化物物质的量总和的比值。酸度系数越大，烧成温度越高。

釉熔融温度的计算。首先计算釉的熔融温度系数 K，计算公式如下：

$$K = \frac{a_1 w_{a_1} + a_2 w_{a_2} + \cdots + a_i w_{a_i}}{b_1 w_{b_1} + b_2 w_{b_2} + \cdots + b_i w_{b_i}}$$

式中：a_1、a_2、$\cdots$、a_i 为易熔氧化物熔融温度系数；b_1、b_2、$\cdots$、b_i 为难熔氧化物熔融温度系数；w_{a_1}、w_{a_2}、$\cdots$、w_{a_i} 为易熔氧化物质量分数；w_{b_1}、w_{b_2}、$\cdots$、w_{b_i} 为难熔氧化物质量分数。

釉组分中各氧化物的熔融温度系数见表 3-34。

表 3-34　釉组分中各氧化物的熔融温度系数

易熔氧化物				难熔氧化物	
氧化物种类	系数 α	氧化物种类	系数 α	氧化物种类	系数 b
NaF	1.3	CoO	0.8	SiO_2	1.0
B_2O_3	1.3	CoO	0.8	Al_2O_3（>3%）	1.2
K_2O	1.0	NiO	0.8	SnO_2	1.67
Na_2O	1.0	MnO_2、MnO	0.65	P_2O_5	1.9
CaF_2	1.0	Na_3SbO_3	0.6		
ZnO	1.0	MgO	0.6		
BaO	1.0	Sb_2O_3	0.6		
PbO	1.0	Cr_2O_3	0.5		
AlF_3	0.8	Sb_2O_3	0.5		
$NaSiF_4$	0.8	CaO	0.5		
FeO	0.8	Al_2O_3（<0.3%）			
Fe_2O_3	0.8				

根据计算所得 K，由表 3-35 查出釉的相应熔融温度 t。

表 3-35　K 与 t 的对照表

K	2	1.9	1.8	1.7	1.6	1.5	1.4	1.3	1.2	1.1
t/℃	750	751	753	754	755	756	758	759	765	771
K	1.0	0.9	0.8	0.7	0.6	0.5	0.4	0.3	0.2	0.1
t/℃	778	800	829	861	905	1025	1100	1200	1300	1450

例如，湖南某瓷厂高档瓷釉的化学组成为：SiO_2 72.81%，CaO 2.32%，MgO 2.22%，K_2O 6.11%，Al_2O_3 5.05%，Na_2O 1.39%，Fe_2O_3 0.12%，按照上述方法计算出釉的熔融温度系数为：

$$K=\frac{0.8\times0.12+0.5\times2.32+0.6\times2.22+1\times6.11+1\times1.39}{1\times72.81+1.2\times5.05}=0.128$$

查表 3-34 及推算可知该釉熔融温度为 1433℃，比实际熔融温度略高。因此，这种根据经验数据计算的结果，其准确程度是有限的。

（2）黏度

黏度是流体的一个重要性质，釉熔融时的黏度，可以作为判断釉的流动情况的尺度。在成熟温度下，釉的黏度过小，流动性大，则容易造成流釉、堆釉及干釉等缺陷；釉的黏度过大，流动性差，则容易引起橘釉、针眼、釉面不光滑、光泽不好等缺陷。流动性适当的釉，不仅能填补坯体表面的一些凹坑，而且有利于釉与坯之间的相互结合，生成中间层。

影响釉料黏度的最重要的因素是釉的组成和烧成温度。釉熔体的黏度随温度升高而降低。而构成釉料的硅氧四面体网络结构的完整或断裂程度是决定黏度的最基本因素。石英玻璃的 O/Si 比值是 2，是硅氧系统玻璃中黏度最大的。釉的主要成分 SiO_2 是其网络结构的基本组元，SiO_2 含量越多，网络聚合程度越高，则黏度也就越大。

当组成中加入碱金属氧化物后，破坏了 $[SiO_4]$ 网络结构，增大了 O/Si 比值，使硅氧四面体间的联结程度降低，从而导致熔体黏度减小。一般釉组成中 O/Si 比值大多处于 2.25 ~ 2.75，构成的硅氧四面体群为层状、链状或环状，属于低碱硅酸盐玻璃的范畴。因而釉熔体的黏度主要受硅氧四面体之间的键力强弱的影响。碱性成分中的 K_2O 和 Na_2O，由于 R—O 键力弱，容易给出游离氧，对网络结构的破坏性强，因而能较大地降低熔体的黏度，其中 Na_2O 更强一些。Li_2O 具有与 Na_2O、K_2O 类似的断网作用，而且由于 Li^+ 离子半径小，极化能力大，在高温熔体中能便利地移动，同时对硅氧群中的氧产生较大的极化作用，削弱 Si—O 键，因此能更为显著地降低釉的高温黏度。碱土金属氧化物对黏度的影响较为复杂，一方面在高温时能够提供游离氧，使大型的硅氧群解聚，引起黏度减小，其降低黏度的作用随离子半径增大而增大，顺序为：

$$Mg^{2+}<Ca^{2+}<Sr^{2+}<Ba^{2+}$$

另一方面，这些阳离子电价较高，场强大，当温度降低时，迁移能力降低，便可能按一定配位关系将小型硅氧四面体群吸引在自己的周围，使黏度增大。其增大顺序一般为：

$$Mg^{2+}>Ca^{2+}>Sr^{2+}>Ba^{2+}$$

其他二价金属氧化物，如 ZnO、PbO 对黏度的影响与碱土金属氧化物基本相同，但在低温下黏度变化缓慢。Al_2O_3 在釉熔体中不仅参加网络，并且有补网作用，所以会增加釉的黏度。B_2O_3 的影响比较特殊，在高温下难以形成

[BO$_4$] 四面体，而只能以三角体存在，故能降低釉的高温黏度。但低温时，当加入量 <15% 时，氧化硼处于 [BO$_4$] 状态，黏度随着 B$_2$O$_3$ 含量增加而增大。TiO$_2$、ZrO$_2$、SiO$_2$ 都增加釉熔体的黏度。

测定釉的黏度一般是测定其相对黏度，以其在熔融状态时的相对流动度来比较。测定时可将釉干粉与适量黏合剂制成一定尺寸的小圆球，把釉球放入一块 45° 角倾斜的流动板上的圆槽内，圆槽与一直形槽相连。加热至成熟温度，釉球熔融并在直槽内流动，冷却后测出釉在槽内流动的长度，用此长度来表征釉的黏度。测定时一般与一个良好的釉料进行对比。这种方法测得的相对黏度准确性较差，因为釉的相对流动度不仅取决于釉本身的黏度，也取决于釉对陶瓷表面的润湿能力和相互之间的化学作用程度。

陶瓷釉高温黏度的近似计算公式：

$$\eta = \frac{92}{\kappa_1 - 0.32}$$

$$K_1 = \frac{100}{\omega(\text{SiO}_2) + \omega(\text{Al}_2\text{O}_3)} - 1$$

式中：η 为高温黏度（Pa·s）；κ_1 为黏度指数；$\omega(\text{SiO})_2 + \omega(\text{Al}_2\text{O}_3)$ 为釉组成中，该两组分的质量之和。注：上式只适用于低温釉，否则要进行修正。

【例 3-9】某精陶釉的化学组成如表 3-36 所示，该釉料的烧成温度为 1160℃，试计算釉料在该温度下的高温黏度。

表 3-36　某精陶釉的化学组成　　　　　　　　单位：%

氧化物	PbO	K$_2$O	Na$_2$O	MgO	ZnO	Al$_2$O$_3$	SiO$_2$	B$_2$O$_3$	合计
组成	22.2	5.8	3.8	0.5	1.1	10.1	47.8	8.7	100.00

【解】$K_1 = \dfrac{100}{\omega(\text{SiO}_2) + \omega(\text{Al}_2\text{O}_3)} - 1 = \dfrac{100}{47.8 + 10.1} - 1 = 0.727$

$$\eta = \frac{92}{\kappa_1 - 0.32} = \frac{92}{0.727 - 0.32} = 226 \ (\text{Pa·s})$$

故此精陶釉在烧成温度下的高温黏度为 226Pa·s。

进一步研究在卫生陶瓷、釉面砖上铅釉和无铅釉的高温黏度，如表 3-37 所示。

表 3-37　陶瓷釉的高温黏度 lg η

温度	1000℃	1100℃	1200℃	1300℃
无铅釉	4.25	3.3	2.65	2.35
无铅釉	3.45	2.75	2.3	2.05

续表

温度	1000℃	1100℃	1200℃	1300℃
无铅钧釉	3.4	2.8	2.3	1.9
无铅釉	3.5	2.85	2.3	—
铅釉	1.9	1.7	—	—

釉的黏度 $\lg\eta=4$ 不能与坯结合；等于 3 则与搪瓷釉相似，小于 3 才能完全成熟；等于 1.6 则高温黏度过低，釉呈过烧状态，气泡布满釉面。釉的熔融温度范围与黏度变化范围有关。一般陶瓷釉在成熟温度下的黏度值为 200Pa·s 左右。

（3）表面张力

釉的表面张力对釉的外观品质影响很大。表面张力过大，阻碍气体排除和熔体均化，在高温时对坯的润湿性不利，容易造成"缩釉"（滚釉）缺陷；表面张力过小，则容易造成"流釉"（当釉的黏度也很小时，情况更严重），并使釉面小气泡破裂形成难以弥补的针孔。

表面张力的大小取决于釉的化学组成、烧成温度和烧成气氛。在化学组成中，碱金属氧化物对降低表面张力作用较强，离子半径越大，其降低效应越显著（表 3-38），降低顺序为：

$$Li^+ < Na^+ < K^+$$

碱土金属离子降低釉熔体表面张力的作用也有类似的规律，但降低的幅度不如碱属离子大，降低顺序为：

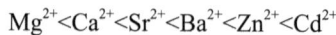

$$Mg^{2+} < Ca^{2+} < Sr^{2+} < Ba^{2+} < Zn^{2+} < Cd^{2+}$$

PbO 由于 Pb^{2+} 离子的极化率大，因而能够明显地降低釉的表面张力。三价氧化物（如 Fe_2O_3、Al_2O_3）随阳离子半径增大，表面张力增大。B_2O_3 能显著降低表面张力，原因是 $[BO_3]$ 基团为平面结构，能够平行排列于熔体表面，减弱与内部质点间的能量差，使表面张力降低。SiO_2 对表面张力的影响取决于它的硅酸盐成分，当钠存在时，SiO_2 降低表面张力，而在铅硅熔体中，SiO_2 有时能增大表面张力。

表 3-38　某些氧化物在不同温度下的表面张力

氧化物	表面张力 /（mN/m）				阳离子半径 /nm
	900℃	1200℃	1300℃	1400℃	
K_2O	0.1	—	—	-0.75	1.33
Na_2O	1.5	1.27	—	1.12	0.98
Li_2O	4.6	—	4.5	—	0.78
MgO	6.6	5.7	5.2	5.49	0.78

氧化物	表面张力 / (mN/m)				阳离子半径 /nm
	900℃	1200℃	1300℃	1400℃	
CaO	4.8	4.92	5.1	4.92	1.06
ZnO	4.7	—	4.5	—	0.83
NiO	4.5	—	—	—	—
CoO	4.5	—	4.3	—	—
MnO	4.5	—	3.9	—	—
BaO	3.7	—	4.7	3.8	1.46
PbO	1.2	3.7	—	—	0.84
Al_2O_3	6.2	5.98	5.8	5.85	0.72
Fe_2O_3	4.5	4.5	—	4.4	0.67
B_2O_3	0.8	0.23	—	−0.23	0.81
V_2O_5	0.1	—	—	—	0.59
SiO_2	3.4	3.25	2.9	3.24	0.39
TiO_2	3.0	—	2.5	—	0.64
ZrO_2	4.1	—	3.5	—	0.87
CaF_2	3.7	—	—	—	—

由表 3-38 可知，各种氧化物对釉料表面张力的影响是各不相同的。氧化物对硅酸盐熔体表面张力的影响可分为三类：非表面活性氧化物，如 Al_2O_3、V_2O_3、Li_2O、CaO、MgO 等及一些稀土元素氧化物（Nd_2O_3、La_2O_3 等），它们会提高釉料的表面张力；弱表面活性氧化物，如 P_2O_5、B_2O_3、Bi_2O_3、PbO、Sb_2O_5 等，引入量较多时，往往会降低硅酸盐熔体的表面张力；强表面活性氧化物，如 MoO_3、Cr_2O_3、WO_3、V_2O_5 等，若引入量较少也会降低表面张力。

硅酸盐熔体表面张力随温度的提高而降低，表面张力的温度系数较小，为（4~7）×10^{-5}N/（m·℃），即温度每升高 1℃，表面张力降低（4~7）×10^{-5}N/m。但对于不对称离子，如 Pb^{2+}，由于其结构表现有极性和定向性，表面张力的温度系数为正值。熔体的表面张力在高温时没有多大变化，但在低温时则显著增大。

此外，窑内气氛对釉熔体的表面张力也有影响。在还原气氛下的表面张力约比在氧化气氛下大 20%。在还原气氛下釉熔体表面发生收缩，其下面的新熔体就会浮向表面。利用这种现象，在色釉尤其是在熔块釉烧成时，采用还原气氛可使其着色均匀。基于这个原因，采用还原焰烧成容易消除釉中气泡。

在设计釉配方的时候要考虑表面张力对釉面品质的影响，其计算可采用以下两种方法。

①表面张力与温度的关系，可按下式计算：

$$\sigma = \sigma_0 (1 - b\Delta T)$$

式中：σ 为 T 温度下的表面张力（N/m）；σ_0 为 T_0 温度下的表面张力（N/m）；ΔT 为 $T - T_0$（K）；b 为经验系数。

②表面张力与化学组成的关系，可采用如下公式计算。

$$\sigma_{釉} = \omega_{a_1}\sigma_1 + \omega_{a_2}\sigma_2 + \omega_{a_3}\sigma_3 \cdots\cdots$$

式中：$\sigma_{釉}$ 为熔融釉的表面张力（N/m）；ω_{a_1}，$\omega_{a_2}\cdots$ 为不同组分（氧化物）的含量（%）；σ_1，$\sigma_2\cdots$ 为不同组分的表面张力（N/m）。

不同组分在不同温度下的表面张力可查表 3-38，在不同温度下釉的表面张力值，可按每增加 100℃，釉的表面张力平均降低 1% ~ 2% 估算，计算的结果与实验测定值的误差约为 1%，一般釉的表面张力值约为 0.3N/m。

【例 3-10】某厂铅釉的化学组成如表 3-39 所示，试分别计算该釉料在 900℃和 1000℃时的表面张力值各为多少。

表 3-39　某厂铅釉的化学组成　　　　　　　单位：%

氧化物	SiO_2	Al_2O_3	PbO	Fe_2O_3	CaO	MgO	K_2O	Na_2O	合计
组成	28.5	1.5	65	3.8	0.20	0.22	0.45	0.14	99.81

【解】按表 3-38 提供的系数计算：

$\sigma_{900℃} = (28.5 \times 3.4 + 1.5 \times 6.2 + 65 \times 1.2 + 3.8 \times 4.5 + 0.2 \times 4.8 + 0.22 \times 6.6 + 0.45 \times 0.1 + 0.14 \times 1.5) \times 10 = 0.204 \times 10^3$（N/m）

1000℃时釉料的表面张力可按每升高 100℃降低 1% ~ 2% 进行估算：

$$\sigma_{1000℃} = 0.204 \times 10^3 \times (1 - 2\%) = 0.21 \times 10^3$（N/m）$$

（4）润湿性

釉熔体对坯体的润湿性可以用釉熔体与坯体的接触角来表示。润湿性与釉熔体的表面张力密切相关。其测定方法为将干釉制成直径 10mm、高 10mm 的圆柱形试样，置于干坯体上，烧后测定其接触边角，以此来判别它的润湿性。

从图 3-17 可以看出熔融釉与坯体接触边角 $\theta > 90°$ 时，熔体不能将坯体润湿；$\theta < 90°$ 时，则坯体表面被润湿；$\theta = 0$ 时，熔体铺展开。θ 值越大，润湿性越不好。如果附着张力大于或等于熔体的表面张力，釉不能润湿坯体。即使釉熔体的黏度再小，因其表面张力较大，釉也不能在坯体表面铺展开，所以表面张力仍是影响润湿性的重要因素。

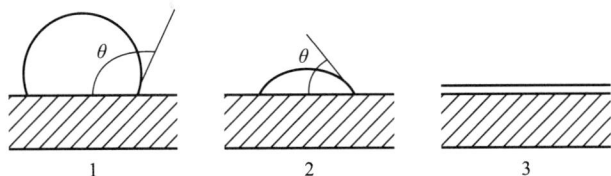

图 3-17 瓷釉在固体表面上的状态

1—不润湿润（$\theta>90°$）　2—润湿（$\theta<90°$）　3—铺展（$\theta=0$）

虽然釉料相同，但如果所用坯体不同，那么其接触边角也不同。接触边角最小时流动性大，而且润湿的程度较高。釉在成熟前必须将坯体全部润湿。熔融温度相同的釉，如果坯体不同，那么其成熟温度有时差 4 个塞格尔锥号。

（5）热膨胀性

釉层受热膨胀主要是由于温度升高时，釉层内部网络质点热振动的振幅增大，导致其间距增大所致，其大小取决于离子间的键力，键力越大则热膨胀越小，否则反之。

釉的热膨胀通常用一定温度范围内的长度膨胀率或线膨胀系数来表示。在室温 T_1 和加热至温度 T_2 之间的长度膨胀率 ε 为：

$$\varepsilon = \frac{T_2\text{时的长度} - T_1\text{时的长度}}{T_1\text{时的长度}} \times 100\% = \frac{L_{T_2} - L_{T_1}}{L_{T_1}} \times 100\%$$

而线膨胀系数为：

$$\alpha(T_2 - T_1) = \frac{1}{T_1\text{时的长度}} \times \frac{T_2\text{时的长度} - T_1\text{时的长度}}{T_2 - T_1} = \frac{L_{T_2} - L_{T_1}}{L_{T_1}} \times \frac{1}{\Delta T}$$

由以上二式可知：

$$\alpha = \varepsilon / \Delta T$$

由于组成的不同以及受热行为的差异，各种陶瓷坯体、釉的膨胀系数是不同的，其范围列于表 3-40 中。

表 3-40　陶瓷坯体与釉的热膨胀系数

材质		α（20~700℃）/（$\times 10^{-6}$/℃）	
		坯体	釉
普通陶瓷	硬质瓷	4.5~5.0	3.5~4.8
	软质瓷	5.5~6.3	5.5~5.5
	普通日用瓷	4.1~5.0	3.0~5.0
	低温瓷	4.5~6.5	4.3~5.8
	耐热炻瓷	4.6~5.4	4.5~4.9
	彩饰炻瓷	5.7~7.1	5.6~6.6
	硬质精陶	7.0~8.0	—
	黏土精陶	8.8~9.8	7.0~8.1
	石灰精陶	5.0~6.0	5.0~5.8
	艺术彩陶	7.0~9.1	6.7~8.0

续表

材质		α（20~700℃）/（$\times 10^{-6}$/℃）	
		坯体	釉
特种陶瓷	刚玉瓷	5.0~5.5	—
	莫来石瓷	4.0~4.5	—
	滑石瓷	6~7	5~6

釉的膨胀系数和其组成密切相关。SiO_2 是网络形成体，有很强的 Si—O 键。若其含量高，则釉的结构紧密，热膨胀小。含碱的硅酸盐釉料中，引入的碱金属与碱土金属离子削弱 Si—O 键或打断了 Si—O 键，使釉的热膨胀增大。一般来说，碱金属离子增大釉膨胀系数的程度超过碱土金属离子。除了 SiO_2 外，有人认为釉中 Al_2O_3 加入量在 0.3mol 以下时，会使釉的膨胀系数下降，而含 SiO_2 少的硼釉中，若 Al_2O_3 量超过 0.2mol 则釉的膨胀系数会增大。又如增加硼酸或用 SiO_2 等量代替硼酸会降低釉的膨胀系数，而硼酸量超过17% 则会显著提高釉的膨胀系数。釉的膨胀系数和组成氧化物的质量分数符合加和性原则。而实际上利用加和性公式计算的膨胀系数与实测结果有一定偏差。而用摩尔分数表示各种氧化物含量时，计算出来的 α 值与实测数字比较吻合。

（6）弹性

釉的弹性通常以弹性模量来表示，其物理意义是使单位长度、单位截面积的试样伸长 1 倍所需的力。所以弹性模量越小，弹性越好。釉的弹性好，一方面可以补偿坯与釉之间接触层所产生的应力，另一方面还能够缓冲机械外力的作用。釉层的弹性主要受以下四方面影响。

1）釉的组成

当釉中引入离子半径较大、电荷较低的金属氧化物（如 Na_2O、K_2O、BaO、SrO 等）时，往往会降低釉的弹性模量；若引入离子半径小、极化能力强的金属氧化物（如 Li_2O、BeO、MgO、Al_2O_3、TiO_2、ZrO_2 等），则会提高釉的弹性模量。但在碱—硼—硅体系釉中存在硼反常现象，当 B_2O_3 的含量小于15% 时，以 B_2O_3 取代 SiO_2 后，形成的 $[BO_4]$ 和 $[SiO_4]$ 四面体形成紧密的网络，使釉的弹性模量升高。当 B_2O_3 增加至一定数量（15%~17%）后，增加的 B_2O_3 会形成 $[BO_3]$ 三角体，结构松散，受力后易变形，弹性模量也就降低。各种氧化物对釉弹性模量的提高作用的强弱顺序是：CaO>MgO>B_2O_3>Fe_2O_3>Al_2O_3>BaO>ZnO>PbO。

2）釉的析晶

冷却时析出晶体的釉（如乳浊釉、析晶釉、结晶釉等）其弹性模量的变化取决于晶体的尺寸与分布的均匀程度。若晶体尺寸小于 0.25nm，而且分布均匀，则会提高釉的弹性。反之，若晶体的尺寸大，而且大小相差悬殊，则会显著降低釉的弹性。

3）温度的影响

一般来说，釉的弹性会随温度升高而降低，主要是由于釉中离子间距因受热膨胀而增大，使离子间相互作用力减弱，弹性便相应降低。

4）釉层厚度

实际测定弹性模量的结果表明，釉层越薄，弹性越大。

实际测得釉与玻璃的弹性指标列于表 3-41 中。

表 3-41　釉与玻璃的弹性模量和泊松比

材料名称	弹性模量 / ×10⁴MPa	泊松比 / μ
瓷釉	5.71~6.48	0.2~0.3
钠—钙—硅玻璃	6.76	0.24
钠硅酸盐玻璃	8.42	0.25
硼硅酸盐玻璃	6.17	0.20
石英玻璃	7.05	0.16

3.4.2　品质要求及控制

釉料制备有两方面是至关重要的，一是原料选择，二是釉浆的品质。

关于原料选择要注意：制釉原料要求纯度高，一般使用拣选级别较高的原料，并和其他原料分开贮存以免杂质混入；需采用不溶于水的原料。能溶于水的原料在施釉时将随着坯体对釉浆水分的吸收而进入坯体，对坯体性质产生影响。

陶瓷釉性能与釉浆品质关系紧密，为保证顺利施釉并使烧后釉面具有预期的性能，釉浆品质要严格要求。一般从以下几个方面予以控制：

（1）釉浆细度

釉浆的细度要适当，不能过粗或过细。釉浆细度直接影响釉浆稠度和悬浮性，也影响釉浆与坯的黏附能力、釉的熔化温度以及烧后制品的釉面品质。一般来说，釉浆细，则浆体的悬浮性好，釉的熔化温度相应降低，釉坯黏附紧密且两者反应充分。但釉浆过细时，会使浆体稠度增大，施釉时容易形成过厚釉层，施釉后干燥收缩大，易产生裂纹，从而降低制品的力学强度和抗热震性。即使釉层厚度适中，则釉料过细，高温反应过急，则釉层中的气体难以排除，容易产生釉面棕眼、开裂、缩釉和干釉缺陷。此外，随釉浆细度增加，含铅熔块的铅溶出量增加。长石中的碱和熔块中钠、硼等离子的溶解度也有所增加。釉浆细度过粗时，坯釉结合差，而且釉浆悬浮性减弱，易引起沉淀，并降低釉面质量。一般陶瓷釉料的细度为万孔筛筛余不超过 0.2%，釉料颗粒组成为大于 10μm 的占 15%～25%，小于 10μm 占 75%～85%。乳浊釉的细度是万孔筛筛余小于 0.1%。

（2）釉浆相对密度

釉浆相对密度对施釉时间和釉层厚度起决定作用。釉浆相对密度较大时，短时上釉也容易获得较厚釉层。但过浓的釉浆会使釉层厚度不均，易开裂、缩釉。釉浆相对密度较小时，要达到一定厚度的釉层须多次施釉或长时间施釉。釉浆相对密度的确定取决于坯体的种类、大小及采用的施釉方法。颜色釉的相对密度往往比透明釉大些。日用瓷釉相对密度为 1.36～1.75，精陶釉为 1.5～1.6，粗陶釉是 1.6～1.7。生坯浸釉时釉浆相对密度约 1.4～1.45，素坯浸釉时相对密度约为 1.5～1.7，烧结坯体所施釉浆更浓，为 1.7～1.9。机械喷釉的釉浆相对密度范围可大一些，一般为 1.4～1.8。

冬季气温低，釉浆黏度大，釉浆相对密度应适当调小；夏季气温高，釉浆黏度小，相对密度应适当调大。

（3）流动性与悬浮性

釉浆的流动性是施釉工艺中重要的性能要求之一。釉料的细度和水分含量是影响釉浆流动性的重要因素。细度增加，可使悬浮性变好，但太细时釉浆变稠，流动性变差；增加水量可稀释釉浆，增大流动度，但却使浆体相对密度降低，釉浆与生坯的黏附性也变差。有效地改善釉浆流动性的方法是加入添加剂。单宁酸及其盐类、偏硅酸钠、碳酸钾、阿拉伯树胶及鞣质减水剂等为常用的解胶剂，适量加入可增大釉浆流动性。

釉浆的悬浮性是其稳定的重要标志。增大颗粒细度，颗粒悬浮的概率变大，悬浮性能变好。另外，颗粒级配也至关重要，大颗粒比例大就增大了沉淀的机会，悬浮性变差。石膏、氧化镁、石灰、硼酸钙等为絮凝剂，少量加入可使釉浆不同程度的絮凝，改善悬浮性能。

另外，陈腐对含黏土的釉浆性能影响显著。它可以改变釉浆的屈服值、流动度和吸附量并使釉浆性能稳定。

3.4.3　釉的分类、制釉氧化物

1. 釉的分类

不同用途的陶瓷，其制作工艺各不相同，釉的种类和组成也就各不相同。釉的种类很多，可根据制品类型、熔剂和原料组成、制造方法、烧成温度及外观特征等不同角度进行分类。同一种釉按不同的角度划分时，可以有几种名称，例如长石作熔剂的釉可称为长石釉，也属高温釉、生料釉、碱釉、透明釉等。以下介绍几种常见的分类方法。

（1）**按烧成温度分类**

可分为低温釉（烧成温度 <1120℃）、中温釉（烧成温度介于 1120~1250℃）和高温釉（烧成温度 >1250℃）。

（2）**按釉面特征分类**

可分为透明釉、乳浊釉、结晶釉、无光釉、光泽釉、碎纹釉和颜色釉等。

（3）**按制备方法分类**

生料釉：直接将全部原料加水，制备成釉浆。

熔块釉：是将配方中的一部分原料预先熔融制成熔块，然后与其余原料混合研磨制成釉浆。其目的在于消除水溶性原料及有毒性原料的影响。

盐釉：此釉不需事先制备，而是在煅烧至接近烧成温度时，向燃烧室投入食盐、锌盐等，使之汽化挥发并与坯体表面作用形成一层薄薄的釉层。这种釉在化工陶瓷中应用较广。

（4）**按主要熔剂或碱性组分分类**

这种分类方法是依据釉中碱性成分之间的相互比例关系进行划分的，通常以占釉式中碱性成分总量的 50% 为具体衡量尺度。它不仅直观，同时还能明确显示釉的化学组成特点，因此非常实用。

长石釉：熔剂主要成分是长石或长石质矿物。釉式中 K_2O+Na_2O 物质的量 ≥ 0.5mol，这种釉的特点是硬度较大，光泽较强，略带乳白色，富有柔和感，熔融温度范围较宽，与高硅质坯体结合良好，如：

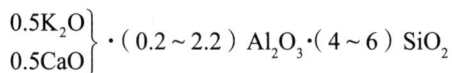

$$\left.\begin{array}{l}0.5K_2O\\0.5CaO\end{array}\right\}\cdot(0.2~2.2)\,Al_2O_3\cdot(4~6)\,SiO_2$$

石灰釉：主要熔剂为钙的化合物（如碳酸钙），碱性组成中可以含有也可以不含有其他碱性氧化物，釉式中 CaO 的物质的量大于 0.5。这种釉的特点是弹性好，富有刚硬感，与高铝质坯体结合较好，透光性强，对釉下彩的显色非常有利。但熔融温度范围较窄，还原气氛烧成时易引起烟熏。标准石灰釉釉式为：

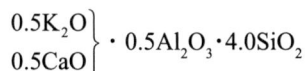

$$\left.\begin{array}{l}0.5K_2O\\0.5CaO\end{array}\right\}\cdot0.5Al_2O_3\cdot4.0SiO_2$$

镁质釉：为了克服石灰釉熔融温度范围较窄、烧成难以控制的缺点，在石灰釉中引入白云石和滑石，使釉式中 MgO 的物质的量 ≥ 0.5。这种釉的特点是熔融温度范围宽，对坯体适应性强，膨胀系数小，不易出现开裂，对气氛不敏感，不易发生烟熏，有利于白度和透光性的提高。但釉浆易沉淀，与坯体黏着力差，烧后釉面光亮度不及石灰釉。

其他釉：若釉式中某两种碱性成分的含量明显高于其余碱性成分，其釉即以两种成分相称，如 CaO 和 MgO 含量处于较高比例（一般 ≥ 0.7），即为石灰镁釉。此外，还有锌釉、锶釉、铅釉、石灰锌釉、铅硼釉等。

表 3-42 给出了釉的几种常用划分方法。

表 3-42　釉的种类划分表

分类的依据		种类名称
坯体的种类		瓷器釉、炻器釉、陶器釉
制造 工艺	釉料制作方法	生料釉、熔块釉、挥发釉（食盐釉）、自释釉、渗彩釉
	烧成温度	低温釉（<1120℃）、中温釉（1120~1250℃）、高温釉（>1250℃）、易熔釉、难熔釉
	烧釉速率	慢速烧成釉、快速烧成釉
	烧成方法	一次烧成釉、二次烧成釉
组成	主要熔剂	长石釉、石灰釉（石灰—碱釉、石灰—碱土釉）、锂釉、镁釉、锌釉、铅釉、（纯铅釉、铅硼釉、铅碱釉、铅碱土釉）、无铅釉（碱釉、碱土釉、碱硼釉、碱土硼釉）
	主要着色剂	铜红釉、镉硒红釉、铁红釉、铁青釉、玛瑙红釉
性质	外观特性	透明釉、乳浊釉、虹彩釉、无光釉、半无光釉、金属光泽釉、闪光釉、偏光釉、荧光釉（发光釉）、单色釉、多色釉、变色釉、结晶釉、金星釉、裂纹釉、纹理釉、水晶釉、抛光釉
	物理特性	低膨胀釉、半导体釉、耐磨釉、抗菌釉
显微结构		玻璃态釉、析晶釉、结晶釉、分相釉
用途		装饰釉、粘接釉、底釉、面釉、丝网印花釉、商标釉、餐具釉、电瓷釉、化学瓷釉

需要说明，在实际生产中，我们一般习惯以熔剂原料组成来做釉的划分标准。当然，随陶瓷釉品种的不断发展，新型装饰釉的不断出现，按其外观特性来划分的方法越来越被大众所接受。

日用瓷厂所使用的釉料多为生料釉，其中白釉均为生料釉，颜色釉等则不尽是生料釉。生料釉的制备工艺流程和坯料大体相似，主要过程为原料的拣选、粗碎、配料、球磨粉碎、除铁、过筛及釉浆陈腐等。但相比之下，釉用原料的纯度要求更高。几种生料釉的制备工艺流程如下所示（图 3-18、图 3-19）。

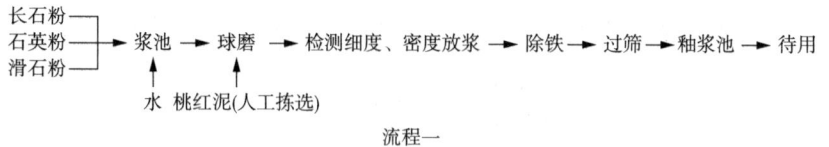

流程一

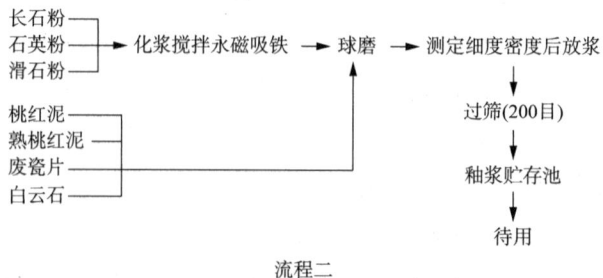

流程二

图 3-18　生料釉中硬质原理单独搅拌的制备工艺流程图

以上两种制釉工艺流程的共同特点是将长石粉、石英粉和滑石粉三种粉状硬质原料单独入池化浆搅拌除铁，然后和软质原料黏土一起投球磨进行湿磨。三种粉状硬质原料先入池化浆再球磨，主要是使三种粉状硬质原料预先湿润一下，使每个颗粒周围都被水膜包围起来，这样和软质原料混合更均匀。而废瓷片和白云石则不是粉状的，故可和软质原料一起投球磨。

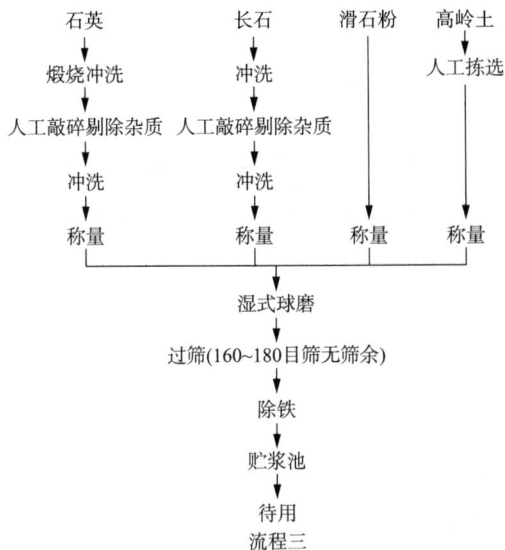

```
 石英            长石           滑石粉        高岭土
  ↓              ↓              ↓            ↓
煅烧冲洗          冲洗                        人工拣选
  ↓              ↓                            ↓
人工敲碎剔除杂质  人工敲碎剔除杂质
  ↓              ↓                            │
 冲洗            冲洗                          │
  ↓              ↓              ↓            ↓
 称量            称量           称量          称量
  └──────────────┴──────────────┴────────────┘
                      ↓
                   湿式球磨
                      ↓
            过筛(160~180目筛无筛余)
                      ↓
                    除铁
                      ↓
                   贮浆池
                      ↓
                    待用
                   流程三
```

图 3-19　生料釉中人工拣选的制备工艺流程图

本流程是在采用块状硬质原料时，先将石英煅烧、长石洗选后进行人工拣选，高岭土也进行人工拣选，然后称量配料入球磨细磨。人工拣选这一工序是很重要的，它可以剔除部分带色的铁质矿物、角闪石等有害杂质，高岭土拣选时可除去非黏土质矿物杂质，以确保釉料组成和提高釉面质量。

由于全国各地原料种类较多，其组成和性状都存在较大差异，所以在釉料制备流程上也不尽相同，可视具体情况加以妥善处理。

2. 制釉氧化物

（1）釉熔体的网络化学基础

釉是由酸性氧化物（SiO_2 或 B_2O_3）和碱性氧化物（K_2O、Na_2O、CaO、MgO、BaO、PbO、ZnO 等）组成。在高温下熔成液态，而在冷却过程中逐渐凝固，最后形成玻璃态的硅酸盐或硼硅酸盐。从物理化学方面来看，釉与玻璃有很多相似之处，如各向同性、无固定的熔点、具有光泽、透明、不透水等特性。但就化学组成、制作方法以及应用方面来看，釉与玻璃有本质区别。按照各成分在釉中所起的作用，可将釉的组分归纳为以下几类：

1）网络形成体

玻璃相是釉的主相，釉和玻璃的结构是相似的。形成玻璃的主要氧化物

（如 SiO_2、B_2O_3 等）在釉层中以四面体的形式相互结合为不规则网络，所以它又称为网络形成剂。

长期以来，许多学者从热力学、动力学、结晶化学诸多方面提出关于玻璃形成的假说，虽然这些假说不够完善，实际玻璃形成的条件尚有例外，但还是可以作为多数情况下的判断依据。

①氧化物阳离子场强（取决于阳离子电荷与其离子半径平方之比）要大。一般说来，电荷较高、离子半径较小的阳离子及其化合物都是玻璃网络形成剂。表 3-43 列出一些氧化物的阳离子场强与玻璃形成能力。

表 3-43　阳离子场强与其形成玻璃的能力

氧化物	阳离子半径 r/nm	阳离子电荷 Z	阳离子场强 Z/r^2	形成玻璃的能力
SiO_2	0.042	4	2267	形成硅酸盐玻璃
B_2O_3	0.023	3	5670	形成硼酸盐玻璃
P_2O_5	0.035	5	4080	形成磷酸盐玻璃
GeO_2	0.053	4	1420	形成锗酸盐玻璃
Li_2O	0.068	1	220	—
Na_2O	0.097	1	110	—
K_2O	0.133	1	60	—
CaO	0.099	2	210	—
MgO	0.066	2	460	不能形成玻璃
SrO	0.112	2	160	—
BaO	0.134	2	110	—
ZnO	0.071	2	360	—
PbO	0.120	2	140	—

②氧化物的键强要大。这样难以有序排列，形成玻璃倾向性大。单键强度（化合物的分解能与阳离子配位数之比）大于 335kJ/mol 的化合物都是网络形成剂，而单键强度在 250～335kJ/mol 的化合物，属于网络中间体，而小于 250kJ/mol 的化合物，一般不能形成玻璃。玻璃形成能力不仅与单键强度有关，而且与破坏原有键使之熔化所需要的热能有关。他提出，单键强度/熔点的比值大于 0.21kJ/（mol·K）的化合物是玻璃形成剂，单键强度/熔点的比值小于 0.063kJ/（mol·K）者不能形成玻璃，是玻璃修饰体。从表 3-44 可见，当 Al^{3+} 的配位数为 4，Zr^{4+} 的配位数为 6 时，它们也可形成玻璃体。

表 3-44　网络形成氧化物的单键能

氧化物	阳离子价数	氧化物的分解能 /（kJ/mol）	配位数	M—O 的单键能 /（kJ/mol）	单键能 / 熔点 / [kJ/（mol·K）]
B_2O_3	3	1490	3	498	0.686
SiO_2	4	1770	4	444	0.222
GeO_2	4	1803	4	452	0.326
Al_2O_3	3	1682～1326	4	423～330	—
B_2O_3	3	1490	4	372	0.51
P_2O_5	5	1850	4	464～368	0.435～0.548
V_2O_5	5	1878	4	469～377	0.397～0.498
As_2O_3	5	1460	4	364～293	—
Sb_2O_5	5	1818	4	356～285	—
ZrO_2	4	2029	6	339	—

③凡有离子键向共价键过渡的混合键（又称极性共价键）的氧化物较易形成玻璃态，都属于玻璃形成剂。因为这种混合键既具有离子键易改变键角、易形成不对称变形的趋势，又具有共价键的方向性和饱和性，不易改变键长与键角的倾向。前者有利于造成玻璃的远程无序，后者则赋予玻璃近程有序。表 3-45 列出一些氧化物的键性与玻璃形成能力的关系。

表 3-45　氧化物的键性与玻璃形成能力

氧化物	配位数	结构类型	键的离子性 /%	形成玻璃的能力
SO_2	4	分子结构	20	不能形成玻璃
B_2O_3	3 或 4	层状结构	42	形成玻璃
SiO_2	4	三维空间结构	50	形成稳定玻璃
GeO_2	4	三维空间结构	55	形成稳定玻璃
Al_2O_3	4 或 6	刚玉型结构	60	难成玻璃
MgO	4 或 6	NaCl 型结构	70	不能形成玻璃
Na_2O	6 或 8	CaF_2 型结构	80	不能形成玻璃

表 3-45 的数据表明，极性共价键中离子性占 39%～55% 的氧化物能形成稳定的玻璃。在 SiO_2 玻璃中，在 $[SiO_4]$ 内体现为共价键性，其 Si—O—Si 键角符合理论值 109.4°，而四面体以顶角相互连接时，O—Si—O 键角能在较大范围内无方向性连接，表现了离子键的特性。可以认为，键角分布小、作用范围小的纯共价键物质及成键无方向性、作用距离长的纯离子键物质，形成

玻璃的可能性小；而处于两者之间的混合键物质及分子间作用力（范德华力）很弱的有机物容易形成玻璃。

④熔体的结构也是能否形成玻璃的重要因素。当熔体中阴离子团聚合程度大，例如以三维空间结构为主的结构，则形成玻璃的倾向大，否则反之。因为高聚合的阴离子团难以位移和重排，结晶激活能较大，不易形成晶体。此外，阴离子团聚合程度大，其结构越复杂，熔体的黏度大，有利于玻璃的形成。如 SiO_2、GeO_2、B_2O_3 三者熔点下的黏度分别为 $10^{10}Pa\cdot s$、$10^6Pa\cdot s$、$10^7Pa\cdot s$，都是玻璃形成体。

阴离子团的对称性低，也容易形成玻璃。在 SiO_2 玻璃中 Si—O—Si 的键角变动于 $120°\sim180°$。键角的不规则分布，造成阴离子团的几何不对称，决定其结构无序，玻璃化的倾向大。

2）网络外体

它不能单独形成玻璃，一般处于玻璃网络之外，又称为网络修饰剂、网络调整剂。在釉料熔化过程中，这类成分能促进高温分化反应，加速高熔点晶体（如 SiO_2）化学键的断裂和生成低共熔物。网络外体还起着调整釉层物理化学性质（如力学性质、膨胀系数、黏度、化学稳定性等）的作用。常用的助熔剂化合物为 Li_2O、Na_2O、K_2O、PbO、CaO、MgO、CaF_2 等。

这类氧化物 M—O 键的单键强度均小于 250kJ/mol。它们的离子性强。当阳离子的电场强度较小时（如碱金属氧化物），氧离子易摆脱阳离子的束缚，起断网作用，使玻璃网络结构松散，膨胀系数增大，化学稳定性和黏度、硬度均下降。当阳离子的电场强度较大时（如碱土金属氧化物），却能使断键积聚（但这与釉中 R_2O+RO 的含量有关）。

3）中间体

中间体的作用介于网络形成体和网络外体之间。

（2）各氧化物在釉中的作用

釉用原料分为两种：天然矿物原料（如石英、长石、高岭土、石灰石、方解石、滑石、锆英石等）和化工原料（如 ZnO、SnO_2、硼酸、硼砂等），制釉所用的原料能给釉的组成提供一种或一种以上的氧化物，这些氧化物决定着釉的性质，下面分别说明主要制釉氧化物的作用和特点。

1）SiO_2

SiO_2 主要由石英引入，另外，黏土和长石也可引入一部分。SiO_2 是釉的主要成分，一般含量在 50% 以上，通过 $SiO_2/（R_2O+RO）$ 的摩尔比可初步判断釉的熔融性能，摩尔比在 $2.5\sim4.5$ 之间的较易熔，4.5 以上的则较难熔。

SiO_2 可提高釉的熔融温度和黏度，给釉以高的力学性能（如硬度、耐磨性），提高釉的白度、透明性、化学稳定性，并降低釉的膨胀系数。

2）Al_2O_3

Al_2O_3 主要由黏土、长石、冰晶石、氧化铝、氢氧化铝等引入，是形成釉的网络中间体，既能与 SiO_2 结合，也能与碱性氧化物结合。Al_2O_3 能改善釉的性能，提高化学稳定性、硬度和弹性，并能降低釉的膨胀系数。熔块釉中适当的 Al_2O_3 可防止釉面龟裂。Al_2O_3 还能提高熔融温度，增加熔体的高温黏度，使釉在成熟温度下具有必要的稳定性。同时，对建筑制品还可提高抗风化和抗化学侵蚀的能力。

在实际应用中，Al_2O_3 的加入量因碱性成分的种类和数量不同而异，因其会大大提高釉的熔融温度和高温黏度，一般用量不能太高。另外，可通过调整 Al_2O_3/SiO_2 摩尔比来控制釉的光泽，在明亮的光泽釉中，Al_2O_3/SiO_2 的物质的量之比在 $1:6 \sim 1:10$ 之间；在无光釉中为 $1:3 \sim 1:4$。增加 Al_2O_3 的含量，能获得好的无光效果。

3）CaO

CaO 主要由方解石、大理石、白云石、石灰石（工业重钙、沉淀碳酸钙）、白垩、硅灰石、钙长石等引入。CaO 在釉中是主要熔剂，在 SK4 温度以上，它可以降低高硅釉的黏度，提高釉的流动性和釉面光泽度，对有些色釉可增强釉的着色能力（如铬锡红釉），但会使釉面白度降低（对日用瓷而言），一般其用量不超过 18%，过多会使釉结晶，导致釉层失透，形成无光釉。这也是形成无光釉的普遍方法之一。CaO 作为熔剂，与碱金属氧化物相比，能增加釉的抗折强度和硬度，降低釉的膨胀系数。另外，CaO 既能与釉料反应也能与坯料反应，用量适当，可增加坯釉结合性。CaO 能提高釉的化学稳定性，即增加对水、酸、风侵蚀的抵抗力和耐磨性。CaO 资源丰富，应用也较为普遍。配料中常采用 $CaCO_3$，其密度小，易悬浮在釉浆中，并且能增强釉的悬浮性。

4）MgO

MgO 主要由菱镁矿、白云石、滑石引入。MgO 在低温时起耐火作用，但与 CaO 混合使用时，耐火性降低。在高温下，MgO 与 CaO 类似，是强的活性助熔剂，可提高釉熔体的流动性；可促进坯釉中间层的形成，从而减弱釉面的龟裂；提高釉面硬度，用作建筑瓷釉可提高釉面耐磨性，作卫生瓷可耐酸碱侵蚀；MgO 用作低温无光釉组分时，以滑石加入，有提高乳浊性的作用，与锆英石同时引入，乳浊效果更为明显，可提高白度。但其乳浊效果和白度不如 ZnO、SnO_2，而以白云石引入则无乳浊作用，以滑石引入时，即使用量较高，釉面也不易收缩；而以菱镁矿引入时，MgO 用量不超过 3%，否则釉面品质难以控制。但 MgO 少量使用时可成为光亮釉，在低温釉中，加入量不能太高，否则，釉料难以熔融，且促使结晶生成。MgO 常和 CaO 同时引入，对于高温瓷来说一般应使 CaO/MgO 摩尔比小于 1。

5）Li_2O、Na_2O、K_2O

Li_2O 来源于锂云母、锂辉石、钛酸锂、硅酸锂、锆酸锂、碳酸锂等。Na_2O 来源于钠长石、硼砂、碳酸钠、硝酸钠。K_2O 来源于钾长石、碳酸钾、硝酸钾。Li_2O、Na_2O、K_2O 都是强助熔剂。它们能降低釉的熔融温度和黏度，能增大熔体的折射率，从而提高其光泽度，降低釉的化学稳定性和强度。Li_2O 在无铅釉中少量使用，可显著改变釉的熔融性和表面张力，同时可解决部分棕眼及釉面不平整等表面缺陷，锂釉与钾釉、钠釉相比，虽价格较贵，但熔体能多熔解石英，热膨胀系数小，光泽度高，抗酸性强。锂釉用于陶器可减少釉面开裂，增加光泽度，并提高抗机械冲击强度及抗热冲击强度；用于建筑制品，可以增加釉面的耐磨性。

Na_2O 作为助熔剂，其效果不如 Li_2O，但比 K_2O 强。主要用于低温釉中，能增加半透明性，但光泽性差。Na_2O 在碱金属中，膨胀系数最大，会降低制品的弹性和抗张强度，从而引起釉的开裂。

K_2O 作为熔剂，其性能优于 Na_2O，以钾长石和钠长石相比，钾长石高温黏度大，熔融温度范围宽，釉面光泽度好。K_2O 能降低釉的膨胀系数，提高釉的弹性，对热稳定性有利，但用量不能太高，用量太高也会增加釉的热膨胀，引起釉的开裂。实际应用过程中，Na_2O 与 K_2O 一般同时引入，其最佳摩尔比为 2～4。

6）ZnO

ZnO 直接以氧化锌或碳酸锌引入，ZnO 可使釉易熔，降低高温釉的烧成温度，对釉的强度、弹性、熔融性能和耐热性能均能起到良好的作用，还能增加釉的光泽度、白度，增大釉的成熟温度范围。一般 ZnO 用量不宜过多，用量过多，会提高耐火度、黏度，使釉不易熔融，但釉面光泽并不降低，当达到饱和时，ZnO 析晶，形成结晶釉。ZnO 和 SnO_2 共同使用时，能获得良好的乳浊效果。在建筑陶瓷及艺术瓷大红釉中，ZnO 是不可缺少的成分。

ZnO 在使用前，要经过 1250～1280℃的高温煅烧，目的是：减少釉在烧成过程中的收缩；减少因收缩而出现的秃釉和气泡、针孔等缺陷；增加密度，避免因密度小而使釉浆呈"豆腐脑"状，从而改善生釉性能。

7）PbO

PbO 由铅丹（Pb_3O_4）、铅白 [$2PbCO_3 \cdot Pb(OH)_2$]、密陀僧（PbO）引入。PbO 是最强的助熔剂，PbO 与 SiO_2 极易反应生成低熔点的硅酸铅。由于硅酸铅折射率高，因而可形成光泽度高的釉面。

与碱金属氧化物相比，PbO 作为熔剂具有以下特点：适量 PbO 降低釉的膨胀系数；使热稳定性提高，并可降低熔体黏度，使釉具有良好的流动性；同时可增加釉的熔融温度范围；提高釉面弹性、光泽度，增加抗张强度；PbO的加入使釉中有少量析晶失透倾向。

PbO 具有毒性，且易挥发，使用时需要注意。对于生铅釉，如果操作不当，易被还原，使釉面呈现灰黑色。而且由于其挥发性，对操作工人危害较大，一般做成熔块使用（但在琉璃釉中，Pb_3O_4 的含量可高达 70% 左右）。含 PbO 的釉在大气中长期暴露，釉面会失去光泽，易裂，而且 PbO 使釉面硬度降低。

8）B_2O_3

B_2O_3 由硼砂、硼酸、硼钙石、硼镁石、方硼石引入，B_2O_3 是釉的重要组分，是强助熔剂，B_2O_3 能与硅酸盐形成低熔点的混合物，降低釉的熔融温度。低温时形成高黏度玻璃；温度升高，使釉熔体黏度降低，流动性增大，易于铺展成平整的釉面，B_2O_3 的加入能增大釉的折射率，提高光泽度。用量适当可降低热膨胀，用量过多，热膨胀反而增大，同时也降低釉的耐酸和抗水侵蚀能力。含 B_2O_3 量高时，釉面的硬度会随之降低，烧成温度范围变窄，且易引起颜色扩散，含 B_2O_3 多的釉不适于长周期和明焰烧成。调整 B_2O_3 和 SiO_2 的相对含量可达到最佳坯釉适应性。B_2O_3 形成的熔体不但本身不易结晶，而且有阻止其他化合物结晶的倾向。所以加入 B_2O_3 可避免釉失透现象发生。需要注意的是，B_2O_3 在 1000℃ 左右时挥发加快，故在配方设计时，需考虑此项损失。

9）BaO

BaO 由碳酸钡、硫酸钡、氯化钡引入，在建筑瓷釉和卫生瓷釉中多以 $BaCO_3$ 引入，可做无光釉的助熔剂。用量较大时（通常大于 0.15mol），起耐火作用，可提高熔融温度；用量较小时（通常小于 0.15mol），可改善制品釉面的光泽度和强度，目前流行的建筑瓷水晶釉中就含有 BaO。BaO 在一定程度上可增加釉抗有机酸侵蚀的能力。BaO 以任何比例取代 CaO 和 ZnO 均使釉的弹性模量降低，但大部分钡的化合物有毒，使用时应注意。

10）SrO

SrO 由碳酸锶引入，可降低釉的熔融温度，提高光泽，扩大烧成范围。与 BaO 相似，SrO 也要限量地使用，它具有 BaO 在釉中的全部优点，而无毒性。在含硫的气氛中，和 BaO 一样有造成制品缺陷的趋势；在含锆釉中，以锶化合物代替 BaO 和 CaO，可促进坯釉中间层的化学反应，提高坯釉适应性；在低温釉中可用来取代铅，但釉烧时，需相应延长保温时间；在石灰釉中，替代 CaO，可增加釉的流动性，降低软化温度，增大石灰釉的烧成温度范围，改善釉的适应性，提高釉的硬度。

除此之外，在釉料中也常加入骨灰、瓷粉、乳浊剂、色料等。骨灰可提高光泽，还可促进釉料分相；使用瓷粉取代长石调节釉料，可提高釉的熔融温度，降低釉的高温黏度，减少釉面针孔，提高白度。在釉料中使用的乳浊剂有 SnO_2、TiO_2、ZrO_2、$ZrSiO_4$、锑化物、磷酸盐等。在釉料中使用的着色剂有含 Mn、Cr、Co、Fe、Ni、Cu、V、Pr 等的氧化物、化合物或合成颜料。

3.4.4 确定釉配方的依据

1. 釉料配方的配制原则

在釉料的研究中总是以改变釉料的成分来适应坯体，而不是改变坯体成分适应釉料，因为坯料组成的改变往往会造成许多生产工艺的调整。确定釉料的配方，首先要考虑不同的制品对釉性能的不同要求，例如对于日用瓷，要求其具有良好的透光性、高白度、光泽度；墙地砖要求其高硬度，耐磨性能、热稳性能、耐酸性能、化学稳定性好；电瓷则要求好的绝缘性能等。其次，要求釉料组成适应坯料性能及烧成工艺。

（1）根据坯料烧结性能来调节釉的熔融性质

釉的熔融性质包括熔融温度、熔融温度范围和釉面性能三个方面的指标。首先要求釉料必须在坯体烧结温度范围内成熟，一般对于一次烧成制品来说，开始熔融温度应高于坯体中碳酸盐、硫酸盐、有机物的分解温度。熔融温度范围应宽些（不小于 30℃），在此温度范围内熔融状态的釉能均匀铺展在坯体上，不被多孔的坯体吸收，在冷却后形成平整光滑的釉面，从而减少釉面缺陷。为了防止高温下釉被坯体吸收，釉开始熔融时黏度可稍大些，以防出现干釉、缺釉，对于较密的坯体，则要求坯釉黏附性强，生釉层干燥收缩小，以免开裂和缩釉。对于经过高温素烧的二次烧成制品，一般釉烧温度低于素烧温度 60～120℃。但在小型建筑瓷厂，也有低温素烧、高温釉烧工艺。

（2）坯、釉膨胀系数和弹性模量相适应

如图 3-20 所示，若釉的膨胀系数略低于坯体膨胀系数，则釉冷却凝固后，釉层受压应力，这可以提高瓷坯强度和抗热震性能，消除釉层的开裂和剥落的缺陷。这种釉常用"+"表示，又称为正釉；受张应力的釉，常用"−"表示，又称负釉。由于釉的抗压强度远大于抗张强度，故负釉易裂。然而，当釉的压应力超过耐压强度极限时，也会造成釉层呈片状崩落。所以坯、釉膨胀系数差别不能过大，两者相差程度取决于坯、釉的种类和性质。

在釉的组分中，凡是玻璃形成剂，如 SiO_2，能形成或加强网络，使膨胀系数降低；相反，凡属网络外体则会使结构网络断裂，使膨胀系数提高。

对于弹性模量大的釉，很难补偿坯釉之间所产生的应力，对外界机械作

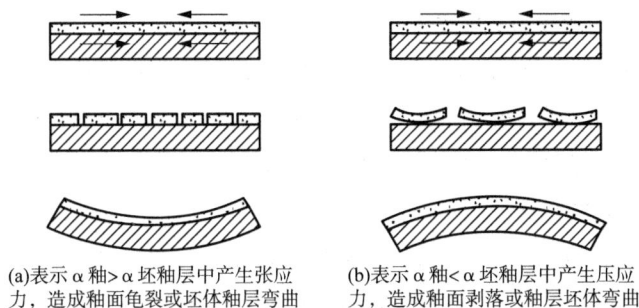

(a)表示 α 釉>α 坯釉层中产生张应
力，造成釉面龟裂或坯体釉层弯曲

(b)表示 α 釉<α 坯釉层中产生压应
力，造成釉面剥落或釉层坯体弯曲

图 3-20　坯、釉膨胀系数不适应

用的应力及热应力的应变能力小，易产生开裂缺陷；反之，弹性模量小的釉，
对外界机械作用的应力及热应力的应变能力大。一般要求釉既有较大的弹性，
又要求其与坯体的弹性模量相匹配，使 $E_{釉}<E_{坯}$。

（3）坯釉化学组成相适应

坯釉料种类繁多，组成千差万别且波动范围很大。但为保证坯釉紧密结
合，形成良好的中间层，应使坯釉料组成有一定的差别，但也不易过大，一
般以坯、釉酸度系数 C.A 来控制。例如：

瓷坯的酸度系数 C.A=1～2，瓷釉 C.A=1.8～2.5，陶坯 C.A=1.2～1.3，陶
釉 C.A=1.5～2.5。

釉料对釉下彩和釉中彩不致熔解和变色。

（4）合理地选用原料

釉用原料（特别是易熔原料）比坯用原料复杂，既有天然矿物原料，又
有化工原料。各种原料在高温下的性能如熔融温度、高温黏度、密度和黏附
性等都有很大的差别，除了使釉料化学成分合理以外，必须正确地选用原料，
以求获得具有良好的工艺性能的釉浆和烧成后无缺陷的釉面。在选用原料时
要考虑多方面的要求，取长补短以满足需要。

2. 釉料配方的设计步骤

（1）掌握必要的资料

首先要掌握坯料的化学与物理性质，如坯体的化学组成、膨胀系数、烧
结温度、烧结温度范围及气氛等。

必须明确釉本身的性能要求（例如白度、光泽度、透光度、化学稳定性、
抗冻性、电性能）及制品的性能要求（例如强度、热稳定性、耐酸耐碱性、
釉面硬度）。

制釉原料化学组成、原料的纯度以及工艺性能等。

除以上三点外，工艺条件对釉的影响也很大，如细度与表面张力的关系、
釉浆稠度对施釉厚度的影响、燃料种类、烧成方法、窑内气氛等均需在釉料
的研究中加以考虑。

（2）釉料配方的确定方法

要确定一种釉料配方，在实际工作中可按下述方法进行：

借助于成功的经验。根据制品的类型，结合本地区原料的特点和必要的外地原料的品质情况，综合考虑生产工艺条件，通过计算、调整和试验，以获得满意的釉料配方。

借助三元相图。每种陶瓷釉料都有其基本成分，须从基本成分所组成的相图上加以研究，以求获得更好的釉料配方。下面以石灰石釉的三元相图加以说明。石灰石釉的基本组成可换算成相应的 CaO、Al_2O_3、SiO_2 三组分，见图 3-21。

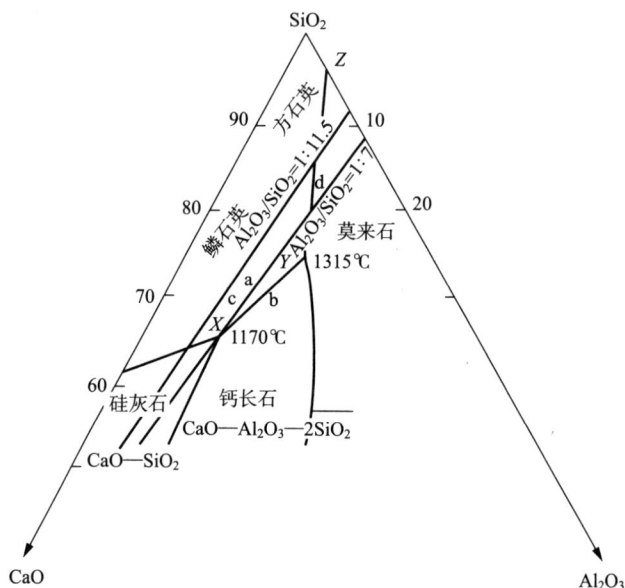

图 3-21　石灰釉在 $CaO—Al_2O_3—SiO_2$ 相图中组成范围

在三元相图中找出组成点的位置，发现优良光泽釉的组成都处于 Al_2O_3：$SiO_2=1：7～1：11$ 的线段间区域。其中 a、b、c、d 四种光亮釉配方的实验式（釉式）的组成是：

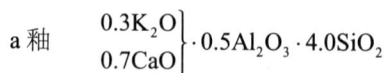

a 釉　　$\left.\begin{array}{l} 0.3K_2O \\ 0.7CaO \end{array}\right\} \cdot 0.5Al_2O_3 \cdot 4.0SiO_2$

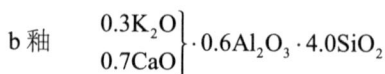

b 釉　　$\left.\begin{array}{l} 0.3K_2O \\ 0.7CaO \end{array}\right\} \cdot 0.6Al_2O_3 \cdot 4.0SiO_2$

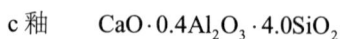

c 釉　　$CaO \cdot 0.4Al_2O_3 \cdot 4.0SiO_2$

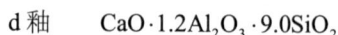

d 釉　　$CaO \cdot 1.2Al_2O_3 \cdot 9.0SiO_2$

a、b 釉在 SK9～11 温度下烧成，c 与 d 釉在 SK11～13 温度下烧成。

对于上述碱性组成为 0～0.3 K_2O（Na_2O）、0.7～1.0 CaO 的光亮釉，

其组成区域以 $X \sim Y$ 和 $Y \sim Z$ 为界线，并略向鳞石英初晶区伸展。由于 $Al_2O_3 : SiO_2 = 1 : 7$ 的线段通过共晶点 X，而且和 XY 线极为靠近，因此只要 Al_2O_3 略有增加，组成点就会进入钙长石析晶区。

当 $Al_2O_3 : SiO_2 < 1 : 11$（即 SiO_2 量增多）时，釉中将析出方石英，釉面失去光泽。所以光泽釉的允许组成范围为小于 0.5mol 的碱和 $n(Al_2O_3) : n(SiO_2) = 1 : 7 \sim 1 : 11$。实用配方中，$SiO_2$ 约为碱性和中性氧化物总量的 $2 \sim 3$ 倍，约为 Al_2O_3 量的 $8 \sim 10$ 倍。

石灰釉中少量的 Al_2O_3 可增加釉的流动性，但量多时却显著地提高釉的烧成温度和黏度，且釉面光泽暗淡或无光。

利用釉的组成—温度图。一般透明光泽釉的成熟温度与釉的组成关系密切，按实验式的要求制成图解（图 3-22）。按图可以找出所需成熟温度下釉的实验式中的硅铝比和相应的量。

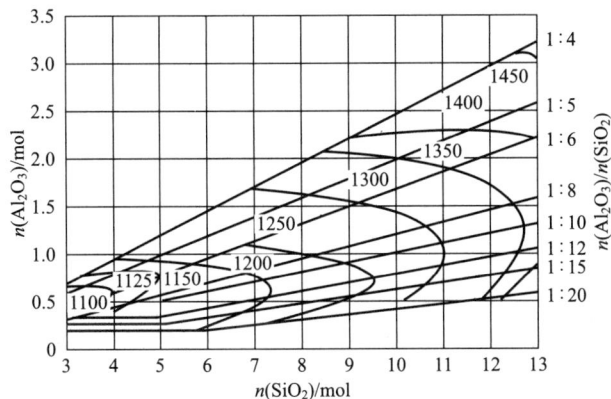

图 3-22 瓷釉的成熟温度与 Al_2O_3、SiO_2 量的关系

按图中硅铝比，再结合实验进行修改，反复调整，不难得出合理适用的釉料配方。

参考测温锥的组成进行配方。由经验得知，用标准温锥测定陶瓷坯体的烧成温度时，温锥与制品之间的组成总是相差 $4 \sim 5$ 个锥号，由此作为参考，通过实验，确定配方。测温锥标准组成成分见表 3-46。

表 3-46 测温锥成分与熔融软化温度

S·K	化学成分 /mol							熔融软化温度 /℃
	K_2O	Na_2O	CaO	MgO	Al_2O_3	SiO_2	B_2O_3	
1a	0.198	0.109	0.571	0.122	0.639	5.320	0.217	1100
2a	0.220	0.085	0.599	0.096	0.652	5.687	0.170	1120
3a	0.244	0.059	0.630	0.067	0.667	6.083	0.119	1140

续表

S·K	化学成分 /mol							熔融软化温度 /℃
	K_2O	Na_2O	CaO	MgO	Al_2O_3	SiO_2	B_2O_3	
4a	0.260	0.043	0.649	0.048	0.676	6.339	0.086	1160
5a	0.274	0.028	0.666	0.032	0.686	6.565	0.056	1180
6a	0.288	0.013	0.685	0.014	0.693	6.801	0.026	1200
7	0.3	—	0.7	—	0.7	7.00	—	1230
8	0.3	—	0.7	—	0.8	8	—	1250
9	0.3	—	0.7	—	0.9	10	—	1280
10	0.3	—	0.7	—	1.0	10	—	1300
11	0.3	—	0.7	—	1.2	12	—	1320
12	0.3	—	0.7	—	1.4	14	—	1350
13	0.3	—	0.7	—	1.6	16	—	1380
14	0.3	—	0.7	—	1.8	18	—	1410
15	0.3	—	0.7	—	2.1	21	—	1435
16	0.3	—	0.7	—	2.4	24	—	1460
17	0.3	—	0.7	—	2.7	27	—	1480
18	0.3	—	0.7	—	3.1	31	—	1500

3.4.5　釉料配方的计算

1. 生料釉

较熔块釉来说，生料釉是以生料配方经混合磨细后施釉烧成的。配方计算过程中首先要选择生料釉的釉式，结合坯体的化学组成和主要性能，结合国内外实际情况来确定。配釉料一般选用较纯的原料，为计算方便，可采用原料的理论值。计算方法一般采用逐项平衡法列表进行计算，在计算时一般先用长石来满足钾（钠）含量，同时平衡部分氧化铝，然后用黏土平衡掉剩余的氧化铝，再逐项平衡其他组成，最后未被平衡的组成采用化工原料加以平衡。

【例3-11】已知某长石质瓷釉料的釉式如下，试用钾长石、高岭土、石英、氧化锌、滑石这五种原料进行配料。

$$\left.\begin{array}{l}0.4860K_2O\\0.4490MgO\\0.0650ZnO\end{array}\right\}\cdot 0.6670Al_2O_3 \cdot 6.6920SiO_2$$

【解】根据釉式计算各原料的量，见表 3-47。

表 3-47　原料中的氧化物含量　　　　　　　　单位：%

使用原料	SiO₂	Al₂O₃	MgO	K₂O	ZnO
	6.6920	0.6670	0.4490	0.4860	0.0650
钾长石（K₂O·Al₂O₃·6SiO₂）0.4860	2.9160	0.4860		0.4860	
余量	3.7760	0.1810	0.4490	0	0.0650
高岭土（Al₂O₃·2SiO₂·2H₂O）0.1810	0.3620	0.1810			
余量	3.4140	0	0.4490		0.0650
滑石（3MgO·4SiO₂·H₂O）0.1490	0.5960		0.4490		
余量	2.8180		0		0.0650
石英（SiO₂）2.8180	2.8180				
余量	0				0.0650
氧化锌（ZnO）0.0650					0.0650
余量					0

根据各原料的量计算配料量，见表 3-48。

表 3-48　配料量的计算

原料	n/mol	分子量	配料量 /g	ω/%
钾长石	0.486	556.8	270.6	49.5
高岭土	0.181	258.2	46.7	8.4
滑石	0.149	379.3	56.5	10.3
石英	2.818	60.1	169.4	30.9
氧化锌	0.065	81.4	5.3	0.9

2. 熔块釉

当采用易溶于水的碳酸钠、碳酸钾、硼砂、硼酸等原料配釉时，在施釉过程中釉容易被坯体吸收，使坯体的烧结温度降低，而釉的成熟温度因釉浆成分改变而提高。坯体干燥后，这些水溶性盐类又随水分蒸发而集中在坯体表面，烧后产生缺陷。此外在釉中常要引入一些毒性原料（铅的化合物、钡盐、锑盐等），它们作为生料直接引入釉中会造成生产工人操作中毒。因此，需要把上述毒性原料和其他原料预先熔制成不溶于水或微溶于水、无毒的硅酸盐熔块。此外烧制熔块过程中原料挥发物的排除，有利于后续制品的烧成，使难熔原料变得易熔，使釉料成分均匀，扩大了配釉原料的种类等。

（1）配制熔块的原则

含 K₂O、Na₂O 的原料除由长石带入外，均需置于熔块成分中。含硼化合物（除硼钙石、硼镁石外）、有毒原料也置于熔块成分中。

$n(R_2O+R_2O_3)/n(R_2O+RO)=1:1\sim3:1$，这样可保证适当的熔化温度，若温度过高，碱盐易挥发。

$n(R_2O)/n(RO)<1$，按比例制成熔块，可难溶或不溶于水。

$n(SiO_2)/n(B_2O_3)>2$，因硼盐的溶解度较大，提高氧化硅含量可降低其溶解度。

熔块配料中 Al_2O_3 的用量应控制在 0.2mol 以下。若 Al_2O_3 太多，则熔化温度高且黏度大，熔化困难，易导致碱性组分挥发，难以得到均匀的熔块。

氧比（SiO_2 所带入的氧与其他氧化物所带入的氧之比）应为 $2\sim6$，按下式计算：

$$OR（氧比）=\frac{2n(SiO_2)}{n(RO)+3n(Al_2O_3)}$$

上述原则有助于正确地配制熔块，但必须结合实际进行。

（2）熔块的配方计算

若已知熔块的化学组成，可按前述的方法计算釉式后再进行配料计算。

【例 3-12】某熔块的釉式如下所示，计算其配料量。

$$\left.\begin{array}{l}0.150K_2O\\0.288Na_2O\\0.375CaO\\0.187PbO\end{array}\right\}0.150Al_2O_3\left\{\begin{array}{l}2.150SiO_2\\0.614B_2O_3\end{array}\right.$$

【解】可列表进行计算，先计算原料的引入的量，见表 3-49。

表 3-49　各原料中氧化物的量

使用原料	K₂O	Na₂O	CaO	PbO	Al₂O₃	B₂O₃	SiO₂
	0.150	0.288	0.375	0.187	0.150	0.614	2.15
钾长石（$K_2O\cdot Al_2O_3\cdot6SiO_2$）0.150	0.150				0.150		0.90
余量	0	0.288	0.375	0.187	0	0.614	1.25
硼砂（$Na_2O\cdot2B_2O_3\cdot10H_2O$）0.288		0.288				0.576	
余量		0	0.375	0.187		0.038	1.25
碳酸钙（$CaCO_3$）0.375			0.375				
余量			0	0.187		0.038	1.25
Pb_3O_4 0.187×（1/3）				0.187			
余量				0		0.038	1.25
硼酸（$B_2O_3\cdot3H_2O$）0.038							
余量						0.038	
石英（SiO_2）1.25						0.038	1.25
余量						0	0

再由原料的引入量计算出配料量，见表 3-50。

表 3-50　原料的配料量

原料名称	原料量 /mol	分子量	料量 /g	ω/%
钾长石	0.15	557	83.5	23.6
硼砂	0.288	382	110.0	31.1
碳酸钙	0.375	100	37.5	10.6
Pb_3O_4	0.187×（1/3）	658.6	42.6	12.1
石英	1.25×0.038	60	75.2	21.3
硼酸	2	62	4.7	1.3
合计				100

（3）熔块釉的配方计算

熔块釉分为全熔块釉（熔块一般 95% 左右）和半熔块釉（熔块含量 30%～85%，根据釉烧温度的高低）。一般情况下生料组分由黏土、氧化锌、石灰石等组成，其中黏土主要起悬浮作用；熔块和生料二者的比例可根据制品烧成温度和生产工艺确定。

【例 3-13】已知熔块的实验式为：

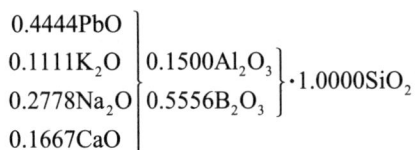

$$\left.\begin{array}{l}0.4444PbO \\ 0.1111K_2O \\ 0.2778Na_2O \\ 0.1667CaO\end{array}\right\}\left.\begin{array}{l}0.1500Al_2O_3 \\ 0.5556B_2O_3\end{array}\right\}\cdot1.0000SiO_2$$

要求配制的釉的实验式为：

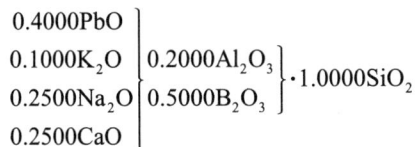

$$\left.\begin{array}{l}0.4000PbO \\ 0.1000K_2O \\ 0.2500Na_2O \\ 0.2500CaO\end{array}\right\}\left.\begin{array}{l}0.2000Al_2O_3 \\ 0.5000B_2O_3\end{array}\right\}\cdot1.0000SiO_2$$

熔块所用的原料均为工业纯，计算该熔块釉的配方。

【解】先计算出熔块的"分子量"，见表 3-51。

表 3-51　计算熔块的"分子量"

氧化物种类	氧化物分子量	氧化物的物质的量 /mol	氧化物质量 /g
PbO	223.2	0.4444	99.19
K_2O	94.2	0.1111	10.47
Na_2O	62.0	0.2778	17.22
CaO	56.1	0.1667	9.35
Al_2O_3	101.9	0.1500	16.29
B_2O_3	69.5	0.5556	38.67
SiO_2	60.1	1.0000	60.10

熔块"分子量"=250.29

根据熔块的实验式，列表进行熔块的配料计算，见表3-52。

表3-52 配料计算

单位：mol

用原料	PbO	K₂O	Na₂O	CaO	Al₂O₃	B₂O₃	SiO₂
	0.4444	0.1111	0.2778	0.1667	0.1500	0.5556	1.0000
氧化亚铅（PbO）0.4444	0.4444						
余量	0	0.1111	0.2778	0.1667	0.1500	0.5556	1.0000
钾长石（K₂O·Al₂O₃·6SiO₂）0.1111		0.1111			0.1111		0.6666
余量		0	0.2778	0.1667	0.0389	0.5556	0.3334
硼砂（Na₂O·2B₂O₃·10H₂O）0.2778			0.2778			0.5556	
余量			0	0.1667	0.0389	0	0.3334
碳酸钙（CaCO₃）0.1667				0.1667			
余量				0	0.0389		0.3334
高岭土（Al₂O₃·2SiO₂·2H₂O）0.0389							0.0778
余量					0		0.2556
石英（SiO₂）0.2555							0.2556
余量							0

计算熔块的生料配合量及配料比（表3-53）。

表3-53 熔块的生料配合及配料量

原料种类	相对分子质量	配料量/mol	配合量/g	ω/%
氧化亚铅	223.2	0.4444	103.19	32.96
钾长石	556.7	0.1111	61.85	19.76
硼砂	381.4	0.2778	105.95	23.84
碳酸钙	100.1	0.1667	1669	5.33
高岭土	258.1	0.0389	10.04	3.21
石英	60.1	0.2556	15.36	4.91
生料配合量 =313.08				合计：100.01

根据釉式对熔块釉进行列表配料计算（表3-54）。

表3-54 配料计算

单位：mol

使用原料	K₂O	Na₂O	CaO	PbO	B₂O₃	Al₂O₃	SiO₂
	0.10	0.25	0.25	0.40	0.50	0.20	1.50
熔块0.90	0.10	0.25	0.15	0.40	0.50	0.135	0.90
余量	0	0	0.10	0	0	0.065	0.60
碳酸钙0.1			0.10				
余量			0			0.065	0.60

使用原料	K₂O	Na₂O	CaO	PbO	B₂O₃	Al₂O₃	SiO₂
	0.10	0.25	0.25	0.40	0.50	0.20	1.50
高岭土 0.065						0.065	0.13
余量						0	0.47
石英 0.47							0.47
余量							0

计算熔块釉的配料量及配料比，见表 3-55。

表 3-55　熔块釉的配料量及配料比

原料种类	相对分子质量	原料量 /mol	配料量 /g	ω/%
熔块	250.29	0.90	225.26	80.36
碳酸钙	100.1	0.10	10.01	8.57
高岭土	258.1	0.065	16.78	5.97
石英	60.1	0.47	28.25	10.08
总配料量 =280.30g			合计 99.98	

（4）釉料的系统调试方案

由于釉料组成与性质之间的关系十分复杂，为了获得有既定性能的釉料配方须经过多次试验。若能有规律地进行系统调试，则可事半功倍，在较短的时间内得到希望的效果。下面简要介绍系统调试釉料的方案。

1）变更釉料的一个组分

若需配制适用于坯体烧成温度为 1000℃的生铅釉，并要求釉与坯的收缩相适应，可从调整釉中 SiO_2 含量着手。根据实践和理论的知识或查阅有关资料先拟定基本釉式：

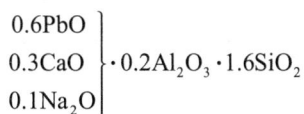

$$\left.\begin{array}{l} 0.6PbO \\ 0.3CaO \\ 0.1Na_2O \end{array}\right\} \cdot 0.2Al_2O_3 \cdot 1.6SiO_2$$

变动釉中 SiO_2 含量，即将 SiO_2 分别加减 0.2mol 得到两种釉组成：一个为高硅釉，SiO_2 为 1.8mol，另一个为低硅釉，SiO_2 为 1.4mol。将这两个基础釉采用逐相平衡法计算其配方，然后在相同的条件下进行加工（破碎、球磨等），并将两种釉浆调至同一密度，按一定的体积比进行混合，则可得到不同组成的釉料（表 3-56 中列出 SiO_2 含量不同的这 9 种釉料）。然后，将它们施在试片上（最好是同一种试片），在同一条件下煅烧。烧后结果绘成图 3-23。由此可判断，SiO_2 为 1.65mol 的釉料适于这种坯体。

表 3-56 变动釉料一个组分的试验方案

基础釉	A	0.6 PbO 0.3 CaO 0.1 Na$_2$O	0.2 Al$_2$O$_3$	1.4 SiO$_2$
	B	0.6 PbO 0.3 CaO 0.1 Na$_2$O	0.2 Al$_2$O$_3$	1.8 SiO$_2$

A 釉的体积 /mL	B 釉的体积 /mL	n（SiO$_2$）/mol
100	0	1.40
87	13	1.45

A 釉的体积 /mL	B 釉的体积 /mL	n（SiO$_2$）/mol
75	25	1.50
62	38	1.55
50	50	1.60
38	62	1.65
25	75	1.70
15	85	1.75
0	100	1.85

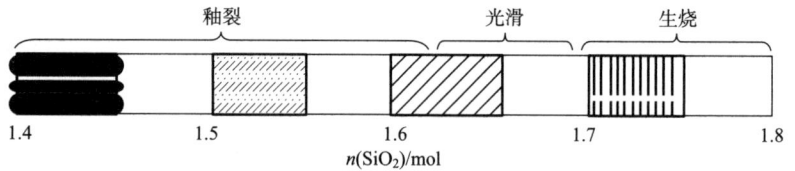

图 3-23 SiO$_2$ 的含量对釉面品质的影响

2）变更釉料中的两个组分

上述方法也可用于改变釉料的两个组分而进行调试，这种方法也常称为四角配料法。例如欲配制在 1390℃下成熟的瓷釉，可通过变动 SiO$_2$ 及 Al$_2$O$_3$ 含量来找到性能最佳的配方。首先，根据经验或查阅资料，得出一个合适的瓷釉釉式。如下所示：

$$\left.\begin{array}{l}0.3K_2O\\0.7CaO\end{array}\right\}\cdot1.5Al_2O_3\cdot8.0SiO_2$$

然后，分别变动 SiO$_2$ 及 Al$_2$O$_3$ 含量，变动的范围可视具体情况而定，例如本调试设计中做如下变动：

Al$_2$O$_3$：（1.5±1）（即 0.5、2.5）   SiO$_2$：（8.0±4）（即 4、12）

则这时可得到四个基础釉：高硅（12）、低硅（4）、高铝（2.5）、低铝（0.5），其釉式如下：

$$\text{A} \quad \left.\begin{array}{l} 0.3\text{K}_2\text{O} \\ 0.7\text{CaO} \end{array}\right\} \cdot 0.5\text{Al}_2\text{O}_3 \cdot 4.0\text{SiO}_2$$

$$\text{B} \quad \left.\begin{array}{l} 0.3\text{K}_2\text{O} \\ 0.7\text{CaO} \end{array}\right\} \cdot 0.5\text{Al}_2\text{O}_3 \cdot 12.0\text{SiO}_2$$

$$\text{C} \quad \left.\begin{array}{l} 0.3\text{K}_2\text{O} \\ 0.7\text{CaO} \end{array}\right\} \cdot 2.5\text{Al}_2\text{O}_3 \cdot 4.0\text{SiO}_2$$

$$\text{D} \quad \left.\begin{array}{l} 0.3\text{K}_2\text{O} \\ 0.7\text{CaO} \end{array}\right\} \cdot 2.5\text{Al}_2\text{O}_3 \cdot 12.0\text{SiO}_2$$

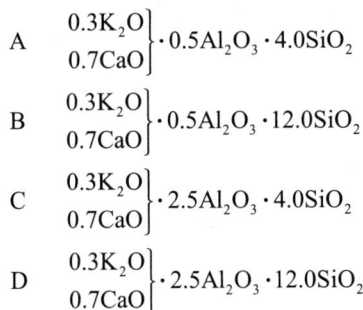

变动釉料两个组分的试验方案见表 3-57。

表 3-57　变动釉料两个组分的试验方案

各基础釉料体积 /mL				$n(\text{SiO}_2)/$ mol	$n(\text{Al}_2\text{O}_3)/$ mol
A	B	C	D		
100	0	0	0	4	0.5
75	0	25	0	4	1.0
50	0	50	0	4	1.5
25	0	75	0	4	2.0
0	0	100	0	4	2.5
75	25	0	0	6	0.5
56	19	19	6	6	1.0
38	12	38	12	6	1.5
10	6	56	19	6	2.0
0	0	75	25	6	2.5
50	50	0	0	8	0.5
38	38	12	12	8	1.0
25	25	25	25	8	1.5
12	12	38	38	8	2.0
0	0	50	50	8	2.5
25	75	0	0	10	0.5
19	56	6	19	10	1.0
12	38	12	38	10	1.5
6	19	6	19	10	2.0
0	0	25	75	10	2.5
0	100	0	0	12	0.5
0	75	0	25	12	1.0
0	50	0	50	12	1.5
0	25	0	75	12	2.0
0	0	0	100	12	2.5

同样将上述基础釉在同一条件下加工，然后调至同一密度，再按体积进行混合，施在试条上煅烧，检查其效果（表 3-58）。

表 3-58　瓷釉烧后外观品质

$n(SiO_2)$ /mol	$n(Al_2O_3)$ /mol				
	0.5	1.0	1.5	2.0	2.5
4	开裂	半无光	半无光	半无光	半无光
6	开裂	光泽好	半无光	半无光	半无光
8	开裂	光泽好	光泽好	半无光	半无光
10	开裂	光泽好	光泽好	半无光	无光
12	开裂	开裂	半无光	无光	无光

图 3-24 为该四种配料的组成方框图，由表 3-57 所示的结果可知，光泽良好的釉组成为：

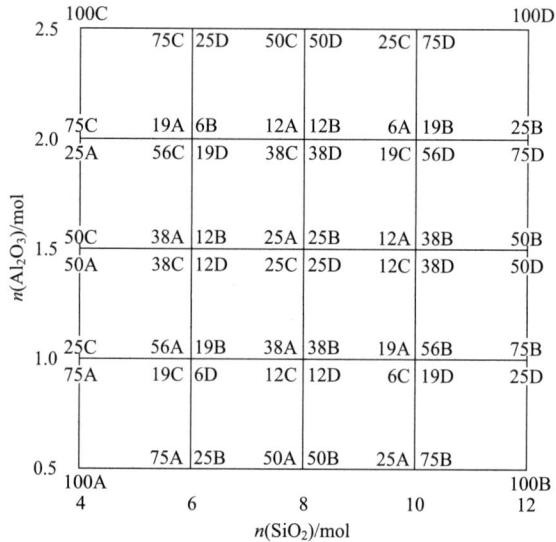

$$\left.\begin{array}{l}0.3K_2O\\0.7CaO\end{array}\right\}\cdot 1.0Al_2O_3\cdot 8.0SiO_2$$

图 3-24　瓷釉实验组成方框图

而无光釉的组成为：

$$\left.\begin{array}{l}0.3K_2O\\0.7CaO\end{array}\right\}\cdot 1.0Al_2O_3\cdot 8.0SiO_2$$

3）甲变动釉料的三个组分

为了获得优质釉层，有时需调整三个组分，这种方法也叫三角配料法。例如基础釉 A 的釉式为：

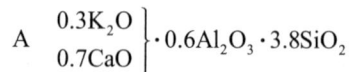

$$A\ \left.\begin{array}{l}0.3K_2O\\0.7CaO\end{array}\right\}\cdot 0.6Al_2O_3\cdot 3.8SiO_2$$

为了考察不同熔剂的作用效果，分别以 0.3mol 的 BaO 和 MgO 取代 CaO，则可得釉式为 B 和 C 的两种釉料，其釉式如下：

$$\left.\begin{array}{l} 0.3K_2O \\ 0.4CaO \end{array}\right\} \cdot 0.6Al_2O_3 \cdot 3.8SiO_2$$

$$\left.\begin{array}{l} 0.4CaO \\ 0.3MgO \end{array}\right\} \cdot 0.6Al_2O_3 \cdot 3.8SiO_2$$

B

C

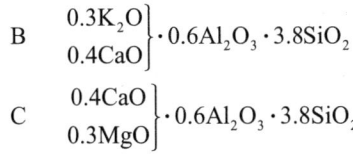

同样将以上 A、B、C 3 种釉调至同一密度，按体积比混合成一系列新釉料。图 3-25 表示釉料的三元组成图，三角形中任何一点组成都由三顶点成分所构成，共可配成 12 种釉料。用前述的方法也可选出最优配方或配方范围。瓷釉的碱性氧化物组成见图 3-26。

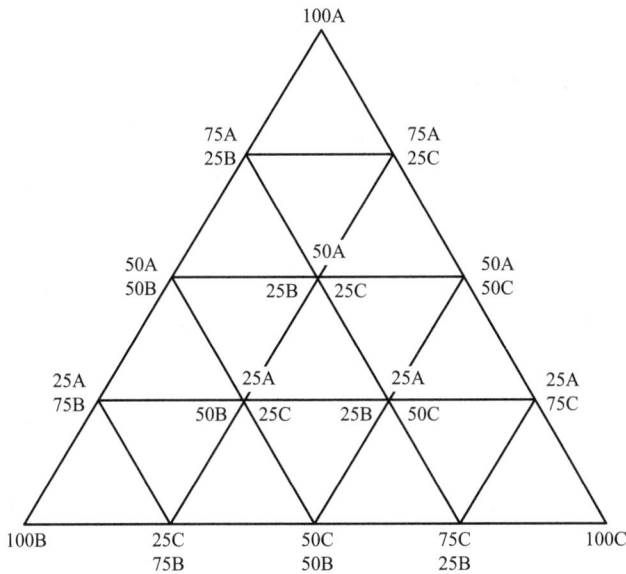

图 3-25　釉料三元组成图

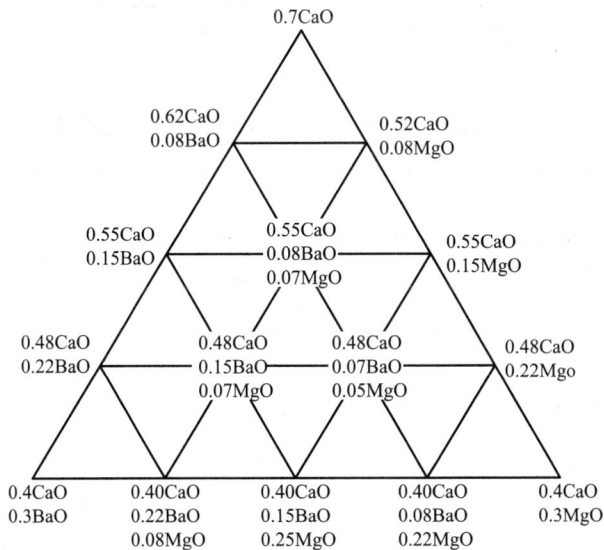

图 3-26　瓷釉的碱性氧化物组成

3.4.6 坯釉适应性

坯釉适应性是指熔融性能良好的釉熔体，冷却后与坯体紧密结合成完美的整体，釉面不致龟裂和剥脱的特性。影响坯釉适应性的因素是复杂的，究其根源，是由于釉层中不适当的应力所致。产生釉层不适当应力主要有四个方面的原因，即坯釉之间的膨胀系数差、坯釉中间层、釉的弹性与抗张强度及釉层厚度等。坯釉之间若不能协调好，往往会产生釉裂或剥釉，特别是对于坯釉性能差异较大的产品如日用精陶器皿等，要仔细控制，特别是在制釉中控制釉的膨胀系数是非常关键的，当然，釉的抗张强度、弹性和施釉厚度也应注意。

1. 膨胀系数的影响

由于釉和坯是紧密联系在一起的，如果二者之间膨胀系数不一致，釉在冷却固化后，在釉层中便会有应力出现，会影响釉在坯体上的附着性能。归纳起来，有如下三种情况：

（1）釉的膨胀系数大于坯的膨胀系数

如图 3-27 所示，当 $\alpha_{\text{釉}} > \alpha_{\text{坯}}$ 时，在坯釉冷却过程中，釉层的收缩大于坯体的收缩，坯体受到了釉层的压缩，受到压应力；而釉受到了坯体的拉伸，受到了张应力，当张应力超过了釉层的抗张强度时，就出现导致釉层断裂的网状裂纹。膨胀系数相差越大，龟裂程度就越大。当应力较小时，出窑后几天才会发生大的网状裂纹。利用这种性能，可以通过调整釉的配方，使 $\alpha_{\text{釉}} > \alpha_{\text{坯}}$，从而制作艺术釉。

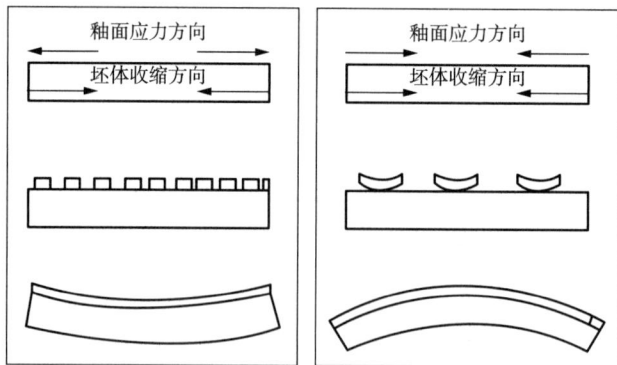

图 3-27　釉面受张应力和压应力的情况

（2）釉的膨胀系数小于坯的膨胀系数

当 $\alpha_{\text{釉}} < \alpha_{\text{坯}}$ 时，在冷却过程中，坯的收缩大于釉，则釉受到坯体的压缩作用，在釉中产生压应力，如果这种应力较大，大于釉的抗压强度时，则容易在釉中产生圆圈状的裂纹，甚至引起釉层的剥落。从另一个角度出发，如果这种压应力不是太大的情况下，可以抵消一部分由于热应力或外加于釉面的

机械力产生的张应力，从而提高釉面的抗张强度和热稳定性。因为一般釉的耐压强度很大，通常大于其抗张强度约50倍，因此，只有当坯釉膨胀系数相差太大，出现了相当大的压力下才会出现剥脱现象。

（3）坯釉的膨胀系数相等或非常接近

当 $\alpha_{釉} = \alpha_{坯}$ 时，在冷却过程中，釉中既不会出现张应力也不会出现压应力，釉层和坯体结合完美，但这只是最理想的状态，坯和釉的膨胀系数不可能完全一致。因此，在实际配制釉的时候，应配制出膨胀系数略小于坯的釉料，使釉中产生不大的压应力，可以在提高釉的热稳性及力学强度的情况下而不出现裂纹。

判断釉面究竟处于何种应力状态，可以采用下面三种方法：

①敲击法。用重物瞬时猛击制品，当釉面受张应力时，裂纹成120°角度叉开，当釉面受压应力时，裂纹成圆圈状。

②平板弯曲试验法。将施釉的薄板状坯体置炉内加热，观察其弯曲情况，当釉面受张应力时，坯体成凹状变形；当釉面受压应力时，坯体成凸状变形。

③偏光显微镜法。在偏光显微镜下，釉面受压应力时呈绿色，受张应力时呈黄色。

坯釉膨胀系数值的大小还取决于坯的矿物组成和釉的化学组成，而坯的矿物组成又与化学组成、原料细度和烧成制度有关。其一，从表3-59中可以发现，坯体中方石英膨胀系数最大，要使坯体膨胀系数增大，就希望在坯中生成一定数量的方石英，这就要求坯料中 SiO_2 含量要尽量高一点，而且要有 CaO、MgO 等矿化剂存在。其二，要增加坯料的细度。因为增加细度能提高其表面积，增大表面能，根据固相反应动力学原理，其晶型转化成方石英的数量更多。表3-60列出了坯料细度对膨胀系数的影响。其三，在烧成中，注意控制保温时间及烧成温度，使方石英的转化能顺利进行。

表3-59　各种矿物相的膨胀系数值　　单位：$\times 10^{-5}/℃$

坯料	A（1）	B（2）
石英	19.0（0~800℃）	8~13（沿其二釉）
莫来石	4.5	5.7
方石英	30.0（0~800℃）	23.9
玻璃相	3.0	6.8

表3-60　坯料细度对膨胀系数的影响

试样号	万孔筛余	烧成温度/℃	保温时间/h	吸水率/%	膨胀系数/（$\times 10^{-6}/℃$）	
					200℃	300℃
1	2.45	1305	4	11.25	8.05	7.95

续表

试样号	万孔筛余	烧成温度 /℃	保温时间 /h	吸水率 /%	膨胀系数（×10⁻⁶/℃）	
					200℃	300℃
2	0.73	1305	4	10.70	8.50	8.80
3	0.06	1305	4	8.85	11.50	11.40

　　釉的膨胀系数受其化学组成和釉烧制度影响，据索特和文凯尔曼的资料，形成玻璃态氧化物的体膨胀系数和加和性常数见表3-61。

表3-61　形成玻璃态氧化物的体膨胀系数

氧化物名称	体膨胀系数 /（×10⁻⁷/℃）	氧化物名称	体膨胀系数 /（×10⁻¹¹/℃）
Na_2O	10.0	Sb_2O_3	3.6
K_2O	8.5	BaO	3.0
NaF	7.4	PbO	3.0
Cr_2O_3	5.1	CaF_2	2.5
Mn_2O_3	5.0	MnO_2	2.2
Al_2O_3	5.0	CuO	2.2
CaO	5.0	ZnO	2.1
Na_2SiF_4	5.0	SnO_2	2.0
AlF_3	4.4	P_2O_3	2.0
CaO	4.4	Li_2O	2.0
TiO_2	4.1	Ag_2O_3	2.0
$NaSbO_3$	4.1	SiO_2	0.8
Fe_2O_3	4.0	B_2O_3	0.3
NiO	4.0	MgO	0.1

　　因此，要降低釉的膨胀系数，要在工艺许可的条件下少用 Na_2O 和 K_2O，而用其他如 Li_2O 等代替，同时提高釉烧温度和延长高温保温时间，会使釉料中石英熔融，从而降低釉的膨胀系数，提高坯釉结合强度，也可采用与钢化玻璃生产相似的方法，经快速冷却在釉表面形成压应力以避免发裂。

2. 中间层的影响

　　在釉烧时，釉中一些组分迁移到坯体的表层，而坯体中有些组分也会扩散到釉中，在釉中熔解，通过这种相互的扩散、熔解和渗透，使坯釉接合部位的化学组成及物理性质均介于坯与釉之间，结果形成了中间层，中间层的形成可促使坯釉间热应力均匀，发育良好的中间层填满坯体表面缝隙，有助于釉牢固附着在坯体上。

（1）中间层对坯釉结合性的具体影响

烧釉后由于釉中的 Na_2O、K_2O 等向坯体扩散而含量减少，但坯体 Al_2O_3 和 SiO_2 则相应向釉中扩散，这一交换的结果，使釉的膨胀系数降低，甚至可由 $\alpha_{釉}>\alpha_{坯}$ 变为 $\alpha_{釉}<\alpha_{坯}$，即釉由承受张应力而转变为压应力，从而消除了釉裂。

若中间层生成了与坯体性质相近的晶体，则有利于坯釉结合；反之，则不利于坯釉结合。例如在瓷质产品坯釉中间层生成了渗入釉层的莫来石晶体，起到与楔子一样的作用，加强了坯釉结合，但如莫来石晶体在中间层过分发育，反而有产生釉层崩落缺陷的可能，影响了坯釉结合。有研究表明，在高铝质精陶中，虽然中间层极薄，然而坯釉的结合并不差，釉裂概率很小，主要是由于中间层生成了致密的尖晶石所致；而钙长石类晶体可能起有害作用。实践证明，含硅高的坯料适应于长石质釉；铝含量高的坯料适应于石灰釉；含钙高的坯料适应于硼釉、硼铅釉。

釉熔解了部分坯体表面，并渗入坯体，坯釉接触面积增大，有利于釉的黏附，增加了坯釉适应性。

总之，中间层对提高坯釉结合性有利，但其具体的影响还受坯釉种类以及中间层厚度的影响。当坯釉组成相似，膨胀系数相差不大时，中间层的影响就很小，例如瓷器的坯釉结合。而当坯釉膨胀系数相差较大时，中间层就起着非常重要的作用。

（2）影响中间层发育的主要因素

中间层是坯釉反应的产物，影响其发育的因素主要是坯釉化学组成和烧成制度。

①坯釉组成对中间层发育的影响。若坯釉化学组成相差越大，则反应得越激烈，中间层形成速度更快，更厚，发育较好。实践证明：含 PbO、B_2O_3 的釉，中间层发育较好。素木洋一[1]认为：坯体中含 CaO、Al_2O_3 和石英，则容易被熔体侵蚀，提高了在釉烧过程中釉的化学活性，所以能促进中间层的生成，有利于坯釉结合。

②烧成制度对中间层发育的影响。烧成温度越高，烧成时间越长，则釉的熔解作用越大，釉中组分的扩散作用越强，则坯釉反应越充分，中间层发育良好，则坯釉结合性变好。

③釉料的细度和厚度。釉料越细则越适于坯釉反应，扩散作用加强，中间层发育良好。釉层薄，熔化后釉组分变化大，中间层相对厚度增加，发育较好。

因此，在实际生产中，要在生产工艺许可条件下，尽量提高烧成温度，延长烧成时间，增加釉料细度等以增加坯釉结合性。

---

[1] 日本陶瓷工学博士，著作有《釉及色料》。

3. 釉的弹性、抗张强度的影响

釉的弹性和抗张强度是抵抗和缓和坯釉应力的另一个重要因素。一般说来具有较低弹性模量的釉，其弹性形变能力大，弹性好，抵抗坯釉应力或外界机械张力及热应力的能力强，于坯釉适应有利，而釉的抗张强度大，也可抵消部分坯釉应力，对坯釉结合也非常有益。

从弹性的角度出发，要求使釉的弹性模量适合于坯，也就是说使之相互接近。因为无论坯釉，弹性模量大者，弹性形变能力就小，如釉的弹性形变能力低于坯，对坯釉适应极为不利，从抗张强度的角度出发，釉的抗张强度越高，坯釉适应性越好，釉面越不容易开裂。但事实上釉的弹性和抗张强度很难同时统一起来，因为釉的弹性和抗张能力极大程度上取决于釉的化学组成和釉层厚度。在釉中，有的氧化物弹性模量小，但是，其强度因子却很低，如表 3-62 所示。

表 3-62　一些氧化物的热膨胀系数、弹性模量和抗张强度因子

氧化物	热膨胀系数 （0~100℃）/×10⁻⁷	弹性模量 E /（×10²MPa）	抗张强度因子 /MPa
CaO	4.4	416	2.0
MgO	0.1	250	0.1
ZnO	1.8	346	1.5
BaO	3.0	356	0.5

MgO 虽然抗张强度因子很小，但因为其弹性模量小，弹性好，从而弥补了其抗张强度小的弱点，故引入 MgO，坯釉结合很好。如引入 CaO，釉的抗张强度虽然明显提高，然而釉面开裂反而增多，原因是釉的膨胀系数和弹性模数都明显提高。因此，在精陶釉中加入 MgO，釉面开裂最少，加 ZnO、BaO 次之，加 CaO 则最多。但是，如果在生料釉中，钙质釉和铝质坯结合得非常好，在不考虑釉的膨胀系数的情况下，究竟是釉的弹性还是抗张强度对坯釉结合影响更大，还很难定论，依坯釉种类不一而异。

4. 釉层厚度的影响

釉层的厚薄，在一定程度上，对坯釉适应性也有一定影响，一般说来，薄的釉层对坯釉适应有利，原因有以下两方面：

薄釉层在煅烧时组分的改变比厚釉层相对变动大，釉的膨胀系数变化得多，使坯釉膨胀系数相接近，同时中间层相对厚度增加，故有利于提高釉的压应力，使坯釉结合良好。当釉层较厚时，坯釉中间层厚度相对地降低，因而不足以缓和两者之间膨胀系数差异而出现的有害应力。目前建筑陶瓷新产品"抛光釉"，其烧成后釉层厚度可达 3mm 左右，然后抛光，这类产品更应考虑坯釉结合问题。

釉层厚度越小，釉内压应力越大，而坯体中张应力越小，这样有利于坯釉结合，如图 3-28 所示。

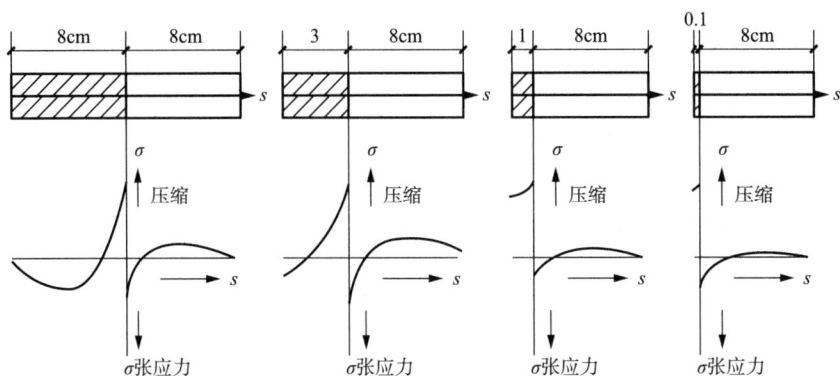

图 3-28 釉层厚度对坯体和釉内应力影响

需要指出的是，釉层太薄容易发生干釉现象，因此，釉层的厚度应根据工艺需要适当控制，一般小于 0.3mm。如精陶透明釉厚度一般为 0.1mm 左右。

3.5 发展中的陶瓷坯釉制备新工艺

3.5.1 坯料制备新工艺

1. 天然原料加工专业化和质量标准化

首先陶瓷行业属于高耗能的行业，产业链从矿山开始，再到原料加工、制造，一直到质检包装。如此冗长的生产线每天所需的电、水以及人工费用是不可估量的。如果想要更加轻松方便地做产区，可以将产业链拆分，把原料加工环节外包出去。这样不仅节约了时间和用地，更节省了大批不必要的费用。可以把更多的精力投入产品研发上，提升产品的附加值，进而提升竞争力。

其次，生产陶瓷的原料来源于各种天然矿物，如黏土是瓷坯中氧化铝的主要来源，也是烧成时生成莫来石晶体的主要来源。而长石能填充于各结晶颗粒之间，有助于坯体致密，减少空隙，在釉料中担当助溶剂的作用，促使烧结时玻璃相的形成，可缩短坯体干燥时间。这些原材料是在独特的地质环境下经过长年累月的时日演变而成，整个过程不可复制，属于不可再生资源。而陶瓷的生产过程实际上就是对不可再生资源的消耗过程。再加上产业链上一线员工的粗放式加工，导致无法合理节省资源。因此，原料标准化不可避免地需要更加专业的原料采集和加工团队。精细的原料分级系统，是原料规格标准化，明确原料的适用范围，促进自然资源合理利用的方式之一。

此外，应将原料车间独立出来，同时，给原料车间配备调试配方的技术人员，对原料车间的粉料进行独立核算，或将陶瓷厂的配方标准化。严格执行各企业的原料采购标准，坚持在 1 到 3 年内坯体配方不变、原料采购标准不变。不管采用哪种方法，都需要一个严格的监管体系去执行监控标准。不能随意更改或让步接收。

2. 喷雾干燥过程新改进

（1）保证泥浆流动性的前提下提高泥浆浓度

我们知道，泥浆浓度越高，干燥单位质量粉料的能耗就越小。但在生产上，泥浆浓度提高则其黏度增加，流动性变差，雾化效果也变差。由此可以选择合适的减水剂，来保证获得流动性好、浓度高的泥浆。

生产实践表明：浓度提高 10 个百分点，蒸发水量下降 50% ~ 60%，能耗下降 30% ~ 40%，而产量却增加 60% ~ 80%，同时，泥浆浓度提高后，粉料球形程度高，流动性可得到显著改善。由于雾滴收缩小，大颗粒百分含量增加，排气性能提高，干粉容重提高，压缩比下降。

目前陶瓷厂常用的减水剂有：腐殖酸钠、水玻璃、STPP、鞣型减水剂（ast）、亚硫酸纸浆废液、聚丙烯酸钠等。

（2）提高泥浆温度

由于泥浆是溶解了气体的悬浊液，随着温度的提高，水中溶解的气体呈明显降低趋势，提高泥浆的温度可以降低泥浆中气体的含量。同时，温度提高，泥浆的黏度减小，流动性增加，雾化动力消耗下降，而且泥浆表面张力也随之减小，使浆液容易撕裂成雾滴，得到圆球形颗粒料。而在低温时，则会出现较多的"苹果形"颗粒，容易引起"拱桥"效应，粉料容重降低，影响粉料质量。提高泥浆温度可以利用喷塔尾气或窑炉的余热（通过换热管）与泥浆进行换热。

（3）增加塔顶辅助喷嘴

由于目前陶瓷厂多用压力式喷雾干燥塔，其热风是从上入塔，浆料则向上喷，导致塔顶上部有相当高的热空间无雾滴进入。为了充分利用热源、提高粉料产量，可在塔顶增设辅助喷嘴。

（4）改进分风结构，提高蒸发强度

在进风口处设置分风器，使进入塔内的热风从塔的中轴线沿径向逐渐减小。由此可以将风分成几股旋转进入塔内，或者将风分成几股平行向下运动，这种改进可以提高热量的利用率，也能使粉料含水率均匀，从而提高粉料质量。

（5）控制进、排风温度

提高进、排风温度可以有效地提高粉料的产量。但随着进风温度的提高，粉料的容重会降低。一般调整进风温度在 400～500℃，排风温度要确保稳定，以保证粉料的含水率一致，同时送浆压力与喷枪数量也直接影响到粉料的含水率。

（6）合适的陶瓷添加剂

添加剂作为陶瓷生产的辅助原料，可以弥补原料本身无法克服的缺陷。对黏土含量少或不含黏土的坯料，由于可塑性差难以成型，必须加入润湿剂和增塑剂，使坯料颗粒之间形成液态间层，从而增加其可塑性，减小颗粒间的内摩擦力，保证压制坯体时压力分布均匀且压力损失减小，同时保证粉料的颗粒结构及性能。常用的添加剂有：乙酸三甘醇、甘油、纤维素衍生物、高聚合度多糖等，其添加量在 0.2%～1%，具有良好的效果。

（7）颗粒级配的调节

通过调整喷雾压力与喷嘴孔径来调整粉料粒径。一般压力增大、喷雾高度增加，雾滴变小；反之喷雾高度下降，雾滴变大。喷嘴孔径缩小，颗粒变小；喷嘴孔径增大，颗粒变大。生产中通常要求大颗粒量要高达 50% 左右，细粉尽可能减少，以保证压制坯体时排气容易，以减少层裂缺陷，并降低压缩比，提高流动性。

（8）确保燃料充分燃烧，调整燃油或气与风量的配比

避免燃料灰烬落入粉料中，造成产品起泡、色脏等质量问题。同时严格控制热风炉内炉温，一般要求产生至少 1000℃高温，波动范围应尽量小。

（9）合理的陈腐期

陈腐是用来保证粉料的含水率均匀。同时坯料中大量繁殖厌氧细菌，在低温高湿环境下不断死亡，变成腐殖酸，使坯料可塑性提高，一般粉料的陈腐期为 24~48 小时。影响制粉效率和粉料质量的因素是多方面的，有的相互关联和制约，要根据生产实际情况调整或改进工艺，从而提高生产效率。

3.5.2　釉料制备新工艺

在当今经济全球化的发展局势下，国内外竞争相当激烈，虽然我国陶釉的发展已较为成熟，但是我国陶瓷产业的发展仍落后于国外，应重视开发具有特定功能和复合功能的新产品，重视废物的回收利用和降低成本、提高产品档次，不断填补国内外市场空白。目前，我国陶釉的发展种类繁多，其中也存在各种缺陷，为了改善这些缺陷，科研工作者依然不停地开展大量研究，以提高产品的质量，并充分利用有利资源，扩大应用范围。

1. 高辐射远红外烧结工艺

（1）工艺技术基础

陶瓷制品的烧结效果在很大程度上取决于釉料的红外辐射性能。在此过

程中，具有良好红外辐射性能的釉料，通常能使陶瓷制品更加容易烧结。基于此，在陶瓷釉料新技术工艺的研发中，人们将釉料的红外辐射性作为入手点，创造出高辐射远红外烧结工艺，通过增强釉料的红外辐射性能提高陶瓷的烧结效果[1]，实现了陶瓷釉料新技术工艺的研发。基于此，从本质上而言，该项陶瓷釉料工艺的技术基础内容是将具有高辐射远红外性能的釉液涂刷在陶瓷材料上，然后进行烧结，从而完成陶瓷釉料工艺。考虑到当前常用且具备高辐射远红外性能的釉液材料，往往在烧结后容易脱落，为此人们采用了具备红外辐射性能的氧化物作为原料，塑造釉料的优势性能，同时加入了黏土、碳化硅等材料，将其组成熔块，以强化釉料的附着力，达到预期的陶瓷釉料烧结效果[2]。

（2）工艺操作

首先，需要制作釉液，并研磨好原料，加水调和。其次，将调匀的釉液均匀涂刷在陶瓷坯表面。最后，将涂刷好釉液的陶瓷放入 800～1000℃的环境中加热烧结，由此即可完成该项陶瓷釉料新工艺。在此过程中，应注意该釉料不含铅，且为了塑造陶瓷釉料耐酸碱的能力，需在釉液调和时向其中加入钴、镍；同时，其中的高辐射远红外性氧化物，可以是氧化锰、氧化硅、氧化锆中的一种或几种，需根据产品成本预算加以选择。此外，该工艺虽然能适用于各种烧结方法，如空气间烧结、水中烧结等，但需要结合实际的烧结方法，对釉料的成分、形态加以调整，并且由于该工艺的落实重点在于釉液的制作，因此需把控好原料质量，以保证该项工艺可以顺利达到预期效果。

2. 环保型防污瓷釉工艺

（1）工艺原理

该环保型防污瓷釉工艺的主要特点是不含致癌物质、陶瓷釉面表面不附着灰尘、原料简单易得且较为环保。该工艺所用原料主要为由玉米淀粉、NaOH 等原料制作的基料、$CaCO_3$、群青粉、$C_3H_4O_2$、有机硅等物质，其中不含致癌、有毒物质，基本不会对使用者、生产者的健康造成影响[3]。同时，由于上述原料比较容易获取、制备方式简单，因此该工艺的资源耗费量较低。此外，有机硅的应用，使釉料结构更加致密，表面不容易附着污物。一般而言，由该工艺制造的陶瓷产品，基本不沾灰，而且即使将墨汁等污物泼到陶瓷表面，只需轻轻一抹，就可将污物擦去，不留痕迹，因而将该工艺应用到陶瓷生产中，能提高产品的使用体验。该釉料中所含有的物质本身就具备良好的黏结性，只需向其中加入少量的 $C_3H_4O_2$、PVA，即可使釉料结构达到良好的交联效果，能够极大地节约陶瓷制作中 $C_3H_4O_2$、PVA 交联剂的用量，节约资源成本，环保优势突出。

（2）工艺操作

首先，将水加热到 90℃，加入 PVA，再用喷雾器喷入硼砂三倍水溶液，然后加入尿素、$NH_4Al(SO_4)_2$ 溶液，搅拌后用 100~200 目纱过滤备用。其次，制作玉米淀粉、NaOH 的混合原料，再将该原料与之前做好备用的原料均匀混合，形成混合基料。另外，向混合基料中加入有机硅乳液、$Ca(OH)_2$，再用电机高速搅拌，然后加入轻质 $CaCO_3$、重质 $CaCO_3$、群青粉、增白剂，完成釉料制作。最后，将釉料均匀涂刷在陶瓷表面，再进行烧结加工，即可完成该项陶瓷釉料工艺。但在整体操作过程中，应注意需严格按照说明制作陶艺釉料，且在每一次加入原料前，都应做好搅拌工作，以免出现结块等问题，影响釉料的稳定性。

3. 永久性自洁纳米陶釉工艺

（1）工艺背景技术

目前，一些具备自净能力的陶瓷制品，其表面的釉料层，虽然经过一定的工艺处理、改善后，形成了致密的结构，使灰尘、污物难以附着，但经过一段时间的使用后，其釉料层的自然磨损，很容易降低其自净能力，影响其使用效果。为此，人们研发出永久性自洁纳米陶釉工艺，该陶瓷釉料新技术工艺，通过在釉料层构建纳米结构，保持陶瓷釉料自净性能的稳定性，达到陶瓷制品永久性的自洁效果[4]。由此可知，该项工艺的背景技术为纳米技术。在纳米技术中，人们调整了釉料的成分，使其能在传统陶瓷烧制工艺的作用下，形成一个结构尺寸达到纳米级的釉面结构，以利用纳米结构让釉面与水珠、污物间形成一层气膜，实现陶瓷永久性疏水、自净优势的塑造，从而推动陶瓷釉料工艺技术的发展。

（2）工艺操作

首先，需制备出常规的陶瓷釉料。其次，向其中 0.5：1：0.5：1：0.5：1：1.5：0.1 的比例向常规的陶瓷釉料中添加 Bi_2O_3、Sb_2O_3、MnO_2、Co_2O_3、Cr_2O_3、NiO、SiO_2、B_2O_3 这几种纳米级的原料，制备出永久性自洁的陶瓷釉料。最后，将釉料均匀涂刷在陶瓷土坯的表面，再进行烧结，即可完成此项工艺。在此过程中，采用的传统烧结工艺操作步骤如下：首先，进行 90min 的匀速加热，直至温度达 300℃，保温 90min。其次，继续均速加热 90min，直至达 900℃，再保温 90min。再次，继续加热使其达 1100℃并保温 1h 后，均匀加热 90min，直至达 1280℃。最后，保温 2h，并使陶瓷冷却至室温即可完成工艺操作。经过上述工艺操作流程后，所得出的陶瓷釉料结构，其疏水角基本可以达 120°。此外，若在上述釉料制作原料的基础上加入九水合硝酸铝，还可以使釉料层的疏水角达 125°，增强陶瓷的自洁、疏水能力。

4. 高吸水全抛釉工艺

（1）工艺技术特点

高吸水全抛釉工艺是指一种支持表面抛光工序的陶瓷釉面的技术工艺，该工艺主要用于制作仿古类的陶瓷制品，由于该工艺制作的釉面支持抛光工序，因此人们可以在陶瓷釉面上加工仿古花纹，使陶瓷制品更加美观[5]。在此过程中，该工艺相较于其他工艺，所呈现的最大特点在于该工艺支持抛光工序并具备低损耗的特性。其中，低损耗的特点，主要体现在该技术工艺配套的釉料精抛工序上。该工序属于全抛釉独有的工序，相较于普通的抛光工艺，能减少90%的材料损耗，从整体上看，该项工艺具备更好的节能减排、绿色环保优势[6]。此外，经过该工艺生产的陶瓷制品，具有0.5%以上的高吸水率，将其用于北方环境，能降低北方干燥天气条件下陶瓷制品缺水开裂的概率，优化陶瓷制品的使用性能。

（2）工艺操作

首先，制作底釉、面釉。其次，将底釉装入钟罩淋釉器中，利用釉槽、筛网格的缓冲作用，使底釉流过钟罩，均匀地覆盖在陶瓷坯的表面。其次，采用丝网印花、喷墨打印等方式，装饰加工陶瓷制品的表面。待加工完成后，向陶瓷表面涂刷一层面釉，该层面釉为透明状。设置该面釉涂刷程序的目的是使陶瓷釉面经过烧制后，能呈现水晶状的光滑、晶莹的外观，提高陶瓷制品的观赏效果[7]。最后，待面釉涂刷完毕后，再烧制陶瓷制品，以完成该项工艺。在此过程中，应注意由于该工艺需要涂刷两层釉面，因此应适当延长烧制时间，以保证釉面的成型效果。

5. 抗微生物瓷釉涂层工艺

（1）工艺使用范围

该项工艺的主要特点在于其向瓷釉涂层中加入了抗菌、生物试剂，赋予了陶瓷釉面抗微生物能力，因此该项工艺通常被应用在具有抗菌需求的陶瓷制品生产中[8]。在陶瓷制品的日常使用中，如果瓷釉经常接触水或细菌环境，就会为细菌微生物的生长提供条件，而该部分的细菌微生物通常会产生有害的或难闻的气味和难看的表观，对釉面本身也具有一定的腐蚀作用，如陶瓷洗脸盆表面的结垢等，影响陶瓷制品的使用效果。为此，人们通常会利用该项工艺生产一些在卫生间、厨房、游泳池等区域使用的陶瓷制品，以减轻该部分陶瓷制品后续维护、清洁的工作量。该项工艺的使用范围为公共、家庭卫生与休闲用陶瓷器具的制造加工。此外，因为该釉面的化学性能稳定，且不会散发有毒物质，所以也可将该工艺应用到烧烤架陶瓷部分等与食物直接接触的陶瓷制品制造中[9]。

（2）工艺操作

首先，在瓷釉组合物中加入抗微生物试剂，完成瓷釉的制作。其中，试剂由抗微生物金属及其颗粒支持物组成，抗微生物金属可以选用 Ag、Cu、Zn，或其混合物，颗粒支持物可以选用 $BaSO_4$、Zr、Si 等[10]，同时该试剂的含量应保持在 1%～10%，需根据实际的抗微生物要求予以确定。其次，将该釉料均匀涂刷在陶瓷表面，然后将陶瓷送入 760～925℃的环境下烘烤。最后，冷却至室温即可完成该项工艺。在此过程中，严禁将粗金属添加到釉料中，以免破坏釉面的抗微生物能力及色彩的稳定性。

扩展阅读

物理化学在陶瓷的整个科技发展史的过程中应用非常广泛。物理化学理论作为陶瓷研究的基础，为陶瓷发展过程中产生的一些问题提供了科学理论依据。在分相釉、陶瓷釉中的气泡以及陶瓷釉的呈色的研究中都通过物理化学的理论知识得到了合理、科学和正确的解释；随着物理化学理论的不断发展与完善，新理论和新方法不断的不断探索，努力掌握这些新方法和新理论，并努力尝试将其应用于陶瓷科学技术史的研究之中，会有可能产出更加显著的成果。

分相釉

中国古代许多的名瓷釉中普遍存在着清晰的分相结构，最早的可追溯到 1400 多年前的怀安窑巴，再到后来产生的唐代的长沙窑、宋代的钧窑、宋元时期的建窑和吉州窑，还有清代的葛窑宜钧陶等著名陶瓷釉中都广泛存在着分相结构。

从化学组成来看，中国历代分相釉主要是钙釉（长沙窑）、碱钙釉（钧窑、汝官）以及含铁较高的天目釉，如建窑和吉州窑等。这些釉的组成可以近似用 $K_2O-CaO-Al_2O_3-SiO_2$ 系统来描述。而釉中含有的 Fe_2O_3、P_2O_5、TiO_2 等成分对釉的分相起促进作用。从显微结构特征来看，中国历代分相釉大体上可以分为三类：单一的分相结构、分相—析晶釉和析晶—分相—析晶釉。

其中单一的分相结构如典型的长沙窑、钧窑及其他钧窑系瓷釉，其结构特征是在连续的釉玻璃基质相中均匀地分布着大量孤立的球形液滴或液滴的低聚体构成的第二相。这种分相液滴的多寡和尺寸大小直接或间接影响着此类瓷釉的艺术外观。而分相—析晶釉的典型例子是建盏中的银兔毫和黄兔毫以及汝官青瓷釉三大类。比如其中的兔毫釉在高温时先形成一些富铁的呈孤立分布的球形液滴，然后液滴在重力和表面张力等的作用下向釉面聚集，最后在氧化气氛下析出 $\alpha-Fe_2O_3$ 微晶而形成黄兔毫。如果控制条件是在偏重于还原的气氛下烧成，则析出 Fe_3O_4 微晶而得到银兔毫。析晶—分相—析晶釉的典型代表是天目釉中的金兔毫。这类釉在温度升高至 1100~1200℃时会析出大量的 CaS_2 针晶丛，这会使得基质相中富 Fe_2O 而相对贫 Al_2O_3，从而导致晶间液相获得不混溶性而发生液相分离[12]，形成均匀散布于晶间液相中的富 Fe_2O_3 液滴，进而在冷却过程中析出 Fe_2O_3 和 Fe_3O_4 微晶。如果这些微晶晶面有规则地平行釉面排列，就会形成许多较大的闪光面，使析出的毫纹呈现金黄色，这就是所谓的金兔毫。

陶瓷釉中的气泡

陶瓷器釉中有无气泡，与胎质粗疏或细密、胎体矿物质在高温中反映产生气体的挥发情况、瓷胎所含水分、釉层厚度和烧制过程中，温度的上升速度等关系密切。釉下彩陶虽然在陶胎的表面覆盖了一层薄薄的釉，但是由于胎质保持着疏松状态，薄薄的釉层构不能对矿物质分子和水分子产生足够的约束，因此，晾晒和烧制的过程中，胎体中逸出的矿物质分子和水分子能够充分的挥发，在釉中很难形成气泡。但是可能还存在有部分的矿物质分子盘结在胎体深处的水分子，在达到足够高的温度时，才会慢慢分解成气体，从胎体中蒸发出来。从胎体中蒸发出来的矿物质分子和水分子，无力挣脱粘液状包裹体的有力约束，最终悬浮于胎体和釉层中间。而当瓷器烧成冷却以后，这些气体状矿物质分子和水分子变成圆形晶亮的空心球形状，保存在胎体和釉面之间。这种如珍珠一般的空心状球形物，就是我们所说的釉中"气泡"。

陶瓷釉的呈色

釉是瓷器最直接的外观特征，一直都是人们关注和研究的对象。釉的色泽和质感虽然千变万化，但无论是高温釉还是低温釉都主要取决于三个因素：瓷胎的外观、瓷釉中的着色剂、釉的玻璃化程度和显微结构。瓷胎的外观主要是指胎的颜色和质地。而瓷釉中的着色剂则主要是指釉中的变价元素（Fe、Ti、Mn、Cu）。钧釉中主要是铜离子、汝釉中主要是铁离子成色，而其他变价元素的离子含量较少，应为辅助成色。釉的显微结构主要是指釉中因析晶和分相所形成的微粒和微晶，釉中残存的石英颗粒和气泡的大小和数量等。如釉中的钙长石微晶，残留的石英颗粒等对阳光的漫反射会降低釉的透明度，从而使釉呈现乳浊状，有一种的玉质感。

古陶瓷的烧成温度测量

古陶瓷烧成温度的测定是陶瓷发展史研究中极为重要的一部分，可以为古陶瓷的鉴定提供重要的数据支撑。在陶瓷工艺学中习惯将陶瓷烧成的整个过程分为几个阶段，这几个阶段的温度范围与主要的物理化学变化如下所示：

低温阶段——排除坯体内的残余水分——常温至 200℃

分解及氧化阶段——坯体内有机物无机物氧化——200~900℃

高温阶段——形成液相，以及固相的熔融——900℃至烧成温度

保温阶段—液相增加—烧成温度下维持 2~4 小时

冷却阶段—液相的过冷—止火温度至常温

  中国的陶瓷工艺博大精深、源远流长、制作工艺精良、艺术表现丰富多彩，在历经几千年的发展依旧熠熠生辉。在中国陶瓷漫长的发展与进步历程中，每一个时代的陶瓷都有自己独特的工艺特点以及不同的艺术文化诉求，体现着不同时代的制作陶瓷的工艺水准，反映了当时的社会风貌、民俗特征以及艺术品位。所以对于每个时代瓷器的研究都是对中国文化的一种探求，都是需要我们不断的研究与关注，而其中陶瓷工艺这一部分的发展在推动中国陶瓷历史的进步中起着不可磨灭的作用。

参考文献

［1］曹泽亮 . 高岭土附属产品用于生产陶瓷坯料的试验研究［J］. 江苏建材，2020，6（6）：36-38.

［2］俞慧友 . 为储能电池"加料"我科学家研制出新型钒液流电池电极材料［J］. 仪器仪表用户，2020，27（9）：82.

［3］ANKIT A, KAUSTUBHA M. Comprehensive characterization, development, and application of natural/Assam Kaolin-based ceramic microfiltration membrane［J］. Materials Today Chemistry, 2021, 37: 24-33.

［4］耿光 . 耐化学腐蚀陶瓷制品的研制［J］. 河北陶瓷，2000，7（3）：10-11.

［5］刘坚 . 电化学储能应用现状及商业化应用前景［J］. 中国电力企业管理，2019（34）：38-41.

［6］宋丹丹，马宪国 . 储能技术商业化应用探讨［J］. 上海节能，2019，5（2）：116-119.

［7］廖达海，朱祚祥，吴南星，等 . 陶瓷干法造粒过程坯料颗粒成形与雾化液含量的影响［J］. 人工晶体学报，2017，46（8）：1442-1449.

［8］岳邦仁，陈维尧，崔占东，等 . 伊利石型粘土在卫生陶瓷坯料配方中的应用［J］. 陶瓷，2016（2）：34-39.

［9］KANG D, CHANG-ZHI Y, JIA-QING Y, et al. Crystal structure, far-infrared spectra, and microwave dielectric properties of bazirite-type BaZr（Si1-xGex）3O9 ceramics［J］. Ceramics International, 2021, 23（04）: 13-24.

［10］张晨阳，张捷，张志杰，等 . 磷酸钙改善陶瓷性能的研究［J］. 材料研究与应用，2015，9（4）：244-248.

［11］夏清，骆志甫，赵会阳，等 . 添加剂对滑石质瓷坯料料浆性能影响研究［J］. 非金属矿，2015，38（4）：23-28.

［12］李丹 . 从坯土性能解读陶瓷材料之美［J］. 陶瓷研究，2015，30（1）：112-

113.

［13］何峰，田沙沙，文进.富氧烧成陶瓷的物相结构与性能研究［J］.硅酸盐通报，2015，34（01）：24-29.

［14］杨云，穆天红，杨红利.基于知识学习的陶瓷坯料配方系统设计与实现［J］.计算机测量与控制，2013，21（2）：493-495.

［15］饶亚明.浅谈陶瓷原料［J］.陶瓷研究，2012，30（1）：79-80.

［16］张志杰，刘宇，谭越，等.陶瓷烧成添加剂的制备与应用［J］.中国陶瓷，2011，47（10）：14-21.

［17］杨驰，姚少茵.纳米氧化铝在陶瓷坯料中的应用［J］.江西化工，2011，3（3）：173-174.

［18］李晓玲，郑乃章，苗立峰，等.物理化学在陶瓷科技史研究中的应用［J］.中国陶瓷工业，2011，18（3）：12-16.

［19］叶昌，刘其城，肖雨潇.高含量云母陶瓷坯料高效球磨效能实验研究［J］.非金属矿，2011，34（2）：11-13.

［20］谢清纯，史峰，要甲，等.陶瓷原料配比方案优化方法［J］.系统工程，2010，28（2）：122-126.

［21］王志坤.新能源产业中的储能电池应用及其产业化前景［J］.电器工业，2009，9（7）：39-2.

［22］艾玻璃.可低温瓷化的陶瓷坯料［J］.建材发展导向，2009，7（3）：78.

［23］范盘华，周孟大.陶瓷添加剂国内外发展的现状、趋势及展望［J］.江苏陶瓷，2006（5）：23-25.

［24］王爱斌，袁家铮.传统陶瓷的功能化［J］.陶瓷，2001，6（2）：5-7.

［25］JEANNETTE M, CARL P M, GUILLAUME A P, et al. Reduction of bacterial attachment on hydroxyapatite surfaces：Using hydrophobicity and chemical functionality to enhance surface retention and prevent attachment［J］. Colloids and Surfaces B: Biointerfaces, 2018, 167：31-537.

［26］YU L, WEI L, HAO D, et al. Rutile-perovskite multi-phase composite by mechano-chemical method together with calcination：Preparation and application in coatings and ceramic glaze［J］. Ceramics International, 2021, 47（2）：2261-2269.

［27］CAMILA P Z, GABRIEL K R P, LUIZ F V. Grinding, polishing and glazing of the occlusal surface do not affect the load-bearing capacity under fatigue and survival rates of bonded monolithic fully-stabilized zirconia simplified restorations［J］. Journal of the Mechanical Behavior of Biomedical Materials, 2019, 103：10358.

[28] LARISSA M M A, LISSETH P C C, MIRIAN G B, et al. The Wear Performance of Glazed and Polished Full Contour Zirconia [J]. Brazilian dental journal, 2019, 30 (5): 10159-10165.

[29] YIHONG L, YONG W, DIANZHENG W, et al. Self-glazed zirconia reducing the wear to tooth enamel [J]. Journal of the European Ceramic Society, 2016, 36 (12): 2889-2894.

[30] HIDEKI Y, HISAO A B E, TOSHITSUGU T, et al. Antimicrobial effect of porcelain glaze with silver-clay antimicrobial agent [J]. Journal of the Ceramic Society of Japan, 2010, 118 (1379): 571-574.

[31] SEBASTIAN H, MARTIN R, GERHARD H, et al. Influence of saliva substitute films on initial Streptococcus mutans adhesion to enamel and dental substrata [J]. Journal of Dentistry, 2008, 36 (12): 977-983.

[32] ZHU C X, ZHANG H L, FA W J, et al. Nano-silver induced ceramic coloring via control of glaze interface and phase separation [J]. Rare Metals, 2021, 40: 2292-2300.

[33] PEI S, FEN W, BIAO Z, et al. Study on the coloring mechanism of the Ru celadon glaze in the Northern Song Dynasty [J]. Ceramics International, 2020, 46 (15): 23662-23668.

[34] ZHU C, CUI C, SHAO P, et al. Synergistic effect of Jun porcelain glazes with cobalt and copper elements and coloring mechanism [J]. Journal of the Ceramic Society of Japan, 2020, 138 (1348): 481-489.

[35] XIN Y, JUN Q D, QING H L, et al. Preliminary Research on Bubble Characteristics of Ancient Glaze Using OCT Technology [J]. Guang pu xue yu guang pu fen xi Guang pu, 2015, 62: 1459-1468.

[36] ENYUAN W, YINGEI X, YIBING Z, et al. Petrographic Analysis of Ancient High-Temperature Ceramic Glazes and Inorganic Restoration Materials [J]. Studies in Conservation, 2021, 67 (3): 176-185.

[37] AHMED B, ASSIA M, DOMINGOS D S M, et al. Study of the firing type on the microstructure and color aspect of ceramic enamels [J]. Journal of Alloys and Compounds, 2018, 735: 2479-2485.

[38] WU X P, GUAN Y P, LI W D, et al. Visible-Near Infrared Spectroscopy Based Chronological Classification and Identification of Ancient Ceramic [J]. Spectroscopy and Spectral Analysis, 2019, 228: 117815.

[39] 李晓玲，郑乃章，苗立峰，等.物理化学在陶瓷科技史研究中的应用 [J]. 中国陶瓷工业，2011, 34: 1462-1469.

[40] SAJEEV S V, RAMASWAMY K. A Study of Firing Temperature of Some Ancient Ceramic Wares Using Fourier Transform Infrared Spectroscopy [Z]. OPTICS: PHENOMENA, MATERIALS, DEVICES, AND CHARACTERIZATION: OPTICS 2011: INTERNATIONAL CONFERENCE ON LIGHT. 2011, 10 (3): 774-776.

[41] LARA, M. Archaeo-ceramic 2.0: investigating ancient ceramics using modern technological approaches [J]. Archaeological and Anthropological Sciences, 2019, 11: 5085-5093.

[42] GONG Y, LI Q. Study on Application of Modern Science and Technology in Ancient Ceramics [J]. China's Ceramics, 2021, 12: 10800-10812.

第 4 章

陶瓷成型

4

　　不同坯料状态适合不同的成型方法，想要精益求精，就要找到适合的方法，从而保障陶瓷的精确成型，减少裂纹和气孔的形成，提高陶瓷的性能，减少缺陷。同学们在日常生活中也要用适合的方法去解决问题，从而达到事半功倍的效果。另一方面，做任何事情都要全力以赴，精益求精，用严谨的态度做事，培养工匠精神。要不断学习新的知识，懂得将现代科技方法和传统工艺相结合，引领陶瓷技术革新及发展；激发学生创新思维，促进跨学科知识的相互融合，在实践中创新，提高科技报国的意识和动力；坚守中华民族的文化基因和精神命脉，帮助学生树立文化自信、民族自信，增强学生对祖国、对民族的自豪感。在课程中宣传和践行习近平总书记关于坚定文化自信、建设文化强国，作为一个中国人，一定要了解我们民族的历史等方面的重要知识，用优秀的传统文化引导人、影响人、感召人、凝聚人，做好文化传承和弘扬，推动中华优秀传统文化创造性转化、创新性发展。

4.1　成型方法的分类与选择

对已制备好的坯料，通过一定的方法或手段，迫使坯料发生形变，制成具有一定形状大小坯体的工艺过程称为成型。成型对坯料提出细度、含水率、可塑性、流动性等成型性能要求。成型应满足烧成所要求的生坯干燥强度、坯体致密度、生坯入窑含水率、器形规整等装烧性能。

陶瓷制品的成型方法按照坯料含水量的不同，可分为可塑成型、注浆成型和压制成型。可塑成型既是最古老的成型方法，也是形式变化最多的成型方法，包括无须用模具的拉坯法和雕塑法，采用滚头（或型刀）与石膏模的滚压法和旋压法，使用钢模（或型头）的挤压法（或挤出法），使用各式样板刀的车坯法等。注浆成型可进一步分为冷法和热法，冷法又分常压注浆、加压注浆及抽真空法注浆，使用石膏模或多孔模。压制成型可分为干压法和等静压法。干压法是机械力作用在钢模后再传至坯料上，达到成型目的；等静压法是机械力通过液体介质施于软模，再均匀传至坯料上而成型。

在选择成型方法时，最基本的依据是产品的器形、产量和品质要求、坯料的性能以及经济效益。通常具体要考虑以下几方面：

①产品的形状、大小和厚薄等。一般情况下，简单的回转体宜用可塑法中的滚压法或旋压法，大件且薄壁产品可用注浆法，板状和扁平状产品宜用压制法。

②坯料的工艺性能。可塑性良好的坯料宜用可塑法。可塑性较差的坯料可选择注浆法或压制法。

③产品的产量和品质要求。产品的产量大时宜用可塑法或压制法，产量小时可用注浆法；产品尺寸规格要求高时用压制法，产品尺寸规格要求不高时用注浆法或手工可塑成型。

④成型设备易操作，操作强度小，操作条件好，并便于与前后工序联动化或自动化。

⑤技术指标高，经济效益好。

总之，在选择成型方法时，希望在保证产品品质的前提下，选用设备先进、生产周期最短、成本最低的一种成型方法。

4.2　可塑成型

可塑成型是利用模具或刀具等工艺装备运动所造成的压力、剪力或挤压力等外力，对具有可塑性的坯料进行加工，迫使坯料在外力作用下发生可塑变形而制作坯体的成型方法。

目前，陶瓷制品多数采用可塑成型，主要原因是可塑成型所用坯料制备比较方便，对泥料加工所用外力不大，对模具强度要求也不高，操作比较容易掌握。

4.2.1 可塑坯料的成型性能

可塑坯料的首要性质是有良好的可加工性，包括易于成型成各种形状而不致开裂，可以钻孔和切割，还要求干燥后有较高的生坯强度。希望坯料尽可能有各向同性的均匀结构、颗粒定向排列不严重，以免因收缩不均而引起坯体变形甚至开裂。

1. 可塑坯料的流变特性

可塑坯料是由固相、液相、少量气相组成的弹性—塑性系统。当它受到应力作用发生变形时，既有弹性性质，又出现假塑性变形阶段。由图 4-1 可见，当应力很小时，含水量一定的坯料受到应力 σ 的作用而产生形变 ε，二者呈直线关系（坯料的弹性模量不变），而且是可逆的。这种弹性变形主要由于坯料中含有少量空气和有机增塑剂，同时也是由于黏土颗粒表面形成水化膜所致。若应力增大超过弹性的极限值 σ_y，则出现不可逆的假塑性变形。

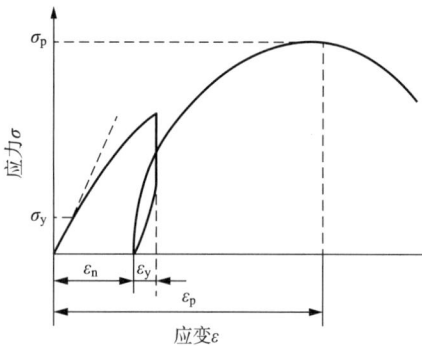

图 4-1 黏土坯料的应力—应变曲线

由弹性变形过渡到假塑性变形的极限应力 σ_y 称为流动极限（或称流限、屈服值），此值随坯料中水分增加而降低。达到流限后，应力增大会引起更大的变形速度，这时弹性模量减小。若除去坯料受到的应力，则会部分地回复原来的状态（用 ε_y 表示），剩下不可逆变形部分 ε_n 叫作假塑性变形，这是由于坯料中的矿物颗粒产生相对位移所致。若应力超过坯料的强度极限 σ_p 则导致开裂破坏。破坏时变形值 ε_p 和应力 σ_p 的大小取决于所加应力的速度和应力扩散的速度。在快速加压及应力容易消除的情况下，则 ε_p 和应力 σ_p 值会降低。

成型时，希望坯料能长期维持塑性状态，这涉及加压方式与变形的关系。当应力是一次且很快地加压到坯料上时，比较容易出现弹性变形，而不可逆的假塑性变形值较少。所以要使坯料形成坯体要求的形状，成型的压力应陆续、多次加压到坯料上。

坯料受力的作用而变形后，若维持其变形量不变，则应力会逐渐消失。也就是说，贮存在已经变形的坯料中的能量会转化为热能而逐渐消失。这种应力降到一定数值所需的时间叫作松弛期。如果成型时坯料受压的时间比其松弛期短得多，则在应力作用期间内坯料来不及变形而又回复为原状，称为弹性体。若延长加压的时间，并且远远超过其松弛期，则坯料呈塑性变形，长期保持变形后的形状。

在可塑坯料的流变性质中，有两个参数对成型过程有实际的意义。一个是坯料开始假塑性变形时须加的应力，即屈服值；另一个是出现裂纹前的最大变形量。成型性能好的坯料应该有一个足够高的屈服值，以防偶然的外力引起变形；而且应有足够高的变形量，使得成型过程中变形虽大但不致出现裂纹，但这两个参数并不是孤立的。图4-2表明，改变坯料的含水量可改变一个流变特性，但同时却会降低另一个特性。

一般可以近似地用屈服值和最大变形量的乘积来评价坯料的成型性能。这也是直接评价可塑性的方法。对于一定的坯料来说，在合适的水分下，这个乘积达到最大值也就具有最好的成型能力。

不同的可塑成型方法对坯料流变性的上述两个参数的要求是不同的。在挤压或手动旋坯成型时，要求坯料的屈服值大些，使坯体形状稳定。在石膏模内旋坯或滚压成型时，由于坯体在模型中停留时间较长，受应力作用的次数较多，屈服值可以低些。对于

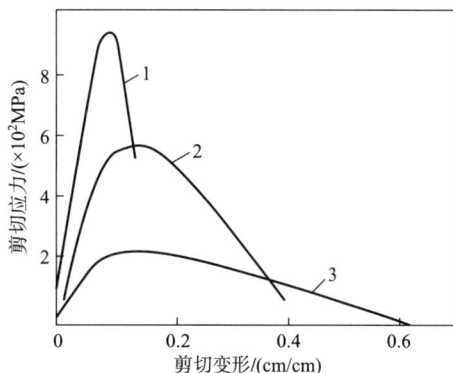

图4-2 某黏土的含水量与其应力应变曲线的关系
1—水分35% 2—水分40% 3—水分45%

坯料开裂前的最大变形量来说，手工成型的坯料可以小些，因为工人可以根据坯料的特性来适应它。用机械成型时则要求变形量大些，以降低废品率。

2. 影响坯料可塑性的因素

（1）矿物种类

可塑性良好的坯料一般具备下列条件：颗粒较细；矿物解理明显或解理完全，尤其是呈片状结构的矿物；颗粒表面水膜较厚。

蒙脱石具备上述三条件，可塑性很强；多水高岭石呈管状。迪开石粒子较粗。叶蜡石及滑石颗粒虽呈片状，但水膜较薄，所以塑性不高。石英无论破碎到多细，均不会呈片状，而且吸附的水膜又薄，因此可塑性最低。马歇尔（Marshall 1995）测得黏土中所含矿物的可塑性按下列顺序依次增大：迪开石＜燧石＜伊利石＜绿脱石＜锂蒙脱石＜高岭石＜蒙脱石。

高岭土与膨润土的可塑性相差很大，可由其矿物结构的差异来说明。在高岭石的层状结构中，每层的边缘处为 O^{2-} 与 OH^-，层与层之间有氧键的作用力，水分不易进入两层之间，毛细管力也小，所以高岭土的塑性较低。而蒙脱石晶层边缘处为 O^{2-}，层与层之间是通过范德华力来连接，这种键力较弱，水分子易被吸附进入层间形成水膜，产生大的毛细管力，因而膨润土的

可塑性强。

（2）颗粒大小和形状

一般地说，坯料中固相颗粒越粗，呈现最大塑性时所需的水分越少，其最大可塑性越低；颗粒越细则比表面越大，每个颗粒表面形成水膜所需的水分越多。此外，由细颗粒堆积而形成的毛细管半径越小，产生的毛细管力越大，可塑性也高。

不同形状颗粒的比表面是不同的，因而对可塑性的影响也有差异。根据计算，板片状、短柱状颗粒的比表面较球状和立方体颗粒的比表面大得多，前两种颗粒容易形成面与面的接触，构成的毛细管半径小，而毛细管力较大，而且它们的对称性低。移动时阻力大，促使坯料的可塑性增大。

（3）吸附阳离子的种类

黏土胶团间的吸引力明显地影响着坯料的可塑性，而吸引力的大小取决于阳离子交换能力及交换阳离子的大小与电荷。阳离子交换能力强的原料一方面可使粒子表面带有水膜，同时由于粒子表面带有电荷，不致聚集。此外，比表面增加会促使原料的阳离子交换能力增强，这也是细粒原料可塑性强的原因之一。若从电荷的多少来考虑，三价阳离子价数高，它和带负电荷的胶粒吸引力相当大，大部分进入胶团的吸附层中。使整个胶粒净电荷低，因而斥力减小，引力增大，提高黏土的可塑性。二价离子对可塑性的影响较小，吸附 Ca^{2+}、Mg^{2+} 的体系可塑性会有所增大。一价阳离子对可塑性的影响最小。但 H^+ 是例外，因为它实际上只有一个原子核，外面没有电子层，所以电荷密度最高，吸引力最大，因而氢黏土的可塑性很强。

对于同价阳离子来说，离子半径越小，则其表面上电荷密度越大，水化能力越强，水化后的离子半径也越大（表 4-1）。例如 Li^+ 水化后离子半径增大，与带负电荷的胶粒吸引力减弱，进入吸附层的 Li^+ 数目少。胶粒的净电荷较高，因而斥力大而吸引力小，所以吸附 Li^+ 的黏土塑性低。

表 4-1　同价阳离子水化前后离子半径比较　　　　　单位：nm

离子种类	Li^+	Na^+	K^+
水化前	0.078	0.098	0.133
水化后	0.37	0.33	0.31

黏土吸附不同阳离子时，其可塑性变化的顺序和阳离子交换的顺序是相同的：

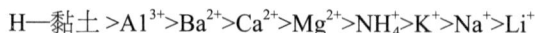

$$H—黏土 > Al^{3+} > Ba^{2+} > Ca^{2+} > Mg^{2+} > NH_4^+ > K^+ > Na^+ > Li^+$$

$$\xleftarrow{\qquad 可塑性 \qquad}$$

阴离子交换能力较小，对可塑性的影响不大。

（4）液相的数量和性质

水分是坯料出现可塑性的必要条件，坯料中水分适当时才能呈现最大的可塑性，从图4-3可知，坯料的屈服值随含水量的增加而减小，而坯料的最大变形量却随含水量的增加而加大。若用屈服值与最大变形量二者的乘积表示可塑性，则对应于某一含水量坯料的可塑性可达到最大值。实际上可塑成型时的最佳水分应该是可塑性最大时的含水量（又称可塑水分）。

液体介质的黏度和表面张力对坯料的可塑性有显著的影响。坯料的屈服值受存在于颗粒之间的液相表面张力所支配。液相表面张力大必定会增大坯料的可塑性。如果加入表面张力比水低的乙醇，则坯料可塑性降低。此外，高黏度的液体介质（如羧甲基纤维素、聚乙烯醇和淀粉的水溶液、桐油等）也会提高坯料的可塑性。这是由于有机物质黏附在坯料颗粒表面，形成黏性薄膜，相互间的作用力增大，再加上高分子化合物为长链状，阻碍颗粒相对移动所致，从而使坯料具有一定的可塑性。

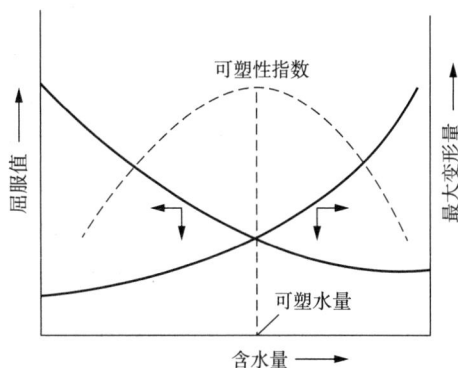

图4-3 可塑坯料含水量与可塑性的关系

3. 可塑坯料的颗粒取向

经过练泥的可塑泥段，其片状颗粒受到外力的作用会沿其尺寸最大的方向（长轴方向）重叠排列。这种颗粒在平面内择优取向的现象就是颗粒取向。

由于颗粒取向使坯体形成各向异性的结构，引起各方向上出现收缩差，导致坯体变形或开裂，降低产品的物理性质，所以受到重视。

（1）颗粒取向的原因及排列状况

泥料的颗粒不可能全部是球体或正方体，对于黏土质坯料来说，甚至大部分都不是球体或正方体。如高岭石颗粒呈鳞片状、管状或杆状；长石颗粒呈板状或柱状；石英为棱角状，外形不对称。当泥料受挤压作用时，组成中的固相粒子发生滑移或转动，减少空隙，增加致密度。当颗粒以其主平面重叠在一起、占最小的体积时，便处于稳定的状态。图4-4是最简单的颗粒定向排列的情况。

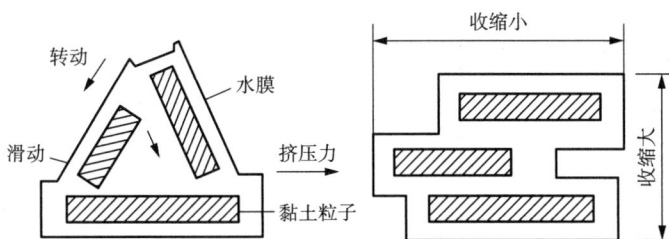

图4-4 挤压作用下的颗粒取向

挤制泥段中的结构和颗粒排列的情况是随挤制过程的各个阶段逐渐形成的。泥料加入练泥机后，通过螺旋桨叶向前输送，由于加料不均匀和不连续，泥料并未填满机筒，受压不大，因而颗粒定向程度不明显。泥料继续受桨叶推动向前，受压增大，变成致密泥带。它与机筒之间的摩擦作用往往超过桨叶与泥带之间的摩擦。因此靠近机筒的泥料不易随螺旋转动，而是沿轴向运动速度增大。桨叶的转动使泥料产生滑移，表面磨光，细颗粒与水分向磨光表层移动，导致颗粒的（001）面平行于螺旋面或磨光面层。在练泥机的末端螺旋排泥区域内，泥带受螺旋的扭转与挤压形成泥段。通过塑性流动更加磨光泥带。结果片状黏土颗粒的（001）面平行于末端螺旋。由于轴毂处不排泥，若泥料未能充满机头，则在泥段中心处留下空洞，受末端螺旋的扭转面形成 S 形分层结构。当泥料进入机头出口部分后，受到的径向压力加大。机筒壁的摩擦力阻碍外层泥料前进。泥段中心部分的前进速度相对来说还是较大的，使泥段外层颗粒排列平行于轴线。逐渐深入泥段中心，则颗粒平面与轴线所交的角度日益增大，到达泥段中心则与轴线垂直（图 4-5、图 4-6）。

图 4-6　圆柱状泥段断面上的颗粒排列

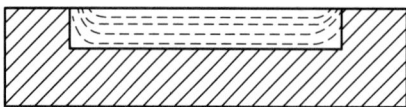

图 4-5　挤制泥段颗粒移动图

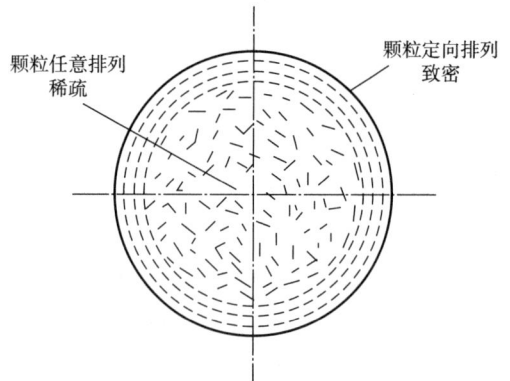

图 4-7　单面注浆平板中颗粒排列

除可塑坯料外，注浆成型的坯体也有定向排列的情况。图 4-7 为单面注浆平板的颗粒排列。图 4-8 是注浆产品在石膏模缝隙部位颗粒定向排列的状态。一般来说，颗粒长轴方向平行于模型表面，坯体的厚度是颗粒短轴重叠起来的尺寸。靠近模缝部位颗粒排列的方向发生变化，形成尖锥状突出体。

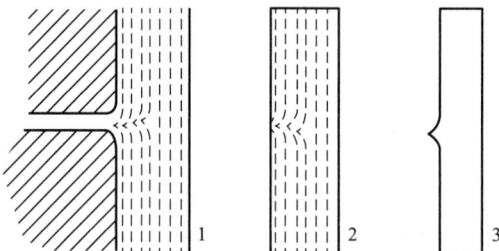

图 4-8　注浆模缝部部分坯体中最短的排列
1—脱模前的湿坯中颗粒排列　2—修坯后的排列　3—烧后的坯体

（2）颗粒取向与收缩、变形的关系

无定向排列的坯体在各方向上的收缩是一致的。若颗粒沿一个方向排列，则不同方向上的收缩必然出现差别。定向排列的程度越高，则各方向间收缩差越大。被溶剂化水膜所包围的黏土颗粒，在（001）面上水膜厚度比垂直于该面的侧边上的要大些。干燥时，垂直于（001）面（颗粒厚度方向）排出的水分大于平行（001）面颗粒长度方向，所以前者收缩较大（图4-9）。此外，干燥时，垂直于（001）面上的颗粒移动时仅受到边与边阻力的影响，比较容易收缩，而在平行（001）面上的颗粒移动时受到面与面的摩擦所阻碍，收缩困难。当面与面间的水分尚未排完之前，整个坯料已达到平衡状态，因而平行（001）面收缩较小。

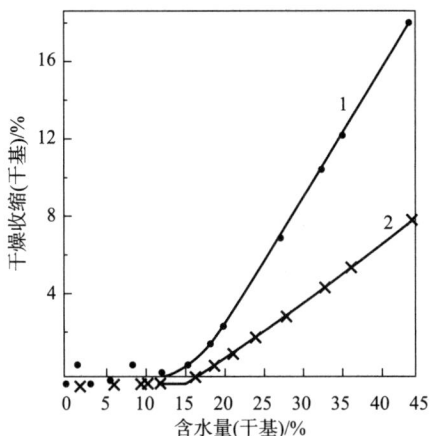

图4-9　高岭土泥段干燥收缩与挤出方向及水分的关系
1—垂直挤出方向　2—平行挤出方向

如前所述，由练泥机挤出的泥段，中心部分颗粒的长轴垂直于轴向，收缩较大；外层颗粒的长轴平行轴向，其收缩较小。整个泥段不同深度上有收缩梯度，从而引起坯体变形或开裂。此外，挤制泥段时，若机头筒壁四周摩擦阻力不同，则泥料流动速度的中心线偏离轴线，轴向最大收缩也离开轴线，使轴向收缩与轴不对称，也会促使坯体向收缩大的面弯曲变形。

（3）颗粒取向与产品性能的关系

一般来说，试样平行于颗粒排列方向的干后抗折强度及烧后抗折强度比垂直于排列方向上的要大些。而电瓷的击穿强度在平行于颗粒定向排列方向上的试样要比垂直于定向方向上的小些。这是因为击穿的途径是通过颗粒间的孔隙发展的。垂直于颗粒定向排列的试样，其击穿要绕过晶相颗粒，延长了击穿路程，增大了击穿所需的电压。

4.2.2　旋压成型

1. 旋压操作

旋压成型是陶瓷的常用成型方法之一。它主要利用做旋转运动的石膏模与只能上下运动的样板刀来成型。操作时，先将经过真空练泥的塑性泥料适量放在石膏模中，再将石膏模放置在辘轳车上的模座中，石膏模随着辘轳车上的模座转动，然后徐徐压下样板刀接触泥料。由于石膏模的旋转和样板刀的压力，泥料均匀地分布于模型内表面，余泥则贴在样板刀上向上爬，用手将余泥清除掉。这样模型内壁和样板刀之间所构成的空隙就被泥料填满而旋制成坯体。样板刀口的工作弧线形状与模型工作面的形状构成了坯体的内外表面，而样板刀口与模型工作面的距离即为坯体的厚度。旋压操作时，样板刀要拿稳，用力轻重要均一，以防止震动跳刀和厚薄不均，起刀不能过快，以防止内面出现迹印。样板刀所需形状随坯体而定，其刀口角度一般要求成30°～40°，以减小剪切阻力。同时刀口不能成锋利尖角，而是 1～2mm 的平面。

旋压成型中，深凹制品的阴模成型居多，而旋制扁平制品盘碟时，则可采用阳模成型，这时石膏模面形成坯体的内形（显见面），样板刀则形成坯体的外形。旋压成型示意图如图 4-10 所示。

2. 工艺特点与控制

旋压成型一般要求泥料水分均匀，结构一致且具有较好的可塑性。由于旋压成型是以"刮泥"的形式排开坯泥的，因此它要求坯泥的屈服值相应低些，也要求坯泥的含水量稍高些，以求排泥阻力小些。同时，"刮泥"成型时，与样板刀接触的坯体表面不光滑，这就不得不在成型赶光阶段添加水分来赶光表面。此外，"刮泥"成型的排泥是混乱的。这些旋压的工艺特点是旋压成型制品变形率高的主要原因之一。

模型转速随制品形状大小的不同而不同。深腔制品、直径小的制品、阴模旋压成型，其主轴转速可高些，反之，则其主轴转速要相应低些。主轴转速高，有利于坯体表面的光滑度，但主轴转速过高将引起跳刀、

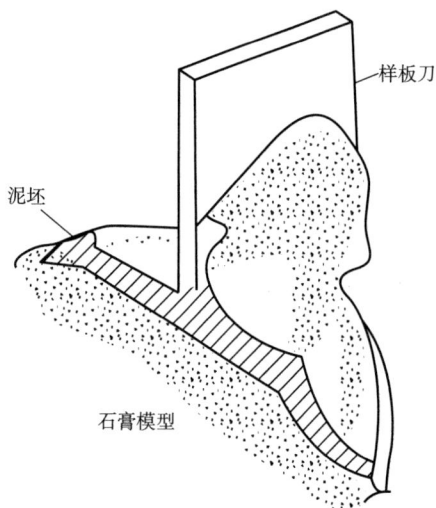

泥坯

石膏模型

图 4-10　旋压成型示意图

飞坯以及操作难度的加大。国内一般采用的主轴转速为 230～400 r/min，坯泥含水量为 21%～26%。

旋压成型时，石膏模、样板刀和模座主轴必须对准"中心"，不但在安装设备与检查时要注意到这一点，而且要保证在旋压时，不因样板刀、主轴及工作台摇晃而引起偏心，否则将引起坯体壁厚不均匀、变形与开裂。

旋压成型工艺的另一个特点是样板刀对坯泥的正压力小，生坯致密度差。为了提高样板刀的正压力，采取减小样板刀口的角度，增加样板刀的宽度，样板刀附加木板以及增加泥料量等措施。但是，旋压成型时样板刀对坯泥的

正压力仍然是比较小的。

旋压机最初是用手控样板刀的辘轳机，由于这种设备结构简单使用方便，直到现在仍然沿用。后来又从手控发展成利用凸轮控制样板刀的半自动成型机。再后来设计双刀半自动旋压机，虽然设备效率为单刀的 2 倍，但劳动条件仍不理想。

旋压成型的优点是设备简单，适应性强，可以旋制深腔制品。缺点是旋压品质较差，手工操作劳动强度大，生产效率低，坯泥加工余量大，占地面积较大，而且要求有一定的操作技术。但为条件所限的陶瓷厂仍采用旋压成型法，生产中、低档制品。

4.2.3 滚压成型

1. 滚压特点与操作方法

滚压成型是由旋压成型法演变过来的，滚压与旋压不同之处是把扁平的样板刀改为回转型的滚压头。成型时，盛放泥料的模型和滚头分别绕自己轴线以一定速度同方向旋转。滚头一面旋转一面逐渐靠近盛放泥料的模型，并对坯泥进行"滚"和"压"而成型。滚压时坯泥均匀展开，受力由小到大比较缓和均匀，破坏坯料颗粒原有排列而引起颗粒间应力的可能性较小，坯体的组织结构均匀。其次，滚头与坯泥的接触面积较大，压力也较大，受压时间较长，坯体致密度和强度比旋压法有所提高。滚压成型是靠滚头与坯体相滚动而使坯体表面光滑，无须再加水。因此，滚压成型后的坯体强度大，不易变形，表面品质好，规整度一致，克服了旋压成型的基本弱点，提高了日用瓷坯的成型品质。再加上滚压成型的生产效率较高，易与上下工序组成联动生产线，改善了劳动条件等优点，使滚压成型在日用陶瓷工业中得到广泛应用。

滚压成型与旋压成型一样，可采用阳模滚压与阴模滚压，如图 4-11 所示。阳模滚压是利用滚头来决定坯体的阳面（外表）形状大小。它适用于成型扁平、宽口器皿和坯体内表面有花纹的产品。阴模滚压系用滚头来形成坯体的内表面。它适用于成型口径较小而深凹的制品。阳模成型时，石膏模型转速（即主轴转速）不能太快，否则坯料易被甩掉，因此要求坯料水分少些，可塑性好些。带模干燥时，坯体有模型支撑，脱模较困难但变形较少。阴模滚压时，主轴转速可大些，泥料水分可高些，可塑性要求可稍低，但带模干燥易变形，生产上常把模型扣放在托盘上进行干燥，以减少变形。

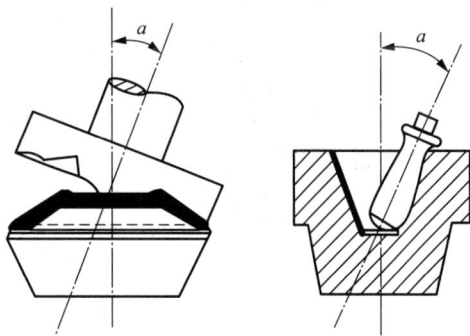

图 4-11　阳模和阴模滚压成型

为了防止滚头粘泥，可采用热滚压，即把滚头加热到一定温度（通常为120℃左右）。当滚头接触湿泥料时，滚头表面生成一层蒸汽膜，可防止泥料粘滚头。滚头加热方法是采用一定型号的电阻丝盘绕在滚头腔内，通电加热。采用热滚压时，对泥料水分要求不严格，适应性较广，但要严格控制滚头温度，并增加附属设备，常需维修，操作较麻烦。有的瓷厂采用冷滚压，为了防止粘滚头，要求泥料水分低些，可塑性好些，并可采用憎水性材料做滚头。

2. 滚压头

滚压成型是靠滚压头来施力的，因此滚压头的设计合适与否是一个关键问题。一般对滚压头的要求：能成型产品所要求的形状和尺寸，并不易产生缺陷；滚压时有利于泥料的延展和余泥的排出；使用寿命长，有适当的表面硬度和表面粗糙度；制造、维修、调整、装拆方便；滚头材料来源容易、价格便宜。

设计滚压头的主要工艺参数是滚压头的倾角，即滚压头的中心线与模型中心线（主轴线）之间的夹角，用 α 表示（图 4-11）。

滚头倾角 α 的大小是直接影响滚头直径和滚压压力的一个重要工艺参数。滚头倾角 α 小，则滚头直径和体积就大，滚压时泥料受压面积大，坯体较致密，但若滚头倾角 α 过小，则滚压时滚头排泥困难，甚至出现空气排不出去的成型缺陷。压力过大则坯体不易脱模，也容易压坏模型。滚头倾角 α 大，则滚头直径较小、排泥容易、压力较小；若滚头倾角 α 过大，则易引起粘滚头、坯体底部不平、坯体密度不够等缺陷。在实际生产中，滚头倾角 α 大小，根据产品器形大小、泥料性能、滚头与主轴的转速等不同，而采用不同的倾角。一般产品直径大，倾角可大些，产品直径小，倾角可小些。深型产品，可采用圆柱形滚头（即无倾角）。一般倾角采用 15°～30°，有的可达 45°左右。

滚头倾角确定后，滚头大小也基本确定了，但实际设计滚头时，滚头的中心线 xx 往往不对准模型中心线 yy，而要平移1～3mm。因为滚头的中心顶点上，其旋转线速度几乎为零，对坯料所施的压力很小，坯体就较疏松，致使坯体底部中心部位表面不光，烧后不平。为了避免这种现象，需要将滚头中心顶点加工成弧形，同时也需要把滚头中心线平移一定距离 $x'x'$，如图 4-12 所示。这样处理后，不仅可解决坯体底面中心部位成型不良的缺点，而且当滚头磨损后可进行加工修复，继续使用。

深型制品，不宜采用有倾角的滚头时，滚头的中心线与模型的中心线是平行的。这时，滚头的大小（指端面直径）不能小于坯体底面的半径，否则中心部位成型不好，但也不宜超过

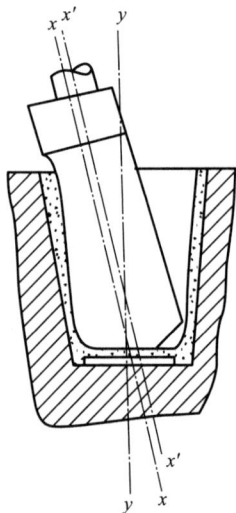

图 4-12　滚头中心线示意图

坯体底面半径的 120%，过大会造成排泥困难及压力太大等问题（图 4-13）。

滚头材料常用铸铁、钢或塑料。铸铁滚头适用于热滚压，材料便宜，加工性能好，瓷厂用得较多。塑料滚头常用聚四氟乙烯，具有高的憎水性，不易粘断泥，加工性能好，用于冷滚压效果很好。缺点是质地较软，易被泥料中的硬颗粒损坏表面，而且价格较贵。

3. 工艺参数控制

（1）对泥料的要求

滚压成型泥料受到压延力作用，成型压力较大，成型速度较快，要求泥料可塑性好些、屈服值高些、延伸变形量大些、含水量小些。塑性泥料的延伸变形量是随着含水量的增加而变大的，若泥料可塑性太差，由于水分少，其延伸变形量也小，滚压时易开裂，模型也易损坏。若用强可塑性原料，由于其适于滚压成型时的水分较高，其屈服值相应较低，滚压时易粘滚头，坯体也易变形。因此，滚压成型要求泥料具有适当的可塑性，并要控制含水量。瓷厂生产在确定原料坯料组成之后，一般是通过控制含水量来调节泥料的可塑性以适应滚压的需要。所以滚压成型时应严格控制泥料的含水量。

滚压成型对泥料的要求，还与采用阳模滚压还是阴模滚压、热滚压还是冷滚压有关。阳模滚压时因泥料在模型外面，泥料水分少些才不致甩离模型。同时，阳模滚压时，要求泥料的延展性好些（即变形量要大些）才能适应阳模滚压的成型特点。因此，适用于阳模滚压的泥料应是可塑性较好而水分较少的。而阴模滚压时，水分可稍多些，泥料的可塑性可以稍差些。冷滚压时，泥料水分要少些而可塑性要好些，热滚压时，对泥料的可塑性和水分要求不严。另外，成型水分还与产品的形状大小有关，成型大产品时水分要低些，成型小产品时水分要高些。泥料水分还与转速有关，滚头转速小时，泥料水分可高些。滚头转速快，则泥料水分不宜太多，否则易粘滚头，甚至飞泥。

含水量还和泥料本身产地和加工处理方法有关，一般滚压成型泥料水分在 19%~26% 不等。

（2）滚压过程的控制

滚压成型时间很短，从滚头开始压泥到脱离坯体，只要几秒至十几秒，而滚压的要求并不相同。滚头开始接触泥料时，动作要轻，压泥速度要适当。动作太重或下压过快会压坏模型，甚至排不出空气而引起"鼓气"缺陷。对于成型某些大型制品，例如 10.5 英寸平盘，为了便于布泥和缓冲压泥速度，可采用预压布泥，也可让滚头下压时其倾角由小到大形成摆头式压泥。若滚头下压太慢也不利，泥料易粘滚头。当泥料被压至要求厚度后，坯体表面开

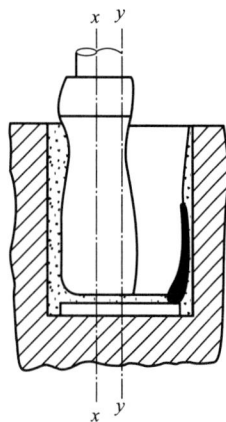

图 4-13　滚头端面过大示意图

始赶光，余泥断续排出，这时滚头的动作要重而平稳，受压时间要适当（某些瓷厂为 2~3s）。最后是滚头抬离坯体，要求缓慢减轻泥料所受的压力。若滚头离坯面太快，容易出现"抬刀缕"，泥料中瘠性物质较多时，这种情况就不显著。

（3）主轴和滚压头的转速和转速比的控制

主轴（模型轴）和滚头的转速及其转速比直接关系到产品的品质和生产效率，是滚压成型工艺中的一个重要参数。主轴转速高，成型效率就高，可提高产量。但阳模滚压转速太快容易飞泥。阴模滚压主轴转速可比阳模滚压的高些。主轴转速还应随产品的增大而减小，为了提高产量，采用较高的主轴转速时，容易出现"飞模"现象，因此要注意模型的固定问题。国内瓷厂根据不同产品主轴转速一般在 300~800r/min，有的可达 1000r/min 以上。

主轴转速基本确定后，滚头转速要与之相适应，一般是将主轴转速与滚头转速的比例（转速比）作为一个重要的工艺参数来控制的。合宜的具体的转速比应通过实验来确定，它对成型品质的影响机理及其关系还需在实践中进一步总结和提高。

4.2.4　挤压成型

挤压成型是采用真空练泥机、螺旋或活塞式挤坯机，将可塑料团挤压向前，经过机嘴定型，达到制品所要求的形状。陶管、劈离砖、辊棒和热电偶套管等管状、棒状、断面和中孔一致的产品，均可采用挤压成型。坯体的外形由挤压机机头内部形状所决定，坯体的长度根据尺寸要求进行切割。挤压成型便于与前后工序联动，实现自动化生产。

挤压成型不仅能成型黏土质坯料，也可以成型瘠性坯料配以适量黏合剂而成的塑性料团。这些坯料都应有良好的可塑性，且经过真空处理。常用于调和瘠性坯料的黏合剂有聚乙烯醇、羧甲基纤维素、丙三醇、桐油或糊精等。

挤压成型时应注意下列工艺问题：

①坯料真空处理。用于挤压成型的坯料必须经过严格的真空处理，以除尽坯料中的气泡。若残存气泡，挤出时气泡易在坯体表面破裂，影响表面品质。

②挤出力。挤出力的大小是挤压成型中的关键问题。挤出力过小时，泥料含水量较高时才能挤出，这样所成型的坯体强度低、收缩大。若挤出力过大，则摩擦阻力大，设备负荷加重。挤出力的大小主要取决于机头喇叭口的锥度。

③挤出速度。当挤出力固定后，挤出速率主要取决于主轴转速和加料快慢。出坯过快，坯料的弹性滞后释放，容易引起坯体变形。

④管状产品的壁厚。壁厚必须能承受本身的重力作用和适应工艺要求。

管壁过薄，则容易软塌，使管径变形成椭圆。此外，承接坯体的托板必须平直光滑，以免引起坯体弯曲变形，尤其是长产品。

4.2.5　车坯成型

车坯成型适用于外形复杂的圆柱状产品，如圆柱形的套管、棒形支柱和棒形悬式绝缘子的成型。根据坯泥加工时装置的方式不同，车坯成型分为立车和横车。根据所用泥料的含水率不同，又分为干车和湿车。

干车时泥料含水率为 6%～11%，用横式车床车修。制成的坯件尺寸较为准确，不易变形和产生内应力，不易碰伤、撞坏，上下坯易实现自动化。但成型时粉尘多，效率较低，刀具磨损较大。

与干车比较，湿车所用泥料含水量较高，为 16%～18%，效率较高，无粉尘，刀具磨损小，但成型的坯件尺寸精度较差。横式湿车用半自动车床，采用多刀多刃切削。泥段用车坯铁芯（或铝合金芯棒）穿上，固定于车坯机头上，或将泥段直接固定在机头卡盘上。主轴转速 30～500r/min。样板刀固定安装在刀架轴上，刀架轴转速 1～1.5r/min。

车坯的刀具要求有足够的强度和耐磨性，以减少装换刀具的辅助工时。已研究成功的 TiC（碳化铁）沉积刀具，当覆盖层为 5～8μm 时，比普通热处理 45# 钢制成的车坯刀耐磨性显著提高。而电镀人造金刚石车坯刀，使用寿命比普通车坯刀成倍增加。

立式湿车近年来有了很大的发展，主要原因是它采用光电跟踪仿型修坯和数字程序控制等半自动仿型车坯机，使工效和产品品质大大提高。

4.2.6　注塑成型

注塑成型又称注射成型，是瘠性物料与有机添加剂混合压挤成型的方法，它是由塑料工业移植过来的。德国在 1939 年、美国在 1948 年先后将其用于陶瓷制品的成型。日本也于 1960 年采用这种工艺成型氧化铝陶瓷。目前各种形状复杂的高温工程陶瓷（如 SiC、Si_3N_4、BN、ZrO_2 等）的制作都开始采用这种成型技术。

1. 坯料的制备

注塑成型采用的坯料不含水。它由陶瓷瘠性粉料和结合剂（热塑性树脂）、润滑剂、增塑剂等有机添加物构成。坯料的制备过程是将上述组分按一定配比加热混合，干燥固化后进行粉碎造粒，得到可以塑化的粒状坯料。常用的有机添加物列于表 4-2 中。有机添加物的灰分和碳含量要低，以免脱脂时产生气泡或开裂。

表4-2 注塑成型用有机添加剂

种类	添加剂
结合剂	聚苯乙烯、聚乙烯、聚丙烯、醋酸纤维素、丙烯酸树脂，乙烯－醋酸乙烯树脂、聚乙烯醇
增塑剂	二乙基酞酸盐、二丁基酞酸盐、二辛基酞酸盐、脂肪酸酯、植物油、动物油、邻苯二甲酸二乙酯、邻苯二甲酸二丁酯或二辛酯
润滑剂	硬脂酸、硬脂酸金属盐、矿物油、石蜡、微晶石蜡、天然石蜡
辅助剂	分解温度不同的几种树脂、萘等升华物质、天然植物油

坯料中有机物的含量直接影响坯料的成型性能及烧结收缩性能。提高有机物含量，可使成型性能得到改善，但会使烧成收缩增大（图4-14）。为提高制品的精确度，要求尽量减少有机物用量。但为使坯料具有足够的流动性，必须使粉末粒子完全被树脂包裹住。通常有机物含量在20%～30%，特殊的可高达50%左右。

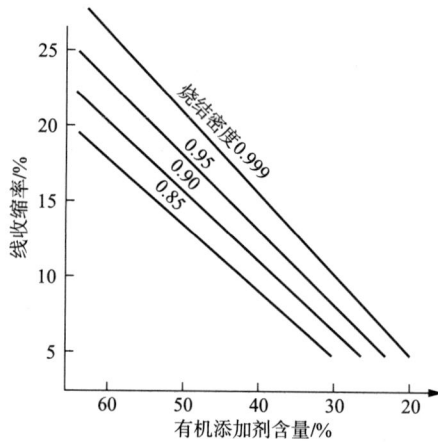

图4-14 有机添加剂含量对制品烧成收缩的影响

2. 成型过程

注塑成型过程以图4-15（柱塞式）为例简述如下：

①调节并封闭模具，造粒坯料投入成型机，加热圆筒使坯料塑化，见图4-15（a）。

②将塑化的坯料注射至模具中成型，见图4-15（b）。

③柱塞退回，供料。同时冷却模具，见图4-15（c）。

④打开模具，将固化的坯料脱模取出，见图4-15（d）。整个成型周期大约30s。成型的温度在树脂产生可塑性的温度下，一般为120～200℃。

注塑成型时坯体易出现的缺陷有：坯料相遇接合时没有融合，从而在坯体的表面和内部产生熔焊线条；脱脂后坯体硬化不足，未完全充满模具；坯体中包裹着气孔。

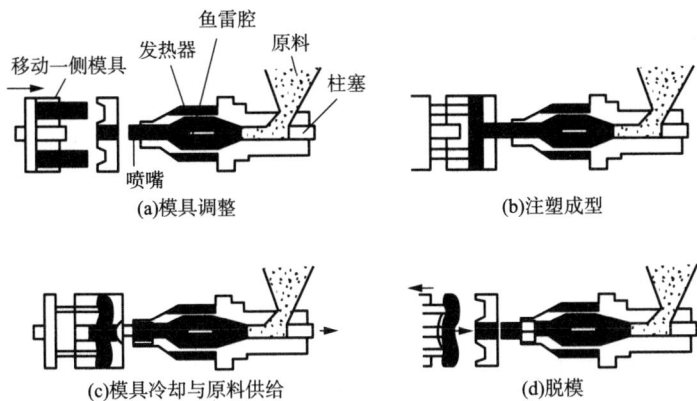

图 4-15 注塑成型工艺过程示意图

3. 脱脂

除去有机添加剂的工序称为脱脂。瘠性粉料之所以能够通过注塑成型得到形状复杂的大型制品，关键是依赖于有机添加剂的塑化作用。但是这些有机添加剂必须在制品烧结以前从坯体中清除出去，否则就会引起各种缺陷。

脱脂是注塑成型工艺中需要时间最长的一道工序，一般为 24～26h，特殊时需要几个星期。脱脂的速率与原料的特性、有机添加剂的种类及其数量，特别是生坯的形状、大小、厚度有关。较薄的坯体脱脂较快，较厚的坯体脱脂速度慢，对形状复杂和容易变形的坯体则采用定位装置（托架）或埋入粉末中。图 4-16 是 Si_3N_4（含量 56%）和 SiC（含量 58%）的注塑件的脱脂曲线。

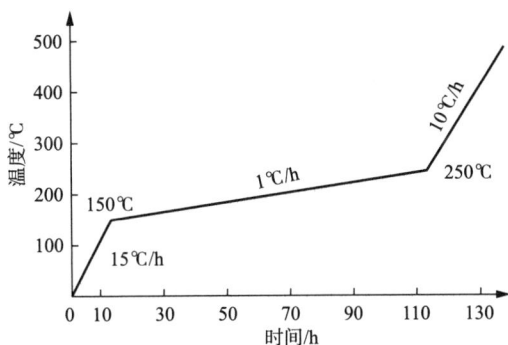

图 4-16 Si_3N_4 和 SiC 注塑件脱脂曲线
（最大 $\varphi 20 \times L30mm$ ）

注塑成型适合于生产形状复杂、尺寸精度要求严格的制品。产量较大，可以连续化生产。缺点是有机物使用较多，脱脂工艺时间长，金属模具易磨损，造价高等。

4.3 注浆成型

注浆成型是利用多孔模型的吸水性，将泥浆注入其中而成型的方法。这种成型方法适应性强，凡是形状复杂、不规则的薄壁、厚胎、体积较大且尺寸要求不严的制品都可用注浆法成型，如日用陶瓷中的花瓶、汤碗、椭圆形盘、茶壶手柄等。

4.3.1 注浆坯料的成型性能

1. 陶瓷泥浆的流变特性

（1）陶瓷泥浆的流动曲线

陶瓷生产所用泥浆流变性能的表示方法和其他流体一样，通常将剪切应力 τ 与剪切速率 γ 作图，画出其流动曲线。泥浆这类悬浮体属非牛顿型流体。

国外许多学者测定了各类陶瓷泥浆的流动曲线。图 4-17 为一些原料泥浆的流动曲线。可塑黏土调成泥浆（相对密度 1.34）其流动曲线是塑性型的。在低的剪切应力（如自重）作用下这种泥浆不会流动，在高剪切应力作用下，泥浆容易流动。当剪切速率超过 $100s^{-1}$ 时，其流动曲线和宾汉流型接近，并无触变滞后环。但当加入碱液解胶后，则其屈服应力减小，而且出现滞后环。

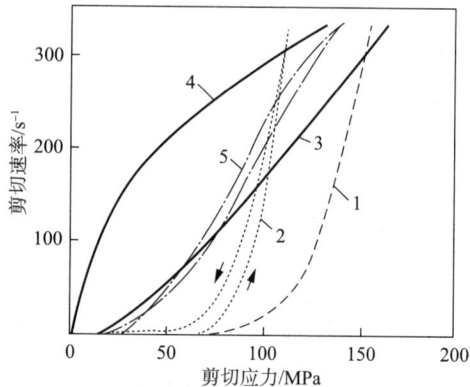

图 4-17 陶瓷原料泥浆的流动曲线

1—可塑黏土泥浆 2—骨灰浆 3—石英浆 4—氧化铝浆 5—加入碱的可塑黏土泥浆

陶瓷泥浆就其固相颗粒大小来说，是介于溶胶—悬浮体—粗分散体系之间的一种特殊系统。它既具有溶胶的稳定性，又会聚集沉降。这种复杂的性质使得我们既要从固相颗粒本性出发，又要考虑外在条件（浓度、粒度分布、电解质的种类与数量、泥浆制备方法等）的影响，这样才能全面掌握泥浆的流变性质。

（2）影响泥浆流变性能的因素

1）泥浆的浓度

图4-18为不同浓度的可塑黏土泥浆的流动曲线。泥浆的浓度增加时，曲线的形状基本上不变，只是曲线的位置沿横轴方向向右移动，也就是获得同一剪切速率所需施加的应力增大。

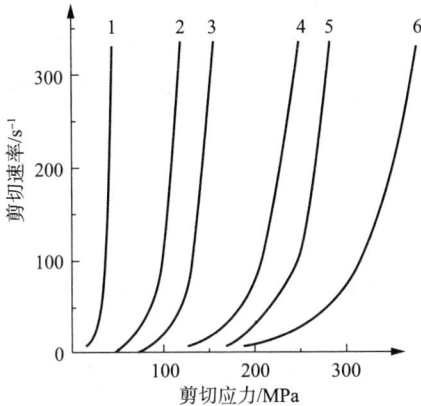

图4-18　未解凝的可塑黏土泥浆浓度与流动曲线的关系

1—相对密度1.256　2—相对密度1.308　3—相对密度1.346
4—相对密度1.386　5—相对密度1.421　6—相对密度1.426

2）固相的颗粒大小

对于高浓度高岭土（黏土）泥浆来说，其流变性能是颗粒分布的函数。

颗粒分布对泥浆流变性能的变化主要表现为：胶体颗粒（<0.1μm）是悬浮体中大颗粒移动的润滑剂，也是非胶体颗粒的分散剂与支撑者；泥浆是粗分散体系，其粒度范围为0.2~200μm，胶体颗粒主要由可塑黏土引入，数量很少。这时颗粒分布范围和大小颗粒之比起主导作用，若粗颗粒之间的空隙被细颗粒填满，而体系中的中颗粒又少，则颗粒间空隙进入的水分少，同一浓度泥浆中的自由水增多，体系的黏度下降。若颗粒分布范围广，最小与最大颗粒径之比必小，如果中间颗粒稍多，则空隙体积大，吸引水分进入，增大泥浆的黏度。

3）电解质的加入

向泥浆中加入电解质是控制其流动性和稳定性的有效方法。电解质的种类和数量对泥浆的流变性能都有影响。一般说来，含电解质的泥浆都会出现触变滞后环。随着泥浆解凝程度的不同，泥浆的屈服值和滞后环的面积都会变化。

4）陈腐

新调制的泥浆及解凝程度不够的泥浆，其泥浆流变性能是不稳定的。陈腐过程中黏度和屈服值会逐渐加大，往往需要存放几天、几周才会稳当下来。

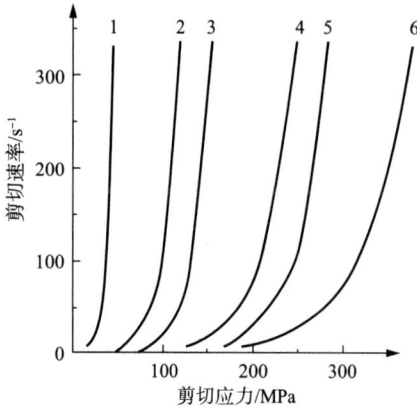

图 4-19　陈腐对可塑黏土泥浆流动曲线的影响
1—1h　2—24h　3—120h　4—288h　5—432h　6—576h

图 4-19 为未解凝的可塑黏土泥浆（相对密度 1.25）陈腐不同时间下流动曲线的变化。约需存放 3 周才能使泥浆性能稳定。高岭土泥浆也有类似的情况。在陈腐过程中聚集的粒子不可逆地逐渐分散开来，其大小的极限是 $1\mu m$。若全部颗粒 $<1\mu m$，则再长期放置性能也不会变化。对于解凝充分的泥浆，陈腐的影响不大。因为解凝剂起着分散颗粒的作用，促使泥浆达到动力平衡状态。从泥浆黏度与陈腐时间的关系来看，当泥浆未完全解凝时，黏度随陈腐时间而升高；若泥浆过分解凝（解凝剂放入过多），则陈腐时最初是降低（又称二次解凝），经一定时间后不再变动；若泥浆充分解凝则泥浆黏度不随时间发生变化，是固定的。

5）有机物质

可塑黏土及一些夹杂在煤层中的黏土常含有天然有机物质。这些难以用机械方法将其从黏土中分离出来的有机物一般称为腐殖质。胶体腐殖质是一系列酸性的高分子聚合物，它的官能团主要是羧基、酚式羟基及少量烯醇式羟基。

不含有机物的黏土调成泥浆时，由于颗粒平面带负电荷，边缘带正电荷形成面—边结合的片架结构，呈絮凝状态。若黏土中含有机物，则带正电荷的边缘吸附有机物的负离子，使整个颗粒的平面与边缘呈现中性，面—面缔合成较厚或较大的薄片，平行聚集而分散不开；当向含有机物的泥浆中加入碱离子与羟基离子使其 pH 值增至 7~8 时，则被黏土颗粒吸附的有机物的羧基会变成可溶性钠盐。导致颗粒表面呈负电荷，互相排斥增加其悬浮性。实际上腐殖质确实会降低黏土泥浆的黏度并增加其流动性。

6）可溶性盐类

黏土中的可溶性盐类通常为碱金属与碱土金属的氯化物、硫酸盐等。这些盐类一般都会提高泥浆的黏度。图 4-20 表示在碱解凝的泥浆中添加可溶性盐类时黏度的变化。微量 Ca^{2+}、Mg^{2+} 等多价离子取代被黏土颗粒吸附的 Na^+，使 ζ- 电位变小导致黏度增大。图 4-21 中为黏土坯料中加入不同可溶性盐 [注：mgeq（毫克当量）为不规范单位，根据盐的种类，可换算成标准单位（mol）]，用硅酸钠解凝时泥浆黏度的变化。为了降低加入可溶性盐类泥浆的黏度，需要加入大量硅酸钠，而且其黏度比无可溶性盐的泥浆要高得多。泥浆中可溶性盐增多时，即使添加解凝剂，黏度也难以下降。

可塑黏土中的岩石碎片是硫化物的来源。当潮湿的黏土开采后露天陈腐期间，硫化物和空气接触会氧化成硫酸盐，成为铁、钙、镁的可溶性盐，这种可溶性硫酸根离子会降低解凝剂的稀释作用。例如含一定量 $CaSO_4$ 的泥

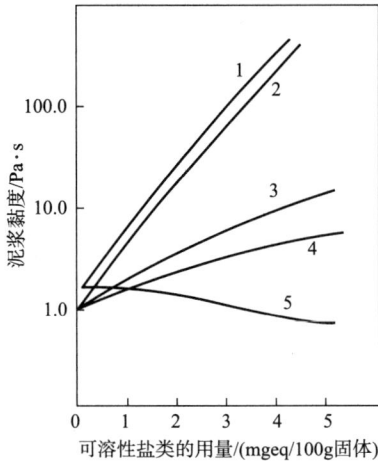

图 4-20　可溶性盐类与泥浆黏度的关系

1—$MgCl_2$　2—$CaCl_2$　3—NaCl

4—Na_2SO_4　5—NaOH。

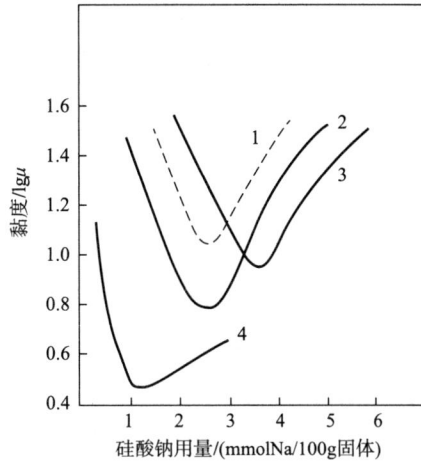

图 4-21　加入可溶性盐类的坯料的解凝曲线

1—NaCl　2—Na_2SO_4　3—$CaCl_2$　4—未加

浆比含 $Ca(OH)_2$ 泥浆需要多加 40% 的硅酸钠才能达到同样解凝程度，因为 SO_4^{2-} 阻碍解凝作用。对于含 SO_4^{2-} 的可塑黏土泥浆来说，若吸附了有机物，加入 $BaCO_3$ 可增大其流动性，减少解凝剂的数量，这是由于羟基能恢复有机物官能团的反应。

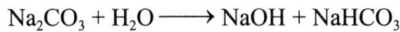

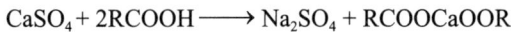

$$Na_2SO_4 + BaCO_2 \longrightarrow Na_2CO_3 + BaSO_4$$

$$Na_2CO_3 + H_2O \longrightarrow NaOH + NaHCO_3$$

$$RCOOH + NaOH \longrightarrow RCOONa + H_2O$$

$$CaSO_4 + 2RCOOH \longrightarrow Na_2SO_4 + RCOOCaOOR$$

$$RCOOCaOOR + 2 NaOH \longrightarrow 2 RCOONa + Ca(OH)_2$$

2. 影响泥浆浇注性能的因素

（1）流动性

高浓度泥浆具有良好的流动性是浇注成型的首要条件。影响流动性的因素为：

1）固相含量、颗粒大小和形状

泥浆流动时的阻力来自三个方面：水分子本身的相互吸引力；固相颗粒与水分子之间的吸引力；固相颗粒相对移动时的碰撞阻力。若用经验公式可写成：

$$\eta = \eta_0(1-c) + k_1 c^n + k_2 c^m$$

式中：η 为泥浆黏度；η_0 为液体介质黏度；c 为泥浆中固相浓度；n、m、k_1、k_2 为常数（对高岭土泥浆来说，$n=1$，$m=3$，$k_1=0.08$，$k_2=7.5$）。

低浓度泥浆中固相颗粒少，上式中第二、三项均小，而第一项 $\eta(1-c)$ 较大，就是说泥浆黏度由液体本身黏度所决定。在高浓度泥浆中因颗粒多，上式中第二、三项较大，而第一项较小，即泥浆黏度主要取决于固相颗粒移动时的碰撞阻力。固相颗粒增多必然会降低泥浆的流动性。若增多泥浆中的水分，流动性固然改善，但收缩增加，强度降低，吸浆速度减慢，这些对生产是不利的。

一定浓度的泥浆中，固相颗粒越细，颗粒间平均距离越小，吸引力增大，位移时所需克服的阻力增大，流动性减少。此外，由于水有偶极性，胶体粒子带有电荷，每个颗粒周围都形成水化膜，固相颗粒呈现的体积比真实体积大得多，因而阻碍泥浆的流动。

泥浆流动时，固相颗粒既有平移运动又有旋转运动。当颗粒形状不同时，对运动所产生的阻力必然不同。在相同的固相体积情况下，非球形颗粒阻力大，球形或等轴颗粒产生的阻力最小，即颗粒越不规则，泥浆流动性越低。

2）泥浆的温度

将泥浆加热时，分散介质（水）的黏度下降，泥浆黏度也因而降低。提高泥浆温度除增大流动性外，还可加速泥浆脱水，增加坯体强度。所以生产中有采用热模、热浆进行浇注的方法。

3）水化膜的厚度

生产实践发现，黏土原料经干燥成泥浆后的流动性有所改变。如图 4-22 所示，黏土干燥温度升高时一定量泥浆流出的时间缩短，即其流动性增加。

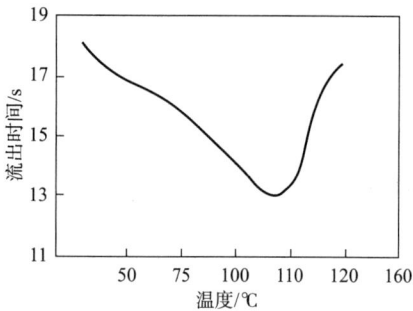

图 4-22　黏土干燥温度与泥浆流动性的关系

在某一温度下干燥黏土时，泥浆的流动性可达最大值。而进一步升高干燥温度，泥浆性能则又降低。这和黏土干燥后，其表面吸附离子的溶剂化水膜厚度变化有关。

在同一含水量的条件下，胶团中结合水减少，导致自由水增多，因而颗粒易于位移。泥浆流动性增大。但若干燥温度超过一定数值，黏土颗粒受热使表面结构破坏，吸附的离子和黏土颗粒结合变松，再水化时黏土与水的偶合力较强，能形成较厚的水化膜，使结合水增加而自由水量减少，从而泥浆的流动性又变差。

4）泥浆的 pH 值

提高瘠性料浆流动性与悬浮性的方法之一是控制其 pH 值。瘠性料浆中的原料多为两性物质（如氧化铝、氧化铬、氧化铁等），它们在酸性和碱性介质中都能胶溶，但离解的过程不同，形成胶团的结构也不同。pH 值影响其离解程度，又会引起胶粒 ζ - 电位发生变化，导致改变胶粒表面的吸力与斥力的平衡，最终使这类氧化物胶溶或絮凝。

5）电解质的作用

泥浆中加入适当电解质是改善其流动性的一个主要方法。电解质之所以能产生稀释、解凝作用，在于它能改变泥浆中胶团的双电层厚度和 ζ - 电位。

（2）吸浆速度

注浆过程中，泥浆中的水分受到模型的毛细管力的作用向模型孔隙中移动，而固体粒子停留在模型的表面上形成吸附泥层，这时模型对水的吸引力和水在模型中的流动阻力加上水通过吸附泥层的阻力之和相等。经过一定时间后，水通过吸附泥层的阻力增大，而水在模型中的阻力相对减小，甚至可忽略不计，则注件成坯的速度取决于水分通过吸附泥层的阻力。固相颗粒的比表面积决定颗粒堆积的形式，所以比表面积增大，吸浆速度急剧降低。此外，泥浆温度升高和注浆压力增大均会提高注浆成坯速率，而泥浆越浓则降低成坯速率。

（3）脱模性

浇注成型时，当吸浆结束之后（空心注浆是倒出剩余的泥浆之后；实心注浆是泥浆不再吸入模型之后），坯体中的水分不断减少。经过一定时间后，水分减少缓慢，坯体收缩与模型脱离。若泥浆中硅酸钠含量增多，会加大模型—坯体界面结合力，使坯体不易离模。坯体界面强度受石膏模和解凝剂在界面上发生的反应所影响。由石膏模溶解出来的 Ca^{2+} 与硅酸钠反应会生成硅酸钙，使界面结合能力增大，若采用的是硅酸钠与纯碱二者作解凝剂，纯碱量增多时，界面上会生成 $CaCO_3$ 结晶，减弱界面的结合力。再有坯体的形状，如界面的曲率、模型表面的凹凸程度、坯体的自重都是影响坯体离模情况的因素。

（4）挺实能力

挺实能力指的是脱模时坯体有足够的硬度或湿强度，不致变形的能力。

注浆坯体脱模后断面上的水分是不均匀的，随着脱模后存放时间的延长坯体内外水分差逐渐减小（图4-23）。坯体脱模时的强度也因内外有水分差而不同。泥浆中黏土及硅酸钠含量增多时会加大其表面强度，对平均强度影响不大。这样使内外强度差增大。离模系数小的坯体，其水分梯度决定着内外强度的差别。

（5）加工性

它是指注浆成型的生坯能承受钻孔、切割等加工工序的能力。有人选择脱模后坯体和模型接触的表面加工时的最大变形量作为衡量其加工性的尺度，因此它是坯体表面强度的函数。在最大变形量小的坯体上钻孔、切割时容易产生毛刺或呈小块脱落。干燥与烧成后易开裂。用硅酸钠作解凝剂时，增加用量会降低其加工性。

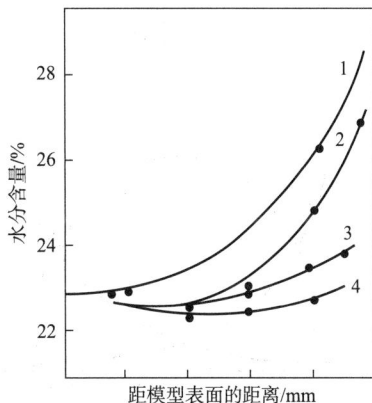

图 4-23　脱模后坯体断面上水分的分布
1—刚脱模　2—脱模后 3min　3—脱模后 15min
4—脱模后 30min

坯体中黏土含量增多，其加工性能也增大，但黏土含量超过 30% 时则加工性能略有减小。

3. 注浆过程中的物理化学变化

采用石膏模注浆时，既发生物理脱水过程，也出现化学凝聚过程，前者是主要的。

（1）物理脱水过程

泥浆注入模型后，在毛细管的作用下，水分沿着毛细管排出，可以认为毛细管是泥浆脱水过程的推动力。这种推动力取决于毛细管的半径大小、分布和水的表面张力。毛细管越细，水的表面张力越大，则脱水的推动力越大。当模型内表面形成一层坯体后，水分必先通过坯层的毛细孔，然后再进入模型的毛细管中。这时脱水的阻力来自模型和坯体两个方面。注浆前期模型的阻力起主要作用，注浆后期坯体厚度增加所产生的阻力起主导作用。

坯体产生的阻力大小决定泥浆的性质和坯体的结构。含塑性原料多、胶体粒径多的泥浆脱水阻力大，模型中形成的坯体密度大则阻力也大。石膏模型产生的阻力取决于毛细管的大小和分布，这又和制造模型时的水与熟石膏粉的比例有关。注浆过程的阻力与吸浆速度的关系见图 4-24，当水：石膏 = 78：100 时，总阻力最小而相应的吸浆速度最大。若水分少于 78 份时，则模型的气孔少，泥浆水分的排出主要由模型阻力所控制。随着水分增加，模型阻力和总阻力均减少，吸浆速度则增大。若水分超出 78 份，模型的气孔增多，水分的排出受坯体的阻力所控制，坯体的阻力和总阻力均随水分增多而加大，吸浆速度则随之降低。

（2）化学凝聚过程

泥浆与石膏模接触时，会溶解一定数量的 $CaSiO_4$（25℃时 100g 水中 $CaSO_4$ 的溶解度为 0.208g）。它和泥浆中的 Na- 黏土及硅酸钠发生离子交换反应：

图 4-24 注浆过程阻力与吸浆速度的关系
1—吸浆速度 2—总阻力 3—模型阻力 4—坯体阻力

$$Na- 黏土 + CaSO_4 + Na_2SiO_3 \longrightarrow Ca- 黏土 + CaSiO_3 + Na_2SO_4$$

使靠近石膏模型表面的一层 Na- 黏土变为 Ca- 黏土。泥浆由悬浮状态转变为聚沉。石膏起着絮凝剂的作用，促使泥浆絮凝硬化，缩短成坯时间，通过上述反应生成溶解度很小的 $CaSiO_3$，促使反应不断向右进行。而生成的 Na_2SO_4 是水溶性的，被吸入模型的毛细管中。烘干模型时，Na_2SO_4 以白色丛毛状结晶的形态析出。由于 $CaSO_4$ 的溶解与反应，模型的毛细管增大，表面出现麻点，力学强度下降。

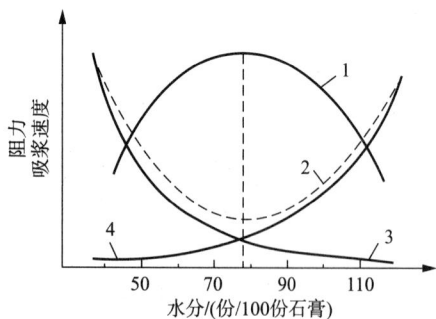

4.3.2 基本注浆方法

1. 单面注浆

单面注浆是将泥浆注入模型中，待泥浆在模型中停留一段时间而形成所需的注件后，倒出多余的泥浆。随后带模干燥，待注件干燥收缩脱模后，取出注件。图4-25示出单面注浆操作过程。用这种方法注出的坯体，由于泥浆与模型的接触只有一面（故称单面注浆），因此注件的外形取决于模型工作面的形状，而内表面则与外表面基本相似。坯体的厚度只取决于操作时泥浆在模型中停留的时间，厚度较均匀。若需加厚底部尺寸，可以进行二次注浆，即先在底部注浆，待稍干后再注满泥浆，这样可加厚底部尺寸。

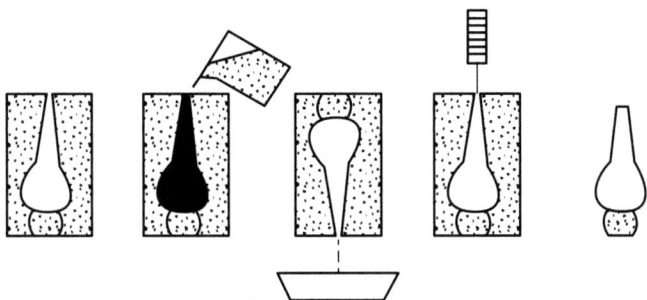

图4-25 单面注浆的操作示意图

单面注浆用的泥浆，其密度一般都比双面注浆的要小，密度为 $1.65 \sim 1.8 \mathrm{g/cm^3}$ 泥浆的稳定性要求较高，流动性一般为 $10 \sim 15$，稠化度不宜过高（$1.1 \sim 1.4 \mathrm{g/cm^3}$），细度一般比双面注浆的要细，万孔筛筛余为 $0.5\% \sim 1\%$。

注浆时，应先将模型的工作面清扫干净，不得留有干泥或灰尘。装配好的模型如有较大缝隙，应用软泥将合缝处的缝隙堵死，以免漏浆。模型的含水量应保持在5%左右，过干或过湿都将引起坯体的缺陷，并降低劳动生产率。适当加热模型可以加快水分的扩散而对吸浆有利，但应有一个限度，否则将适得其反。进浆时，浇注速度与泥浆压力不宜太大，以免注件表面产生缺陷，并应使模型中的空气随泥浆的注入而排出。脱模的合适水分应由实际情况决定，一般为18%左右。

2. 双面注浆

双面注浆是将泥浆注入两石膏模面之间（模型与模芯）的空穴中，泥浆被模型与模芯的工作面两面吸水，由于泥浆中的水分不断被吸收而形成坯泥，注入的泥浆量就会不断减少，因此，注浆时必须陆续补充泥浆，直到空穴中的泥浆全部变成坯时为止。显然，坯体厚度由模型与模芯之间的空穴尺寸来决定，因此它没有多余的泥浆被倒出（图4-26）。

双面注浆用的泥浆一般比单面注浆用的有更高的密度（约在 $1.7 \mathrm{g/cm^3}$

图 4-26　双面注浆操作示意图

以上），稠化度也较高（1.5～2.2g/cm³），细度也可以粗些，万孔筛筛余1%～2%。

　　双面注浆可以缩短坯体的形成过程。制品的壁可以厚些，可以制造两面有花纹及尺寸大而外形比较复杂的制品。但是，双面注浆的模型比较复杂，而且与单面注浆一样，注件的均匀性并不理想，通常远离模面处致密度小。

　　双面注浆操作时，为了得到致密的坯体。当泥浆注入模型后，必须振荡几下，使气泡逸出，直至泥浆注满为止。另外，必须预留放出空气的通路。

4.3.3　强化注浆方法

　　为了改进一般注浆方法的缺点，提高注件品质，减轻劳动强度，提高劳动生产效率，有必要采取技术措施，进行强化注浆。

1. 压力注浆

　　采用加大泥浆压力的方法来加速水分扩散，从而加速吸浆速度。加压方法最简单的就是提高盛浆桶的位置，利用泥浆的位能提高泥浆压力。这种方式所增的压力一般较小，在0.05MPa以下。也可用压缩空气将泥浆压入模型，一般说来，压力越大，成型速度越快，生坯强度越高。但是，压力的加大量受到模具等因素的约束。根据泥浆压力的大小，压力注浆可分为微压注浆、中压注浆和高压注浆。微压注浆的注浆压力一般在0.05MPa以下，中压注浆的压力在0.15～0.20MPa，大于0.20MPa的可称为高压注浆，此时就必须采用高强度树脂模具。

2. 真空注浆

　　用专门设备在石膏模的外面抽真空，或把加固后的石膏模放在真空室中负压操作，这样都可加速坯体形成。真空注浆可以增大石膏模内外面压差，从而可缩短坯体形成时间，提高坯体致密度和强度。真空度为300mmHg（0.4MPa）时，坯体形成时间为常压下的1/2以下，真空度为500mmHg（0.665MPa）时，坯体形成时间仅为常压下的1/4。真空注浆时操作要特别严格，否则易出现缺陷。

3. 离心注浆

　　离心注浆是使模型在旋转情况下注浆，泥浆受离心力的作用紧靠模壁形成致密的坯体，泥浆中的气泡由于比较轻，在模型旋转时，多集中在中间，最后破裂排出，因此也可以提高吸浆速度与制品的品质。当模型旋转速度为1000r/min时，吸浆时间可缩短75%，一般模型的转速常在500r/min以下。离心注浆时，泥浆中的小颗粒易集中在模型的内表面，而大颗粒都集中在坯体内部，组织不匀易使坯体收缩不匀。

4. 成组注浆

为了提高劳动生产率，对一些形状比较简单的制品，可采用成组浇注的方法。这个方法是将许多模型叠放起来，由一个连通的进浆通道来进浆，再分别注入各个模型内，为了防止通道因吸收泥浆而堵塞，在通道内可涂上含有硬脂溶液的热矿物油，使其不吸附泥浆。国内不少企业成型鱼盘、洗面器时多采用成组注浆。

5. 热浆注浆

热浆注浆是在模型两端设置电极，当泥浆注满后，接上交流电，利用泥浆中的少量电解质的导电性来加热泥浆，把泥浆升温至50℃左右，可降低泥浆黏度，加快吸浆速度。当泥浆温度由15℃升至55℃时，泥浆的黏度可降低50%~60%，注浆成型速度可提高32%~42%。

4.3.4 热压铸成型

热压铸成型是把坯料烧结成瓷粉碎，再加入工艺黏结剂加热化浆，并在一定温度压力下铸造成型，脱蜡烧成。这样坯体物理化学变化少，收缩小，造成缺陷的可能性极小。而且产品尺寸精确，结构致密，各种异形产品都能成型，成型后无须干燥，不需要石膏模，生坯强度大便于机械化生产。热压铸成型工艺流程如下所示（图4-27）。

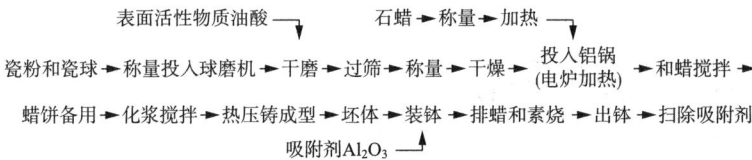

表面活性物质油酸→　　　　　石蜡→称量→加热→

瓷粉和瓷球→称量投入球磨机→干磨→过筛→称量→干燥→投入铝锅(电炉加热)→和蜡搅拌→

蜡饼备用→化浆搅拌→热压铸成型→坯体→装钵→排蜡和素烧→出钵→扫除吸附剂

吸附剂Al₂O₃

图4-27　热压铸成型工艺流程图

国内瓷厂中使用的热压铸机是用压缩空气送蜡浆进入铸模的（图4-28）。成型前，把熔化好的蜡浆放入浆桶中，通电加热使蜡浆达到要求的温度。浆桶外面是维持恒温的油浴桶，桶内插入节点温度计，接上继电器控制温度。成型时将模具的进浆口对准铸机出浆口，脚踏压缩空气阀门，压浆装置的顶杆把模具压紧，同时压缩空气进入浆桶，把蜡浆压入模内，用小刀削去铸浆口已凝固的多余铸料，修整后得到合格的生坯。这时模温很高，故需将模具放在冰上或在冰水中冷却一下再放到铸机上进行压铸。

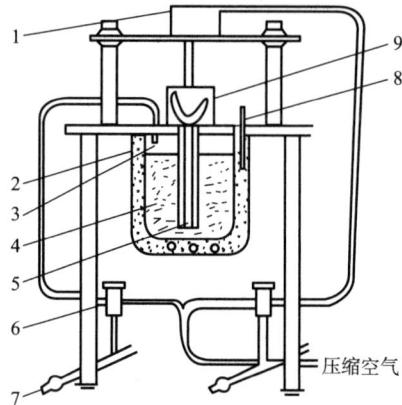

图 4-28　热压铸机的构成

1—压紧装置　2—浆桶　3—出浆管　4—油浴桶　5—加热棒　6—压缩空气阀
7—脚踏板　8—节点温度计　9—模具

4.3.5　电泳注浆

电泳注浆是根据泥浆中的黏土粒子（带有负电荷）在电流作用下能向阳极移动，把坯料带往阳极而沉积在金属模的内表面而成型的。注浆所用模型一般用铝、镍、镀钴的铁等材料来制造。操作电压为 120V，电流（直流电）密度约为 $0.01A/cm^2$。金属模的内表面需涂上甘油与矿物油组成的涂料。利用反向电流促使坯体脱模。用电泳注浆法成型的坯体，结构很均匀，坯体生成的速度比石膏模成型要快 9 倍左右，但对注造大型陶瓷制品目前尚有困难，有待继续研究。

4.4　压制成型

压制成型就是利用压力将置于模具内的粉料压紧至结构紧密，成为具有一定形状和尺寸的坯体的成型方法。根据粉料的含水率，可将其分为干压和半干压成型。压制成型坯体水分含量低，坯体致密，干燥收缩小，产品的形状尺寸准确，质量高。另外，成型过程简单，生产量大，便于机械化的大规模生产，对于具有规则几何形状的扁平制品尤为适宜。目前压制成型广泛应用于建筑陶瓷、耐火材料等产品的生产。

4.4.1 压制坯料的成型性能

1. 粉料的工艺性质

无论干压法还是半干压法都是采用压力将陶瓷粉料压制成一定形状的坯体。通常可把 0.1μm ～1mm 的固体颗粒称为粉料，它属于粗分散物系，有一些特有的物理性能。

（1）粒度和粒度分布

粒度是指粉料的颗粒大小，通常以颗粒半径或直径表示。实际上并非所有的粉料颗粒都是球状，非球形颗粒的大小可用等效半径来表示，也就是把不规则的颗粒换算成为和它同体积的球体，以相当的球体半径作为其粒度的量度。例如棒状粒子的长度为 l，宽度为 b，高度为 h，则其体积为 $V=l \times b \times h = 4\pi r^3/3$，即该颗粒等效半径为：$r = \sqrt[3]{3V/4\pi}$。

粒度分布指各种不同大小颗粒所占的百分比。

从生产实践中可知，很细或很粗的粉料，在一定压力下被压紧成型的能力较差。细粉加压成型时，颗粒间分布着的大量空气会沿着与加压方向垂直的平面逸出，产生层裂。而含有不同粒度的粉料成型后密度和强度均高，这可由粉料的堆积性质来说明。

（2）堆积特性

由于粉料的形状不规则，表面粗糙，使堆积起来的粉料颗粒间存在大量空隙。粉料颗粒的堆积密度与堆积形式有关，球体的最紧密堆积可分为等径球堆积和不等径球堆积，如以等径球状粉料为例，按排列方式和孔隙率的关系计算，其四方堆积和棱锥堆积的孔隙率有 25.95%；而立方堆积的孔隙率则可达到 47.64%。

若采用不同大小的球体堆积，则可使小球体填塞在大球体的空隙中。因此采用一定粒度分布的粉料可减少孔隙，提高自由堆积的密度。例如，只有一种粒度的粉料堆积时孔隙率为 40%，若用两种粒度的粉料配合则堆积密度增大，若采用三级颗粒配合则可得到更大的堆积密度。当粗颗粒为 50%、中颗粒为 10%、细颗粒为 40% 时，粉料的孔隙率仅 23%。

需要说明的是，压制成型粉料的粒度是由许多小颗粒组成的团粒，比真实的固体颗粒大得多。如半干压法生产面砖时，泥浆细度用万孔筛余 1%～2%，即固体颗粒大部分小于 60μm，实际压砖时材料的假颗粒度为通过 0.16～0.24mm 筛网，要先经过"造粒"。

（3）拱桥效应

粉料自由堆积的孔隙率往往比理论计算值大很多。因为实际粉料不是球形，加上表面粗糙，结果颗粒互相交错咬合，形成拱桥形空间，增大孔隙率，这种现象称为拱桥效应（图 4-29）。

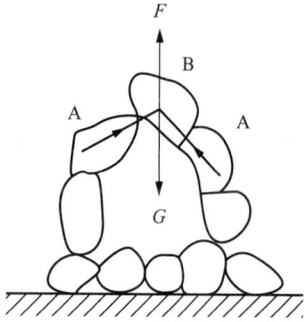

图 4-29　颗粒堆积的拱桥效应

当粉料颗粒 B 落在 A 上，粉料 B 的自重为 G，则在接触处产生反作用力。其合力为 F，大小与 G 相等，但方向相反。若颗粒间附着力较小，则 F 不足以维持 B 的重力 G，便不会形成拱桥，颗粒 B 落入空隙中。所以粗大而光滑的颗粒堆积在一起时，孔隙率不会很大。细颗粒的质量小，比表面积大，颗粒间的附着力大，容易形成拱桥，如气流粉碎的 Al_2O_3 粉料，颗粒多为不规则的棱角形，自由堆积时的孔隙比球磨后的 Al_2O_3 颗粒要大些。

（4）流动性

粉料虽然由固体小颗粒所组成，但由于其分散度较高，具有一定的流动性。当堆积到一定高度后，粉料会向四周流动，始终保持为圆锥体，其自然休止角（偏角）保持不变。当粉料堆积斜度超过其固有的休止角时，粉料向四周流泻，直到倾斜角降至休止角。因此，可用休止角反映粉料的流动性。一般粉料的自然休止角为 2°～40°。若粉料呈球形，表面光滑，易向四周流动，自然休止角就小。粉料的流动性取决于它的内摩擦力。

当粉料维持自然休止角时，颗粒不再流动。实际上粉料的流动性与其粒度分布，颗粒的形状、大小、表面状态等因素有关。

在生产中，粉料的流动性决定着它在模型中的填充速度和填充程度。难以要求流动性差的粉料在短时间内填满模具，会影响压机的产量和坯体的品质。所以往往向粉料中加入润滑剂以提高其流动性。

2. 粉料的致密化过程

（1）密度的变化

压制成型过程中，随着压力增加，松散的粉料迅速形成坯体。加压开始后颗粒滑移、重新排列，将空气排出，坯体的密度急剧增加；压力继续增加时，颗粒接触点发生局部变形和断裂，坯体密度比前一阶段增加缓慢；当压力超过某一数值（粉料的极限变形应力）后，再次引起颗粒滑移和重排，坯体密度又迅速加大。压制塑性粉料时，上述过程难以明显区分，只有脆性材料才有密度缓慢增加的阶段。

若粉料在模型中单方面受到均匀的压力 p，粉料加入模中时的孔隙率为 V_0，受极限变形应力后的孔隙率为 V_t（即理论上能达到的孔隙率）、粉料颗粒之间的内摩擦（黏度）为 η，则在 t 时间内，坯体的孔隙率 V 可用下式表示：

$$V - V_t = (V_a - V_0)\, e^{-kpt/\eta}$$

式中：k 为与模型形状、粉料性质有关的比例系数。指数项中的"–"号表示孔隙率降低。

由上式可见，坯体孔隙率与其他参数的关系如下：

①粉料装模时自由堆积的孔隙率 V_0 越小，则坯体成型后的孔隙率 V 也越

小。因此，应控制粉料的粒度和级配，或采用振动装料时减少 V_0，从而可以得到较致密的坯体。

②增加压力 p，可使坯体孔隙率 V 减小，而且它们呈指数关系。实际生产中受到设备结构的限制，以及坯体品质的要求，p 值不能过大。

③延长加压时间 t，也可降低坯体气孔率，但会降低生产率。

④减少颗粒间内摩擦力 η 也可使坯体孔隙率降低。实际上，粉粒经过造粒（或通过喷雾干燥）得到球形颗粒，加入成型润滑剂或采取一面加压一面升温（热压）等方法均可达到这种效果。

⑤坯体形状、尺寸及粉料性质都会影响坯体的密度大小和其均匀性。压制过程中，粉料与模壁产生摩擦作用，导致压力损失。坯体的高度 H 与直径 D 比（H/D）越大，压力损失也越大，坯体密度更加不均匀。模具不够光滑，材料硬度不够都会增加压力损失。模具结构不合理（出现锐角，尺寸急剧变化），某些部位粉末不易填满，会降低坯体密度和密度分布不均匀。

（2）**强度的变化**

随着成型压力的增加，坯体强度分阶段以不同的速度增大。压力较低时，虽由于粉料颗粒位移而填充空隙，但颗粒间接触面积仍较小，所以强度并不大。成型压力增大后，不仅颗粒位移和填充空隙继续进行，而且颗粒发生弹性—塑性变形或者断裂，颗粒间接触面积大增，强度直线提高。压力继续增大，坯体密度和孔隙率变化不明显，强度变化也较平坦。

（3）**坯体中压力的分布**

压制成型遇到的一个问题是坯体中压力分布不均匀，即不同的部位受到的压力不等，因而导致坯体各部分的密度出现差别。这种现象产生的原因是颗粒移动和重新排列时，颗粒之间产生内摩擦力；颗粒与模壁之间产生摩擦力。这两种摩擦力妨碍着压力的传递，坯体中离开加压面的距离越大，则受到的压力越小（图 4-30）。摩擦力对坯体断面上的压力及密度分布的影响随 H/D 的比值而不同。H/D 比值越大，则不均匀分布现象越严重。因此高而细的产品不适于采用压制法成型。扁平的砖类产品成型时，平面上也会出现压力与密度分布不均的情况；砖坯四周的中间部位比四角的压力稍小些，而沿砖坯的中心

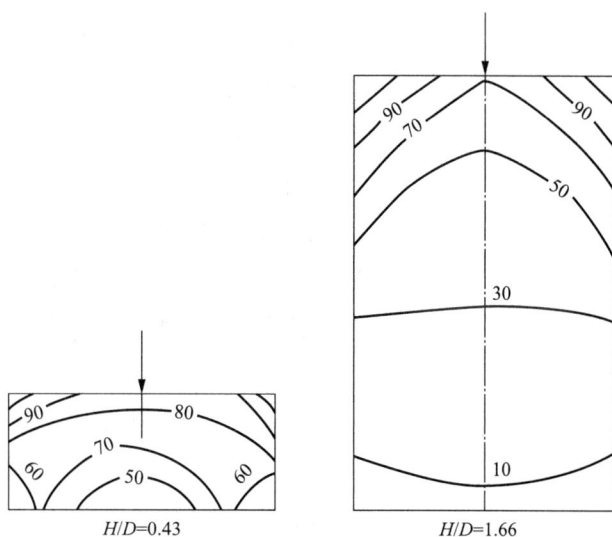

图 4-30　单面加压时坯体内部压力分布情况

H—坯体高度　D—坯体直径

线，越趋近中心受到的压力也越小。由于坯体各部位密度不同，干燥与烧成时收缩也就有差异，容易引起产品变形和开裂。

施加压力的中心线应与坯体和模型的中心对齐，如产生错位，会引起压力分布更加不均匀。

3. 影响坯体密度的因素

（1）成型压力

压制过程中，施加于粉料上的压力主要消耗在以下两方面：

1）克服粉料的阻力 p_1，称为净压力。它包括颗粒相对位移时所需克服的内摩擦力及使粉料颗粒变形所需的力。

2）克服粉料颗粒对模壁摩擦所消耗的力 p_2，称为消耗压力。

所以压制过程中的总压力 $p=p_1+p_2$，这就是一般所说的成型压力。它一方面与粉料的组成和性质有关，另一方面与模壁和粉料的摩擦力以及摩擦面积有关，即与坯体大小和形状有关。如果坯体横截面不变，而高度增加，形状复杂，则压力损耗增大；若高度不变，而横截面尺寸增加，则压力损耗减小。对于某种坯料来说，为了获得致密度一定的坯体所需要施加的单位面积上的压力是一个定值，而压制不同尺寸坯体所需的总压力等于单位压力乘以受压面积。一般工业陶瓷的单位成型压力为 40~100MPa。含黏土的坯体塑性较好，可用较低的压力，为 10~60MPa。产品性能要求严格的瘠性坯料需用较大的压力。

（2）加压方式

单面加压时，坯体中的压力分布是不均匀的。不但有低压区，还有死角。为了使坯体的致密度均匀一致，宜采用双面加压。双面同时加压时，可使底部的低压区和死角消失，但坯体中部的密度较低。若两面先后加压，二次加压之间有间歇，利于空气排出，使整个坯体压力与密度都较均匀。如果在粉料四周都施加压力（也就是等静压成型），则坯体密度最均匀。

（3）加压速度

开始加压时，压力应小些，以利于空气排出，然后短时间内释放此压力，使受压气体逸出。初压时坯体疏松，空气易排出，可以稍快加压。当用高压使颗粒紧密靠拢后，必须缓慢加压，以免残余空气无法排出，以致释放压力后，空气膨胀，回弹产生层裂。当坯体较厚，H/D 比值较大时，或者粉料颗粒较细，流动性较低时，则宜减慢加压速度，延长持压时间。

为了提高压力的均匀性，通常采用多次加压。如用摩擦压机压制墙、地砖时，通常加压 3~4 次，开始稍加压力，然后压力加大，这样不致封闭空气排出的通路。最后一次提起上模时要轻些、缓些，防止残留的空气急速膨胀产生裂纹。当坯体密度要求非常严格时，可在某一固定压力下多次加压，或多次换向加压。加压时同时振动粉料（振动成型）效果更好。

4.4.2　干压成型

1. 对粉料的要求

①粉料具有较高的体积密度，以降低其压缩比。因为干压成型是将料填充在钢模型腔中压制成型的，模腔深度随压缩比的增大而增高，而模腔越深则越难压紧，影响产品质量。

②粉料流动性要好。良好的流动性可保证压制时颗粒间的内摩擦小，粉料能顺利地填满模型的各个角落。

③粉料要有合理的颗粒级配。从最紧密堆积原理出发，较好级配的颗粒，且细粉尽可能少，可以减少空气含量，并降低压缩比，提高流动性。

④在压力下易于粉碎，这样可形成致密坯体。

⑤水分要均匀，否则易使成型与干燥困难。

为了满足上述要求，生产上一般要控制下列工艺条件：

（1）颗粒度

干压粉料的颗粒细度直接影响坯体的致密度、收缩率和强度。瓷器的干压坯料细度与可塑坯料的要求相同。精陶类的坯料细度可控制在 6400 孔 /cm^2 筛余 0.5% ~ 1% 。干压料中团粒占 30% ~ 50%，其余是少量的水和空气。团粒是由几十个甚至更多的坯料细颗粒、水和空气所组成的集合体，团粒大小要求在 0.25 ~ 3mm，团粒大小要适合坯件的大小，最大团粒不可超过坯体厚度的 1/7。团粒形状最好接近圆球状。

（2）含水量

干压坯料的含水量与坯体的形状、干燥性能和成型压力等有关。含水量较大则干燥收缩大，成型压力可小些。形状不太复杂，尺寸公差要求不高的产品可采用含水量较大的半干压坯料。半干压坯料的含水量可控制在 8% ~ 15%，一般干压坯料的含水量控制在 4% ~ 7% 。有的电子陶瓷零件干压坯料中加有原油、油酸等（在造粒时加入）。

（3）可塑性

为了降低干压坯体的收缩率，获得尺寸准确的制品，强塑性黏土的用量应注意控制。在保证生坯强度的前提下，可以少用或不用可塑黏土。无线电瓷零件（金红石瓷、块滑石瓷等）干压坯料中完全不用可塑黏土，而加入有机增塑剂，如羧甲基纤维素（CMC）、甘油等有机物，加入量视产品要求、坯料性质及干压机而定。

2. 干压成型工艺

（1）成型压力

成型压力包括总压力和压强。总压力（即压机的吨位数）取决于所要求的压强，这又与生坯的大小和形状有关，这是压机选型的主要技术指标。压强是指垂直于受压方向上生坯单位面积所受到的压力，合适的成型压强取决于坯体的形状、高度、粉料的含水量及其流动性、要求坯体的致密度等。一般，坯体越高，致密度要求高，粉料的流动性小（可看成摩擦力大），含水量低，形状复杂的，则要求压强大。一般增加压强可以增加坯体的致密度，但这只是在一定范围内显著。当成型压力达到一定值时，再增加压力，坯体致密度的增加已经不明显了。过大的压力也易引起残余空气膨胀而使坯体开裂。对于一种坯体的具体压力要通过试验确定，一般黏土质坯料的干压成型压强可为 250～320MPa。坯体的尺寸小时取下限；尺寸大且坯体的含水量低时，压强可再大一些。

（2）加压方式

单面加压，压力是从一个方向上施加的，当坯体厚度较大时，则压强分布在厚度方向上很不均匀。两面加压，即上下两面都加压力。两面加压又有两种情况：一种是两面同时加压，这时粉料之间的空气易被挤压到模型的中部，使生坯中部的密度较小；另一种情况是两面先后加压，这样空气容易排出，生坯密度大且较均匀。当然，粉料的受压面越大，就越有利于生坯的致密和均匀性。因此，干压法的进一步改进就是采用等静压成型。另外，在加压的过程中采用真空抽气和振动等也有利于生坯致密度和均匀性。不同加压方式对坯体内部压力分布的影响见图 4-31。上下同时加压可以通过不同的模具形式来实现。

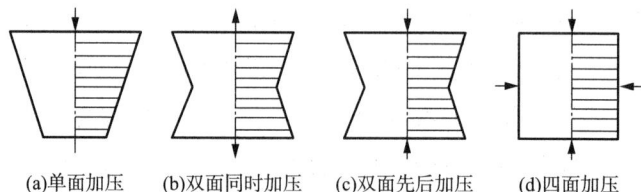

(a)单面加压　　(b)双面同时加压　　(c)双面先后加压　　(d)四面加压

图 4-31　加压方式与压力分布关系（横条线为等密度线）

（3）加压速度和时间

干压粉料中由于有较多的空气，在加压过程中，应该有充分的时间让空气排出，因此，加压速度不能太快，最好是先轻后重多次加压，达到最大压力后维持一段时间，让空气有机会排出。加压的速度和时间与粉料的性质、水分和空气排出速度等有关。一般最好加压 2～3 次。

除了控制加压外，装料均匀、模型面涂润滑油等都需要在操作中加以注意。装料后刮料时要从中间向两边刮，不能向一个方向刮料。

4.4.3 等静压成型

等静压成型是把粒状粉料置于有弹性的软模中，使其受到液体或气体介质传递的均衡压力而被压实成型的方法。由于等静压成型过程中粉料受压均匀，无论坯体的外形曲率如何变化，所受到的压力全部为均匀一致的正压力。所以坯体结构致密、强度高、烧成收缩小，产品不易变形，特别适用于压制盘类、汤碗类制品。这种成型方法，所用设备自动化程度高，压制的坯体不需干燥，经修坯上釉即可入窑，缩短了生产周期。

1. 对粉料的要求

等静压成型是干压成型的发展，对粉料的要求基本上是相同的，但等静压成型对粉料的要求比干压成型更严格。

等静压成型要求粉料为容易流动的无尘颗粒，并具有一定的结构粒度和均匀适宜的水分。这些要求对于每个坯体都应该是不变的。结构粒度应为 0.2~0.4mm，含水量应在 1%~3%。

2. 等静压成型工艺

根据使用模具不同，可分为湿袋等静压法和干袋等静压法。

湿袋等静压所用弹性模具是一个与施压容器无关的元件。弹性模具装满粉料，密封后，放入高压容器中，模具与加工的液体直接接触。施压容器中可以同时放入几个模具，图4-32所示即为湿袋等静压法。这种方法用得比较普遍，它适用于研究或小批生产，在压制形状复杂或特大制品时也常用此法，但操作比较费时。

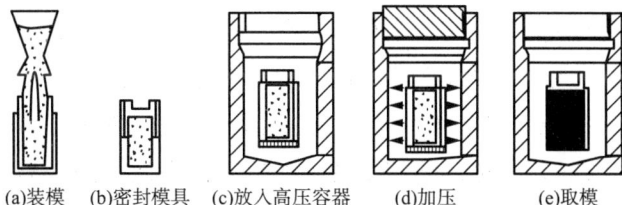

| (a)装模 | (b)密封模具 | (c)放入高压容器 | (d)加压 | (e)取模 |

图4-32 湿袋等静压过程示意图

干袋等静压法（图4-33）是在高压容器中封紧一个加压橡皮袋。加料后的模具送入此橡皮袋中加压，成型后又从橡皮袋中退出脱模。也有的将弹性模具直接固定在高压施压容器内，加料后封紧模具就可升压成型。干袋等静压的模具可不与施压液体直接接触，这样可以减少或取消在施压容器中取放模具的时间，加快了成型过程。但这种方法只是在粉料周围受压，模具的顶部或底部无法受压，而且密封较难。此法适用于成批生产特别是管子、圆柱体等形状的产品。

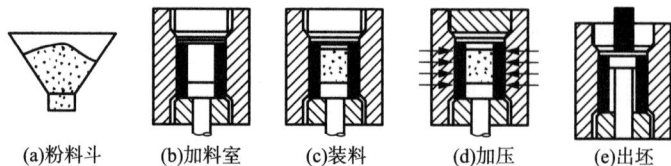

(a)粉料斗　　(b)加料室　　(c)装料　　(d)加压　　(e)出坯

图 4-33　干袋等静压过程示意图

典型的湿袋等静压成型具体操作过程为：粉料称重→固定好模具形状→装料→排气→把模具封严→将模具加入高压容器内→把高压容器盖紧→关紧高压容器的支管→施压→（保压）→降压→打开高压容器的盖→取出模具→把压实坯体取出。

对于干袋等静压法，操作过程可以省略一些，有的操作可合为一个过程。

等静压成型与干压成型的主要区别是：

①干压只有 1～2 个受压面，而等静压则是多轴施压即多个方向加压多面受压，这样有利于把粉料压实到相当的密度，同时粉料颗粒的直线位移小，消耗在粉料颗粒运动时的摩擦功相应变小，提高了压制效率。

②与施压强度大致相同的其他压制成型相比，等静压可以得到较高的生坯密度，且在各个方向上都密实均匀，不因形状厚薄不同而有较大变化。

③由于等静压的压强方向差异不大，粉料颗粒间和颗粒与模型间的摩擦作用显著地减少，故生坯中产生应力的现象是很少出现的。

④等静压成型的生坯强度较高，生坯内部结构均匀，不存在颗粒取向排列。

⑤等静压成型采用的粉料含水率很低（1%～3%），也不必或很少使用黏合剂或润滑剂。这对于减少干燥收缩和烧成收缩是有利的。

⑥对制品的尺寸和尺寸之间的比例没有很大限制。等静压可以成型直径500mm、长 2.4m 左右的黏土管道，并且对制品形状的适应性也较宽。

另外，等静压法可以实现高温等静压，使成型与烧成合成一个工序。

4.5　成型模具

在陶瓷工业中，成型模具同样起着重要的作用，模具形式的变化往往可引起陶瓷产品的更新，带来新的市场活力。模具成本一般要占陶瓷工业生产成本的 8%～15%，模具寿命的延长和制造成本降低，可大大降低总成本。陶瓷成型模具的形式多样，按模具材料分类，有石膏模具、无机材料多孔模、金属模、有机弹性模等；按用途可分类，有注浆模具、旋压和滚压模具、挤出模具、塑压模具、干压模具和等静压模具等。

4.5.1 模具的放尺

陶瓷坯体经过干燥和烧成后，直径尺寸和体积都会缩小。所以确定模具的尺寸时应根据坯体的收缩大小来放尺。

设成型时坯体的长度（即模具的直线尺寸）为 L_0，烧成后产品的长度（如果不需要机械加工）为 L，则产品长度的收缩率 ε_0（以成型时坯体的长度为基准）为：

$$\varepsilon_0 = \frac{L_0 - L}{L_0} \times 100\%$$

由此式可推出：

$$L_0 = \frac{L}{1 - \varepsilon_0}$$

若已知产品要求的长度 L 和收缩率 ε_0，则可求出模具的长度 L_0。工厂中常以烧后产品长度为基准来计算放尺率 ε：

$$L_0 = (\varepsilon + 1)L$$

因而可利用放尺率 ε 和产品的长度 L 求出模具的长度。ε_0 与 ε 的关系式为：

$$\varepsilon_0 = \frac{1 + \varepsilon}{\varepsilon} \quad \text{或} \quad \varepsilon_0 = \frac{\varepsilon_0}{1 - \varepsilon}$$

实际上坯体各个方向上的收缩除了和坯料的组成、性质有关外，还受到工艺操作方法的影响。用热压铸法和等静压法成型时，坯体各方向的收缩基本上是一致的。压制成型时，大件坯体垂直和平行于受压方向上的收缩是有差别的。挤压成型时，直径的收缩＞壁厚的收缩＞长度的收缩。这些情况在确定模具尺寸时都应加以考虑。

4.5.2 石膏模具

石膏是一种结晶矿物，广义上是指各种晶型的硫酸钙统称，或者说石膏是硫酸钙及其各种水化物的统称。

$CaSO_4 \cdot H_2O$ 系统中，$CaSO_4$ 存在一系列的水化物（$0 \sim 2H_2O$），其中以硫酸钙（硬石膏）和二水硫酸钙（二水石膏）最为稳定，半水硫酸钙态（$CaSO_4 \cdot 1/2H_2O$，半水石膏）系亚稳态。该系统的稳定态和亚稳态的相平衡如图 4-34 所示。

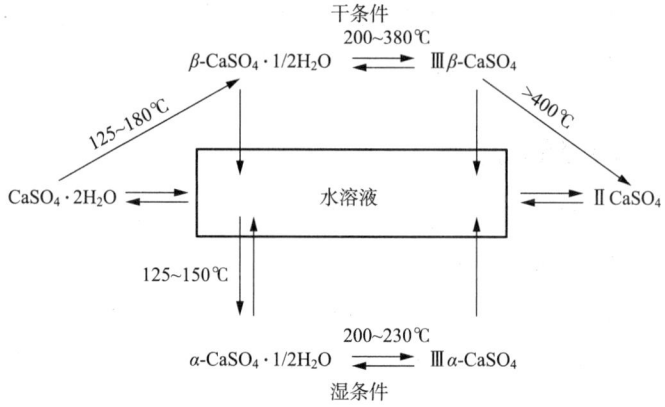

图 4-34　$CaSO_4 \cdot 2H_2O$ 系统（部分）稳定态和亚稳态的相平衡

石膏模是陶瓷生产中广泛采用的多孔模具。它的气孔率为 30%～50%，气孔的直径大部分在 1～6μm（图 4-35）。成型时，坯料中的水分在毛细管力作用下迅速排出，硬化成坯。此外，由于石膏微溶于水，石膏与接触模型的黏土成分进行离子交换，也促进了坯体硬化和成型。

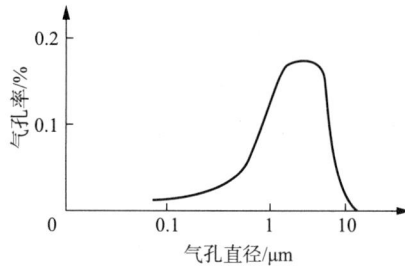

图 4-35　石膏模具的气孔率分布

1. 半水石膏的性质

制模用的石膏粉是半水石膏。它是将二水石膏加热脱水制得的。制备条件不同时，可以得到 α 型和 β 型两种不同晶型的石膏。表 4-3 为半水石膏的制备条件。两种半水石膏的性质列于表 4-4 中。卧式蒸压锅示意图见图 4-36，凸底炒锅示意图见图 4-37。

表 4-3　不同晶型半水石膏制作条件

制备条件	α- 半水石膏	β- 半水石膏
设备	有水蒸气的密闭容器中蒸煮	干燥大气中炒制
压力	0.2～0.3MPa	常压
温度	蒸煮后经过 200～240℃热风干燥	160～180℃
时间	6～9h	3～4h
设备	立式、卧式蒸压锅	凸底炒锅、回转炒炉

表 4-4　不同晶型半水石膏的性质

性质	α- 半水石膏	β- 半水石膏
结晶形状	针状晶体面整齐	不规则碎屑
相对密度	2.72~2.73	2.67~2.68
标准稠度的石膏与水之比	100：（45~55）	100：（70~80）
标准稠度石膏浆的不同条件		
初凝时间 /min	≥ 5	≥ 5
终凝时间 /min	≤ 30	≤ 25
吸浆速度（5min 后成坯厚度）/min	2.5	2.6
脱水温度 /℃	200~210	180~190
制模后的线膨胀率 /%	0.28	0.16
表面显微硬度 /MPa	3.47	2.15
抗折强度 /MPa	2.94	1.47
抗拉强度 /MPa	（3d）1.76~3.23	（3d）0.784
	（7d）2.45~4.90	（7d）1.568

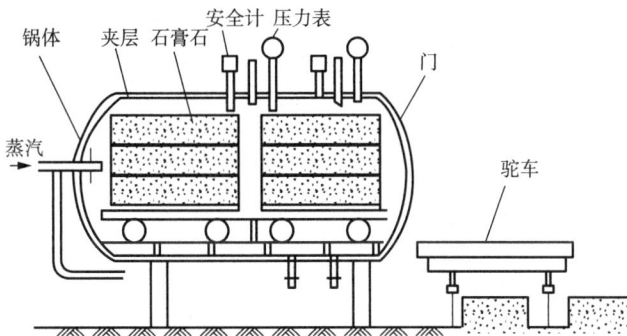

图 4-36　卧式蒸压锅示意图

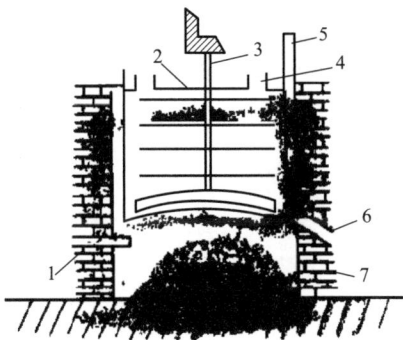

图 4-37　凸底炒锅示意图

1—烧嘴　2—炒锅　3—搅拌器　4—加料口　5—烟囱　6—卸料口　7—燃烧室

制备好的半水石膏不能露天或长期存放。否则吸湿又变成二水石膏从而失去胶凝性。但也不宜使用刚制备好的石膏粉，因为这时它的反应力极强，注模时容易产生较多的气泡。一般存放 2～8 天后使用较好。

半水石膏调水后会由浆状凝结硬化成整体。正是这种胶凝硬化性能，才使浇注石膏模型成为可能。石膏浆体由流动状态进入塑性状态称为初凝；而由塑性状态进入硬化状态称为终凝。在浇注石膏模具时，从石膏粉倒入水中开始，到石膏浆进入塑性状态这一段时间称为初凝时间；从此同一时间开始，到石膏浆进入硬化状态所经历的时间称为终凝时间。

β- 半水石膏的凝结特性可由图 4-38 说明。搅拌停止后 20min 开始凝结，完全凝结约 30min。初凝开始石膏浆体便会升温，到 40min 左右温度升至最高点。石膏浆体体积较温度的变化滞后一些时间。这表明水化周期约 20min，胶体结构形成在水化后 10min，然后经 20min 再结晶和放热。

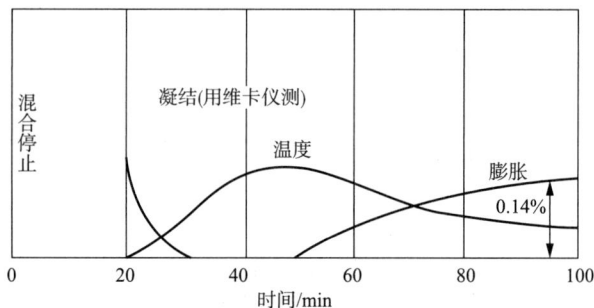

图 4-38　β- 半水石膏的凝结特性

浇注石膏模型时，其强度随时间的变化见图 4-39 所示。线段 1 系由凝结开始至时间 t_1，这时生成硬性骨架；经过 20～40min 后沿着线段 2 到达 t_2，这时结构强度急剧增加；而线段 3 并不反映强度增加，这是粗晶生成的缘故。将模型干燥，其强度会成倍地增加。

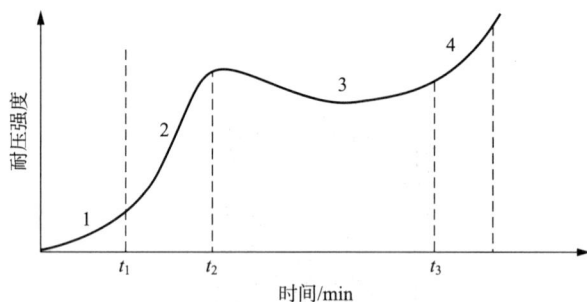

图 4-39　石膏模强度与时间的关系

模型使用时，由于反复地吸水、干燥，导致强度下降。其原因是针状二水石膏晶体溶解，使晶体颗粒分隔开来，破坏了晶体交错增强的作用，结果降低了石膏模型的强度。

半水石膏调水后凝结硬化的机理主要有结晶理论与胶凝理论两种。提出结晶理论的学者认为，半水石膏遇水后，起初是溶解，然后析出二水石膏晶体，因为半水石膏在水中的溶解度（10.5g/L）比二水石膏的溶解度（2.6g/L）大得多。许多学者用显微镜、X 射线、差热与失重分析研究的结果证实了这种情况。主张胶凝理论的学者认为，半水石膏初凝阶段的生成物呈胶体状态；经过水化作用溶液温度升高，形成二水石膏。这些晶体逐渐长大，交错形成密实的物体，达到胶凝而硬化。

2. 浇注石膏模

（1）选用母模

母模（老模、模种）是浇注石膏模的模型。它的形状要和产品外形一致，其尺寸要根据坯料的总收缩和加工余量加以放大。制造母模的材料可用：金属（如锡）、橡胶、塑料、水泥、硫黄、玻璃钢或石膏。做好的母模工作面上常涂上一层洋干漆（又称虫胶片）的酒精溶液。使用时，母模表面要涂一层隔离剂，如机油、花生油或肥皂水，以便容易脱模。

（2）浇注模型

熟石膏粉加水调成浆料后，经 5~8min 便会开始凝固，这时它又变成二水石膏，且放出热量。理论上由半水石膏变成二水石膏需加水约 19%。实际上加入的水分远远超过此量（通常 100 份石膏粉加水 60~90 份）。加入大量水分的目的是让半水石膏充分水化，得到流动良好的石膏浆，凝结不致太快，模型表面光滑，多加的水分把针状石膏晶体及其碎屑分隔开来，干燥后留下许多小孔，使模型有一定的吸水性。如加水过多，会提高模型吸水率及气孔平均尺寸，而强度则降低；反之则吸水率降低，强度提高。一般注浆用的石膏模其膏水比为 100∶（70~90）；可塑成型石膏模其膏水比为 100∶（60~70）。

在浇注石膏模具时，浇注操作必须在初凝时间之内结束，否则石膏浆不能充满整个母模内腔；脱去母模的时间应在终凝时间之后，石膏浆硬化后才能得到完整无缺的石膏模型，但不能过多地超出终凝时间，否则石膏硬化所产生的体积膨胀将造成无法脱去母模。

（3）影响石膏模质量的因素

石膏模的主要缺点是使用寿命短，耐热性能差。由于模型本身的力学强度不高，使用中容易被碰裂。同时，成型时坯料中的黏土粒子和电解质与模型中的硫酸钙发生离子交换反应，使得模型表面变得凹凸不平。一般可塑成型用模型的使用寿命 100~150 次，注浆成型用模型的使用寿命为 50~150次。当模型的使用温度超过 60℃时，模型中的部分二水石膏又会脱水变成半水石膏，造成模型粉化、变脆等。这使坯体干燥温度的提高受到了限制。随机械化、自动化生产及快速干燥工艺的不断发展，如何提高模型的强度和耐热性能，已成为国内外广泛重视的问题。影响石膏模品质的主要因素为：

1）半水石膏的纯度和细度

熟石膏中除半水石膏以外，还有少量无水石膏或二水石膏。可溶性无水石膏易吸水形成半水化物，要求的调水量比半水石膏多25%~30%，凝结快，强度大。不溶性无水石膏及二水石膏均不吸收水分，不会凝结。但它们会成为结晶中心，加速凝结过程，降低模型的强度。模型的强度随半水石膏的细度增大而提高。但当细度超过某一数值时，强度反而会降低。一般工厂使用的半水石膏其细度控制在80~120目，也有的粉碎到180目。

2）半水石膏的晶型

$\beta-$半水石膏的水化速度较大，在标准稠度下有较高的膏水比。$\alpha-$半水石膏吸水性弱，浇制成的模型呈微晶结构，强度较高。长期以来，我国陶瓷工厂都只采用$\beta-$半水石膏制模。现在已有利用$\alpha-$半水石膏的陶瓷工厂（包括由天然石膏及化学工业副产品制成的$\alpha-$半水石膏）。

3）石膏粉与水的比例

石膏粉与水的比例影响模型的气孔率、结构和强度。水分增加，模型的气孔率和气孔的平均直径都相应增大，从而使得吸水率增大，但模型的强度随之降低（图4-40）。

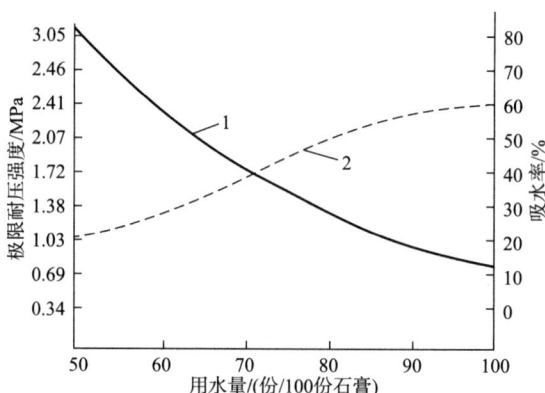

图4-40　水分对石膏模性能的影响
1—极限耐压强度　2—吸水率

4.5.3　新型多孔模具

随高压注浆，高温快速干燥及机械化、自动化生产的不断发展，石膏模型在很多情况下已不能满足生产的要求。与此同时，各种新型的多孔模具应运而生。这些新型多孔模具具有类似石膏模型的吸水性能，而强度和耐热能力则较石膏模高得多。

1. 多孔塑料模

多孔塑料模是采用热塑性合成树脂，如聚氯乙烯、聚四氟乙烯、聚氨基甲酸酯等为主体原料。通过振动在金属模具中成型。然后把金属模与塑料坯一起放在 150~350° C 的电炉中加热 2~2.5h，冷却后即得塑料模型。

多孔塑料模具有微孔结构，表面光滑，力学强度高，耐磨性能好，耐化学腐蚀。吸水率可达 40%~50%，气孔率 30%~36%，使用次数可达 4000 余次。但这种模型的吸水速度较慢。一般用于可塑成型和高压注浆成型。此外，模型的使用温度也比较低，开始变形温度为 80℃。

2. 无机填料模

无机填料模是采用热固性树脂加一定颗粒度的无机填料，成型后加热固化而成。常用的无机填料为：石英砂、素陶粉、长石粉、珍珠岩等。常用的热固性树脂为：酚醛树脂、蜜胺树脂及尿素树脂等。

将无机填料与有机合成树脂按一定比例均匀混合，经冷压成型后加热固化。加热固化时，合成树脂放出气体，形成气孔，获得毛细管状的结构。这种无机填料模型的特点是具有石膏模型的吸水性能，而强度比石膏模约高100 倍，耐热能力 150℃，使用次数 1500~2000 次。

3. 素陶模型

采用一种或几种高岭土或陶瓷素烧粉为主体原料。添加少量黏合剂如聚氯乙烯树脂或酚醛树脂，以木炭粉或煤粉作为气孔形成剂。经配料、粉碎、半干压成型，在 800℃左右进行素烧。素坯修坯后在 1100℃左右烧成多孔性素陶模型。这种模型的特点是强度和耐热能力较强，可在 300~500℃下使用，吸水率 35%~38%，气孔率 42%~45%，抗压强度 78.4MPa。它的缺点是，经高温烧成后制得的模型，尺寸的一致性差，甚至发生变形，而且整体较重。

4. 多孔金属模

利用金属填料和热固性树脂制成的金属填料模型，除具备无机填料模型的优点外，还具有导热、导电性能优良的特点。常用的金属填料有铝粉和铜粉。热固性树脂与无机填料模所用的相同。模型的气孔率为 30%~40%，耐热性为 300℃，抗折强度极限为 40~60MPa。

4.5.4 压制成型用金属模

压制成型模具是一种用于装填粉料并在其封闭的空间内完成坯体成型的装置。

1. 使用特点

①同一模具重复使用，故模具必须具有良好的品质。

②成型的频率高，要求模具的使用寿命较长，一般频率在 8~22 次/min，常用为 12~16 次/min，模具使用寿命必须在 10 万次以上。

③要反复承受较大压制力，一般在 $250 \sim 600MPa$。

④压制力的施加和卸载必须严格遵循粉料成型工艺的要求。因为粉料的压缩比较大（$1.8 \sim 2.5$），且粉料中的气体在压制过程中经历压缩、膨胀、排放，所以陶瓷制品的压制成型不可能一次完成，而是二次、三次甚至多次。因此陶瓷制品压制成型必须遵循适宜的压制成型制度来进行，这是它与一般金属冲压成型的不同之处。

2. 模具类型

压制成型模具的类型取决于分类的方法。如按模具在成型过程中体积变化可分为硬模（即金属加工的上模、下模和模框）和软模（即橡胶或树脂加工的背纹）；按一个工作周期内的成坯数，可分为单孔模、双联模和多联模；按模具在压机上的固定方式，可分为机械联结模具和磁力联结模具；按成型时的排气方式来分，可分为盖模和插模两种基本形式，以及由它们组合的复合模（图 4-41）。

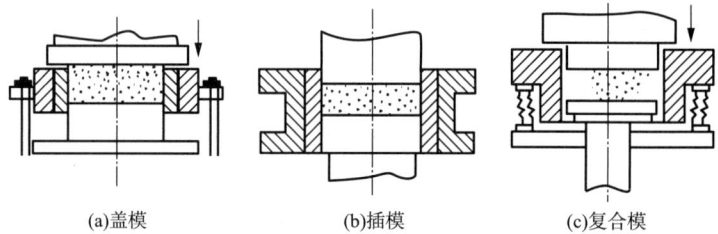

(a)盖模　　　　　　(b)插模　　　　　　(c)复合模

图 4-41　压制成型模具的三种形式

盖模的主要特点是：上模与模腔之间摩擦小，使用寿命长；易调整坯体厚度，可成型异形产品；排气困难，易出现分层，适宜压制较薄制品；压力损失大。

插模的特点：上模与模腔之间摩擦大，易出现相碰（俗称"啃模"）；不便调整坯体厚度，适宜大批量生产；排气效果好；压力损失小。

复合模是在结合上述二者优点的基础上发展的，被广泛地应用于生产中。

4.5.5　挤压成型用模具

挤压成型用模具都是固定在挤坯机的机嘴出口，虽说挤坯机可用真空练泥机、螺旋或活塞式挤坯机，但其模具主要由机头喇叭口和定型框所组成，定型框是由金属材料构成。对于空心制品（如劈离砖、套管），则还有模芯。模芯可用金属材料制作，也可用坚硬的木料（如楠木）制作。

机头与定型框之间的锥角 α 是模具设计中的关键问题，它直接影响着挤出力的大小（图 4-42）。如果锥角 α 过小，挤出力小，则挤出泥段或坯体不致密，强度低。若锥角 α 过大，则阻力加大，要克服阻力使泥料前进需要更大推力，设备的负荷加重。锥角 α 大小的确定，应考虑挤坯机的机筒直径 D、机嘴出口直径 d、坯料的塑性等因素。另外，还应给定型框留有一定长度的定型带 L，以防止刚挤出的泥段会产生弹性膨胀，而导致出现横向开裂；反之，过长的定型带又容易引起纵向开裂。通常锥角 $\alpha=16°\sim30°$，$d:D=1:(1.6\sim2.0)$，$L=(2.0\sim2.5)\ d$。

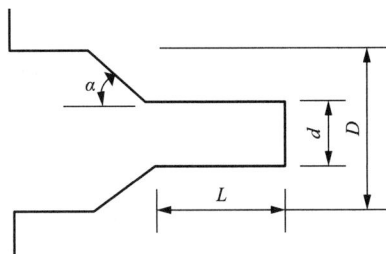

劈离砖成型模具的定型框与模芯的组合见图 4-43，其定型框也应有一定的锥角。

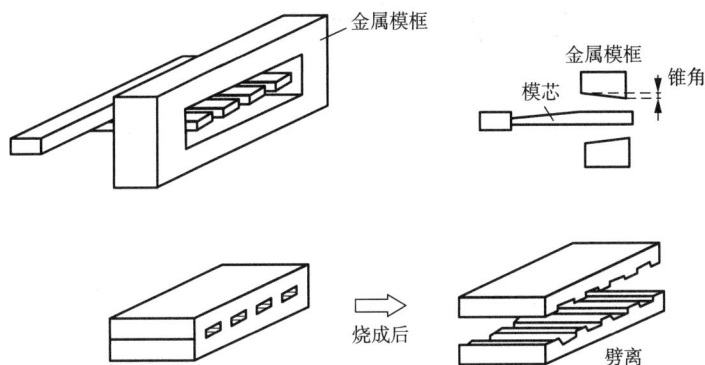

图 4-42 挤坯机机头示意图

图 4-43 劈离砖成型模具的示意图

4.5.6 等静压成型模具

弹性模具主要用于冷等静压成型。要求模具能均匀伸长和展开，比较柔软，不易撕裂，能长期耐液体介质的作用。制造这类模具常用的材料为橡胶，如耐油的氯丁橡胶、硅橡胶等。由于橡胶材料成本较高，在高压下易变形，近年来逐渐采用树脂模具。

配制树脂模具所用的原料有下列几种：

1. 树脂

如聚氨基甲酸酯（易塑造模型、不易粘住压制的粉末）、聚氯乙烯（宜采用乳状树脂，它易扩散到增塑剂中形成细粒糊状物）等。

2. 增塑剂

增加树脂塑性，降低硬度。如苯二甲酸二辛酯（它的介电性、耐寒性、稳定性均好，挥发性、吸水性不大，易于塑化）、己二酸二辛酯（挥发性小，能耐寒，若和苯二甲酸二辛酯混合使用效果较好）。

3. 稳定剂

可抑制树脂在加工、使用过程中由于热、光的作用而降低塑性和变色。常用的稳定剂为铅的化合物，如铅丹、三盐基硫酸铅等。硬脂酸钙、硬脂酸钡也是有效的稳定剂。

4. 填充剂

可降低成本，并无强化作用，因此不宜多用。常用的为碳酸钙、白黏土、硅藻土、滑石粉等。

增塑剂与树脂的比例通常为 2∶1～4∶1。制品形状简单或脱模容易时可少加增塑剂，这时模具较硬，制品形状复杂或不易脱模则多加增塑剂。

4.6 干燥、修坯与施釉

成型后的各种坯体，通常都含有较高的水分，尤其是可塑成型和注浆成型的坯体，尚处于塑性状态，强度很低，不利于后续工序的加工和运输。因此，在坯体进入烧成前必须根据各工序的操作要求，分段进行干燥，直至达到符合要求的最终水分。

坯体干燥的目的在于，降低坯体的含水率，使坯体具有足够的吸附釉浆的能力；提高坯体的机械强度，减少在搬运和加工过程中的破损；使坯体具有最低的入窑水分，缩短烧成周期，降低燃料消耗。

4.6.1 干燥机理

1. 坯体中水分的类型

坯体中的水分，按照结合形式可以分为自由水、吸附水和化学结合水。坯体中不同结合形式的水分，在排出时所需的能量不同，受外界条件的影响也有差异。

（1）自由水

自由水又称机械结合水，是由物料直接与水接触而结合的水分，它分布在固体颗粒之间。自由水与物料的结合松弛，因此很容易排除。随着自由水分的排出，坯体中的固体颗粒相互靠拢，体积发生收缩。若坯体的收缩不匀就会产生干燥缺陷，故自由水也称为收缩水。

（2）吸附水

把绝对干燥的坯体置于大气中，随着环境温度和湿度的变化，坯体中的黏土颗粒易从大气中吸附一定的水分，这种吸附在粒子表面的水分称为吸附水。吸附水在黏土胶体粒子周围受到分子引力的作用，密度大，冰点下降。并随着与黏土粒子表面距离的增大，结合力逐渐减弱直至接近自由水。实验证明，当物料的比表面积为 20m^2/g 时，在表面上形成一个单分子水层，按质量计算的物料含水量约为 0.3%。吸附水的数量随外界环境的变化而变化，环境中的相对湿度越大，则坯体吸附的水量也越大。在相同的环境下，坯体吸附的水量随着黏土含量和种类的不同而变化。当坯料所吸附的水分与环境湿度达到动态平衡时，吸附的水分称为吸附平衡水分。坯体排出吸附水时，坯体体积几乎不产生收缩。

（3）化学结合水

化学结合水是指以原子、离子、分子形式包裹在矿物原料分子结构中的水分，如结晶水、结构水等。这种形式的水分结合最为牢固，排除时需要较大的能量，如高岭土的结构水排除需要在 400~600℃进行。

干燥时首先排除自由水，一直排到平衡水为止。排除坯体中的平衡水是没有实际意义的，因为它的含量随着周围介质的性质变化而变化，以保持与周围介质的平衡。而化学结构水要在更高温度下才能排除，这已不是干燥过程所能排除的，要到烧成过程中才能完成。因此干燥的实质就是排除坯体中的自由水与部分吸附水，即物理排水过程。

2. 干燥过程

将坯体放在空气中，由于水蒸气分压在空气中较在坯体中小，坯体中的水分就被排到空气中去，开始了干燥过程。人工控制的干燥必须有热源提供热能，通过干燥介质把热量传递给坯体，当坯体表面的水分获得热量后蒸发并扩散到干燥介质中，借助干燥介质的流动，不断地把水蒸气排出，从而使整个坯体得到干燥。由此可以看出，坯体干燥过程中水分的扩散形式分为两种：一种是水分从生坯内部迁移到表面，称为内扩散。另一种是水分由生坯表面蒸发到周围介质中，称为外扩散。由此周而复始不断循环这一过程，直至达到坯体干燥。内扩散和外扩散都是传质过程，需要从热源吸收能量。

根据干燥时坯体相关物理特征（温度、含水量、尺寸）随时间的变化，把干燥过程分为四个阶段：升速阶段、等速阶段、降速阶段与平衡状态（见图 4-44）。

（1）升速阶段

升速阶段也称为加热阶段。在干燥前，坯体的温度约等于室温。在干燥初期，坯体获得的热量大于水分汽化所需的热量，坯体的温度就升高。随着坯体温度的升高，直至温度达到与介质的湿球温度相同，见图 4-44 曲线中的 A 点，此时坯体获取的热量与水分汽化所需要的热量相等。本阶段对于薄壁制品的加热来说所需的时间很短，而厚壁制品加热的时间稍长。本阶段虽然干燥速度逐渐增大，但排除的水量不多，坯体的体积基本不变。

（2）等速阶段

等速干燥阶段坯体的温度和干燥速度保持恒定。坯体表面始终保持润湿

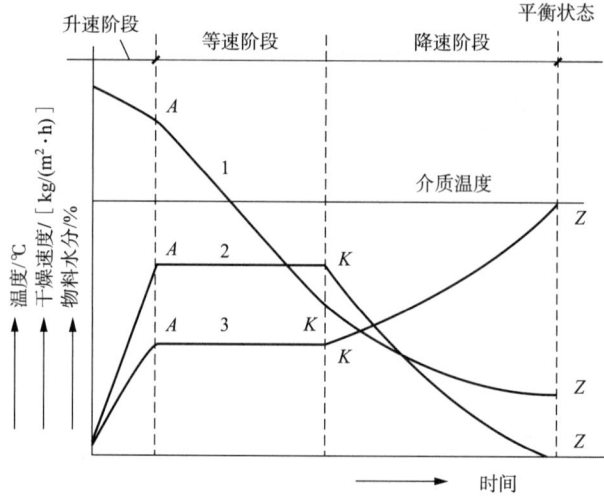

图 4-44　坯体干燥过程的阶段示意图
1—坯体含水率　2—干燥速度　3—坯体温度

状态，表面温度约等于湿球温度。它和坯体的毛细管系统及固体物料含量有关。本阶段排除的是自由水，水分的迁移主要是毛细管力的作用。随着水分的排除，坯体中的颗粒靠近，体积逐渐收缩，收缩的体积相当于所排除水分的体积。当坯体中的水分降低到一定程度，表面毛细管不再被水充满时，干燥速度开始逐渐下降。图 4-44 曲线中 K 点即是由等速阶段转为降速阶段的转折点，它标志着等速干燥阶段的终结。K 点的含水率称为坯体的临界水分。黏土类坯体的临界水分一般在 8% ~ 13%。随着水分的排除，坯体的收缩增大，气孔率增多。本阶段是坯体干燥控制的关键，对于大型、厚壁、形状复杂坯件的安全干燥尤为重要。

（3）降速阶段

当坯体中水分降低至临界水分 K 点，坯体就进入降速干燥阶段。此时坯体失去外表面的水膜，蒸发移向内部，热能向内部传递，排出的是毛细管中的孔隙水。本阶段坯体的颗粒质点已相互接触靠拢，毛细管孔道缩至最小，增大了内扩散的阻力，使内扩散速率明显下降。此时内扩散速率小于外扩散速率，故干燥速度继续下降，见图 4-44 曲线中 Z 点。随着坯体中的水分越来越少，坯体的平均温度逐渐升高。本阶段随着水分的排出，坯体颜色由深变浅，气孔率增加，坯体强度得到提高，坯体略有收缩。

（4）平衡状态

当坯体水分降低至与周围环境的湿度相一致时，湿度处于平衡状态，干燥速度趋近于零，干燥过程终结。此时，延长干燥时间已没有实际意义，只能是浪费能源。图 4-44 曲线中 Z 点即是湿度平衡状态点，该点的含水率称为最终含水率。除与周围介质的温度、相对湿度有关外，它还与坯料组成有关。

一般来说坯体干燥的最终含水率不应低于储存时的平衡水分。实际生产中通常从节约能源、缩短干燥周期的角度考虑，坯体的最终水分控制在 3% 以下。

3. 影响干燥速度的因素

生产中为了提高干燥效率，节约能源，总是希望干燥速度要大一些。但干燥速度受到坯体本身性质、干燥设备及干燥条件等诸多条件的限制。

（1）影响内扩散的因素

内扩散有两种形式，即水分的热湿传导与湿传导。所谓热湿传导是指由于温度差而引起的水分传导。温度差引起水分子的动能、水在毛细管内的表面张力、空隙中空气压强的不等，导致水分子由高温处向低温处移动。湿传导则是由于水分浓度差（湿度差）而引起的水分传导。湿度差使水分子从高湿处向低湿处移动。可见，热湿传导方向与温度梯度（热流方向）一致，而湿传导方向与湿度梯度方向一致。如果热湿传导与湿传导方向一致，则内扩散速度将大大加快，反之将降低内扩散速度。因此，影响生坯内扩散的几个主要因素可归纳如下：

①组成坯体物料的性质。粗颗粒、瘠性物料含量多的坯体，其所在的毛细管粗、内扩散阻力小而利于内扩散速度的提高。

②生坯温度。生坯温度是重要外因，因为温度升高时水的黏度降低，毛细管中弯月面的表面张力也降低，则内扩散阻力减小，可提高内扩散速度。为了加快处于降速干燥阶段的生坯内水分的扩散速度，可采取一定措施使坯体的温度梯度与湿度梯度方向一致，从而加快内扩散的速度。例如，当采用电热干燥、微波干燥、远红外干燥等方法时，可以向生坯中自由水直接提供能量使之转化为热能，达到坯体的热、湿传导方向一致，这就比从外部施加热量更有力地加强内扩散，提高干燥速度。

③坯体表面与内部的湿度差。湿扩散的速度与湿度梯度成正比，湿度差越大，则湿扩散速度越大，相应内扩散速度也提高。

④坯体的厚度和形状。坯体厚度的影响主要是在降速干燥阶段，因为在等速干燥阶段，由于干燥速度主要由外扩散所决定，因此此时不同厚度的坯体干燥速度相差很小。而在降速干燥阶段，坯体厚则内扩散阻力大、速度低，则干燥速度小。同时，如坯体形状过于复杂，则干燥速度不能太快，以避免各部分收缩不匀造成开裂。

（2）影响外扩散的因素

外扩散的动力是坯体表面的水蒸气压与周围介质的水蒸气分压之差。差值越大，则外扩散速度越大。因此，影响外扩散的主要因素有干燥介质与生坯表面的蒸汽分压、干燥介质与生坯表面的温度、干燥介质的流速与方向及生坯表面蒸汽膜的厚度和能量的供给方式等。这些因素综合作用于坯体表面，决定了水分从坯体表面扩散至干燥介质中的速度。传统的干燥就是靠提高这种外扩散速度来加快干燥速度，例如采用的热空气干燥法。而现代的干燥方法，虽然也包含这种原理，但却是以增强输入电热能、辐射能等来降低周围干燥介质蒸气分压，加大气体流速、控制气体流向等方法来提高外扩散速度。

4.6.2 干燥方法与设备

1. 热空气干燥

热空气干燥是利用热空气对流传热作用，干燥介质（热空气）将热量传给坯体（或泥浆），使坯体（或泥浆）的水分蒸发而干燥的方法。这种干燥方法，其设备较简单，热源易于获得，温度和流速易于控制调节，若采用高速定位热空气喷射，还可以进行快速干燥。一般的热空气干燥，干燥介质流速小，小于 1m/s。因此，对流传热阻力大，传热较慢，影响了干燥速度，而快速对流干燥则可使气流速度达到 10~30m/s，而且由于是间歇式操作，因此可以保证热扩散与湿扩散方向趋于一致，可大大提高干燥速度。采用热空气快速干燥，一般日用瓷坯带模 5~10min 可脱膜，白坯干燥只需要 10~30min，墙地砖坯体（100mm×200mm×10mm）从含水 7.5% 干燥到 1.0%，只需要 10~15min。

热空气干燥根据干燥设备不同可分为室式干燥、隧道式干燥、链式干燥、辊道传送式干燥及热泵干燥、脉冲干燥等，下面分别加以介绍。

（1）室式干燥

如图 4-45 所示，将湿坯放在设有坯架和加热设备的干燥室中进行干燥的方法称为室式干燥。室式干燥的特点是干燥缓和，间歇式操作，对于不同类型的坯体可以采用不同的干燥制度，而且设备简单造价低廉。但是热效低，周期较长，而且干燥效果不易控制，人工运输的破损率也较高。一般加热干燥介质的方法有地坑、暖气、热风加热等方式。

对小型薄壁日用瓷坯体可采取高温低湿热空气进行干燥，但对大型厚壁坯应采用低温高湿法使坯体均匀受热升温，避免由于内外收缩不均，而使坯体破裂。

（2）隧道式干燥

如图 4-46 所示，隧道式干燥采用逆流干燥方式。所谓逆流方式是指气体流动方向与坯体的运动方向相反。湿坯一进入隧道窑干燥器即与低温高湿热空气接触，坯体受热比较均匀，坯体不断在隧道窑中前进，所遇到的热空气的温度越来越高，湿度也逐渐下降，以保证干燥的循序进行，避免开裂，直到坯体最终干燥为

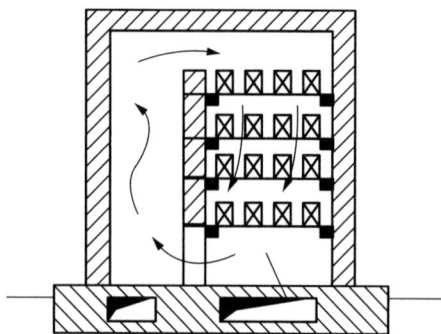

图 4-45 室式干燥

止。当坯体通过窑尾部时，坯体含水较少，而气流高温低湿，故干燥速度很快。由此可见，隧道式干燥基本上适应了干燥过程四个阶段的标准要求，比较合理，而且由于湿坯移动可采用窑车或链板式网带连续工作，热利用率高，生产效率高，便于调节控制，干燥效果稳定。但必须避免干燥介质气体的出口温度过低以致水汽冷凝在已干燥的坯体表面造成制品缺陷。而且要求进口处的湿坯温度，一定要高于气体出口处的气体温度。这种方法的不足是占地面积太大，干燥速度较慢，热量有损失。

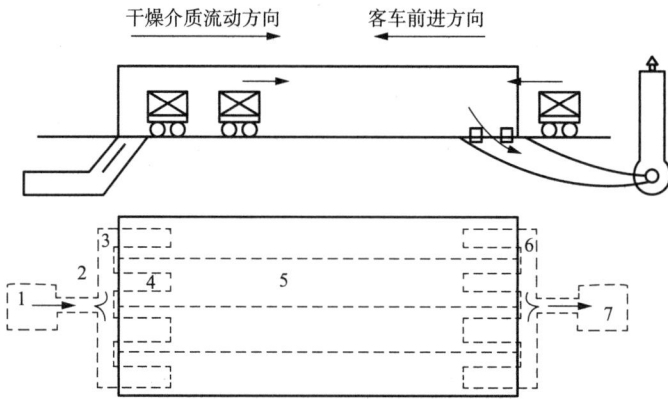

图 4-46 隧道干燥器

1—鼓风机 2—总进热气道 3—连通进热气道 4—支进热气道
5—干燥隧道 6—废气排除道 7—排风机

（3）链式干燥

如图 4-47 所示，热风链式干燥是将湿坯放置在挠性牵引机构的吊篮上或者利用链条运载坯体在弯曲的轨道上传送进行干燥，它可分为立式传送和卧式传送两种。立式传送是指吊篮式链条牵引，沿立面运动，一般小型坯体适用于这种方式；而卧式传送则采用平面迂回方式，以钢索或链条牵引，适用于大型坯体的干燥。

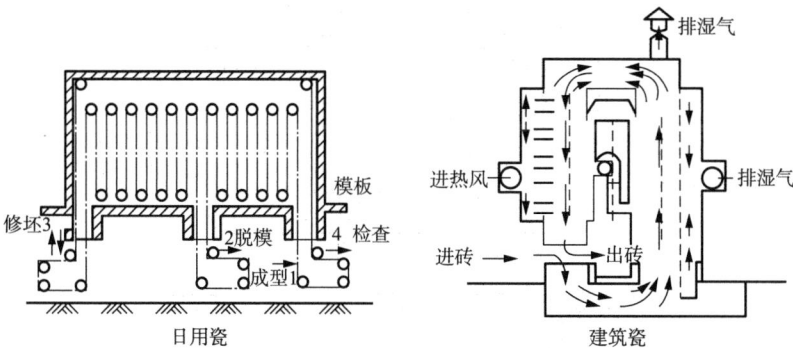

图 4-47 链式干燥器

对于日用瓷，链式干燥可按照：成型→湿坯干燥→定位脱模→再干燥→

修坯→再干燥的工艺顺序进行合理设计，借助挠性牵引机构形成自动或半自动化的成型干燥工艺流水线，减轻劳动强度，提高生产效率。而且干燥机所需热源可利用隧道窑余热，热源的困难基本得到了解决。

（4）辊道传送式干燥

目前采用的辊道式干燥器是与辊底窑合为一体的，上层辊道煅烧产品，下层辊道干燥坯体。干燥器的热源是利用上层辊道煅烧产品时的余热或者是鼓入热风。

辊道式干燥器的最大特点是可使坯体均匀干燥，干燥效率高，能实现快速干燥，一般干燥周期为 20～40min，干燥温度为 120～160℃，干燥能力为 1.5～3.5t/h。生坯干燥后含水量小于 1.5%。目前我国制造的辊道传送式干燥器最长为 83.49m，内宽为 1.5m，内高为 0.57m，干燥能力为 2～3.5t/h，干燥周期为 30～40min，进入干燥器生坯含水量为 5%～7%，出干燥器时则低于 1.5%。

（5）热泵干燥

如图 4-48 所示，热泵干燥系统的工作原理是干燥室内的热气体在通过坯体表面后吸收了坯体表面上的一些水分，然后在风机的作用下将这些湿温空气抽入脱水器内，在经过制冷系统蒸发器部分时使其保持在恒定的低温下，为此这些湿温热空气温度很快降至其本身的露点，这样可以在脱水器的底部将这些冷凝体收集到管中排出，然后这些空气通过设备的电子部件时，一方面冷却电子部件，另一方面又吸收了电子部件的热量而加热了空气本身。在空气循环进入干燥室内之前，要通过一个恒温控制线圈。即使在需改变干燥室内温度或干燥室保温性能欠佳的情况下，该系统也可正常工作。加热后的空气进入干燥室后，又进行第二次干燥，在连续干燥过程中将坯体干燥到所需程度为止。

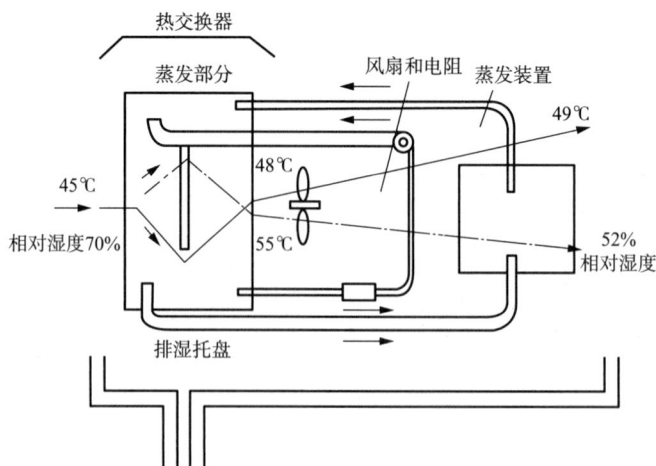

图 4-48　热泵干燥原理示意图

热泵干燥与传统热空气对流干燥相比，其不同点是：

①热泵干燥中坯体的水分是通过介质带入冷凝器进行脱水处理，而传统的热空气干燥则是排出到大气中。

②热泵干燥可以重复利用空气中的热能干燥坯体，只需要少量的热能由电能提供补充到干燥系统中。同时，它还可以利用仪器本身在干燥工作中产生的热能。

③热泵干燥系统是一个完全封闭的系统，其干燥介质可以连续循环使用，不必如传统热空气干燥一样要不断向干燥室提供大量新鲜干燥空气。

因此可见，采用热泵干燥，一方面可以节约能源，使能量被充分利用，因此热效率相当高。另一方面，热泵干燥系统的外形和容积没有任何限制，其脱水器可以随干燥器形状的变化而改变，比较灵活。

使用热泵干燥技术，干燥石膏模的时间从 22h 减少到 8h，节约干燥成本 65%，干燥陶瓷灯管平均每 24h 蒸馏 0.5t 水，干燥周期从 48h 降至 16h，干燥电子绝缘体，具有显著效果，温度均匀，瓷器干燥时间由 36h 减少到 22h。

（6）脉冲干燥

脉冲干燥主要用来干燥墙地砖物料。它是在墙地砖坯体细料流动方向的侧面，脉冲利用热空气来干燥坯体，而代替通常沿物料流方向的连续干燥，这种脉冲干燥可以利用较高温度的干空气使墙地砖坯体中心的水分较为迅速地传递到表面。

2. 电热干燥

（1）工频电干燥

这种干燥方法是将被干燥坯体两端加上电压，通过交变电流，这样湿坯就相当于电阻而被并联于电路中。当电流通过时，坯体内部就会产生热量，使水分蒸发而干燥。这种干燥方法其实质是一种内热式干燥法，主要是加快水分内扩散的速度而干燥坯体。坯体中，含水率高的部位电阻较小，通过电流多，干燥得快；含水率低的部位通过的电流少，干得慢。所以，将水分厚度不匀的坯体进行工频电干燥时，通过这种自动平衡作用可使生坯含水率在传递过程中均匀化分布。

采用工频电干燥，由于对坯体端面间的整个厚度同时进行加热。热扩散与湿扩散方向一致，干燥速度较快，适宜于含水率较高的大型厚壁坯件的干燥。例如电瓷工业用大型泥段的干燥，坯体的含水率与电能消耗的关系如图 4-49 所示。从图中可看出，当干燥后期坯体含水率低于 5% 时，电能消耗将剧增。因此，在干燥后期，可以采用其他方法进行干燥。

在实际干燥时，通常以 0.02mm 厚的锡箔或 40～80 目的铜丝布或直径小于 2.5mm 的铜丝为电极，也可采用石墨泥浆将铝电极贴敷在湿坯端面上，然后通

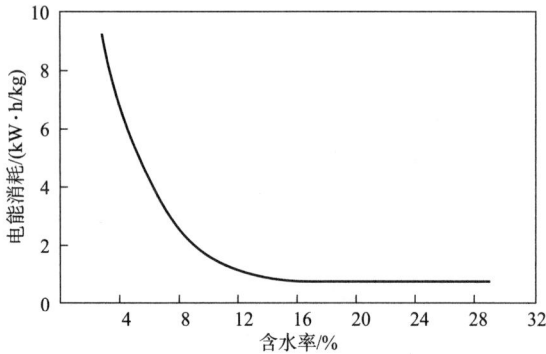

图 4-49 湿坯含水率与电耗间的关系

电流。石墨泥浆的组成为石墨 15%～20%，鱼胶 2%～5%，黏土 75%～80%，水 14%～17%。干燥时，由于坯体水分不断减少，坯体的导电性能逐渐降低，电阻逐渐增加，使通过的电流减少，即放出的热量减少，因此必须随干燥过程的进行逐渐增加电能，一般通过增加电压来实现。在干燥初期，电压一般为 30～40V 即可，而至干燥后期，必须增至 220V 甚至更高，有时为 500V。这种方法可用微机进行程序控制，操作方便。干燥时间可明显缩短，如大型电瓷生坯一般要 10～15 天阴干，而用工频电干燥仅用 4h。但是在干燥后期，电能消耗太大。

（2）**直流电干燥**

采用直流电干燥同样可使水分在干燥过程中减少而且均匀分布。这种方法是将生坯放在直流电场中，使其在电场力作用下，按特定的方向析出水分，就可改善坯体内水分的分布情况，产生较好的干燥效果。这种干燥与热效应关系不大，因为湿坯通上直流电后，水分立即从负极析出，并排出坯体外。这种分散相或分散介质在外加电场作用下发生移动的现象叫电动效应。因此，这也是利用电动效应在干燥坯体，湿坯导电在负极析出水分的结果也是电动效应的结果。

分析其原因，是由于在坯体中存在溶解于水的正离子如 K^+、Na^+、Ca^{2+}、H_3O^+ 等，在外电场作用下，正离子带动水分子向负极移动，从而使水分析出。从图 4-50 可以看出，随时间增加，脱水速率逐渐下降。

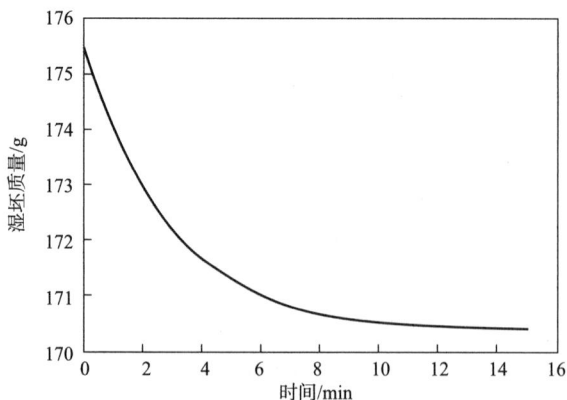

图 4-50 湿坯质量随通电时间变化关系图

与加热干燥相比，此法的优点是：

①湿坯在加热干燥过程中由于水分分布不匀，会产生内应力。而以直流电干燥，水分以液体的形式排出，坯体内水分分布均匀，因此内应力很少。

②对于形状复杂的制品，在干燥时微微变形开裂，若采用直流电排出水分，就不会出现这些问题。

③此法干燥时间较短，干燥速度快。

需要说明的是，利用直流电电动效应干燥坯体，只能除去大部分水，而不能完全将坯体干燥。因此，它往往和其他干燥方式共同进行，如先用此法干燥，脱去大部分水后，再用热空气干燥，也可缩短干燥时间。

3. 辐射干燥

辐射干燥是指由热源直接将电磁波辐射到湿坯上，并转化为热能，将坯体干燥的方法。因此，此方法干燥坯体无须任何干燥介质，而且能量的损失也最小。

由于电磁波的波长不一（图4-51），一般可将辐射干燥分为高频、微波和红外干燥几种方式。一般说来，辐射干燥时辐射强度越大，辐射距离越短，坯体越薄，干燥速度越快。采用辐射干燥，有如下几个优点：能保证坯体清洁；设备结构简单，易于实现自动化控制；干燥速度较快；干燥较均匀，很少发生变形和开裂；由于干燥时间缩短，还可节约石膏模。

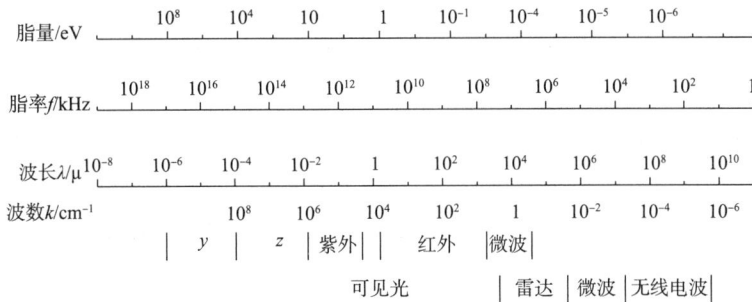

图 4-51　电磁波的能量与波长、波数以及频率间的关系

（1）高频干燥

采用高频电场或相应频率的电磁波（10^7Hz）辐射于坯体上，使坯体内的分子、电子及离子发生振动产生弛张式极化，转化为热能进行干燥。当坯体内含水多时，介电损耗就会越大，因而电阻越小，产生的热能就越多，干燥越快。同时，电磁波频率越高，其辐射能也越大，干燥速率也越快。采用高频干燥时，坯体内外是同时加热的，因此，同时扩大了内扩散和外扩散速度，而且由于坯体表面水分蒸发而使其湿度低于内部，又造成了湿扩散和热扩散方向一致，加快了干燥速度。

这种干燥方式，虽然其干燥速度很快，但是由于坯体内湿度梯度小，也不会产生变形和开裂，故适用于形状复杂而壁厚制品。但该法耗电大，特别是在干燥后期，由于水分下降，电阻变大，要继续排出水分则需极大的能量，故在干燥后期不宜采用此法，最好和别的方法联合使用。

（2）微波干燥

微波是介于红外线和无线电波之间的一种电磁波，波长在 $1 \sim 1000mm$ 范围内，频率为 $300 \sim 300000MHz$。微波加热原理是基于微波与物质相互作用吸收而产生的热效应。不同介质吸收微波的能力是不同的。对于良导体，微波几乎全在表面被反射，能进入内部的能量相当小且集中在表面非常薄的一层内，因此良导体很难被微波加热。而对于电导率非常低、介电损耗又很小的微波绝缘体介质，微波基本上是全透射，一般也不易加热。对于那些电导率适中和高介电损耗的材料，微波既有一定的渗透深度，又有相当的吸收，因此这类介质很容易实现微波加热。在陶瓷坯体中，由于水是极性物质，能强烈地吸收微波而发热，水分比干坯吸热大得多，因此温度就高得多，很易蒸发，对于坯体的干燥是适宜的。而制品本身吸收热量少，不会过热，比较有效地防止了变形，保证了制品质量。

微波加热的特点是其具有选择性，即微波产生的热量与被干燥介质有关。潮湿陶瓷坯体会大量吸收微波而发热，一旦水分下降，升温速度会自动下降，出现自动平衡。这种自动平衡作用使坯体加热干燥更均匀。对于石膏模，由于其多孔结构，其介电常数和介质损耗都比较小，所以微波干燥时模型受热不大，不会影响其使用寿命。

图 4-52 为微波干燥器的结构示意图。微波干燥碗类产品，连模干燥时间可由几十分钟缩短至 $1.5 \sim 3min$，产量为 500 件 /h，而干燥高度为 80cm 的花瓶，脱模时间可从 4h 缩短为 4min。可见微波干燥是一种快速安全的干燥方式。

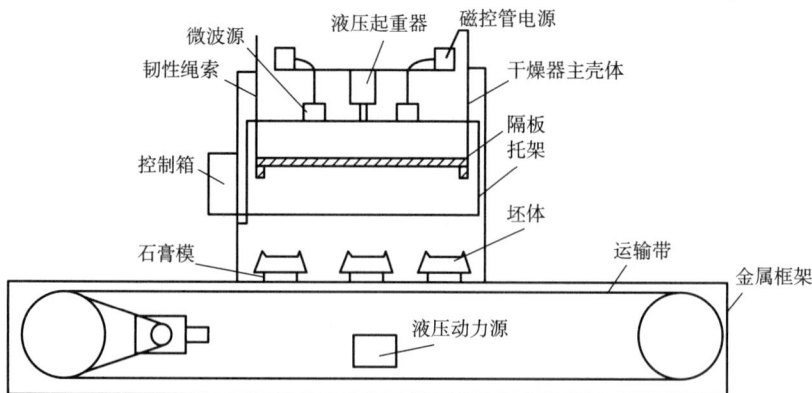

图 4-52　微波干燥器结构示意图

（3）红外干燥

红外线的波长范围为 $0.75 \sim 1000\mu m$，它是一种介于可见光和微波之间的电磁波。一般红外线又分为近红外线和远红外线，当波长为 0.75 ~ 2.5μm 时，称为近红外线，而 2.5 ~ 1000μm 的红外线称为远红外线。坯体能够吸收红外线并将之转化为热能，因此利用红外线能对坯体进行干燥。

红外线干燥仅仅对于红外线敏感的物质在其强烈吸收的波长区域内有效。而分子吸收红外线的程度与该分子中各原子振动所产生的偶极矩变化的平方成正比。因此，对于非极性分子如 O_2、H_2、N_2 等，由于其两个原子只产生对称性的伸缩振动，分子的偶极矩为零，故对红外线不敏感，即不吸收红外线。而极性分子如 H_2O、CO_2 等在红外线的作用下分子的键长和键角振动，偶极矩反复变化，吸收的能量与偶极矩变化的平方成正比。因此，水分子是红外敏感物质，当入射红外线的频率与含水物质的固有振动频率一致时，就会大量吸收红外线，从而加剧分子的振动与转动，使物体温度升高，水分挥发，进行干燥。由此可见，物体吸收红外线的程度与物体的种类、特性、表面状态及红外线波长有关。图 4-53 为水的红外线吸收光谱图，从图中可以看出，水分在远红外区域有很宽的吸收带，而在近红外区的吸收带较窄。可见，远红外干燥效果要比近红外干燥效果好，因此实际的红外干燥应选择波长为 2.5 ~ 15μm 的远红外线干燥较好。

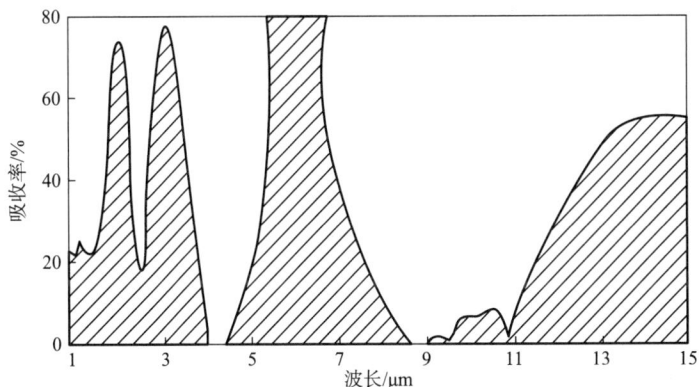

图 4-53　水分的红外吸收光谱示意图

远红外辐射器的形式很多，但其实质主要由三部分组成，即基体、基体表面能辐射远红外的涂层、热源及保温装置。由热源发出的热量通过基体传到涂层上，再在涂层表面辐射出远红外线。

近年来应用最广泛的是在金属或陶瓷基体上涂辐射层，配以电阻丝加热。基体的形状有管状、板状或其他形式。对基体有三个要求：导热性能好；辐射系数大或反射率高；基体与涂料的膨胀系数基本一致，使涂层不至于剥离。

金属基体材料一般采用钢和铝合金制成。而陶瓷基体则采用一般耐火材料或 SiC 黏土质或锆英石质耐火材料。

辐射涂层一般采用辐射率较大的某些金属氧化物、氮化物及硼化物等多种材料。一般说来，辐射涂料可分为以下三种：

①全波涂料。全波涂料以 SiC、γ-Fe_2O_3、α-Fe_2O_3 为主体，配合其他材料制成的涂料，或以铁、锰、稀土酸钙做成的稀土复合涂料，它们能在远红外实用区 2.5~15μm 全波段内辐射率都较高，故称全波涂料。

②长波涂料。长波涂料可分为锆钛系和锆英石系两种，前者以 ZrO_2 和 TiO_2 按一定配比而成，后者则在锆英砂中掺入 Fe_2O_3、Cr_2O_3、MnO_2 等金属氧化物。它们在 6μm 以外长波部分辐射率高，故称为长波涂料。

③短波涂料。富含 SiO_2（30%~80%）或半导体氧化钛 $TiO_{1.9}$（80% 左右）的材料及沸石分子筛系材料在 3.5μm 以内有很高的辐射率，故称短波涂料。

远红外涂层的制备有三种方法：涂刷黏结、等离子喷涂和复合烧结。

远红外干燥的辐射强度随辐射体的温度上升而迅速提高，如表 4-5 所示，当辐射体温度从 100℃升到 300℃时，辐射强度则提高了约 10 倍。实践表明，当辐射体的温度在 400~500℃时，辐射效果最好，这时若将坯体带模一起干燥，要注意控制辐射器与坯体的距离和辐射时间，以免影响干燥效果。

表 4-5　不同温度下远红外辐射强度

温度 /℃	辐射强度 [w/（m³·h）]
100	390.7
200	1601.8
300	3907.8
700	28400.0

采用远红外干燥有如下特点：

①干燥速度快，生产效率高。采用远红外干燥时，辐射与干燥几乎同时开始，无明显的预热阶段，因此效率很高。远红外干燥生坯的时间比近红外缩短 1/2，为热风干燥的 1/10，例如用 80℃热风干燥要 2h 的生坯，采用远红外干燥，在相同生坯温度下，仅需 10min。

②节约能源。由于远红外干燥速度快，所需时间短，虽然单位时间能耗较大，但单位坯体所需能耗仍然较小，因此采用远红外干燥可节约能耗。如采用电力为热源的远红外干燥的耗电仅为近红外干燥 1/2 左右，为蒸汽干燥的 1/3。

③设备小巧，造价低，占地面积小，费用低。

④干燥效果好。采用远红外干燥，热湿传导方向一致，因而坯体受热均匀，不易产生干燥缺陷。

由于远红外干燥有如上所述优点，所以在我国的陶瓷行业中，已经获得了成功的应用，特别是与定位吹热风干燥或配合其他干燥方法加快干燥速度。

（4）综合干燥

在实际生产中，常常采用综合干燥，它是根据坯体不同干燥阶段的特点，将几种干燥方法综合起来，取长补短，达到事半功倍的效果。综合干燥是一种强化干燥方法，由于几种方法同时采用，往往能使生坯快速干燥而不致出现干燥缺陷。归纳起来，常采用的综合干燥方法有如下几类：

①辐射干燥和热空气对流干燥相结合。目前各国普遍采用热风—红外线干燥，坯体在开始干燥时所必需的热量由红外线供给，保证坯体热扩散和湿扩散方向一致。红外线照射加热一段时间后，内扩散被加快，接着喷射热风，使外扩散加快，如此反复进行，水分可迅速排出。此外，还可以采用微波干燥与热风干燥及真空技术相结合的方式进行强化干燥。

②电热干燥与红外干燥、热风干燥相结合。干燥含水率高的大型复杂坯件如注浆坯时，可以先用电热干燥以除去大部分水，然后在施釉后采用红外干燥、热风干燥交替进行，以除去剩余水分，可以大大缩短干燥时间同时又节约能源。

4.6.3　修坯

对于日用陶瓷黏接完手柄和流嘴以后的坯体，由于其表面不太光滑，边口都有毛边，有的还留有模缝迹或流浆等情况，因此需要进一步加工修平，称为修坯，修坯也称为"旋坯"或"利坯"，是陶瓷成型中极为重要的工序之一，其目的主要是使器物表面光洁、形体连贯、规整一致，成为能适应施釉操作和入窑烧成的精坯，是最后确定器物形状的关键环节。

修坯主要修正的是模缝迹。它是注浆成型和可塑成型工艺中因磨具之间存在的缝隙受泥料挤压而形成的。对于陶艺作品中的修坯，针对的是陶艺家本身或作品本身，因人而异，因作品而异。其目的主要是为了使坯体的曲线更加流畅。

修坯不仅需要熟练掌握造型的曲线变化和烧成时各部位的收缩比，还需掌握各部分流泥的厚薄程度（这是为了防止坯体因收缩不同、厚薄不均匀等现象而造成内应力大小不同或分布不均）。修坯时对于坯体厚薄程度的控制及其识别方法，是掌握修坯技术和确保修坯质量的关键所在，这需要依靠技术熟练程度和实践经验来掌握。

1. 修坯方法

修坯有湿修和干修之分。湿修是在坯体含水很多，尚在湿软的情况下进行，适合器形较复杂或需要经湿接的坯体，此时操作较容易而且修坯的刀子不易磨损，其缺点是容易在搬动及操作过程中使坯件受伤而引起变形，对提高品质不利。一般碗、壶、杯等需进行加工的制品，多采用湿修，其水分视需加工的程度而定。需可塑加工和粘接的坯体，其湿修水分可略高，为16%~19%，例如瓷器和精陶坯体一般为16%~18%，而粗陶坯一般为8%~16%。湿修可以用刮刀、泡沫塑件等刮平修光。

干修是在坯体水分较少的情况下进行的。此时坯体的强度提高了，可减少因搬动受伤而引起的变形，对提高品质有利，其缺点是粉尘较大，而且对修坯刀的阻力较大，容易跳刀，修坯刀的磨损也较大，操作技术较难掌握。干修时因坯体含水率低，可用泡沫塑料、抹布、帚子等蘸水进行修坯，也可用小刀、筛网等直接干修。

修坯采用的刮刀种类很多，制品不同，其采用的形状也不同。例如卫生瓷的修坯刮刀按其形状分，可分为平刮刀、圆刮刀、月牙刮刀三种。平刮刀为全半圆形，一般适用于修平面；圆刮刀呈双弧形，适用于刮凹面；月牙刮刀适用于刮凸起面模型对口缝痕迹等。刮刀一般为双面刃，刃宽在5~10mm。刮坯时根据所刮坯体的凸凹程度，改变刮刀面同坯体表面的角度进行操作。表4-6给出了日用陶瓷的一些修坯和粘接的工艺参数实例。

表4-6　日用陶瓷的修坯、粘连的工艺参数实例

地区	产品名称	粘接		干修		湿修	
		粘接水分/%	坯体水分/%	坯体水分/%	修坯机转速/(r/min)	坯体水分/%	修坯机转速/(r/min)
唐山地区	壶类	32~34	15~17	<10	—	—	—
景德镇瓷区	壶类盘类	36~40	23~24	<5	350~400	23~24	—
宜兴瓷区	精陶杯	28~29	16~17	—	—	16~18	—
湖南群力瓷区	杯、碟、盘、碗、壶、奶盅	34~37	20~22	1	400~650	20~22	135~145
辽宁锦州瓷区	杯类	26	17~18	8~9	630~640	—	—
湖南界牌瓷区	梨形杯	39	18	—	—	18~19	430

2. 干修

（1）干修注意事项

修坯时既要强调外观品质，又要注意其他品质缺陷的预防，在干修坯体时，要注意以下几点：

①坯体表面的石膏脏、绒毛脏、海绵脏和泥片屑，务必清除干净，以防造成成品外观缺陷；

②要用浑水擦坯，以浆水糊住坯体表面的棕眼，以免影响成品的外观品质；

③坯体本身有气泡，一般在 5mm 左右，可以用干坯碎块堵，然后用硬物轧实；

④坯体表面有明显凹凸一定要刮平；

⑤坯体某一部位如有长 10mm、深 2mm 左右的小裂纹，可以用刮刀刮到无裂纹为止，然后将周围部位刮平；

⑥坯体注浆眼有痕迹的部位一定要用刮刀刮掉，以防成品出现泥缕缺陷。坯体经过干修后还要进行打磨、检查。检查时一看坯体的洗净面；二看眼孔等；三看模缝；四看粘口部位；五看打磨干坯时缺陷部位的技术处理效果；六看有无积水。检查完后还要进行干坯找裂工作。

（2）干坯找裂

所谓干坯找裂，就是在干坯上抹上油（煤油等）来寻找裂纹，它是陶瓷行业中一个传统的经验做法，其操作要求如下：

①抹油找裂的坯体必须是经过干燥的全干坯体，半干的坯体或含水量较高的坯体效果不好。

②抹油开始前，先用海绵蘸取清水将需抹油部位擦一下，然后用扁笔蘸油抹擦部位，边抹边用灯照，并集中精力观察，一般有裂纹处，裂纹会迅速吸油，形成一条黑色的痕迹。一旦有这种现象，需要用刀一层一层刮坯体，直到黑色痕迹消失为止。这种裂纹如太深则不能修补。抹油找裂的经验做法关键是"三到"，笔到、灯到、眼到，要集中精力找裂。

③找裂也不是整个坯体都抹油，一般是粘口部位、湿坯有粘裂的地方及有疑问的地方。

④从擦水、抹油到观察，时间越短越好，拖延时间过长则不容易发现裂纹。修坯和粘接在日用陶瓷和卫生陶瓷成型工序中长期以来是手工操作，效率低，需要大量人工，如何使修坯与粘接机械化是亟待解决的问题。国内外有不少机械修坯和粘接机，但仍然跟不上成型工艺的发展。今后，随着自动修坯机和粘接机的发展，将使整个成型工艺的自动化推向新的水平。同时，采用新的模具和成型工艺，以减少或免去修坯和粘接工序，将是陶瓷成型工艺的发展趋势。

4.6.4 施釉

施釉是陶瓷工艺中必不可少的一项工艺。在施釉前，生坯或素烧坯均需进行表面的清洁处理，以除去积存的污垢或油渍，保证坯釉良好结合。清洁的办法，一般采用压缩空气在通风柜内进行吹扫，或者用海绵浸水后湿抹，然后干燥至所需含水率。

施釉工艺发展很快，方法很多，一般视产品形状和需求不同而采用不同的施釉方法。

1. 釉浆施釉

釉浆施釉是传统的施釉方法。它是先将釉用原料按一定配比加水研磨成釉浆，然后采用不同的方法，将釉浆施加到坯体表面。釉浆的相对密度、流动性、悬浮性等要调节到合适的程度，否则会影响产品品质。

（1）浸釉

浸釉法是将坯体浸入釉浆，利用坯体的吸水性或热坯对釉的黏附而使釉料附着在坯体上，所以又称蘸釉。

釉层的厚度与坯体的吸水性、釉浆浓度和浸釉时间有关。浸釉所用的釉浆浓度比喷釉法高。多孔素烧瓷坯用的釉浆相对密度一般在 1.28~1.5，炻质餐具用釉浆相对密度约为 1.74，卫生瓷釉浆相对密度约为 1.63。然而还要视坯体形状、大小及吸水率而定。我国日用瓷厂对盘类产品施釉采用的漂釉法也是浸釉法的一种。

（2）浇釉

浇釉又称淋釉，是将釉浆浇到坯体上，对于无法采用浸釉、荡釉的大型器物一般采用这种施釉法。

浇釉操作是在一个盆上或缸上架一木板，坯体搁于板上，施釉者两手各执一碗或者一勺，取釉浆交替向坯体上泼。如过大坯件需两人操作时，两人手法须一致，否则釉厚度难以均匀。也可以将盘碟放在旋转的辘轳车上，往盘的中面浇上适量的釉浆，釉浆立即因旋转离心力的作用，往盘的外缘散开，而使坯体施上厚薄均匀的釉。甩出的多余釉浆，可以在盘下收集循环使用。

在釉面砖等的生产中，也广泛采用浇釉法施釉。但方法与上述有所不同。它是将坯体置于运动的传送带上，釉浆则通过半球形或鸭嘴形浇釉器流下形成釉幕而流向坯体，故也称为钟罩式浇釉和鸭嘴式浇釉。

1）钟罩式浇釉

图 4-54 为钟罩式浇釉法示意图，由固定架将钟罩悬吊在砖坯传送带上方 150mm 左右处，釉浆经供浆管流到储釉槽里，并保持一定的釉位高度，此后从储釉槽自然流下，在钟罩表面上形成一弧形釉幕。当坯体从釉幕下通过时，坯体表面就黏附了一层釉。如果需进行两次浇釉，可在钟罩上设置两条釉幕，通过的坯体就受到两次上釉，多余的釉浆由底部设置的回收盘收集后再利用。

钟罩式施釉装置可以使用高密度的釉料，因为其主要用于一次烧成的墙地砖，对于大型坯体，应使用较宽的钟罩式施釉装置。

由于对施釉线和地面振动敏感，钟罩式施釉装置不应设置在压机附近，否则会在釉面产生波纹缺陷。对于垂直于砖坯运动方向上的波纹缺陷，可能是由于釉料的相对密度太低或坯体输送速度太慢引起的，也可能是由于钟罩式施釉装置振动引起的。同时，对于采用钟罩式施釉的产品，还会造成局部地方出现无釉的椭圆区缺陷，这可能是由釉罩面的撕裂引起的。引起釉罩面撕裂的主要原因是气泡，故施釉前釉浆中的气泡就要排除干净。

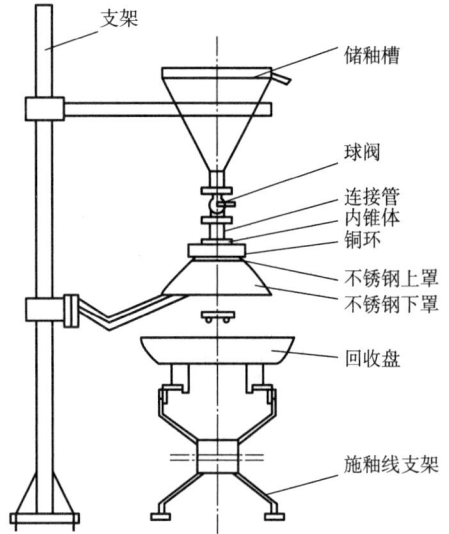

图 4-54 钟罩式浇釉法示意图

2）鸭嘴式浇釉

图 4-55 为鸭嘴式浇釉法示意图，鸭嘴式浇釉装置为一扁平状漏斗，从中流出的釉浆能形成一直线形釉幕，然后施于砖坯上。该方法需注意保持釉液面高度稳定。用该法施釉，釉层高度可通过调节釉幕的厚薄、釉浆浓度及传送带速度来获得。

采用该法施釉，釉层产生的主要缺陷是釉层不均匀，其产生原因和克服办法如下：

①在釉面上产生有规律的波纹。主要是由于厚度不均匀所致，形成原因是浇釉装置阻塞变形或喷头内部和外部釉局部过量，从而导致釉流均匀性改变所致。由浇釉装置阻塞引起的波纹，可以在槽内加一个螺旋桨叶片的方法加以解决。如果相同的波纹缺陷以一定的频率出现，则应检查过滤筛网。

②在釉面上产生无规律或不均匀的波纹。主要是釉料过稀及釉料中的气泡所致。如果是釉料太稀引起的波纹，可以通过缩小出口狭缝和减少施釉量的方法来消除。如果波纹出现在面砖运动方向的横向上，则可能是由于施釉装置振动或输送设备不均匀运动引起的。

（3）荡釉

对于中空制品如壶、花瓶及罐、缸等，对其进行内部施釉，采用其他方法无法实现或比较困难，应采用荡釉法。荡釉操作是指将一定浓度及一定量的釉浆注入器物内部，然后上下左右摇动，使釉浆

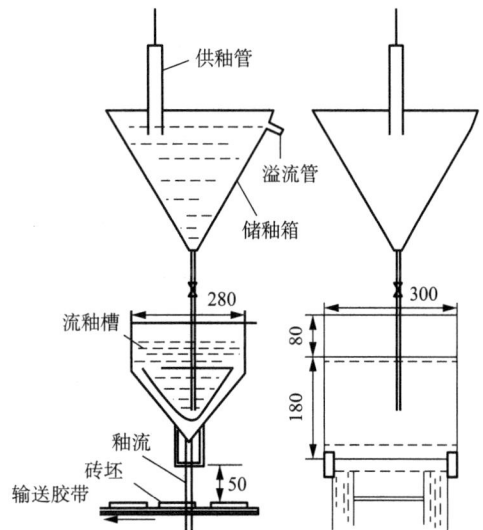

图 4-55 鸭嘴式浇釉法示意图

布满其内表面，然后将余浆倒出。

荡釉法最关键的是倒余浆操作，因为如果釉浆从一边倒出，则釉层厚薄不均，釉浆贴着内壁而流出的一边釉层较厚，这样会引起缺陷。因此，在倒余浆时动作要快，要在摇晃均匀后迅速使制品口朝下，使釉浆从制品口全圆周均匀流出，釉层才均匀。

另外，旋釉法或称轮釉法，是荡釉法的发展。其方法是将盘碟碗类制品放在辘轳车上进行施釉，但此法应注意不要使制品中心施釉过厚，从而使釉下彩模糊不清。

（4）涂刷釉

涂刷釉是指用毛刷或毛笔浸釉后再涂刷在坯体表面上。此法多用于在一坯体上施几种不同釉料形成特厚釉层以及补釉操作。采用此法施釉，釉浆的相对密度通常很大。

在艺术陶瓷制品生产中，通常采用刷釉法以增加一些特殊的艺术效果。刷釉时常有雕空的样板进行涂刷，样板可以用塑料或橡胶雕制，以便适应制品的不同曲面。但是，对于曲面复杂而又要求特殊的制品，如景德镇的"三阳开泰"，则刷釉不能适应。必须用毛笔蘸釉涂于制品上。特别是在制品上施复色釉时，涂釉法比较方便，因为涂釉法可以满足不同位置需要不同厚度的釉层要求。但涂釉时，需注意不要使制品表面凹凸不平。

在建筑陶瓷生产中，也有的涂刷设备可以用来从砖坯表面上除掉釉料，以突出鲜明的装饰效果。在生产釉面砖时，这种施釉法也可以用来进行补釉。

（5）喷釉

喷釉工艺是利用压缩空气将釉浆通过喷枪或喷釉机喷成雾状，使之黏附于坯体上。坯与喷枪的距离、喷釉压力、喷釉次数及釉浆相对密度决定了釉层的厚度。这种方法适用于大型、薄壁及形状复杂的坯体，特别是对于薄壁小件易脆的生坯更为合适，因为这种坯体如果采用浸釉法，则可能因为坯体吸水过多而造成软塌损坏。

喷釉的特点是釉层厚度比较均匀，易于控制，与其他施釉法相比较，容易实现机械化和自动化。在卫生瓷生产中，采用喷釉时坯体通常置于可旋转台上，喷釉过程中坯体旋转，以保证表面施釉均匀。在建筑陶瓷生产中，用喷釉可以施加较薄的釉层，获得明暗装饰效果。通常有两种：横向阴影，主要是喷枪在侧面施釉而造成的；不规则的明暗色彩，由喷头运动或停歇产生，在整个砖坯上加涂相当均匀的薄颜料层，与砖坯同步间歇式施釉（点），以产生色彩明暗效果。

采用喷釉时，釉料必须细磨，在325目筛上筛余量为零，并且黏度值也必须低。喷枪一般采用两种压缩空气。第一种空气是喷出空气（或一次空气），以手工方法使釉料从其出口孔射出。第二种空气是以空气形成的射流（二次空气），其作用是改变喷角。

喷出作用随空气压力的升高而增加（由空气压力流速减压器调节），釉流量也可通过喷枪的"销子"进行调节。

（6）甩釉

图4-56所示为一圆盘离心式甩釉装置，釉浆经过釉管压入甩釉盘中，依靠其旋转产生的离心力甩出，釉料以点状形式施加于坯体上。这种方法通常用在建筑陶瓷生产中，坯体表面所形成的斑点或疙瘩的大小随转速而异，转速越大斑点越小，通常转速在800~1000r/min。

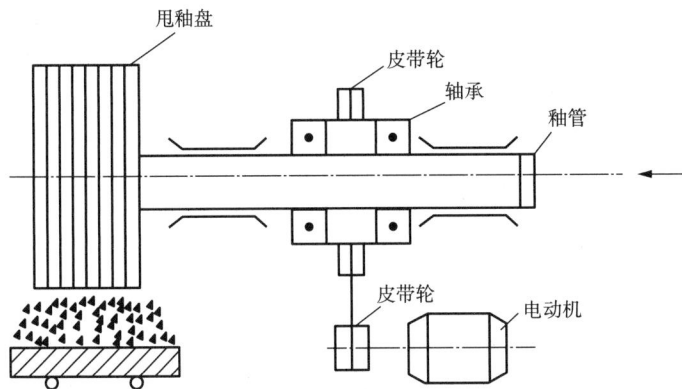

图4-56 圆盘离心式施釉装置

采用此法可以在一种釉面上获得不同颜色形状的釉斑，也可以获得花岗石等效果的装饰釉面。

除了上述的几种釉浆施釉法之外，在建筑陶瓷工业中，为了获得墙地砖表面的特殊装饰效果还采用了如旋转圆盘施釉法、滚压法和溅射施釉法等。

2. 静电施釉

静电施釉是将釉浆喷至一个不均匀的电场中，使原为中性粒子的釉料带有负电荷，随同压缩空气向带有正电荷的坯体移动，从而达到施釉的目的。

静电施釉所采用的装置主要由静电发生器、喷枪、运输链、釉箱及载坯车等几部分组成。图4-57为国内采用的一种静电喷釉装置。

施釉时，220V的交流电经静电发生器进行工频倍压整流为100~150kV的高压直流电，由高频电缆输送到电网上，使之产生带正电荷的高压静电场。由于载坯车接地，坯与电网分别形成正负极。在高压的作用下，两极间的空气会产生电离。形成带电荷的离子，当釉料在压缩空气的作用下经过喷嘴雾化后，其中性分子在移动的带电离子作用下也带有负电荷，从而随压缩空气

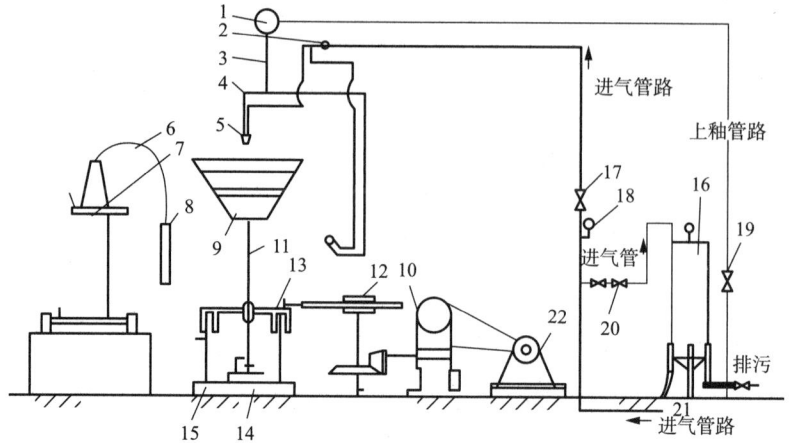

图 4-57　静电施釉装置示意图

1—十头分釉箱　2—十头分气箱　3—支釉管　4—支气管　5—喷雾头　6—高级电缆
7—静电发生器　8—镇电网　9—产品　10—蜗轮减速箱　11—静电小车　12—主动链轮
13—链条　14—齿条　15—导轨　16—釉箱　17—截止阀　18—气压表　19—截止阀
20—减压阀　21—球阀　22—电动机

一起向载坯车（正极）移动，使釉的雾滴吸附在坯体上形成釉层。

为了增加釉对坯的附着力，可在施釉时附加一喷枪专门喷水，使釉滴靠水的表面张力而"化开"使其致密地结合在素坯上。静电施釉喷出的雾滴较细，速度也较慢，绝大部分釉雾落在坯体的施釉面上，小部分由于静电的吸引落在坯体的周边和背面。与一般的施釉方法相比，静电施釉釉层分布均匀，效率高产量大，釉浆浪费少。但是设备复杂，维持困难。同时，由于高压电场电压高，需要有严格的安全保护措施。

3. 干法施釉

干法施釉采用干粉釉，可获得美观而又耐磨的表面。所谓干粉釉是指釉料的形态，不是传统的釉浆，它是粉粒状。根据颗粒的形状和制备工艺，干粉釉可分为以下四种：熔块粉（粒度在 $40 \sim 200\mu m$）；熔块粒（粒度在 $0.2 \sim 2\mu m$）；熔块片（尺寸在 $2 \sim 5\mu m$）；造粒釉粉，是熔块和生料经过造粒而成。

前面三种主要是把熔块粉碎后筛分而成，而第四种是用黏结剂或煅烧法将熔块和生料造粒而形成一定级配的颗粒。

干法施釉就是采用不同的方式将上述干釉分布到陶瓷砖坯体的表面，并使其固着于坯体上。根据施釉方式的不同，可把干法施釉分为流化床施釉、釉纸施釉、干法静电施釉、撒干釉、干压施釉和热喷施釉等。

4.7　发展中的陶瓷成型方法

4.7.1　3D 打印技术（增材制造）

我们通常也将 3D 打印技术称作"增材制造技术"，它是相较传统机加工等减材制造技术来说的，是以离散、堆积原理为基础，经由材料的不断累积而完成制造操作的一项技术。其借助电子计算机把成型零件的 3D 模型切成一系列特定厚度的"薄片"，打印装置从下至上地制造出每层薄片，紧接着叠加为三维的实体零件。这类制造技艺不需要借助模具或者刀具，就能够完成传统工艺无法企及的复杂结构制造操作，同时能够大大简化生产流程，缩短制造时长。

近年来，陶瓷 3D 打印技术作为新型无模制造工艺逐步发展起来，该技术集数控技术、CAD 技术和先进材料制备技术为一体，不仅缩短了材料的生产周期，还进一步节省制造成本，更为重要的是该技术能够制备出多自由度的陶瓷产品，在一定程度上缓解了快速增长的市场需求和相对落后的制备技术之间的矛盾，该技术被誉为"第三次工业革命最具有标志性的生产工具"，越来越受到国内外的关注。

（1）陶瓷选择性激光烧结技术

选择性激光烧结（selective laser sintering，SLS）技术的工作原理是利用激光束烧结平铺在成型平面上的粉末材料，然后用激光束熔化黏结剂，且对各层进行烧结，最终制成陶瓷生坯，陶瓷生坯需要经过去除黏结剂和烧结等后处理基本过程，然后获得最终的陶瓷构件。如图 4-58 所示为选择性激光烧结技术原理图。

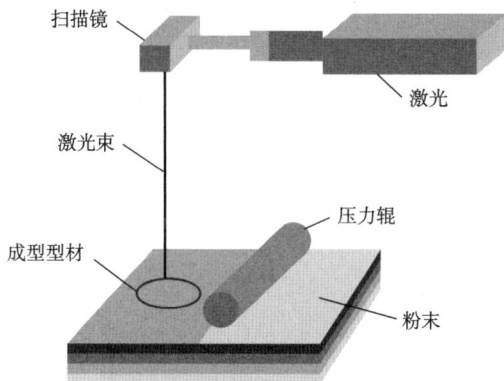

图 4-58　选择性激光烧结技术原理图

目前，SLS 技术可以对金属、陶瓷以及覆膜砂等许多材料进行加工，且在加工过程中不需要支撑结构，得到的产品质量和精度都很高，在各个制造领域都具有明显的优势。随着 SLS 技术的发展，多功能复合材料被广泛应用于 SLS 技术，K. Subramanian 等运用 SLS 技术结合喷雾造粒法对 Al₂O₃ 和高分子黏结剂的复合材料进行研究制备，大大提高了成型坯的强度；国内的唐城城等人运用低温破碎法结合熔融共混法研制出一种尼龙和 Al₂O₃ 的混合粉，并利用该技术制作出密度高、精度高且外表光滑的陶瓷零件。然而，由于选择性激光烧结技术不能对陶瓷粉末进行直接烧结，需要将黏结剂或者其他材料加入陶瓷粉末中，且加入黏结剂和其他材料的用量及种类对成型后器件的力学性能和密度有很大影响，除此之外，运用该技术制作成本较高，对设备的维护较烦琐，这些问题制约了该技术在陶瓷制备领域的发展。

（2）陶瓷熔融沉积成型技术

陶瓷熔融沉积成型（fused deposition of ceramics，FDC）技术主要是使用陶瓷粉末和特殊的黏合剂混合成陶瓷原料，将这些陶瓷原料利用 FDM 设备制成陶瓷生坯，最后将陶瓷生坯进行后处理得到陶瓷器件，后处理主要包括去除生坯中的黏结剂与烧结。该技术主要受陶瓷的柔性、弹性模量、黏度、强度和黏合性能影响。

FDC 打印技术成本较低，但是由于该技术在层层沉积过程中，下层的材料不足以支撑上层材料的重量，所以需要设置支撑结构，国内外大量专家针对支撑结构展开了研究。虽然 FDC 技术的工作原理简单，但是，在打印过程中由于喷头需要加热的温度很高，所以对原料的性能有很高的要求，例如原料的抗弯强度、拉伸强度、硬度以及抗压强度，此外，在喷头的加热熔化过程中，陶瓷材料需要具有一定的黏稠度和流变性，且收缩率不宜过大，否则会导致成型零件变形，因此，该技术所使用的陶瓷材料受到很大限制，需要进一步研究。

（3）陶瓷分层实体制造技术

分层实体制造（laminated object manufacturing，LOM）技术工作过程主要是利用激光完成的，首先在成型平面上铺一层铂，然后利用激光切割出层轮廓，轮廓以外的部分都被切成碎块，完成一层的切割时，再进行铺铂，然后进行辊轧加热，热固化树脂黏合剂，使新铺的层黏附到成型体上，往复工作结束后把切碎的部分去除掉，最终得到一个完整的部件。

LOM 技术成型速度快，不需要设置支撑结构，后处理简单，且容易获取用于该技术的陶瓷薄片材料，比较适用于制备结构复杂的陶瓷零件，在相关领域得到越来越多的研究。但 LOM 技术采用的薄膜材料在切割叠加过程中容易产生大量材料浪费，利用率较低，同时，该技术在工作过程中主要运用激光切割，加工成本较高，而且该技术在陶瓷制备时层和层之间存在台阶，制品边界需要抛光，此外，陶瓷器件的密度不均匀，不利于最后的脱脂和烧结过程，也影响陶瓷器件的最终性能。

（4）陶瓷三维印刷成型技术

三维印刷成型技术（three dimensional printing，3DP）由美国 Solugen 和 MIT 公司开发。该成型技术的工作原理与激光烧结技术相似，主要是将激光器换成喷头喷射黏合剂。喷头喷射黏结剂在材料粉末上，然后固化成型，通过二维形状层层叠加成三维实体，最后再经过后处理形成一个成品。

4.7.2　流延成型法

流延成型又称带式浇注法、刮刀法，是一种目前比较成熟的能够获得高质量、超薄型瓷片的成型方法，已被广泛应用于独石电容器瓷片、厚膜和薄膜电路基片等先进陶瓷的生产。

1. 流延成型的料浆制备

流延成型用浆料的制备方法是，先将通过细磨、煅烧的熟瓷粉加入溶剂，必要时添加抗聚凝剂、除泡剂、烧结促进剂等进行湿式混磨；再加入黏合剂、增塑剂、润滑剂等进行混磨以形成稳定的、流动性良好的浆料。有些制备料浆用的除泡剂并不加入粉料中，而在真空除气之前喷洒于浆料表面，然后搅拌除泡。如正丁醇、乙二醇各半的混合液能有效地降低浆料表面张力，于 4000Pa 残压下的真空罐内，搅拌料浆 0.5h，可基本将气体分离干净。浆料泵入流延机料斗前，必须通过两重滤网，网孔分别为 40μm 和 10μm，以滤除个别团聚或大粒料粉及未溶化的黏合剂。流延成型用有机材料列于表4-7。水系流延浆料的配制工艺列于表 4-8。非水系流延浆料的配制工艺列于表 4-9。

表 4-7　流延成型用有机材料

流延浆料	溶剂	黏合剂	增塑剂	悬浮剂	湿润剂
非水系	丙酮 丁基乙醇 苯 溴氯甲烷 醇 二丙酮 乙醇 丙醇 甲苯 三氯乙烯 二甲苯	纤维素醋酸丁烯 乙醚纤维素 石油树脂 聚乙烯 聚丙烯酸酯 聚甲基丙烯 聚乙烯醇 聚乙烯醇缩丁醛 氯化乙烯 聚甲基丙烯酸酯 乙基纤维素 松香酸树脂	丁基苯甲基酞酸 二丁基酞酸 丁基硬脂酸 二甲基酞酸 酞酸酯混合物 聚乙烯甘醇介电体 磷酸三甲苯酯	脂肪酸 天然鱼油 苯磺酸 鱼油 油酸 甲醇 辛烷	乙基苯乙醇 聚氧乙烯酯 单油酸甘油 三油酸甘油 乙醇类

续表

流延浆料	溶剂	黏合剂	增塑剂	悬浮剂	湿润剂
水系	（作为除泡剂有：石蜡系有机硅系非离子界面活性剂乙醇类）	丙烯系聚合物羟基乙基纤维素甲基纤维素聚乙烯醇异氰酸酯石蜡润滑剂氨基甲酸乙酯甲基丙烯酸共聚的盐石蜡乳液	丁基苄基酞酸酯二丁基酞酸酯聚烷基甘醇三甘醇三-N-J基磷酸盐汽油多元醇	磷酸盐磷酸络盐烯丙基磺酸天然钠盐丙烯酸系共聚物	非离子型辛基苯氧基乙醇乙醇类非离子型界面活性剂

表4-8　水系流延浆料的配制工艺

材料	功能	添加量/g	工艺
蒸馏水	溶剂	31.62	在烧杯中预先混合
氧化镁	晶粒成长抑制剂	0.25	
聚乙二醇	可塑剂	7.78	
丁基苄基酞酸酯	可塑剂	57.02	
非离子辛基苯氧基乙醇	湿润剂	0.32	
丙烯基磺酸	悬浮剂	4.54	
氧化铝粉末	主原料	123.12	加上述预混料球磨24h
丙烯树脂系乳液	黏结剂	12.96	加到主原料中混磨0.5h
石蜡系乳液	消泡剂	0.13	加到主原料中混磨3min

表4-9　非水系流延浆料的配制工艺

材料	功能	添加量/g	工艺
氧化铝粉末	原材料	194.40	第一阶段经24h球磨机混合
氧化镁	粒子成长控制	0.49	
鲱鱼油	悬浮剂	3.56	
三氯乙烯	溶剂	75.81	
乙醇	溶剂	29.16	
聚乙烯醇缩丁醛	黏结剂	7.78	第一阶段在上述混合料中加入本栏材料短时混匀
聚乙二醇	可塑剂	8.24	
辛基酞酸	可塑剂	7.00	

2. 流延成型工艺

（1）工艺流程

流延成型工艺流程如下（图4-59）：

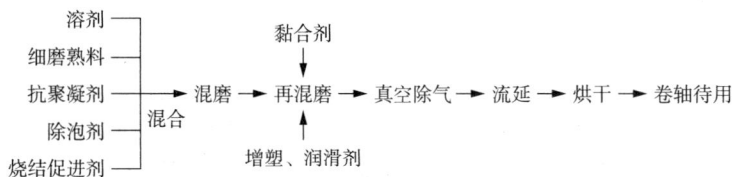

图4-59 流延成型工艺流程图

（2）成型方法

流延成型时，料浆从料斗下部流至向前移动着的薄膜载体（如醋酸纤维素、聚酯、聚乙烯、聚丙烯、聚四氟乙烯等薄膜）之上，坯片的厚度由刮刀控制。坯膜连同载体进入循环热风烘干室，烘干温度必须在浆料溶剂的沸点之下，否则会使坯膜出现气泡，或由于湿度梯度太大而产生裂纹。从烘干室出来的坯膜中还保留一定的溶剂，连同载体一起卷轴待用，并在储存过程中使坯膜中的溶剂分布均匀，消除湿度梯度。最后用流延的薄坯片按所需形状进行切割、冲片或打孔。

在实际生产中，刮刀口间隙的大小是最关键和最易调整的。在自动化水平比较高的流延机上，在离刮刀口不远的坯膜上方，装有透射式X射线测厚仪，可连续对坯膜厚度进行检测，并将所测厚度漂离信息反馈到刮刀高度调节螺旋测微系统，这可制得厚度仅为10μm，误差不超过1μm的高质量坯膜。

（3）流延成型的特点

流延成型设备不太复杂，且工艺稳定，可连续操作，生产效率高，自动化水平高，坯膜性能均匀且易于控制。但流延成型的坯料因溶剂和黏合剂等含量高，因此坯体密度小，烧成收缩率有时高达20%～21%。

流延成型法主要用以制取超薄型陶瓷独石电容器、氧化铝陶瓷基片等先进陶瓷制品。它为电子元件的微型化，超大规模集成电路的应用，提供了广阔的前景。

几种典型的流延成型浆料配方列于表4-10。

表4-10 几种典型的流延成型浆料配方 单位：%

陶瓷粉料	黏合剂	溶剂	增塑剂、润湿剂	抗聚凝剂
氧化铝 100.0 氧化镁 0.25 （烧结促进剂）	聚乙烯醇缩丁醛 4.0 聚乙烯乙二醇 4.3	三氯乙烯 39.0 乙醇 15.0	辛基二甲酯 3.6	天然鱼油
氧化铝、氧化锆 硅酸镁类瓷料	聚乙烯醇缩丁醛 2.5	甲苯 20.0	聚乙醇烷基醚 0.2 聚烷撑乙二醇衍生物 1.0	
钛酸盐粉料	聚乙烯醇缩丁醛 2.5	甲苯 20.0	乙酸三甘醇 0.2 丙二醇三烷基醚 0.2	

3. 流延成型机

（1）基本结构

流延成型亦称连续刮刀注带法、刮刀法或带式浇铸法。流延成型机的结构如图 4-60 所示。

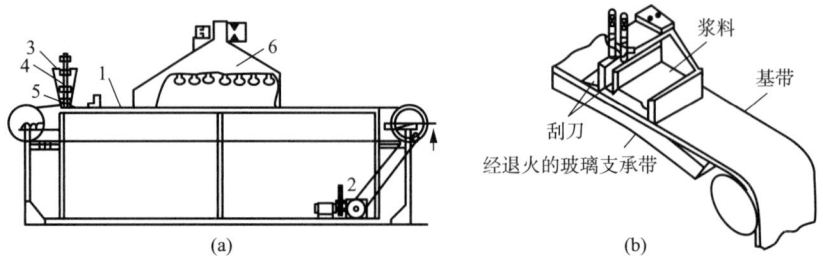

图 4-60　流延成型机的结构示意图

1—不锈钢带　2—传动设备　3—加料漏斗　4—调节支杆　5—弹簧　6—干燥箱

流延成型机的刀片装在机器左端，运输带自左向右移动，刀片高度用细螺纹杆调节，刚从刀片下面刮出的新鲜料浆层厚度用 γ 射线或 X 射线传递仪进行监测。料浆在移动的运输带上向右移动时逐渐变干。经过滤的纯净空气逆向吹入机器内，另一端则是饱和溶剂蒸汽及空气与刚浇注出的湿坯带接触，以减少坯带干燥时的扭曲和开裂。电热流延机中心区最高温度为 60℃。

（2）工作原理

流延成型机的工作原理是，将细分散的陶瓷粉料悬浮在由溶剂、增塑剂、黏合剂和悬浮剂组成的无水溶液或水溶液中，成为可塑且能流动的料浆。料浆在刮刀下流过，便在流延机的运输带上形成薄层的坯带，坯带缓慢向前移动，待溶剂逐渐挥发后，粉料的固体微粒便聚集在一起，形成较为致密的、似皮革样柔韧的坯带，再冲压出一定形状的坯体。

（3）性能特点

① 该机适宜制备厚度在 0.2mm 以下的各种超薄型电子陶瓷制品，也适宜于制作厚 0.25～1mm 的氧化铝、氧化铍及其他介电陶瓷基片（板）材料。

② 成型制品致密度高，尺寸精确度和平整度好（尤其是大面积薄片）。

③ 自动化程度高、工艺稳定、生产效率高。

（4）注意事项

1）运输带

运输带材质为特氟隆（聚四氟乙烯）、聚对苯二甲酸乙二醇酯、玻璃纸、和醋酯纤维，特氟隆涂在不锈钢带上也可作为运输带。带厚度为 0.038cm，带宽为刀片宽加 5.08cm。通常大批量生产时流延机的刀片宽为 10～228.6cm。

2）厚度检测

干坯带厚度与料浆黏度、刀片与运输带之间的缝隙高度、运输带速度和干燥收缩等有关。因此，大批量生产时对厚度控制很重要，一般常用仪器监测浇注干坯带的厚度。一般当坯带厚小于 0.025mm 时，易破损，大于 0.113mm 时，则会导致干燥和辊筒卷带困难。

3）干燥

流延机上可用热源提供低于溶剂沸点的温度，加速料浆的干燥，也可用室温，流速为 2.83m³/min，与运输带呈逆向流动。

4）修毛边和贮存坯带

干燥后的坯带可用锋利的切割器切成固定宽度的带状物，边缘要修整。上卷筒或贮藏前要让溶剂全部挥发掉。

5）成型

流延成型的坯带可以采用冲压成型。冲压的尺寸要考虑干燥及烧成收缩面按比例放尺。也可用激光钻打孔或用比例绘图仪控制激光器的光束，以便切出形状复杂的基片。

4.7.3 其他成型方法

1. 注射成型法

（1）注射成型

注射成型是将瓷粉和有机黏结剂混合后，经注射成型机，在 130~300℃温度下将泥料注射到金属模腔内。待冷却后，黏结剂固化，便可取出毛坯而成型。

1）工艺流程

注射成型的工艺流程如下（图 4-61）：

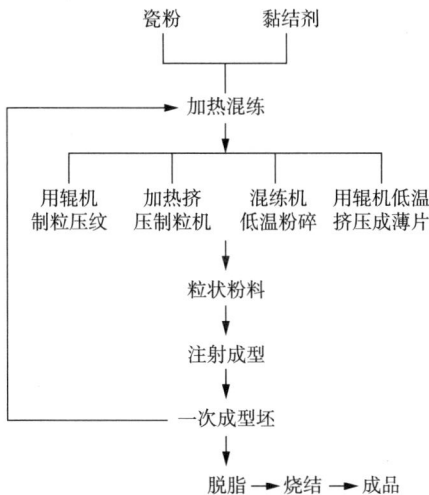

图 4-61 注射成型工艺流程图

2）注射成型瓷料用黏结剂

为改善注射成型泥料的流动性能，在泥料制备时必须加入各种适宜的黏结剂。陶瓷注射成型泥料用黏结剂列于表4-11。

表4-11　几种典型的流延成型浆料配方

类别	名称
热塑性树脂	聚苯乙烯、聚乙烯、聚丙烯、醋酸纤维、丙烯酸类树脂、聚乙烯醇
增塑剂	酞酸二乙酯、石蜡、酞酸二丁酯、蜂蜡、酞酸二辛酯、脂肪酸酯
润滑剂	硬脂酸锌、硬脂酸铝、硬脂酸镁、硬脂酸二甘酯、PAN 粉、矿物油
辅助剂	花生和大豆等植物油、动物油、萘等的升华物以及分解温度不同的树脂

3）注射成型的特点

注射成型法可以成型形状复杂的制品，包括壁薄0.6mm、带侧面型芯孔的复杂零件。毛坯尺寸和烧结后实际尺寸的精确度高，尺寸公差在1%以内，而模压成型为±（1%～2%），注浆成型法为±5%。注射成型工艺的周期为10～90s，工艺简单，成本低，压坯密度均匀，适于复杂零件的自动化大批量生产。但是它脱脂时间较长（为72～96h），金属模具费用昂贵，设计较困难。

注射成型法已用于制造陶瓷汽轮机部件（动叶片、静叶片、燃烧器等）、汽车零件、柴油机零件。本法除用于氧化铝、碳化硅等陶瓷材料的成型外，还用于粉末冶金零件的制造。

4）应用

两种先进陶瓷制品注射成型用坯泥的成型、脱脂条件列于表4-12。

表4-12　两种制品注射成型用坯泥的成型、脱脂条件

	胚料配比 /%	成型、脱脂条件
碳化硅制品	碳化硅 100	混合：150℃、1h
	可塑性聚苯乙烯 16.5	射出温度：150～325℃
	硬脂酸蜡 3.5	射出压力：7～70MPa
	40# 油 8.3	脱脂条件：从 50℃ 至 800℃，1～10℃/h
	钛酸盐 0.6	非氧化气氛
氮化硅制品	氮化硅 100	加压混练：0.25MPa，180℃
	聚苯乙烯 13.8	射出温度：240℃
	聚丙烯 7.6	射出压力：100MPa
	硅烷 3.6	脱脂条件：N_2 常温至 200℃，30℃ /h
	钛酸二乙酯 1.9	200℃ 至 350℃，35℃ /h
	硬脂酸 1.9	在 350℃ 保持 10h

（2）注射成型机

1）基本结构

注射成型机一般由可塑化机构（或注射机构）、合模机构、油压机构及电子、电气控制机构所组成。注射成型机的形式因塑化机构内部结构不同有两种，一种是注塞式，另一种是液压螺杆式，以液压螺杆式性能较为优越。按压力大小分则有高压注射成型机（压力为18~21MPa）和低压注射成型机（压力为3MPa）两种。

2）工作原理

注射成型机的基本原理是将陶瓷粉末加入热塑性树脂、石蜡、增塑剂与溶剂等，预先加热混匀再在注射成型机内加热（160~180℃）、熔融、混练，然后再从喷嘴高速喷注入金属模腔内，在极短时间内（约0.4s）冷却固化而成型。它与塑料成型的注塑机原理相似，但由于陶瓷粉料较硬，以致对液压螺杆磨损较大，故对螺杆材料要做特殊选择及处理。

3）性能特点

注射式成型机能在极短时间内将含水为19%~25%的塑性坯泥高速喷注入金属模而成型，具有效率高、成型质量好等特点。

2. 原位凝固成型

陶瓷浆料原位凝固成型是20世纪90年代迅速发展起来的新的胶态成型技术。其成型原理不同于依赖多孔模吸浆的传统注浆成型，而是通过浆料内部的化学反应形成大分子网络结构或陶瓷颗粒网络结构，从而使注模后的陶瓷浆料快速凝固为陶瓷坯体。

陶瓷浆料原位凝固成型主要包括凝胶铸成型（gel-casting）、直接凝固成型（direct coagulation casting）、温度诱导絮凝成型（temperature induced flocculation）、高分子凝胶注模成型（polymer-linking gelcasting）等。

（1）凝胶铸成型

凝胶铸成型是美国橡树岭国家实验室Mark A.Janney教授等人首先发明的，它将传统陶瓷工艺和化学理论有机结合起来，将高分子化学单体聚合的方法灵活地引入陶瓷的成型工艺中，通过将有机聚合物单体及陶瓷粉末颗粒分散在介质中制成低黏度、高固相体积分数的浓悬浮体，并加入引发剂和催化剂，然后将浓悬浮体（浆料）注入非多孔模具中，通过引发剂和催化剂的作用使有机聚合物单体交联聚合成三维网络状聚合物凝胶，并将陶瓷颗粒原位黏结而固化形成坯体。

1）工艺流程

凝胶铸成型工艺流程如下（图4-62）：

图 4-62 凝胶铸成型工艺流程图

2）工艺特点

成型坯体强度高，可机械加工成型复杂的部件；有机物含量少，排胶较易；净尺寸成型，表面光洁，可避免或减少烧成后的加工；陶瓷浆料具有很高的固相体积分数，一般大于 50%vol；由于陶瓷颗粒原位凝固，成型坯体内部均匀，缺陷少，保证烧结后材料的高可靠性。

3）应用

氧化铝（95 瓷）陶瓷基片凝胶铸成型工艺：

采用 α-Al_2O_3、$CaCO_3$、石英等原料，按 95 瓷配方进行配料，放入球磨机中磨细至亚微米级。

选用有机单体丙烯酰胺（AM）、交联剂 N，N-亚甲基双丙烯酰胺（MBAM）、分散剂改性聚丙烯酰胺（PMAA-NH_2）、溶剂水，按一定配比配成溶液。

将 95 瓷粉与已配的溶液混合成流动性较好的浆料，再放入一定配比的引发剂过硫酸铵和催化剂 N，N，N'，N'-四甲基乙二胺，混合均匀后注入金属模具或其他非多孔材料的模具中。

在室温下或温度加热到 60~80℃，经过一定时间后凝胶固化，然后脱模即可得到较高生坯强度（一般 20~40MPa）的坯体。

（2）直接凝固成型

直接凝固注模成型是一种净尺寸原位凝固胶态成型方法，这种方法利用了胶体化学的基本原理，其成型原理是：对于分散在液体介质中的微细陶瓷颗粒，所受作用力主要有胶粒双电层斥力和范氏引力，而重力、惯性力等影响很小。

1）工艺流程（图 4-63）

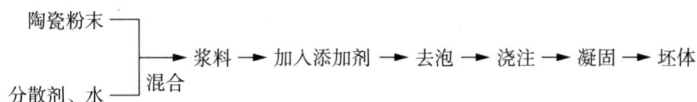

图 4-63 直接凝固成型工艺流程图

2）工艺特点

化学反应可控制，即浆料浇注前不产生凝固，浇注后可控制反应进行，使浆料凝固；反应产物对坯体性能或最终烧结性能无影响；反应最好在常温下进行；不需要或只需少量的有机添加剂（≤1%），坯体不需脱脂，坯体密度均匀，相对密度高，可以成型大尺寸形状复杂的陶瓷部件。

3）应用

该成型方法已经成功地应用于氧化铝、氧化锆、碳化硅和氮化硅等形状复杂的陶瓷部件，例如：直径为150mm的转子、齿轮、球阀等。该成型方法中常用的反应体系为尿素酶水解尿素体系，酰胺酶水解胺类物质体系，葡萄糖苷酶葡萄糖体系、胶质，蛋白质水解酶体系。

（3）温度诱导絮凝成型

温度诱导絮凝成型是一种近净尺寸原位凝固胶态成型工艺，该方法利用了胶体的空间（位阻）稳定特性。其成型基本原理为：选择在有机溶剂中溶解度随温度变化的分散剂（大分子表面活性物质），分散剂的一端吸附在颗粒表面，另一端伸向有机溶剂中，起到空间稳定粉末颗粒的作用。把分散好的高体积分数（>50%vol）固相的浆料注模后，降低温度，使分散剂在有机溶剂中的溶解度减少，空间稳定作用下降（$\triangle G<0$），从而使浆料产生原位絮凝。保持温度脱模，再降低压力使溶剂升华，最终得到坯体。

1）工艺流程

温度诱导絮凝成型工艺流程如下（图4-64）：

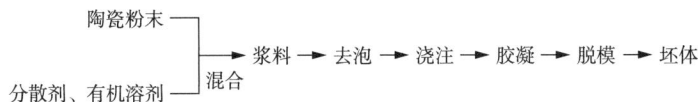

```
陶瓷粉末 ─┐
          ├─→ 浆料 ─→ 去泡 ─→ 浇注 ─→ 胶凝 ─→ 脱模 ─→ 坯体
分散剂、有机溶剂 ─┘ 混合
```

图 4-64　温度诱导絮凝成型工艺流程图

2）应用

该成型方法中选用的溶剂要求随温度的降低没有体积收缩和膨胀，一般选用的溶剂为戊醇，分散剂可选用商业所售的分散剂，如 Hypermer KD-3，该分散剂属于聚酯类型，它随温度降低到 −20℃时其分散功能失效，致使浆料黏度升高，从而原位凝固，并且该类分散剂在有机溶剂中溶解度具有可逆性，随温度的回升分散剂的溶解度重新增大，重新恢复分散功能，进而溶剂的干燥或排除不能使用升温的方法。Bergstrom 提出在 −20℃，压力降至 100～1000Pa 的条件下，用冷冻干燥的办法使溶剂升华，从而除去溶剂，然后在 550℃将分散剂通过氧化降解的途径排除。该方法的主要优点在于有机载体的用量特别低且成型后不合格的坯体可作为原料重新使用。

（4）胶态振动注模成型

胶态振动注模成型是在压滤成型和离心注浆成型的基础上提出的一种新型的原位凝固成型技术。根据胶态稳定的 DLVO 理论，在悬浮体颗粒间除范德华吸引力和静电稳定的双电层排斥力外，当颗粒间距离很近时还存在一种短程（≤5nm）的排斥性的水合力。当悬浮体的pH值在等电点或其离子浓度达到临界聚沉浓度时，颗粒间作用力为零，颗粒间紧密接触，反离子吸附在颗粒的表面，形成一个接触的网络结构；当颗粒间的作用能大于零，颗粒呈分散状态；当悬浮体中的离子浓度大于临界聚沉离子浓度时，水合后的反离子不再与颗粒紧密吸附，静电排斥力完全消失，颗粒间形成一个非紧密接触的网络结构，这时颗粒处在一个较浅的势阱中，颗粒间的吸引力也由于排斥性水合力的作用而减弱，这时的悬浮体是一个不能流动的密实结构。如果此时对静止的浆料进行振动，浆料将产生流动。Lange利用这一特性，在固相体积分数为20%左右的陶瓷悬浮体中加入NH_4Cl使颗粒形成絮凝态，然后采用压滤或离心的办法使悬浮体形成密实的结构。在此种状态下固相体积含量较高（>50%），然后再采用振动的办法，使其由坚实态变为流动态，注入模具中，静止后悬浮体又变为密实态，湿坯经干燥后成型。

1）工艺流程

胶态振动注模成型工艺流程如下（图4-65）：

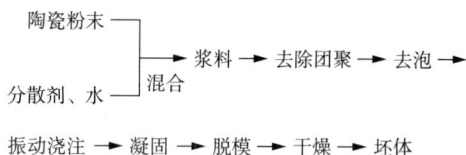

图4-65　胶态振动注模成型工艺流程图

2）制备料浆的方法

①通过混合水与陶瓷粉末（体积分数少于30%）获得分散的料浆（即混合粉末与液体），调节pH值使浆料中产生静电双电层和高的粒间相斥力，获得稳定的聚集态料浆；

②加入适量的盐到分散态的料浆中，使料浆中的粒子相互吸引；

③提高粒子的体积分数（例如通过压滤或离心法），获得具有均匀的高堆积密度水饱和的浆料，该浆料具有较高的黏度，并随着剪切速率的提高而变小，因此振动注模成型易于进行。

3. 快速自动成型技术

快速自动成型（rapid prototype，RP）是最早于20世纪80年代初出现的应用于制造业的高新技术。它是集CAD、CAM机械电子工程、精密伺服驱动数控技术、激光技术、化学工程、新材料科学于一体的新型制造技术，是世界上最先进的制造技术之一。

RP技术的本质是用积分制造三维实体。在成型过程中，先由三维造型软件在计算机中做成部件的三维实体模型，然后将其用软件"切"出设定厚度系列片层（几个微米）；再将这些片层的数据信息传递给成型机，通过材料逐层添加法制造出来，而不需要特殊的模具、工具或人工干涉。

（1）快速自动成型技术的特点

陶瓷材料的快速自动成型是陶瓷成型方式的一个革命性的突破，它具有以下几个显著特点：

①它加工产品的造价几乎与批量无关，非常适合于制造小批量产品，尤其是单个产品；

②它的生产周期比传统方法要短得多；

③几乎不受零件复杂性的限制；

④制造成本几乎与产品复杂性无关；

⑤高度技术集成，可实行设计制造一体化；

⑥高度柔性，仅需改变 CAD 模型，重新调整和设置参数即可生产不同形状的零件模型。

（2）快速自动成型技术的原理

快速自动成型过程是一个离散/堆积过程，从成型的角度，零件可视为一个空间实体，它由若干非几何意义的"点"或"面"（目前多视为面）叠加而成。从 CAD 模型中获得这些点、面的几何信息（离散），把它与成型参数信息结合，转换为控制成型机工作的 NC 代码，控制材料有规律地、精确地叠加起来（堆积）而构成零件，这就是离散/堆积的原理。

CAD 模型设计与一般的 CAD 过程无区别，主要目标为零件几何造型，故要求较强的曲面造型功能，须与后续软件有良好的接口。Z 向离散化是一个分层过程，它将 CAD 模型在 Z 方向上分成一系列具有一定厚度的薄层，厚度通常为 $0.05 \sim 0.03mm$，层面信息处理为控制成型机对层而进行加工，必须把层面几何形状信息转换成控制成型机工作的机器代码，层层堆积是当一层制造完成后，成型机重新布料，再加工新的一层，如此反复直至整个零件加工完成，后处理是对成型机上完成的制品进行必要的处理，如深度固化、修模、着色，使之达到原型或零件的要求。

扩展阅读

随着陶瓷在现代工业领域中应用的不断扩大，行业对陶瓷成型方法的要求也越来越高，为满足航天、汽车、电子、国防等行业的市场需求，人们要求采用高性能陶瓷的成型方法所成型的坯体，应当具有高度均匀性、高密度、高可靠性以及高强度，并在形状的复杂程度上要求更高。陶瓷成型是指用配备好的坯料，通过不同的成型方法制成具有一定形状、尺寸、密度高且均匀的坯体，而成型技术则是决定陶瓷产品可靠性的关键步骤。

不同坯料状态适合不同的成型方法，体现的是唯物辩证法中矛盾特殊性问题，从方法论上也要求具体问题具体分析思维。比如轧制成型、注凝成型、3D打印成型等成型方法，分别有其优越性和局限性，具体选择哪种成型方法和模具都需要根据产品的质量要求、现实具备的条件等因素进行具体情况具体分析。

针对不同的陶瓷制品，拥有不同的成型方法。除正文中叙述的成型方法外，还有其他应用于陶瓷制品的成型方法。对于厚度低于1mm的较薄的陶瓷制品，就只能使用轧制成形法才能制备出相应的陶瓷制品。轧制成形法时要求颗粒需具备一定的塑性，因而在金属及合金的轧制成形中应用比较广泛。轧膜成形是利用将陶瓷粉末和粘结剂等混合在一起得到塑性物料，将塑性物料在轧模机中经过轧制以后得到模片，对于原料大多为瘠性粉末的先进陶瓷粉末来说，由于其轧制性能很差多用于轧膜成形法。注凝成形法将有机化学中高分子单体聚合的方法引入到陶瓷的成形工艺中，从而将传统陶瓷工艺和化学理论有机结合起来。在现代陶瓷材料、多孔材料、医用材料、复合材料、透明陶瓷及金属陶瓷等领域有着广泛应用。喷墨打印成形技术是将陶瓷粉末与各种有机物混合，制成陶瓷墨水，然后通过打印机将其打印到成形平面上成形。通常陶瓷墨水是逐点逐层喷打到平台上的，以形成所需要尺寸的陶瓷坯体。喷墨打印目前可分为连续式和间歇式两种。

参考文献

［1］乔木，丁怡，朱丹，等.折叠出来的陶瓷——基于一种新的陶瓷成型及制作方法的发现和研究［J］.中国陶瓷，2022，58（6）：72-77.

［2］占绍林.手工陶瓷成型的形成和发展［J］.陶瓷研究，2021，36（5）：124-126.

［3］吴甲民.方兴未艾的陶瓷增材制造［J］.硅酸盐学报，2021，49（9）：1785.

［4］占绍林.陶瓷成型方法研究［J］.陶瓷研究，2021，36（4）：67-69.

［5］刘杰，曹澍，俞经虎.基于3D打印模具和凝胶注模成型的多孔氧化铝陶瓷成型工艺［J］.轻工机械，2021，39（4）：10-13.

［6］ZHANG Z Y，LU H，et al. Influence of ceramic molding technology on its decorative techniques by Analysis of Computer Software［J］. Journal of Physics：Conference Series，2021，1915（3）.

[7] DENG C, ZHANG T, et al. Ceramic Molding Based on 3D Printing Technology [J]. Journal of Physics：Conference Series, 2021, 1881（3）.

[8] ZHANG M T, ZHAO M, PENG J H, et al. Improvement on corrosion resistance of gypsum for ceramics molding with soluble salts [J]. Journal of Building Engineering, 2021, 35.

[9] 盛鹏飞，聂光临，黎业华，等.高导热氮化铝陶瓷成型技术的研究进展 [J]. 陶瓷学报, 2020, 41（6）: 771-782.

[10] GUO J, ZHOU H H, LIAO K, et al. Effect of benzotriazole-protected platinum catalyst on flame retardancy and ceramic-forming property of ceramifiable silicone rubber [J]. Polymers for Advanced Technologies, 2020, 31（11）.

[11] 孙馥月，邵春鹏.基于陶瓷工艺理论的陶瓷成型结果比较研究 [J]. 湖北农机化, 2019（24）: 188-189.

[12] ZHU Z W, CHEN G X, CHEN Q F, et al. Influence of Ink-jet Paper Surface Characteristics on Color Reproduction, New Trends in Mechatronics and Materials Engineering, 2012, 151: 373-377.

[13] KHASKOV M A, DAVYDOVA E A, VALUEVA M I, et al. A Thermokinetic Study of a Polycarbosilane- and Oligovinylsilazane-Based Ceramic-Forming Composition [J]. Inorganic Materials, 2018, 54（11）.

[14] CHOPENKO N, MURAVLEV V, SKORODUMOVA O, et al. Technology of Molding Masses for Architectural and Artistic Ceramics Using Low-Aluminate Clays [J]. International Journal of Engineering & Technology, 2018, 7.

[15] 茹春玲.浅论耀州瓷注浆成型中的缺陷及解决方法 [J].天工, 2017（02）: 76.

[16] KRASNYI B L, MARININA T S, GALGANOVA A L, et al. Some Features of Porous Permeable Ceramic Molding by Slip Casting [J]. Refractories and Industrial Ceramics, 2015, 56（3）.

[17] 余娟丽，李森，吕毅，等.冷冻注凝制备氮化硅陶瓷基耐高温复合材料 [J]. 硅酸盐学报, 2015, 43（6）: 723-727.

[18] 陈少波，罗旋，李家科.基于陶瓷生产工作过程的《陶瓷成型技术》课程建设 [J].品牌, 2015（2）: 208.

[19] KOPYLOV V M, TSAREVA A V, FEDOROV A, et al. Ceramic-Forming Silicone Compounds [J]. International Polymer Science and Technology, 2014, 41（10）.

[20] MURZAKOVA A R, GONCHARENKO E A, KHAIDARSHIN É A, et al. Effect of Composition and Structure on the Processing Properties and Characteristics of Shaped

Refractories Made of a Nanostructured Multi-Functional Composite Ceramic [J]. Refractories and Industrial Ceramics, 2014, 55（2）.

[21] 陈晶，杨付，高宪娥，等．透明陶瓷胶态成型技术研究进展 [J]．材料导报，2014，28（S1）：250-254，258.

[22] KENSAKU M, SHOJI M, et al. Three-dimensional ceramic molding based on microstereolithography for the production of piezoelectric energy harvesters [J]. Sensors and Actuators A: Physical, 2013, 200: 31-36.

[23] ZHAPBASBAEV U K, RAMAZANOVA G I, ZHANG K, et al. Sattinova. Investigation of the beryllia ceramics molding process by the hot casting method [J]. Thermophysics and Aeromechanics, 2013, 20（1）.

[24] ZHANG Z X, FENG H B, WANG R Z, et al, Study on the Molding Process of Nano-Ceramics [J]. Advanced Materials Research, 2012, 1722（496）.

[25] POLYAKOV A A, LYKOV M V, URTAEV A A, et al. Selecting drying-granulating units for the production of special ceramic molding powders [J]. Glass and Ceramics, 1980, 37（4）.

[26] 高文婕．卫生陶瓷成型线工效学分析 [J]．产业与科技论坛，2011，10（20）：77-78.

[27] STEVEN R. ARRASMITH, SYAMAL K. GHOSH, DILIP K, et al. Chatterjee, James S. Reed. Incipient flocculation molding: A new ceramic forming technique [J]. Ferroelectrics, 2011, 231（1）.

[28] 康永，柴秀娟．陶瓷成型加工技术新进展 [J]．现代技术陶瓷，2010，31（4）：49-52.

[29] CHEN C F, DOTY F P, RONALD J T, et al. Houk, Raouf O. Loutfy, Heather M. Volz, Pin Yang. Characterizations of a Hot-Pressed Polycrystalline Spinel: Ce Scintillator [J]. Journal of the American Ceramic Society, 2010, 93（8）.

[30] ZHONG T, LUO J R, WU S S, WAN L, et al, A New Phosphate-Bonded Investment Material for Rapid Ceramic Molding of Medium-Size Castings [J]. Advanced Materials Research, 2009, 865（79-82）.

[31] 李锋娟．浅析影响陶瓷成型过程的因素 [J]．真空电子技术，2009（5）：46-47.

[32] 程勇，胡文斌，王建江，等．结构陶瓷成型技术与发展 [J]．新技术新工艺，2009（9）：123-127.

[33] 周竹发，王淑梅，吴铭敏．陶瓷现代成型技术的研究进展 [J]．中国陶瓷，2007（12）：3-8.

[34] 姬文晋，黄慧民，温立哲，等．特种陶瓷成型方法 [J]．材料导报，

2007（9）：9-12.

［35］许爱民，曾令可.日用陶瓷成型技术进展［J］.中国陶瓷，2006（12）：3-6，14.

［36］DOREY R A, ROCKS S, DAUCHY F, NAVARRO A, et al. New Advances in Forming Functional Ceramics for Micro Devices［J］. Advances in Science and Technology, 2006, 560（45）.

［37］严继康，甘国友，杜景红，等.基于快速成型和凝胶注模的压电陶瓷成型工艺［J］.昆明理工大学学报（理工版），2006（3）：19-23.

［38］SUZUKI H, MORIWAKI T, OKINO T, et al. Development of Ultrasonic Vibration Assisted Polishing Machine for Micro Aspheric Die and Mold［J］. CIRP Annals - Manufacturing Technology, 2006, 55（1）.

［39］黄勇，龙月洋.高性能陶瓷创新工艺——陶瓷胶态注射成型技术［J］.中国陶瓷，2006（5）：41-43.

［40］田燕，武光，姚金水.陶瓷成型用多孔塑料模具的研究进展［J］.中国陶瓷，2005（4）：37-40.

［41］刘春明，郑学慧.建筑节能设计应用于陶瓷成型车间［J］.陶瓷科学与艺术，2005（2）：25-28.

［42］KIM Y W, KIM S H, KIM H D, et al. Processing of closed-cell silicon oxycarbide foams from a preceramic polymer［J］. Journal of Materials Science, 2004, 39（18）.

［43］REN, HOGG, WOOLSTENCROFT, et al. Low cost ceramic moulding composites: impact properties［J］. British Ceramic Transactions, 2004, 103（4）.

［44］TIMOKHOVA M I, et al. Moldability of ceramic molding powders depending on the method of preparation［J］. Glass and Ceramics, 2004, 61（3-4）.

［45］MANTLE M D, BARDSLEY M H, GLADDEN L F, et al. Laminations in ceramic forming mechanisms revealed by MRI［J］. Acta materialia, 2004, 52（4）.

［46］TIMOKHOVA M I, et al. Some Types of Defects in the Static Molding of Technical Ceramics［J］. Glass and ceramics, 2003, 60（11-12）.

［47］王苏新.高技术陶瓷成型方法及特点［J］.江苏陶瓷，2003（3）：5-6.

［48］卓蓉晖，张建.Al_2O_3陶瓷成型工艺方法的研究［J］.江苏陶瓷，2003（2）：24-25，28.

［49］MANTLE M D, BARDSLEY M H, GLADDEN L F, et al. Laminations in ceramic forming – mechanisms revealed by MRI［J］. Acta Materialia, 2003, 52（4）.

［50］XIE Z, WANG X, JIA Y, et al. Ceramic forming based on gelation principle and process of sodium alginate［J］. Materials Letters, 2003, 57（9）.

［51］GENEL RICCIARDIELLO F, MINICHELLI D, PARASPORO G, et al. DSC characterization of induced stresses during traditional ceramics forming process ［J］. Journal of Thermal Analysis and Calorimetry, 2003, 72（3）.

［52］李铁军. 陶瓷成型用塑料模具的研究［J］. 中国塑料, 2002（9）: 83-86.

［53］颜鲁婷, 司文捷, 苗赫濯. 陶瓷成型技术的新进展［J］. 现代技术陶瓷, 2002（1）: 42-47.

［54］李懋强. 关于陶瓷成型工艺的讨论［J］. 硅酸盐学报, 2001（5）: 466-470.

［55］谢志鹏, 黄勇. 凝胶铸技术在陶瓷成型应用中的新发展［J］. 陶瓷学报, 2001（3）: 142-146.

［56］EIJI USUKI, NOBUYOSHI ASAI, KIICHI ODA, et al. Development of Ceramic Shaping Device with Electrophoretic Deposition Method［J］. Journal of the Society of Powder Technology, Japan, 2001, 38（9）.

［57］梁忠友, 王介峰, 韩丽. 纳米陶瓷成型、烧结方法研究进展［J］. 佛山陶瓷, 2001（3）: 8-10.

［58］K PRABHAKARAN, C PAVITHRAN, et al. Gelcasting of alumina using urea-formaldehyde Ⅱ. Gelation and ceramic forming［J］. Ceramics International, 2000, 26（1）.

［59］刘学建, 黄莉萍, 古宏晨, 等. 陶瓷成型方法研究进展［J］. 陶瓷学报, 1999（4）: 230-234.

［60］GAUCKLER L J, GRAULE T H, BAADER F, et al. Ceramic forming using enzyme catalyzed reactions［J］. Materials Chemistry and Physics, 1999, 61（1）.

［61］STEVEN R ARRASMITH, SYAMAL K GHOSH, DILIP K, et al. Chatterjee, James S. Reed. Incipient flocculation molding: A new ceramic forming technique［J］. Ferroelectrics, 1999, 231（1）.

［62］郭露村, 张跃, 植松敬三. 新型高性能陶瓷成型法的研究［J］. 江苏陶瓷, 1998（4）: 1-3.

［63］杨守峰, 张世新, 田杰谟. 精细陶瓷成型新工艺——快速自动成型［J］. 功能材料, 1998（4）: 2-7.

［64］范恩荣. 氧化物陶瓷成型料中的添加剂［J］. 电瓷避雷器, 1997（6）: 20-26.

［65］李永清, 陈朝辉, 张长瑞, 等. 有机硅先驱体在陶瓷成型中的应用［J］. 现代技术陶瓷, 1996（4）: 32-35.

［66］吴清仁, 文璧璇. 建筑陶瓷成型与烧成过程导热性能的研究［J］. 华南理工大学学报（自然科学版）, 1996（3）: 52-56.

［67］SAMIR A MATAR, MOHAN J EDIRISINGHE, JULIAN R G EVANS, et al. Diffusion of Degradation Products in Ceramic Moldings during Pyrolysis: Effect of Geometry［J］. Journal of the American Ceramic Society, 1996, 79（3）.

［68］黄勇，杨金龙，谢志鹏，等．高性能陶瓷成型工艺进展［J］.现代技术陶瓷，1995（4）：4-11.

［69］范峰．氧化物陶瓷成型料中添加剂［J］.陶瓷研究，1995（2）：98-104.

［70］杨金龙，黄勇，谢志鹏，等．精细陶瓷成型工艺现状及趋势［J］.材料导报，1995（3）：35-43.

第 5 章

陶瓷烧成

5

烧成指的是坯体在高温下发生一系列物理化学反应，使坯体矿物组成与显微结构发生显著变化，外形尺寸固定，强度提高，最终获得某种特定使用性能陶瓷制品的过程。烧成是普通陶瓷制造工艺过程中最重要的工序之一。

烧成过程是在称为窑炉的专门热工设备中实现的。窑炉的种类很多，应根据不同的产品进行选择。

制品在窑炉中进行烧成时，或者为了避免火焰直接接触制品而造成窑内污损，或者为了承载、叠装制品，需要采用一定形状、性能的耐火材料来达到这些目的，这些材料通称为窑具。合理确定窑具的材质和形状，延长其使用寿命，对保证烧成过程顺利进行、提高产品品质、节约能源、降低生产成本都具有很重要的意义。

烧成是陶瓷必经环节，不同陶瓷配方烧成温度不同，体现的是内因与外因的辩证关系。配方是决定陶瓷烧成质量的关键，但也需要外因烧成工艺的辅助。就像人才培养，天赋很重要，但也要后天的努力才能成才。陶瓷烧制时，如果烧成温度太低，瓷坯内的化学物质达不到反应温度，瓷坯气孔率高不致密；如果烧成温度太高，已经反应完成的物相继续熔融，瓷坯过烧发生变形，所以只有在最佳的烧成温度范围内才能获得完美的陶瓷制品。素坯始于泥，成瓷烈火烧，人生亦如此，磨炼方成才。在学习烧成过程中，培养同学们严谨的态度、坚毅的品质和全面考虑问题的思维习惯。

5.1 坯釉在烧成中的物理化学变化

5.1.1 坯体在烧成过程中的物理化学变化

根据陶瓷坯体在不同温度区间发生的主要变化及其主要作用，可把烧成过程分为四个阶段，即低温阶段、中温阶段、高温阶段和冷却阶段，如表5-1所示。在整个烧成过程中，坯体在窑内经历了不同的温度变化和气氛变化，既有氧化、分解、新的晶体生成等复杂的化学变化，也伴随有脱水、收缩以及密度、颜色、强度与硬度的改变等物理变化。这些变化总是相互交错在一起，不是截然分开互不联系的。

表 5-1　坯体烧成的四个阶段

温度范围	主要变化
低温阶段（室温~300℃）	排除残余水分
中温阶段（300~950℃）	排除结构水，有机物、碳的氧化，碳酸盐、硫酸盐分解，晶型转变
高温阶段（950℃~烧成温度）	氧化分解继续，生成液相，固相熔解，形成新晶相和晶体长大，釉熔融
冷却阶段（烧成温度~室温）	液相析晶，液相过冷凝固，晶型转变

1. 低温阶段

本阶段的温度范围从室温至300℃，主要是坯体的加热和残余水分的排除，也称为水分蒸发期。随着水分的排除，固体颗粒紧密靠拢，使坯体产生少量收缩，但这种收缩并不能完全弥补水分蒸发所造成的空隙，因此黏土质坯体经过此阶段后，强度和气孔率均有所增大。

坯体在本阶段加热时间的长短，主要取决于坯体的入窑水分、厚薄及装烧方法等因素。入窑水分低时，升温速度可以较快，残余水分容易被排除。日用瓷制品一般体小壁薄，在这一阶段可以快速升温而不至于使产品开裂。坯体入窑水分较高时，升温速度要严格控制。因为当坯体的温度高于120℃时，坯体内的水分发生强烈汽化，有可能引起过大的破坏应力，使制品开裂，对大型厚壁制品尤其明显。

坯体入窑水分较高所引起的另一弊端是在坯体表面产生"白霜"缺陷。这是因为坯体中的水分往往与窑炉内烟气中的SO_2发生化学反应，使坯体内的钙盐在其表面生成硫酸钙。硫酸钙的分解温度较高，使瓷器釉面蒙上一层"白霜"，降低了釉层的表面光泽度。硫酸钙在高温时分解可能造成釉层中严重的气泡缺陷。

本阶段要求加强通风，目的是使饱和了水汽的烟气得到及时排除，不致因其温度继续下降至露点，从而使一部分水汽凝聚在制品表面上，使制品局部胀大，造成"水迹"或"开裂"等缺陷。

2. 中温阶段

本阶段温度范围从 300 ~ 950℃，坯体发生的变化主要有结构水的排除、有机物和硫化物的氧化、碳酸盐的分解、石英的晶型转变等，并伴有质量减轻和强度降低（有机物等塑性物质分解），因此也称为氧化分解期。

（1）黏土矿物结构水的排除

黏土矿物因其类型不同、结晶完整程度不同、颗粒度不同、坯体厚度不同，脱水温度也有所差别。一般认为各种含水矿物的脱水温度范围如下：

高岭石	450 ~ 650℃
珍珠陶土	500 ~ 700℃
蒙脱石	700 ~ 900℃
伊利石	550 ~ 650℃
叶蜡石	600 ~ 750℃
瓷石	450 ~ 700℃

黏土矿物脱去结构水与升温速度有关。升温速度加快，结构水的排除转向高温，且排出集中。结晶不良的矿物脱水温度较低。高岭石类矿物含结构水较多，在 500 ~ 650℃集中排出，而蒙脱石和伊利石类黏土结构水量较少，脱水速度较为缓和。

黏土类矿物在集中排除结构水后，残存部分结构水要在更高的温度下才能排除，甚至持续到 1100℃才能完全排除干净。产生这种现象的主要原因是：这一部分水的 OH^- 与黏土结合较紧密；加热时，排出的结构水部分地被吸附在坯体空隙中。

黏土脱水后，继而晶体结构被破坏，失去可塑性。如高岭石脱水后生成偏高岭石：

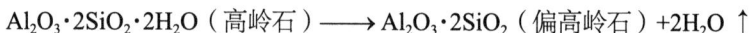

$$Al_2O_3 \cdot 2SiO_2 \cdot 2H_2O（高岭石）\longrightarrow Al_2O_3 \cdot 2SiO_2（偏高岭石）+2H_2O \uparrow$$

（2）碳酸盐的分解

$MgCO_3 \longrightarrow MgO + CO_2 \uparrow$	500 ~ 800℃
$CaCO_3 \longrightarrow CaO + CO_2 \uparrow$	800 ~ 1050℃
$MgCO_3 \cdot CaCO_3 \longrightarrow CaO + MgO + 2CO_2 \uparrow$	650 ~ 1000℃
$Fe_2(CO_3)_3 \longrightarrow Fe_2O_3 + 3CO_2 \uparrow$	800 ~ 1000℃

碳酸盐的结晶程度，升温速度和气氛都会影响碳酸盐的分解温度。

（3）有机物、碳素和硫化物的氧化

可塑性黏土，如紫木节土、黑碱石、黑泥等都含有大量的有机物和碳素。同时在烧成的低温阶段，烟气中的 CO 被分解，析出的碳素被多孔的坯体所吸附。这些物质加热时都要被氧化，反应将持续至1000℃。

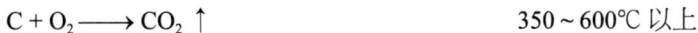

$$C + O_2 \longrightarrow CO_2 \uparrow \qquad\qquad 350\sim600℃ 以上$$

坯料中夹杂的硫化物的氧化反应在800℃左右才能完毕。

$$FeS_2 + O_2 \longrightarrow FeS + SO_2 \uparrow \qquad\qquad 350\sim450℃$$

$$4FeS + 7O_2 \longrightarrow 2Fe_2O_3 + 4SO_2 \uparrow \qquad\qquad 500\sim800℃$$

$$Fe_2(SO_3)_3 \longrightarrow Fe_2O_3 + 3SO_2 \uparrow \qquad\qquad 560\sim770℃$$

（4）石英的晶型转变和少量液相形成

石英在573℃发生$\beta\text{-}SiO_2$向$\alpha\text{-}SiO_2$的转变，伴有0.82%的体积变化，使坯体的体积膨胀，相对密度下降。但此阶段坯体的气孔率较高，可部分抵消因石英晶型转变所引起的破坏应力。并且随着温度的升高，坯体的机械强度也得到提高，具有一定的强度来抵抗膨胀应力。对于体小壁薄的日用瓷坯体来说，石英的晶型转变所引起的破坏应力很小，但是对于大件厚壁制品必须加以重视，应适当降低升温速度。

按照$K_2O\text{-}Al_2O_3\text{-}SiO_2$三元相图，985℃时出现低共熔物。由于杂质的存在，该共熔点的温度较相图所示温度约低60℃以上。也就是说，900℃左右在长石与石英、长石和被分解后的黏土颗粒的接触部位将出现熔滴。

此阶段坯体的物理变化是重量减轻，气孔相应增加，后期强度提高。决定本阶段升温速度的主要因素是窑炉的结构，如果窑炉的结构能保证工作截面上温度均匀，就可以快速升温，如果窑炉结构不能保证温度的均匀分布，快速升温将造成窑内较大温差，使温度较低部位的产品进入高温成瓷期后因氧化分解不充分而产生烟熏、起泡的缺陷。为了加速此阶段化学反应的进行，应控制窑内为氧化气氛，并保持良好的通风。

3. 高温阶段

本阶段的温度区间是950℃～烧成温度，坯体发生的主要变化是氧化分解反应的继续、液相的大量生成、形成新结晶和晶体长大以及釉层开始熔融。

本阶段根据坯釉铁钛含量及对制品外观的颜色要求来决定是否采用还原焰烧成。在使用还原焰烧成时，又可分为氧化保温期、强还原期、弱还原期三个阶段。这三个阶段之间的两个转化温度点及后两段还原气氛浓度（CO浓度）是确定气氛制度的关键。

（1）氧化保温期（950～1050℃）

坯体在氧化分解期的氧化实际上是不完全的。由于水汽及其他气体产物的急剧排除，在坯体周围包围着一层气膜，它妨碍氧化继续往坯体内部渗透，从而使坯体孔隙中的沉碳难以烧尽。因此在进入还原操作之前，必须进行氧化保温，以使坯体中的氧化分解和结构水的排除进行完毕，并使窑内温度均匀，为还原操作奠定基础。

所谓氧化保温，即采用低速升温或保温操作，加强烟气流通量，提高空气过剩系数。适宜的氧化保温的温度范围和时间取决于坯体的烧结温度、坯体的尺寸和窑炉的结构，对于在1300℃左右烧成的陶瓷坯体，在900~1050℃氧化保温较适宜。产品尺寸越大，坯体越厚，碳素含量越大，釉的软化温度越低，装窑密度越大，保温时间则越长。

在氧化保温期的主要反应是：继续氧化分解反应并排除结构水；偏高岭石转化为铝硅尖晶石和无定形的SiO_2；液相大量出现，并开始熔融石英；在液相存在下，无定形石英和部分石英晶体转化为方石英。

伴随液相的出现和铝硅尖晶石的形成，坯体开始显著收缩，气孔率急剧降低，强度逐渐提高。

（2）还原期（1050~1180℃）

在此期间发生的主要反应是：由铝硅尖晶石形成一次莫来石和方石英；硫酸盐分解和高价铁的还原和分解。

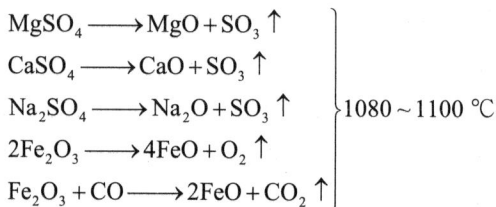

$$\left.\begin{array}{l} MgSO_4 \longrightarrow MgO + SO_3 \uparrow \\ CaSO_4 \longrightarrow CaO + SO_3 \uparrow \\ Na_2SO_4 \longrightarrow Na_2O + SO_3 \uparrow \\ 2Fe_2O_3 \longrightarrow 4FeO + O_2 \uparrow \\ Fe_2O_3 + CO \longrightarrow 2FeO + CO_2 \uparrow \end{array}\right\} 1080 \sim 1100\ ℃$$

液相大量生成，石英进一步被熔融，三组分的共熔物亦不断增加，碱和碱土金属氧化物与低价铁、石英等形成一系列的低共熔物，所以坯体中液相量大大增加。

长石熔化后，熔体中的K^+、Na^+向高岭石残骸扩散，促进了高岭石的分解和莫来石的生成。另一方面，熔体中K_2O、Na_2O含量降低，组成移向三元相图的莫来石析晶区，而且碱金属离子扩散激活了剩下的离子，导致长石熔体中形成细小针状莫来石。

由高岭石分解经固相反应形成的粒状及片状莫来石称为一次莫来石，由长石熔体形成的针状莫来石称为二次莫来石。至1200℃，莫来石达到最大值，随后由于温度升高，莫来石熔解，又使其含量减少。

硫酸盐和Fe_2O_3一般在高于1300℃的氧化气氛中进行分解，此时已接近制品的烧成温度，这些物质分解产生的气体将对釉面产生严重的缺陷，Fe_2O_3显黑色将降低瓷的白度。如果采用还原气氛，这些物质的分解温度显著降低，Fe_2O_3被还原为FeO有利于液相的生成，并可促进坯体烧结温度的降低，FeO与SiO_2生成的$FeSiO_3$呈青色，有利于瓷坯白度和半透明度的提高。因此，在此期间必须采用强还原气氛烧成。

还原期的起始温度一般比釉的软化温度低150℃左右，使气体在釉面气孔被封闭前排出。升温速度平缓，使分解反应充分进行。釉面封闭时作为还原结束温度。

由于液相的黏滞流动和表面张力的拉紧作用，促进晶粒重新排列，颗粒互相靠拢，坯体显著收缩致密，气孔率降低，气孔数目减少，坯体强度显著提高。

（3）弱还原期（1180℃～烧成温度）

由于还原气氛是在窑内空气不足的情况下供给了较多的燃料形成的，燃料的不完全燃烧不仅造成燃料浪费，而且坯体和釉面长期处于还原气氛中还会沉积一层未燃烧的碳粒，导致制品"烟熏"。因此，在还原烧成操作后要换成中性气氛或弱还原气氛，这样使沉积的碳粒能充分燃烧，防止釉面污染，更重要的是使液相继续发展，促进莫来石晶体进一步长大。由于中性气氛很难控制，为了防止铁的氧化，更不希望出现氧化气氛，所以大多采用弱还原气氛。

在弱还原的末期要进行高火保温，使坯体内部物理化学反应进行更完全，保证组织结构均一。同时还可以调整窑内各部位的温度差，使窑内温度趋于一致。坯体中显气孔率小于 5% 时作为弱还原的结束温度。

通常将还原期和弱还原期合称为玻化成瓷期。这是由于液相的大量生成填充坯体空隙，将晶粒彼此黏结成为整体，形成了晶体均匀分布在大量基质中的显微结构，即所谓的玻化或瓷化。经过玻化成瓷后，坯体的气孔率趋于零，坯体急剧收缩，强度、硬度增大，具有所需的介电性能和化学稳定性，坯色由淡黄、青灰变成白色，显示光泽并且有半透明感。

在玻化成瓷期液相具有重要的作用：填满坯体空隙，黏结晶粒，使瓷坯致密成为整体；促进莫来石的生成和发育；降低烧成温度，促进烧结；阻止或延缓多晶转变；长石熔体具有高的黏度，石英和黏土分解产物的熔解又不断地提高液相的黏度，使坯体具有很宽的烧成范围和对组分变化的较低敏感性。因此长石质瓷中液相量可高达 50% ～60%。但液相量过多，将使瓷坯的骨架削弱，增加变形倾向；过少则不能填满坯体空隙，降低瓷的机电性能。

陶瓷坯体在烧成过程中形状的稳定性不能仅用液相的高黏度来说明，坯体中的结晶相含量也有很重要的作用。莫来石晶体的线性尺寸不断增大，交错贯穿，它与残余的石英粒子构成了骨架，增强了瓷坯的结构强度。

4. 冷却阶段

冷却阶段是制品烧成的最后阶段，温度范围从烧成温度至室温，主要发生液相的析晶、过冷凝固和石英的晶型转变。

瓷坯由高温时略呈可塑性状态转变为常温的固态，此时因熔体黏度大抑制了晶核的形成，且熔体中硅量并未达到饱和，所以在冷却阶段一般不会有方石英晶相的析出。只有含 SiO_2 多的瓷坯冷却周期较长时，可能从熔体中析出方石英，或者在粗大石英晶粒和与气泡相邻的石英颗粒表面，因未被液体润湿可能由固相转变形成方石英。冷却过程中，少量莫来石晶体长大为粗大的针状晶体。冷却阶段还将发生石英的晶型转变。随着温度的降低，液相黏度增大，瓷坯固化。冷却过程一般可分为两个阶段。

（1）由烧成温度至850℃

坯内液相由塑性状态开始凝固。由于液相的存在，快速冷却所引起的热应力在很大程度上被液相所缓冲，不会产生有害的作用。同时快速冷却可防止釉面被重新氧化使制品发黄，还可以防止坯体中莫来石晶体长大以及釉层析晶而失透。但冷却速度应能保证窑内温度均匀，并考虑匣钵所能承受的急冷应力。

（2）850℃以下

坯内液相完全凝固，此时必须注意坯体内外温度差所造成的热应力和石英晶型转变时体积收缩对坯体的不利影响，因此冷却不宜过快，降温速度应控制在 40～70℃/h。

冷却至 400℃以下，由于制品的各种物理化学变化已基本完成，冷却速度可以快些。

5.1.2　釉层形成过程的物理化学变化

釉在加热过程中，会发生一系列复杂的物理化学变化，如脱水、有机物和盐类的分解以及固相反应、原料自身熔化、相互熔解形成低共熔物以及坯釉之间在加热过程中的反应等。因此由配釉的原料转变为最终的釉层是非常复杂的过程。

1. 釉料在加热过程中的变化

（1）原料的分解

釉用原料在受热时会发生分解反应，如黏土脱水，有机物挥发，碳酸盐、硫酸盐、磷酸盐、硝酸盐、硼砂、硼酸、石灰石、方解石等的分解。为了使气体充分排除以便形成平整光滑的釉面，在适当的温度进行保温是非常重要的。现将几种常用的原料分解温度列于表5-2。

表5-2　原料的分解温度

原料	分解温度 /℃	备注
黏土	405～650	主要在450℃（高岭土脱水）
碳酸钙	886～915	依照颗粒大小，有的在610℃以下可分解

原料	分解温度 /℃	备注
碳酸镁	800~900	$MgCO_3 \longrightarrow MgO + CO_2$
碳酸钠	>1150	熔点851℃
碳酸钾	>1100	熔点894℃
碳酸锌	296	$ZnCO_3 \longrightarrow ZnO + CO_2$
碳酸钡	1421	$BaCO_3 \longrightarrow BaO + CO_2$
碳酸锶	1289	$SrCO_3 \longrightarrow SrO + CO_2$
石灰石	894	$CaCO_3 \longrightarrow CaO + CO_2$
白云石	750~760	两个阶段，碳酸镁先分解，碳酸钙后分解
硝酸钡	664	$2Ba(NO_3)_2 \longrightarrow 2BaO + 4NO_2 + O_2$
硝酸钾	400	$4KNO_3 \longrightarrow 2K_2O + 4NO + 3O_2$（熔点333℃）
硝酸钠	388	$4NaNO_3 \longrightarrow 2Na_2O + 2N_2 + 4O_2$
亚硝酸钠	>320	$4NaNO_2 \longrightarrow 2Na_2O + 2N_2 + 3O_3$
硫酸铝	757	$Al_2(SO_4)_3 \longrightarrow Al_2O_3 + 3SO_2$
硫酸钙	1200	$CaSO_4 \longrightarrow CaO + SO_3$
硫酸铁	707	$Fe_2(SO_4)_3 \longrightarrow Fe_2O_3 + 3SO_3$
硫酸亚铁	665	$FeSO_4 \longrightarrow FeO + SO_3$
硼酸	185	分两阶段，200℃脱水，900℃完全脱水
硼砂	320	$Na_2B_4O_7 \cdot 10H_2O \longrightarrow Na_2B_4O_7 + 10H_2O$
铅丹	>550	$2Pb_3O_4 \longrightarrow 6PbO + O_2$
铅白	400	$2PbCO_3 \cdot Pb(OH)_2 \longrightarrow 3PbO + 2CO_2 + H_2O$
Sb_2O_5	450	$Sb_2O_5 \longrightarrow Sb_2O_3 + O_2$
As_2O_5	400	$As_2O_5 \longrightarrow As_2O_3 + O_2$
Fe_2O_3	>1250	$2Fe_2O_3 \longrightarrow 4FeO + O_2$
长石	1150℃开始	$K_2O \cdot Al_2O_3 \cdot 6SiO_2 \longrightarrow K_2O + Al_2O_3 + 6SiO_2$

需要指出，杂质的存在会降低化合物的分解温度，例如纯白云石的分解温度为 750~760℃，而含 5%Na_2CO_3 或 K_2CO_3 的白云石分解温度则为 630℃，而 1% 的 NaCl 会使白云石分解温度降低 100℃左右。

（2）化合反应

在釉料中出现液相之前，除了分解反应发生外，同时还会发生化合反应。

有研究表明，Na_2CO_3 和 SiO_2 在 700℃以下能发生完全固相反应，在 800℃时能发生少量烧结现象。PbO 和 SiO_2 在 580℃时能发生固相反应生

成 $PbSiO_3$，而在 670~730℃，其固相反应速度显著增加。在 700~750℃，$BaCO_3$ 和 SiO_2 能生成 $BaSiO_3$，其反应速度取决于反应物之间的比例，而在 1155℃时就完全反应了。$CaCO_3$ 和 SiO_2 可反应生成偏硅酸钙（$CaSiO_3$），如果加热时间很长，在 610℃以下可以起反应，在 800℃时反应剧烈，950℃可完全形成可熔性硅酸盐，1150℃时成为流动性熔体。此外，ZnO 也能和 SiO_2 反应生成硅锌矿（$2ZnO \cdot SiO_2$）。在固相反应中，当一些原料熔融或出现低共熔体时，能促进固相反应的进行。

（3）组分的挥发

釉中的氧化铅、硼砂、硼酸、钠和钾盐、氧化锑、芒硝等在加热过程中均会有不同程度的挥发，其中硼酸和钾盐类较易挥发，挥发的大小取决于各组分蒸气压、加热时间、窑炉气氛等因素。

釉中成分挥发与釉的组成与制备方法及原料种类有密切关系，如果增加 SiO_2 含量，就相应地提高了釉的挥发温度，烧成时保温时间越长，釉中挥发物的损失就越多。因此，在熔块制作过程中，釉中挥发物的损失就很多，要给予充分考虑。

（4）熔融

熔融是指釉料加热至一定温度后形成液相的过程。釉的熔融包括两个方面：一是自熔，即指釉料中长石、碳酸盐、硝酸盐、氧化铅及熔块等易熔物的熔化；二是共熔，指釉料中几种物质形成各种低共熔物，例如碳酸盐与长石、石英，铅丹与石英、黏土，硼砂、硼酸与石英及碳酸盐，氟化物与长石、碳酸盐，乳浊剂（ZrO_2、SnO_2）与含硼原料、铅丹、$ZnCl_2$ 等。

随着温度升高，釉层中最初出现的液相使粉料由固相反应逐渐转化为有液相参与的反应，并不断地熔解釉料成分，最终使液相量急剧增加，绝大部分成分变成熔体。而温度的继续升高，使液态充分流动，对流作用使釉的组成逐渐均匀化，这种对流作用随温度升高而加强，因为高温降低了熔体的黏度，同时也进一步加速了扩散和化学变化，促进了釉层均匀化。事实上，釉层不可能完全均匀，在釉中仍然存留着残留石英或方石英以及未熔的乳浊剂和着色剂颗粒，同时还有少量的气体存在。

釉料熔融的均匀化及彻底程度直接影响釉面品质。因此，在实际生产中，要控制好工艺因素，使其完全熔融，从而提高釉的表观性能。影响熔融和均化的一些因素归纳如下：

①釉料内部的高温排气。在高温下，釉料内气泡的排出会在釉熔体中起搅拌作用。温度越高，釉黏度下降越大，搅拌作用越强，而且随搅拌作用的加强，颗粒间接触面积增大，反应速度也会加快，从而釉层均化较好。

②原料的状态。原料颗粒越细，混合得越均匀，越能降低熔化温度，大

大缩短熔化时间，增强均匀程度。

③釉烧时间和温度。釉烧时间长，温度高，会使釉熔化和均化更充分。

2. 釉层冷却时的变化

熔融的釉层在冷却时经历的变化和玻璃一样（图5-1），要经过三个阶段：从低黏度的流动状态冷却到软化温度（T_f）、黏度增加，经过黏性状态、超过转变温度（T_g）后凝固形成玻璃体。

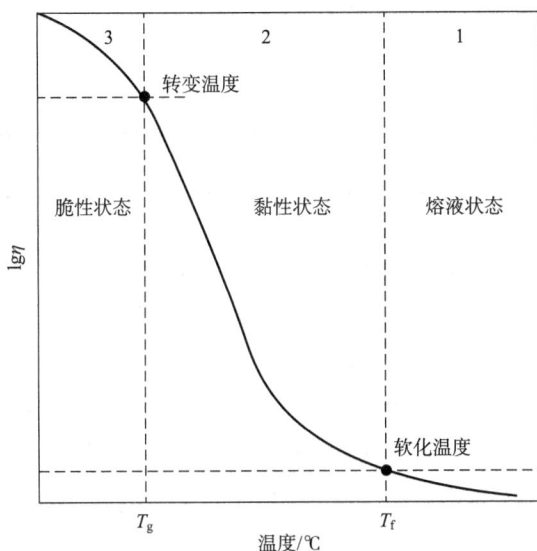

图5-1　釉在冷却过程中的三个阶段

第一阶段，黏度小于10Pa·s，温度与黏度大致成直线关系，釉处于熔融状态。第二阶段，随温度降低，熔体黏度增加，黏度在10~100Pa·s，为硬化阶段或转变区域，此范围内釉还处于黏性状态，由于结构变化随温度的改变出现滞后现象，釉层出现应力，但大部分应力在短时间内可消除，这个阶段的温度范围为40~80℃。第三个阶段，黏度大于100Pa·s，温度低于转变温度点（T_g）时，釉面由黏性状态进入脆性状态，釉面硬化。釉的硬化温度越低，其硬化所需的时间越长，釉的适用范围越广泛。这一温度约为400~700℃，低于这一温度，在釉中可能出现应力。

考查釉的热膨胀是了解釉层冷却过程中状态变化的最好方法。图5-2中的1为典型的退火膨胀曲线，A点（转变温度）以下由于成为固态而不能消除应力或者虽能消除也极为缓慢，AC之间为釉的膨胀随着温度的上升而增大的范围，在A点附近的低温处，应力能在短时间内消除，在C点（软化点）则迅速消除。在A点以下及C点以上范围内，膨胀率与温度发生直线变化。自A点至C点为松弛区。釉内部结构调整或重排，各种物理性质呈异常变化。玻璃的A点在350~450℃，而釉则在450~550℃。

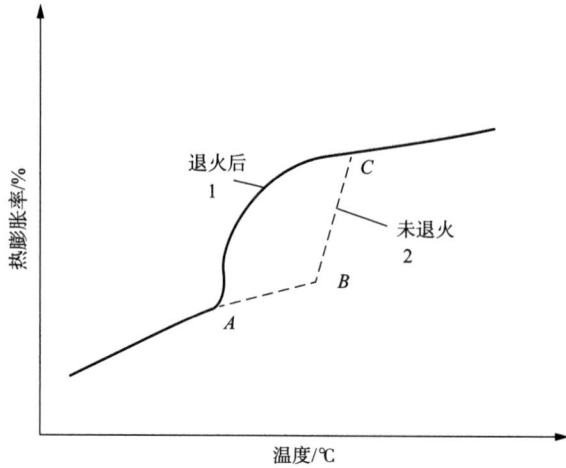

图 5-2　釉退火试样（1号）与未退火试样（2号）的热膨胀率曲线

图 5-2 中 2 为未退火玻璃的热膨胀率，可见，2 号试样在常温下的物理性质与 1 号试样不同。消除其应力即退火，应在 A 点以下。在不发生软化的温度下缓慢地进行。对于未退火的热膨胀曲线 A 点以上部分，在其松弛与温度范围内曲线有个短暂的平缓区。该膨胀率的减少表示釉的收缩。到 B 点再度膨胀，到 C 点与已退火的试样平行地膨胀，C 点为软化开始的温度，与 C 点相对应，B 点为硬化的临界温度。表 5-3 是陶瓷器釉的软化温度和相应应力情况。

表 5-3　陶瓷釉的软化温度和釉内应力情况

种类	软化温度 /℃	烧后应力情况
炻器	340～480	釉内应力很小
软瓷	530～570	釉内应力大
硬瓷	670	釉内应力小

对于炻器釉而言，由于其软化温度小于石英的晶型转化温度（573℃），在冷却时石英晶型转化对釉的影响就可以被抵消，而对软质瓷釉而言，其软化温度和石英晶型转化温度相近，因此，当釉中残留石英发生晶型转变时，釉处于脆性状态，不能抵消应力，故产生较大应力。硬瓷属玻化瓷，烧成温度很高，釉内的残余石英量较少，石英的晶型转化量少，而且釉的膨胀系数随温度的变化成比例变化，故产生较小的应力。

3. 釉层内的气泡

在我们仔细观察光滑如镜的釉面时，常常可以看到有 0.01～0.1mm 深度的小针孔，这说明釉在烧成过程中有气泡排出。其实，釉层内普遍存在气泡，即使是表面平滑、光泽良好的釉层，利用显微镜等手段也总是能见到断面上存在着气泡，只是气泡的大小、数量与分布情况不同而已。釉中气泡主要是由 N_2、水汽、CO、O_2、SO_2、H_2 等引起，釉层产生气泡的原因很多，归纳起来有如下几个方面：

（1）由于坯釉本身反应产生的气泡

①坯体中存在着很多气孔，可以分为两类：开口气孔和闭口气孔。在温度升高时，开口气孔体积膨胀并进入釉层而排出。这会产生两种釉面缺陷：一种是小气泡在釉中汇集成大气泡冲击釉面会形成火山口，若釉层黏度较小，则可以拉平，但也会出现针孔；另一种是气泡的排出会产生釉面的凹坑，例如油滴釉中的凹坑缺陷。另外，随温度升高，釉层熔融将坯体湿润，由于釉对坯体的熔解作用可以打开原来已封闭的闭口气孔，也会使其通过釉层排出而形成如上所述缺陷。对于没有排出的气孔，则留在釉层中形成气泡。

②坯釉中含有 CO_3^{2-}、SO_4^{2-}、NO_3^-、Pb_3O_4 等，在高温下分解而排出气体，而且有些矿物在高温下排出结晶水也会产生气泡。

③熔块中溶入的水分在高温下逸出，形成气泡。熔块的红外光谱上的一些吸收带有—OH 官能团的特征，说明水分子分解后进入熔块网络中形成—OH 和 Si 原子相结合。将熔块加热则会放出水汽而形成釉中气泡。

④Fe_2O_3。在高温下发生分解反应生成 FeO 和 O_2，O_2 在釉层中形成气泡或通过釉层产生缺陷。油滴釉就是釉组分高温分解放出气体在釉层表面形成缺陷，然后 Fe_2O_3 在缺陷处析晶而形成油滴。

（2）由于碳素形成气泡

这包括两方面的原因：一方面，烧成气氛中的 CO 气体容易被方石英所吸附，而且 CO 在高温下裂解产生 CO_2 和 C，CO_2 气体在釉层形成气泡。另一方面，裂解的 C 沉积在釉表面，在高温下氧化而形成 CO_2 引起釉层出现气泡。

（3）由工艺因素影响而形成的气泡

①干燥后的釉层透气性较差，坯体孔隙中的气体不易排出，而在高温时坯中气体通过釉面而产生气泡。

②在施釉时将一部分气体封闭在釉层中，也会产生气泡，或者在釉中加入一些添加剂而引入气泡。

③在烧釉或烧制熔块时，窑炉中的燃烧产物会夹带进入釉层中形成气泡。

④快速烧成时，坯釉中气体来不及排出，被已烧融并硬化的釉层封闭在其中形成气泡。

观察长石、石英、黏土系统中气泡的形成过程，其结果见图 5-3。从图中可以看出，气泡在 900℃时开始出现，1025℃时气体容积率最大，到 1100℃时，气泡从熔体中逐渐消失。在偏光显微镜及热台显微镜下观察了釉中气泡的形成、移动与排除过程，在 1240℃ 左右釉料已熔化，出现大量小气泡，大部分分布在釉层中部，随温度升高，釉熔体的黏度逐渐降低，气相量和玻璃相逐渐增多，由于表面张力的作用，小气泡移动合并，由小变大，由多变少，而且逐渐上升，有的突破釉层表面。若熔体黏度大，表面张力小，则无法使破口拉平，形成像火山爆发一样的"喷口"，而未破口的气泡，冷却后体积缩小形成凹坑。温度升至 1300℃ 时气泡上升与增大的速度稍微减慢，在正常情况下达到釉成熟温度而未排出的气泡多半在釉层深处坯釉接触的地带，而且体积较小，对釉面外观品质影响不大。

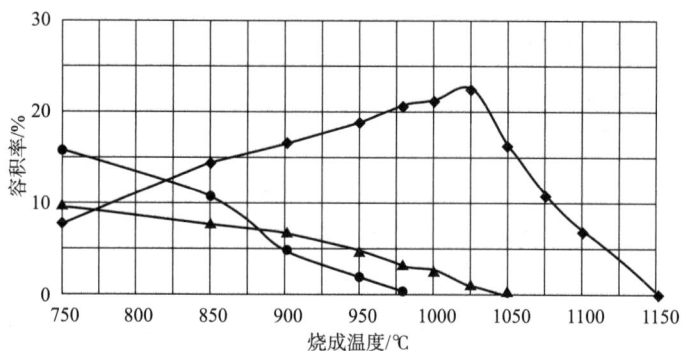

图 5-3　釉加热过程中石英、长石的熔融及气泡的发生情况

◆—气泡　●—长石　▲—石英

从图 5-4 中可看出，釉层中气泡数量随釉层厚度增加而增多，气泡尺寸随烧成温度的升高和烧成时间的增长而增大，气泡尺寸大多集中在 10~30μm。

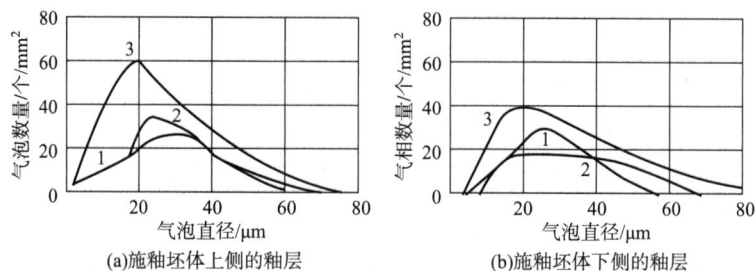

(a)施釉坯体上侧的釉层　　　　(b)施釉坯体下侧的釉层

图 5-4　釉层中气泡的分布区域

1—薄釉层（厚 120~180μm）　2—正常釉层（厚 210~240μm）　3—厚釉层（厚 380~480μm）

釉中气泡的存在，会给釉面性能带来很大影响，在外观品质上，气泡的存在使釉面透光度降低，同时针孔、凹坑及不平整等缺陷增加，使外观品质下降。釉中气泡的大小也会对釉的外观产生很大影响，其影响见表 5-4。另一方面，釉中气泡还会使釉面耐磨程度下降，耐酸碱腐蚀能力也下降，强度也有所下降。

表 5-4　气泡大小与釉面外观状态关系

气泡大小 / μm	外观
80	变化不明显
80~100	釉面呈阴暗状态
100~200	釉面呈蛋壳状
200~400	釉面呈橘皮状
400~800	釉面有棕眼

5.2　烧成制度

烧成是使坯体发生质变成为瓷的过程。因此只有按照坯、釉物理化学变化的需要来供给热量和气氛，才能获得理想的产品。烧成制度包括温度制度、气氛制度和压力制度。影响产品性能的重要因素是温度和气氛，压力制度旨在保证温度制度和气氛制度的实现。

5.2.1　温度制度

温度制度指的是陶瓷烧成时由室温加热升温到烧成温度，以及由烧成温度冷却至室温的温度—时间变化情况，一般用烧成曲线来表示。图 5-5 示出了隧道窑的烧成曲线。温度制度包括各阶段的升温速度、烧成温度、保温时间和冷却速度等参数。

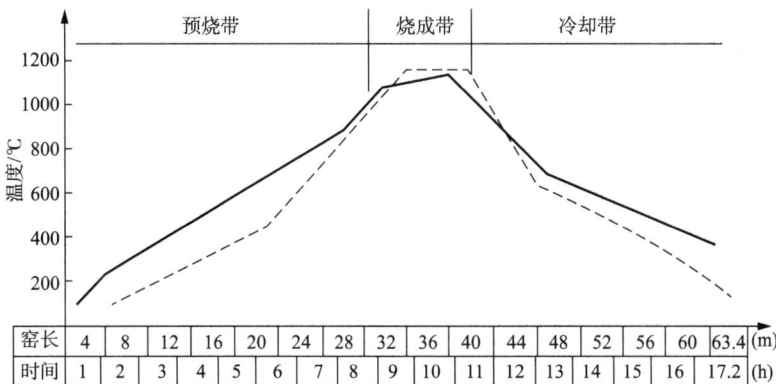

图 5-5　隧道窑焙烧日用瓷的烧成曲线

┄┄设计烧成曲线　—实际烧成曲线

1. 升温速度

通常升温速度与烧窑所需的全部时间成反比，而各阶段时间的长短又与窑炉的种类、装窑容量、坯体的物理性质、坯体的厚度及其所含杂质的种类与数量等有密切关系。

低温阶段，此阶段实际上是坯体干燥的延续。升温速度主要取决于进窑坯体的含水量、坯体厚度、窑内实际温差和装坯量。当坯体进窑水分高、装窑量大或坯体较厚时，如升温太快，将引起坯体内部水蒸气压力增高，可能产生开裂或炸裂现象。

氧化分解阶段，升温速度主要取决于原料的纯度和坯件的厚度，此外也与气体介质的流速与火焰性质有关。原料纯且分解物少，制品较薄时，则升温可快些；如坯体内杂质较多且制品较厚，氧化分解费时较长或窑内温差较大，都将影响升温速度，故升温速度不宜过快；当温度达到烧结温度以前，结合水及分解的气体产物排除是自由进行的，而且没有收缩，因而制品中不会产生应力，故升温速度可加快。随着温度升高，坯体中开始出现液相，应注意使碳素等在坯体烧结和釉层熔融前燃尽，一般当坯体烧结温度足够高时，可以保证气体产物在烧结前逸出，而不致产生气泡。

高温阶段，此阶段升温速度取决于窑的结构、装窑密度以及坯件收缩变化的程度和烧结范围宽窄等因素。当窑的容积太大时，升温过快则窑内温差大，将引起高温反应不均匀的现象。坯体中的玻璃相出现的速度和数量对坯体的收缩产生不同程度的影响，应根据不同收缩情况决定升温速度。高温阶段的主要现象是收缩大，但如能保证坯体受热均匀，收缩一致，则升温较快也不会引起应力而使制品开裂或变形。对坯体烧结前适当保温，是使坯体内外温度均匀减小温差的有效措施。

2. 烧成温度

通常所说的烧成温度，是指制品在烧成过程中所经受的最高温度。考虑到各种理化反应的进行是一个渐变过程，窑炉内温差、制品内外部温差及传热过程都需要时间，因此烧成温度实际是指一定的温度范围。

烧成温度的高低与坯料的种类有关，还与坯料的细度等因素有密切的关系。坯料颗粒细则比表面大，能量高，烧结活性大，易于烧结。相反，若坯料颗粒粗则堆积密度小，颗粒的接触界面小，不利于传质和传热，不利于烧结。一般来说，达到烧结温度后，材料密度最大，收缩率最大，吸水率最小。因此，烧成温度通常可参考烧成试验时试样的相对密度、气孔率或吸水率的变化曲线来确定。对于致密陶瓷制品，烧成温度应选定在烧结温度范围之内。对于多孔陶瓷制品，因不要求致密烧结，达到一定的气孔率及强度后即可终止加热，所以其烧成温度低于其烧结温度。对于烧结温度范围宽的坯料，烧成温度可选择在上限温度，以较短的时间进行烧成，对于烧结温度范围窄的坯料，则宜选择在下限温度，以较长的时间进行烧成。

对传统配方的烧结陶瓷材料来说，烧成温度决定着瓷坯的显微结构与相组成。表5-5是在不同温度下烧成的长石质日用瓷坯的相组成情况。

表5-5　不同温度烧成后的长石质瓷相组成

烧成温度/℃	相组成/%			气孔体积/%
	玻璃相	莫来石	石英	
1210	56	9	32	3
1270	58	12	28	2
1310	61	15	23	1
1350	62	18	19	1

瓷坯的物理化学性质也随着烧成温度的提高而发生变化。若烧成温度低，则坯体密度低，莫来石含量少，其机电、化学性能较差。温度升高莫来石量增多，形成相互交织的网状结构，会明显提高瓷坯的强度。在不过烧的情况下，随着烧成温度的升高，瓷坯的体积密度增大，吸水率和显气孔率逐渐减小，釉面的光泽度不断提高，釉的显微硬度也随着温度的升高而不断增大。

达到烧结温度的上限后，如果继续升温，坯体气孔率又会增大，称为过烧。过烧后坯体内晶相量减少，晶粒增大，玻璃相增多。在高温下坯体形成的大气泡可促使其周围形成粗大莫来石晶体，这通常导致材料性能恶化。

3. 保温时间

保温是指在烧成过程中，达到某一温度范围后保持一段时间。这段时间称为保温时间。一般来讲，在任何陶瓷制品的烧成过程中，都或多或少需要一段保温时间，这主要是为了尽量拉平窑炉同一断面不同部位及产品内外部的温差，使产品各部分物理化学反应均匀、完全，使制品组织结构趋于一致，从而得到性能一致的产品。在生产实践中，适当降低烧成温度，延长保温时间，有利于提高产品品质，降低烧成损失率。对大型、异形产品及窑内装载密度较大的烧成过程作用尤为明显。但保温时间过长则晶粒熔解，不利于坯中形成坚强的骨架，会导致力学性能的降低。精陶类产品由于坯体中方石英晶相的减少，导致膨胀系数变小还会引起釉裂。

保温时间及保温温度对希望釉面析晶的产品（如结晶釉等艺术釉产品）更为重要。为了控制釉层中析出晶核的速率、尺寸和数量，这类产品的保温温度往往比烧成温度低得多。保温时间直接关系到晶体的形成率。

4. 冷却速度

冷却是把坯体从高温时的可塑状态降至常温呈岩石般状态的凝结过程。冷却制度是否正确，对制品性能同样有很大的影响。对于厚而大的坯体，如冷却太快，由于内外散热不易均匀，会造成不均匀的应力而引起开裂。但一般日用陶瓷大都体小胎薄，有较多液相，在高温阶段尚呈可塑状态，高温下的热应力大部分可为液相的弹性和流动性所补偿，加快冷却并无危险。高温快速冷却不仅可以缩短生产周期，提供大量余热，还可以增加釉的透明度与光泽度。也能防止冷却过程中大量冷空气进入窑内而引起已还原的铁质重新氧化，对提高釉面白度有利。

一般瓷器中玻璃相的转变温度在 $830 \sim 800℃$ 的范围内，低于此温度，塑性消失，并将发生残余石英的晶型转化。无论是液相由塑性状态转变为弹性状态，或是晶型发生转变，都会引起坯体变化而产生应力，因此在 $850℃$ 以下至 $400℃$ 的冷却时应小心谨慎，适当放慢冷却速度，以防出现惊裂，至 $400℃$ 以下，热应力变小，冷却速度又可适当加快。

5.2.2　气氛制度

烧成气氛是指在烧成过程中，与制品接触的热气体（燃烧产物）中 O_2 与 CO 含量的多少。燃料理想燃烧时，燃烧产物中主要是 CO_2 及 H_2O，而在实际燃烧操作中，送入的 O_2（空气），总是不足或过量。送入空气过量时燃烧产物中存在过剩的 O_2，这种与制品接触的气体环境称为氧化气氛，也称为氧化焰；而送入空气不足时，燃烧产物中存在未完全燃烧的 CO，这种含有一定量有还原作用的 CO 的气体环境称为还原气氛，也称为还原焰。因工艺需要，可利用与制品接触的气体的氧化或还原作用来影响制品组分在烧成过程中的某些物化反应，即可人为控制使窑内或窑内某一段为氧化气氛或还原气氛。这种依靠操作所达到的窑内气氛的规律性分布状况称为气氛制度。

按照烟气中游离氧和还原成分的含量，可计算相应的空气过剩系数：

$$\alpha = 1 / \left(1 - 3.76 \times \frac{O_2 - 0.5CO}{N_2}\right)$$

式中，α 为空气过剩系数，O_2、CO 和 N_2 分别为烟气中相应成分的含量。根据烟气分析的结果，几种气氛的大致成分见表 5-6。

表 5-6　烧成气氛的成分

气氛种类	烟气成分 /%	空气过剩系数 α
强氧化气氛	O_2=8% ~ 10%	1.6 ~ 2.5
氧化气氛	O_2=2% ~ 5%	1.2 ~ 1.5
中性气氛	O_2=1% ~ 5%，CO=1% ~ 2%	0.99 ~ 1.05
弱还原气氛	O_2<1%，CO=1.5% ~ 2.5%	0.95
强还原气氛	O_2<1%，CO=3% ~ 7%	0.90

气氛会影响陶瓷坯体高温下的物化反应速度、体积变化、晶粒尺寸与气

孔大小，甚至相组成等。

　　日用瓷坯体在氧化气氛或还原气氛中烧成，其烧结温度、最大烧成收缩、过烧膨胀率、线收缩速率和釉面品质等方面都有所不同。

1. 气氛对烧结温度的影响

　　图 5-6 是两类坯体（瓷石质瓷坯 A 和长石质瓷坯 B，各试样配方及化学组成见表 5-7）在不同气氛中加热时烧结温度的比较。结果表明：两类坯体在还原气氛中的烧结温度均比在氧化气氛中低。坯体含铁量越多，温度降低越多，如坯 A、B（Fe_2O_3 含量为 0.62%、0.34%）在还原气氛中比在氧化气氛中烧结温度低约 10℃，而 A_2（Fe_2O_3 含量为 2.09%）低约 50℃，B_3（Fe_2O_3 含量为 1.69%）低约 80℃。

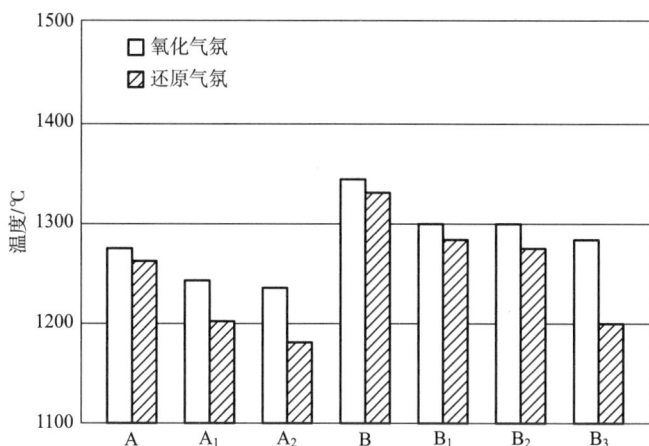

图 5-6　日用瓷坯在不同气氛下烧结温度变化的比较

表 5-7　瓷坯试样的配方及化学组成　　　　　　　单位：%

瓷坯号	原料							化学组成									
	星子高岭	苏州高岭	祁门高岭	望城长石	苏州石英	黑山膨润土	氧化铁粉	SiO_2	Al_2O_3	Fe_2O_3	TiO_2	CaO	MgO	K_2O	Na_2O	MnO	总计
A	20	—	80	—	—	—	—	66.61	25.11	0.62	—	1.46	0.37	5.17	0.45	—	99.79
A_1	20	—	80	—	—	—	1.0	66.75	21.52	1.75	0.11	1.27	0.56	4.30	0.51	0.01	96.78
A_2	20	—	80	—	—	—	1.5	65.76	24.79	2.09	0.12	1.43	0.37	5.04	0.44	0.01	100.05
B	—	40	—	30	30	—	—	71.59	22.34	0.43	—	0.14	0.06	4.54	0.90	—	100.00
B_1	—	38	—	30	30	5	—	72.17	22.10	0.49	—	0.23	0.21	4.46	0.88	—	100.54
B_2	—	36	—	28	28	10	—	72.03	21.67	0.54	—	0.31	0.34	4.25	0.85	—	99.99
B_3	—	38	—	30	27	5	—	70.94	21.72	1.69	—	0.23	0.21	4.38	0.86	—	100.03

2. 气氛对最大烧成线收缩的影响

由图 5-7 可见，瓷石质坯体（A、A_1、A_2）在还原气氛中的最大烧成线收缩率比其在氧化气氛中要大，但长石质坯体（B、B_1、B_2、B_3）在还原气氛中的最大烧成线收缩却比在氧化气氛中小。含有长石与膨润土的坯体（B_1、B_2、B_3），由于在还原气氛中碳素分解温度提高，因此最大烧成线收缩最小。

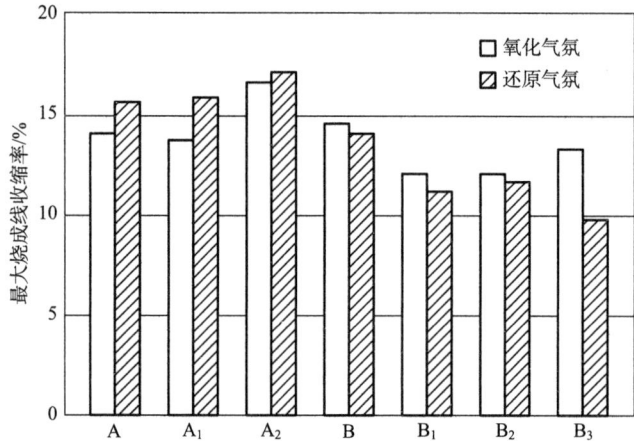

图 5-7　日用瓷坯在不同气氛下烧结时最大烧成线收缩的比较

3. 气氛对坯体过烧膨胀的影响

由图 5-8 可见，所有瓷石质坯（A、A_1、A_2）与未加膨润土的长石质坯（B），在还原气氛中过烧 40℃的膨胀比在氧化气氛中要小得多。当长石质坯体中加入一定量的膨润土时（如 B_1、B_2 和 B_3），则所得结果正好相反，即在还原气氛中过烧 40℃的膨胀反而在氧化气氛中要大，而且随着膨润土量的增加而增大。含膨润土的坯体，在加入 1.2% 的 Fe_2O_3（如 B_3）时，虽然它在还原气氛中过烧时的膨胀仍大于氧化气氛，但同时在氧化气氛中过烧的膨胀也显著增大。

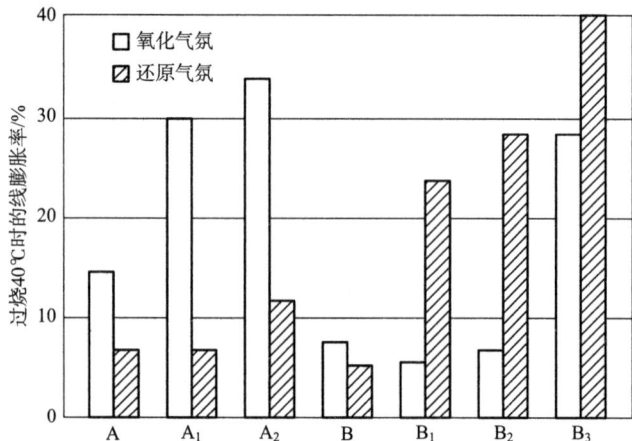

图 5-8　日用瓷坯在不同气氛中过烧膨胀的比较

硫酸盐、氧化铁和云母中所含的铁质，氧化气氛中都在接近坯体烧结、釉层熔化的高温下才能分解（表5-8），这时气孔封闭，气体不能排出而引起膨胀起泡。还原气氛中，这些物质的分解可提前到坯、釉尚属多孔状态时完成，这时气体能自由逸出，过烧膨胀大为减轻。瓷石坯体含铁量较高，但低温煅烧时坯体的附吸性并不强，因此它的过烧膨胀主要由高价铁和硫酸盐的分解造成，还原气氛过烧膨胀较小。由长石和膨润土配制的坯体，含铁量并不高，但有机物含量较多且具有较强的吸附性，在还原气氛中，坯体易吸碳且碳素氧化温度提高，因而其过烧膨胀量较氧化气氛中大。

表 5-8 氧化铁和硫酸盐在不同气氛下的分解温度

气氛性质	组成	反应产物	分解温度 /℃
氧化	$2Fe_2O_3$	$4Fe+3O_2\uparrow$	1370
	$2CaSO_4$	$2CaO+2SO_2+O_2\uparrow$	1370
	$2Na_2SO_4$	$2Na_2O+2SO_2+O_2\uparrow$	1330
还原	Fe_2O_3+C	$2FeO+CO\uparrow$	2100
	$CaSO_4+C$	$CaO+SO_2+CO\uparrow$	800
	$CaSO_4+CO$	$CaO+SO_2+CO_2\uparrow$	1100
	Na_2SO_4+C	$Na_2O+SO_2+CO\uparrow$	1000
	Na_2SO_4+CO	$Na_2O+SO_2+CO_2\uparrow$	1000

4. 气氛对瓷坯线收缩速率的影响

由图5-9可见，除个别瓷坯（如B）外，瓷坯在还原气氛中的最大线收缩速率比在氧化气氛中要大。这可能主要是坯中 Fe_2O_3 还原成为 FeO 所致。FeO 易与 SiO_2 形成低熔点的硅酸盐熔体并降低其黏度，增加其表面张力，从而使坯体在较低温度下烧结并产生较大收缩。

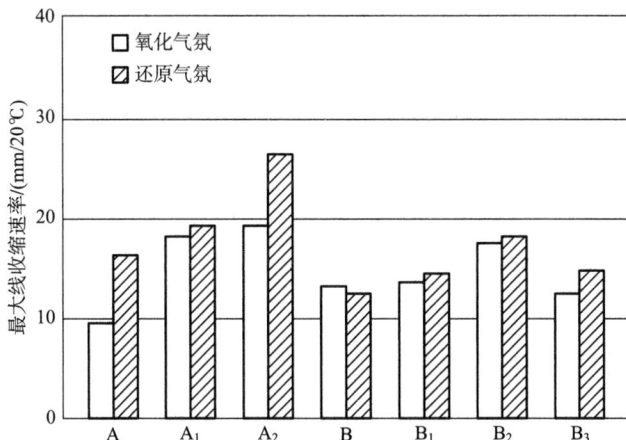

图 5-9 气氛对瓷坯线收缩速率的影响

5. 气氛对瓷坯的颜色、透光度及釉面质量的影响

（1）气氛对瓷坯颜色、透光度的影响

氧化焰烧成时，Fe_2O_3 在含碱量较低的瓷器玻璃相中熔解度很低，析出胶态的 Fe_2O_3 使瓷坯显黄色。还原焰烧成时，形成的 FeO 熔化在玻璃相中呈淡青色。对 A_1 瓷坯进行化学分析，发现在氧化焰中，坯中 Fe_2O_3 占总铁量（以 Fe_2O_3 计）的 67%，而在还原焰中仅为 10%，因此还原焰烧成的瓷坯呈白里泛青的玉色。另外液相增加和坯内气孔率降低都相应提高了瓷坯的透光性。

当坯体中的氧化铁含量一定时，若用氧化焰烧成，被釉层所封闭的 Fe_2O_3 将与一部分 SiO_2 反应生成铁橄榄石并放出氧，其反应如下：

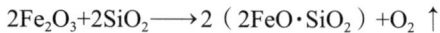

$$2Fe_2O_3+2SiO_2 \longrightarrow 2（2FeO \cdot SiO_2）+O_2 \uparrow$$

反应生成的氧会使釉面形成气泡与孔洞，而残留的 Fe_2O_3 会使瓷坯呈黄色。

对含钛较高的坯料应避免烧还原焰，否则部分 TiO_2 会变成蓝至紫色的 Ti_2O_3，还可能形成黑色 $2FeO \cdot Ti_2O_3$ 尖晶石和一系列铁钛混合晶体，从而呈色加深。一般北方原料铁含量低而钛含量高，宜采用氧化焰烧成，而南方原料含铁量高而含钛量低，宜采用还原焰烧成。

（2）气氛对釉面质量的影响

在一定的温度下，还原气氛可使 SiO_2 还原为气态的 SiO，在较低的温度下它将按 $2SiO \longrightarrow SiO_2+Si$ 分解，因而在制品表面形成 Si 的黑斑。还原气氛中的 CO 在一定的温度下会按 $2CO \longrightarrow CO_2+C$ 分解。图 5-10 是在 0.1MPa 下这一反应的平衡与温度的关系。从图中可见，在平衡情况下，400℃时只有 CO_2 是稳定的，而在 1000℃时，仅有 0.7%（体积）的 CO_2。CO 的分解在 800℃

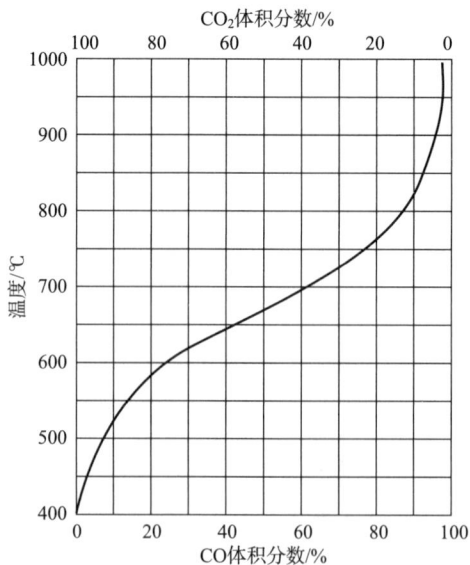

图 5-10　$2CO \rightleftharpoons CO_2+C$ 的平衡与温度的关系

以下才速度较快，高于 800℃时需要一定的催化剂。因此在还原气氛中很可能因 CO 分解出碳沉积在坯、釉上形成黑斑。在继续升高温度的烧成中，碳被封闭在坯体中，若再被氧化成 CO_2 就会形成气泡，对吸附性能强的坯体尤为严重。

5.2.3　压力制度

对于使用燃料燃烧供热的窑炉，窑内气体（烟气及空气）的压力对窑内温度和气氛有决定性的影响。通过调节窑炉有关设备（烧嘴、风机、闸板等），控制窑内各部分气体压力呈一定分布状态，这个窑内气体压力的规律性分布称为压力制度。

压力制度起保证气氛制度和温度制度的作用，其重要性表现在以下两方面：

1. 压力制度直接影响气氛制度

例如油烧隧道窑的压力分布一般为预热带为负压，烧成带、冷却带为正压，零压位控制在预热带和烧成带之间。这样的压力分布，有利于气氛制度的稳定。预热带呈负压，可使排烟通畅，保证预热带的氧化气氛。烧成带保持微正压，可以更有效地阻止外界冷空气侵入窑内，有利于保证烧成带的还原气氛。零压位在预热带与烧成带之间，便于分隔氧化、还原焰。如果压力制度被破坏，窑内气氛也就随之改变。例如，烧成带如果出现较大的负压，窑内的还原气氛被破坏，制品就可能出现发黄缺陷。

2. 压力制度直接影响窑内的温度制度

例如煤烧隧道窑的零压位一般控制在高火保温区，这对燃料燃烧、保证窑内温度有利。如果零压位前移过多，高火保温炉压力过大，就会使炉内燃料燃烧不良，炉内温度难以上升。

压力的大小直接影响入窑空气量及出窑的烟气量，从而直接影响预热效果、燃烧效果和冷却速度等。

窑内的压力一般是借助倾斜式压力计等测压仪表来测定的，在没有测压仪表的情况下，人们常通过烟囱冒烟的冲劲即烟气速度来判断，还可以通过观察火孔的冒烟情况来判断。如果火孔往外冒烟，说明窑内的气压大于外界大气压力，窑内处于正压操作，冒出的烟越长，则说明窑内压力越大；如果火孔不往外冒烟，说明窑内处于负压状态，也就是窑内的压力小于外界大气压力。此外，通过窑内火焰流动状态等现象也能判断窑内的抽力大小。

5.2.4 制订烧成制度的依据和步骤

1. 坯料在加热过程中的性状变化

可利用有关相图、热分析数据（差热曲线、失重曲线、热膨胀曲线）、高温物相分析、烧结曲线（气孔率、烧成线收缩、吸水率及密度变化曲线）等技术资料，通过分析坯料在加热过程中的性状变化，可初步得出坯体在各温度阶段可以允许的升、降温速率。

根据坯料系统有关的相图，可初步估计坯体烧结温度的高低和烧结范围的宽窄。如 $K_2O-Al_2O_3-SiO_2$ 系统中的低共熔点低（$985 \pm 20℃$），$MgO-Al_2O_3-SiO_2$ 系统中的低共熔点高（$1355℃$）。长石质瓷中的液相量随温度升高增加缓慢，且高温黏度较大，滑石瓷中的液相随温度升高迅速增多。因此长石质瓷的烧成范围较宽，可达 $50 \sim 60℃$，而滑石瓷的烧成范围仅在 $10 \sim 20℃$，前者的最高烧成温度可接近烧成范围的上限温度，后者的最高烧成温度只能偏于下限温度。

由于相图是在接近理想的情况下作出的，而实际情况往往与相图有较大的出入，因此还应根据坯料的热分析曲线，参照曲线各阶段发生的变化来拟定烧成制度。

图 5-11 为三组分瓷坯料的热分析曲线的综合图谱。包括坯料的差热曲线 DTA、已烧坯体的热膨胀曲线 TE、生坯的不可逆热膨胀曲线 ITE。

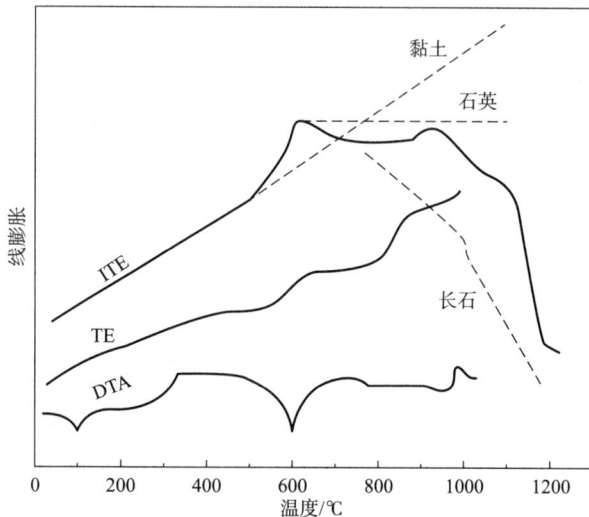

图 5-11 三组分瓷坯料的热分析综合图谱

在 DTA 曲线上可见 $100 \sim 150℃$ 吸附水排出使生坯表面和中心的温差增大；$200℃$ 以上有机物和碳素燃烧；$500 \sim 600℃$ 高岭石脱水；在 $900 \sim 1050℃$ 出现小的放热峰，是形成一次莫来石的先兆。ITE 曲线上分别绘出长石、石英、黏土三组分体积的变化。接近 600℃时黏土脱去结构水产生的收缩缓和了石英晶型转变（573℃）引起的膨胀。长石熔融前只有连续的线膨胀。约到 1050℃时，长石熔融，坯体急剧收缩，热塑性显著增加，直到坯体成熟。TE 曲线可反映石英相转变后剩余的游离石英量及坯体膨胀值。利用这些曲线可初步绘出坯体的理论烧成曲线（图 5-12、图 5-13）。每一部分的速率须分别确定：加热时采用不可逆膨胀曲线的数据，冷却时采用可逆膨胀曲线的数据。先绘出图 5-12 中的烧成曲线，再根据差热分析的数据修订成图 5-13 的曲线，如减慢 100~150℃、550℃左右的升温速度，加快由 1000℃至最高温度及冷却开始至 750℃间的温度变化速度。通过石英的相转变区城时也应缓慢冷却。

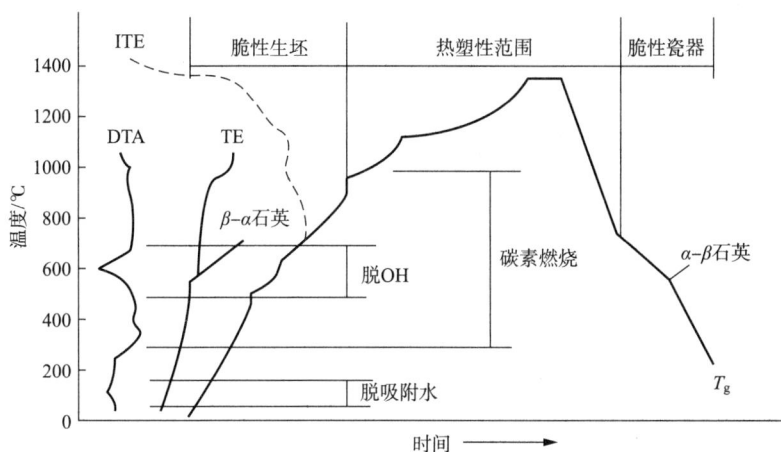

图 5-12　利用热分析综合图绘制的理论烧成曲线

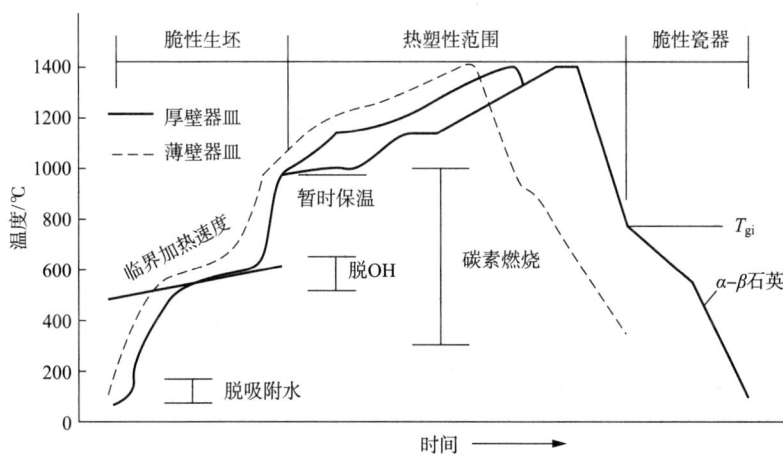

图 5-13　利用 DTA 数据修改的烧成曲线

2. 坯体的形状、厚度和含水率

同组成的坯料，由于制品的形状、厚度和含水率不同，升温速度和保温时间都应有所不同。对于大型、厚壁制品，升温不能过快，保温时间不宜过短。如果坯料中含有大量高可塑性黏土或碳素黏土，其脱水除碳困难，升温速度更应放慢。

3. 窑炉结构、容量、燃料和装窑密度

在拟定烧成制度时，必须将制品对升温速度的要求与窑炉结构和操作条件结合起来。不同的窑型，甚至同一窑型的不同结构和容量，都将影响窑内的传热方式、温差大小以及操作条件；装窑密度将影响窑内气体的流动分布和产品的热容量；燃料的种类和热值的高低，将影响煅烧操作和可能提供的热量。

4. 烧成方式

根据产品的特点，陶瓷的烧成方式有一次烧成和二次烧成。

坯体上釉后，坯釉同时烧成的方式称为一次烧成（本烧）。普通电瓷产品大都采用这种方式烧成。一次烧成时，要求坯釉的烧成温度一致，施釉操作要求较严格，但可节省一道工序，节约燃料和工时，降低产品成本。

当釉的成熟温度比坯的烧成温度低很多，或坯体强度很低时，为了保证产品质量和便于施釉操作机械化，往往将坯、釉分别烧成，先将坯体烧成（素烧），然后施釉再次烧成（釉烧），这种方式为二次烧成。目前大型瓷套采用釉接法，火花塞、日用瓷等产品采用二次烧成。

影响制品烧成的因素很多，在制定烧成制度时，可借鉴同类产品的生产经验，经过试烧，进行调整后才能用于正式生产。

5.3 窑具与装窑

5.3.1 窑具种类

陶瓷制品在窑炉内烧成时，或者为了隔离不净的烟气接触，或者为了制品的支撑、托放及叠装，常用一些耐火材料制成不同形状的辅助材料应用于窑内。这些辅助耐火制品统称为窑具。不同类型普通陶瓷用窑炉及窑具见表5-9。

表 5-9 普通陶瓷用窑炉及窑具

陶瓷类型	所用窑炉	窑具品种
日用陶瓷	倒焰窑、隧道窑、辊道窑	匣钵、棚板、支柱、窑车材料、辊棒、支架垫饼
建筑陶瓷	隧道窑、辊道窑	棚板、支柱、窑车材料、辊棒
卫生陶瓷	隧道窑、辊道窑、梭式窑	棚板、支柱、托板、棚板、支柱
电瓷	隧道窑、梭式窑、罩式窑	匣钵、垫座、棚板、支柱

传统明焰陶瓷窑炉，特别是以煤或渣油为燃料的大断面窑炉，常采用匣钵来隔离产品，同时形成钵柱起到承载作用。以气体或轻油为燃料的这类窑炉，可不用匣钵，而代之以棚板、支柱砌筑的棚架结构来装载产品，这样有利于传热，但窑具与制品质量比仍很高，不利于产品单位能耗的降低。陶瓷工作者对现代窑炉窑具与产品质量比这个指标非常重视，不断从窑具材质及结构、形状等方面改进，以求最大限度降低此质量比。

现代窑炉窑具带出的热量比旧式窑炉少 3/4 左右，现代隧道窑有的取消了棚板，减少了支柱，而采用重结晶碳化硅质横梁、薄形垫板和轻巧的专用垫具，使窑具与产品质量比降至 0.5~0.8。而传统隧道窑常在 2~3 以上，甚至高于 10。

现代辊道窑在这方面又优于隧道窑，是当代最节能的窑炉。辊道窑中产品靠耐火辊棒组成的辊道支撑、运行（对某些较大或非平板型产品则辅以垫板，如卫生洁具和日用瓷）。作为窑具的辊棒又是窑炉的一部分，它只在原地转动而不随产品向前运动，因此处于稳定传热，热耗更小。新型耐火材料的应用改善了窑具的传热效果，减轻了窑具的质量，降低了能耗。

窑具作为陶瓷生产的消耗品，如何延长其寿命（即提高其使用次数），成为窑具设计生产的首要问题。随着陶瓷工业的发展，目前越来越多的窑具品种已进入专业化生产，这对于提高窑具品质，满足生产需要，降低生产成本起到重要作用。

5.3.2 性能要求

窑具的主要使用指标是在多次反复冷热循环与荷载下的使用次数。它是反映窑具材质性能、制造工艺及使用条件等方面的综合指标。这几方面中任何一方面的不足都会影响窑具的使用寿命。由于使用条件的差异等因素，窑具的使用次数指标可比性较低，但在一定程度上表明了窑具的实际使用效果，所以生产中仍经常使用。

窑具材料应达到下列主要理化性能指标：

1. 结构强度

窑具通常是堆码成垛或搭成棚架在窑内使用的。每件窑具不但承受着自身的重力和生坯的重力，还要受到装、出窑时的机械作用力，所以窑具要有足够的常温力学强度。这个要求主要依靠合理的窑具生产工艺来保证。

2. 抗热震性

多次反复地加热与冷却是窑具使用过程的一个重要特点。快速烧成时，升温与冷却更加急剧，窑具的使用条件更加恶劣。因此，良好的抗热震性是窑具必须具备的一个重要性能。

3. 体积稳定性

窑具使用过程中体积发生不可逆变化的程度称为体积稳定性。烧成时窑具虽然经历了一系列物理化学变化，但总是达不到理论上的平衡状态。在使用过程中某些反应有可能继续进行，如晶相数量和大小会改变，液相重新分布，导致微观结构有所变化。这些变化在不同程度上引起窑具体积变化，而影响其使用寿命。

4. 导热性能

煅烧陶瓷产品时，热量通过容具传递至坯体，导热性高的窑具能提高烧成时的热效率。同一种陶瓷产品采用黏土质匣钵装烧时，产品得到的热量仅 4.7% 左右，而使用碳化硅质匣钵时，产品得到的热量会增多一倍，达到 9.4%。窑炉的升温及冷却速度、燃料消耗都与窑具、窑车衬砖及砌炉材料的导热性和热容有关。导热性良好的窑具有助于产品的均匀烧成，对烧结范围窄的产品更能提高成品率。

窑具的导热性取决于其化学组成、矿物组成、气孔率和组织结构等因素。

5.3.3　窑具材质

普通陶瓷使用的窑具材质较多，主要根据产品种类、烧成温度、窑炉类型、生产成本、窑具形状等诸多方面因素确定。主要有下列四种类型：

1. 硅铝质

这是作为窑具使用历史很久的一类材料。根据使用温度不同采用黏土—熟料质或高铝质。前者用高岭土质熟料或铝矾土熟料及耐火塑性黏土配制，Al_2O_3 含量 30% ~ 46%，称为黏土质；后者用铝矾土熟料和高铝质可塑黏土配制，Al_2O_3 含量大于 46%，称为高铝质或莫来石质，因为在 Al_2O_3-SiO_2 相图中 Al_2O_3 组分大于 46%、小于 72% 时高温稳定相为莫来石。

黏土质窑具性能指标不高，使用寿命不长。但由于其取材方便，成本较低而曾被广泛使用，使用温度低于 1300℃。

高铝质窑具性能指标较高，力学强度和抗热震性较好，使用温度低于 1400℃。

2. 硅铝镁质

硅铝质窑具热稳定性较差，影响其使用寿命，为了改善其热稳定性，在硅酸铝系统中引入镁质原料（滑石、绿泥石、镁质黏土等），燃烧时生成低膨胀系数的堇青石晶体（$2MgO \cdot 2Al_2O_3 \cdot 5SiO_2$）。也可采用合成堇青石熟料配以黏土质结合剂，或高铝熟料配以堇青石质结合剂。前者为堇青石—莫来石质，后者为莫来石—堇青石质。

从 MgO-Al_2O_3-SiO_2 系统相图可知，堇青石组成位于莫来石的初析晶区内，到1460℃时会分解为莫来石及液相，特别是析出区温度变化不大时液相量变化很大，这使得含董青石质材料烧结及熔融温度范围很窄，荷重软化温度较低，软化温度范围小，限制了它的最高使用温度（1300℃左右）。通常用调整组成和改进工艺来提高其高温弯曲强度和荷重软化点。

3. 碳化硅质

碳化硅有良好的热物理性能。它的热导率很高，90%SiC砖500℃时$\lambda=15.12W/（m\cdot℃）$，1100℃时$\lambda=11.63 W/（m\cdot℃）$。碳化硅的热膨胀系数较小，$\alpha=（5.57\sim5.59）\times10^{-6}/℃$，在高温下不会发生塑性变形。由于具有这些优良性能，所以自20世纪60年代以来已用于制造窑具。它的使用温度远高于上述两类窑具，可在1400～1700℃使用。但碳化硅在氧化气氛中900～1200℃范围内易氧化，生成挥发性的SiO和CO，或SiO_2与CO_2，使材料膨胀、松散甚至开裂，这是其致命的弱点。

4. 熔融石英质

熔融石英质窑具是以熔融石英为骨料的窑用耐火制品。由于熔融石英的热膨胀系数很小（含SiO_2 99.5％时$\alpha=0.54\times10^{-4}/℃$），而且高温黏度大，所以用它来配制窑具抗热震性好，高温荷重软化温度也比硅铝质及硅铝镁质窑具高，使用温度可达1380℃。

熔融石英质材料在高温下长期使用过程中，石英玻璃颗粒会转变为方石英，逐渐膨胀以致松散剥离，强度降低，这是其主要的弱点。

5.3.4 装窑要求

烧成前将陶瓷生坯装入窑炉内的操作称为装窑。装窑工序与窑炉形式和产品形状尺寸直接相关。传统间歇式窑炉如倒焰窑、大断面隧道窑，由于窑内温差大，在产品装窑操作上要仔细布置，减少温差对不同部位产品的影响。如产品尺寸形状不同而混装，有时还可利用窑内温差不同部位装烧不同产品，各自取得预期的结果。

随着传统窑炉的淘汰，新型窑炉的应用及单一品种产品的大批量生产，装窑操作已日趋模式化、自动化，而不再成为困扰陶瓷生产工艺的问题。如宽断面快速墙地砖烧成辊道窑，已完成全部自动进坯、排列。除考虑窑内横向空间利用及砖列纵向间距外，并不需要专门考虑装窑问题，也没有专门的装窑工序。然而对于大件、异形、批量小的产品，在现代间歇窑中装烧（如梭式窑、罩式窑中装烧大型电瓷）还是要仔细考虑装窑问题。

不同的装窑操作要求不同的窑具加以配合。选材适当、形状合理的窑具，是实现合理装窑的物质条件。

传统窑炉采用不洁燃料（煤、渣油），为防止产品污损，装窑时需将产品装入封闭的窑具（匣钵）空间中烧成，因此利用匣钵装烧产品的装窑操作也称为装钵。

从原则上来讲，装窑操作应满足以下要求：

①根据窑内温差情况，调节窑内不同部位装窑密度（单位体积装载产品及窑具质量）。使温度较高的部位装窑密度较大，温度较低的部位装窑密度较小，使不同部位产品单位时间、单位质量得到的热量相近。合理确定平均装窑密度，提高窑炉单位时间产量。

②窑具及产品间隙合理（如钵柱间、棚架间），能满足窑内气体合理流动、传热均匀的要求。特别是靠近燃烧器及气体进出口部位，应仔细分析、考虑气流情况，避免局部过热或过冷。

③保护产品不受污损。包括窑内烟气及窑具本身污损（如窑具掉渣等）。

④装载牢固。特别是叠装较高时要充分考虑产品及窑具高温荷重性能及受力平衡情况，还要考虑烧成过程中振动及运动惯性、受力等因素（如装在隧道窑窑车上的窑具及产品），确保产品安全及窑炉安全运转，不发生窑具、产品窑内倒塌（倒窑）等意外。

⑤窑具之间、产品与窑具之间、窑具与窑体之间（窑底、窑车面等）接触面要进行必要处理（如采用垫泥、垫饼、垫砂、涂层等），防止高温后黏结，否则需强力分开而损坏窑具或产品。

⑥减轻操作劳动强度。力争机械化、自动化操作，减少产品装烧损失率，延长窑具使用寿命。

⑦在确保安全及产品品质前提下，减轻窑具质量，降低窑具与产品质量比，降低产品单位能耗，提高经济效益。

5.4　烧成缺陷分析

缺陷的出现形式：烧成前就出现、潜伏并在烧成后暴露出来以及在烧成中所引起的缺陷。

5.4.1　变形和开裂

（1）产生变形和开裂的原因

①配方阶段：配方设计不合理，如塑性黏土（尤其膨润土类黏土）用量过多，干燥阶段容易引起变形和开裂，助熔剂和"灼减"过多容易在烧成阶段引起变形。

②坯料制备阶段：坯料加工颗粒过细，收缩过大引起变形、开裂；鳞片状结构的滑石原料未经预烧处理或坯料练泥不彻底存在颗粒定向排列或水分不均匀。

③成型阶段：成型过程坯体各部位受力不均匀，引起残余应力。

④干燥阶段：湿坯脱模过早、脱模后放置方法不当、干燥温度过高等。

⑤烧成阶段：装窑方法不当、坯体入窑水分过高、升温过快、窑炉内温差太大、烧成温度过高或制品烧成温度范围窄等。

⑥造型设计：对坯体的器型结构设计不合理。

（2）开裂的类型

①断口锋利尖锐：为800℃后冷却过急引起的开裂，即"风惊"或"惊裂"；

②断口圆钝：为烧成过程的中、前期引起的开裂。应注意区分缩釉、惊釉、惊裂和炸坯开裂等缺陷。

5.4.2　起泡

①坯泡：氧化泡，为坯体氧化不良引起，呈灰黑色小泡，多处于温度较低处；还原泡，由于坯体还原不足所引起，呈黄色小泡。另外还有过烧泡，即由过烧而引起的膨胀泡。

②釉泡：由于"釉封"后氧化分解物难以溢出釉层所致，包括水边泡。

5.4.3　其他缺陷

①釉面针孔、棕眼或橘釉：釉封后分解溢出气体引起或釉的高温黏度过大。

②烟熏：釉面上呈现的深色，即灰黑或褐色缺陷。与氧化不彻底或还原气氛过重、还原时间过长等有关。

③生烧或过烧：生烧的特征是胎体吸水率大（有麻舌感），釉面光泽度差，敲击声沉闷等；过烧的特征是变形和过烧泡。这与配方以及烧成温度控制有关。

④此外还有无光或蜡光、落渣、火刺、粘疤、黑斑、熔洞、釉缕等缺陷。

5.5　发展中的烧成新方法

烧结是先进陶瓷的基本工序之一，根据产品结构和性能要求决定烧结方法，传统的方法有常压烧结和热压烧结，随着科学技术的发展，已发展了热等静压烧结和放电等离子烧结等方法。

5.5.1 常压烧结

常压烧结又称为普通烧结。指烧结过程中，烧结坯体无外加压力只在常压下，即自然大气条件下，置于可加热的窑炉中，在热能作用下，坯体由粉末聚集体变成晶粒结合体，多孔体变成致密体。它是烧结工艺中最传统的、最简便的、最广泛使用的一种方法。

5.5.2 热压烧结

热压是加压成型和加热烧结同时进行的工艺。热压技术已有 70 年历史，最早用于碳化钨和钨粉致密件的制备。现在已广泛应用于陶瓷、粉末冶金和复合材料的生产。

热压的优点有：

①热压时，由于粉料处于热塑性状态，形变阻力小，易于塑性流动和致密化，因此，所需的成型压力仅为冷压法的 1/10，可以成型大尺寸的 Al_2O_3、BeO、BN 和 TiB_2 等产品。

②由于同时加温、加压，有助于粉末颗粒的接触和扩散、流动等传质过程，降低烧结温度和缩短烧结时间，从而抑制了晶粒的长大。

③热压法容易获得接近理论密度、气孔率接近于零的烧结体，容易得到细晶粒的组织，容易实现晶体的取向效应和控制含有高蒸汽压成分的系统的组成变化，因而容易得到具有良好机械性能、电学性能的产品。

④能生产形状较复杂、尺寸较精确的产品。

热压法的缺点是生产率低、成本高。

热加压的加热方式有电阻直热式、电阻间热式、感应间接加热、感应直接加热四种。陶瓷热压用模具材料有石墨、氧化铝。石墨可承受 70MPa 压力，温度为 1500～2000℃。氧化铝模可承受 200MPa 压力。热压技术还有真空热压、保护气体热压、震动热压、均衡热压、热等静压和超高压烧结等。附加振动的热压法可以明显提高制品的密度。

5.5.3 热等静压

热等静压的压力传递介质为惰性气体。热等静压工艺是将粉末压坯或装入包套的粉料放入高压容器中，使粉料经受高温和均衡压力的作用，被烧结成致密件。热等静压强化了压制和烧结过程，降低烧结温度，消除空隙，避免晶粒长大，可获得高的密度和强度。同热压法相比，热等静压温度低，制品密度提高，如表 5-10 所示。

表 5-10 热等静压同热压法比较

材料	温度 /℃		压力 (×98 N/cm³)		相对密度 /%	
	热等静压	热压	热等静压	热压	热等静压	热压
钨	1485~1590	2100~2200	700~1400	280	99.00	96~98
WC-Co 合金	1350	1410	994	280	99.999	99.00
氧化锆	1350	1700	1490	280	99.90	98.00
石墨	1595~2515	3000	700~1050	300	93.5~98.0	89.0~93.0

热等静压设备由气体压缩系统、带加热炉的高压容器、电气控制系统和粉料容器组成。压力容器是用高强度钢制的空心圆筒。加热炉由加热元件、隔热屏和热电偶组成。工作温度 1700℃ 以上的加热元件，采用石墨、钼丝或钨丝；1200℃ 以下可用 Fe-Cr-Al-Co 电热丝。

热等静压技术广泛应用于陶瓷、粉末冶金和陶瓷与金属的复合材料的制备，热等静压法已用于陶瓷发动机零件的制备、核反应堆放射性废料的处理等。核废料煅烧成氧化物并与性能稳定的金属陶瓷混合，用热等静压法将混合料制成性能稳定的致密件，深埋在地下，可经受地下水的浸蚀和地球的压力，不发生裂变。最近，热等静压已作为烧结件的后续处理工序，用来制备六方 BN、Si_3N_4、SiC 复合材料的致密件。

5.5.4 反应热压烧结

这是针对高温下在粉料中可能发生的某种化学反应过程，因势利导，加以利用的一种热压烧结工艺。也就是指在烧结传质过程中，除利用表面自由能下降和机械作用力推动外，再加上一种化学反应能作为推动力或激活能，以降低烧结温度，即降低了烧结难度以获得致密陶瓷。

从化学反应的角度看，可分为相变热压烧结、分解热压烧结以及分解合成热压烧结三种类型。从能量及结构转变的过程看，在多晶转变或煅烧分解过程中，通常都有明显的热效应，质点都处于一种高能、介稳和接收调整的超可塑状态。此时，促使质点产生跃迁所需的激活能，与其他状态相比要低得多。利用这一特点，当烧结进行到这一时期，施加足够的机械应力，以诱导、触发、促进其转变，质点便可能顺利地从一种高能介稳状态，转变到另一种低能稳定状态，可降低工艺难度，完成陶瓷的致密烧结。其特点是热能、机械能、化学能三者缺一不可，需要三者紧密配合促使转变完成。

5.5.5　反应烧结

反应烧结（反应成型）是通过多孔坯体同气相或液相发生化学反应，使坯体质量增加，孔隙减小，并烧结成为具有一定强度和尺寸精度的成品的工艺。

同其他烧结工艺比较，反应烧结有如下几个特点。

①反应烧结时，质量增加，普通烧结过程也可能发生化学反应，但质量不增加。

②烧结坯件不收缩，尺寸不变，因此，可以制造尺寸精确的制品。普通烧结坯件发生体积收缩。

③普通烧结过程，物质迁移发生在颗粒之间，在颗粒尺度范围内。而反应烧结的物质迁移过程发生在长距离范围内，反应速度取决于传质和传热过程。

④液相反应烧结工艺，在形式上，同粉末冶金中的熔浸法类似，但是，熔浸法中的液相和固相不发生化学反应，也不发生相互溶解，或只允许有轻微的溶解度。

通过气相反应烧结的陶瓷有反应烧结氮化硅（RBSN）和氮氧化硅 Si_2ON_2。通过液相反应烧结的陶瓷有反应烧结碳化硅。

反应烧结氮化硅是硅粉多孔坯体在 1400℃ 左右与氮气反应形成的，在反应过程中，随着连通孔隙的减少，氮气扩散困难，反应很难进行彻底。因此，反应烧结氮化硅坯体的厚度受到限制，相对密度也难达到 90%。影响反应过程的因素有坯体原始密度、硅粉粒度和坯件厚度等。对于粗颗粒硅粉，氮气的扩散通道少，扩散入硅颗粒心部需要时间长，因此，反应增重少，反应厚度薄。坯件原始密度大也不利于反应。

反应烧结氮氧化硅的坯件由 Si、SiO_2 和 CaF_2（或 CaO、MgO 等玻璃形成剂）组成，同氮反应生成 $SiON_2$。在反应烧结时，CaO、MgO 等同 SiO_2 形成玻璃相。氮溶解入熔融玻璃中，Si_2ON_2 晶体从被氮饱和的玻璃相中析出。反应烧结氮氧化硅的密度可大于 90%。氮氧化硅对氯化物和氯气的抗腐蚀性，已用作电解池内衬，用于 $AlCl_3$ 电解制铝，$ZnCl_2$ 电解制锌。

5.5.6　气氛烧结

对于空气中很难烧结的制品（如透光体或非氧化物），为防止其氧化等，研究了气氛烧结方法。即在炉膛内通入一定气体，形成所要求的气氛，在此气氛下进行烧结。

（1）制备透光性陶瓷的气氛烧结

透光性陶瓷的烧结方法有气氛烧结和热压烧结两种，如前所述，采用热压法时只能得到形状比较简单的制品，而在常压下的气氛烧结操作工序比较简单。

目前高压钠蒸气灯用氧化铝透光灯管，除了要使用高纯度原料，微量地加入抑制晶粒异常成长的添加剂外，还必须在真空或氢气中进行特殊气氛烧结。

为使烧结体具有优异的透光性，必须使烧结体中气孔率尽量降低（直至为零），但在空气中烧结时，很难消除烧结后期晶粒之间存在的孤立气孔。相反，在真空或氢气中烧结时，气孔内的气体被置换而很快地进行扩散，气孔就易被清除。除氧化铝透光体之外，MgO、Y_2O_3、BeO、ZrO_2 等透光体均采用气氛烧结。

（2）防止氧化的气氛烧结

先进陶瓷中引人注目的 Si_3N_4、SiC 等非氧化物，由于在高温下易被氧化，因而在氮及惰性气体中进行烧结。对于在常压下易于气化的材料，可使其在稍高压力下烧结。

（3）引入气氛片的烧结

锆钛酸铅压电陶瓷等含有高温下易挥发成分的材料，在密闭烧结时，为抑制低熔点物质的挥发，常在密闭容器内放入一定量与瓷料组成相近的坯体即气氛片，也可使用与瓷料组成相近的粉料。其目的是形成较高易挥发成分的分压，以保证材料组成的稳定，达到预期的性能。

5.5.7　电火花烧结

电火花烧结也称为电活化压力烧结。它是利用粉末间火花放电产生高温，同时施加压力的烧结方法。

电火花烧结经历放电活化和热塑形变致密化两阶段，在放电活化阶段，通过一对电极板和上下模冲向模腔内的粉料直接通入高频（或中频）交流和直流叠加电流，使粉料产生火花放电而发热（也有电流通过模具和粉末产生的热），同时跟踪施加轻压。在叠加电流和跟踪轻压的相互作用下，提高了粉末的内能，增加晶体缺陷，活化了过程，使粉料进入热塑性状态。在热塑形变阶段，提高压制压力，过程同普通热压大致相同。

电火花烧结的烧结时间短，可在几秒至几分钟内完成，且所用压力要比普通热压低。电火花烧结已应用于铍、硬质合金以及碳化物、氮化物、金刚石制品等的生产。

5.5.8　放电等离子烧结

等离子烧结大体分为两类：一类是在真空中，利用 $5000\sim20000K$ 的等离子火焰加热，在不加压下烧结，称"热等离子烧结"；另一类是利用瞬间、断续的放电能，在加压下烧结，称为"放电等离子烧结"（Spark Plasma Sintering，SPS）。下面对 SPS 技术有关的机理和应用予以介绍和讨论。

放电等离子烧结（SPS）是近年来发展起来的一种新型的快速烧结技术。在有的文献上也被称为等离子活化烧结（plasma activated sintering，PAS）或或等离子辅助烧结（plasma-assisted sintering，PAS）。由于等离子活化烧结技术融等离子活化、热压、电阻加热为一体，因而具有升温速度快、烧结时间短、晶粒均匀、有利于控制烧结体的细微结构、获得的材料致密度高性能好等特点。该技术利用脉冲能、放电脉冲压力和焦耳热产生的瞬时高温场来实现烧结过程，对于实现优质高效、低耗低成本的材料制备具有重要意义，在纳米材料、复合材料及功能材料等的制备中显示了极大的优越性。目前国内外许多大学和科研机构利用 SPS 进行新材料的研究与开发，并对其烧结机理与特点进行深入研究与探索，尤其是其快速升温的特点，可作为制备纳米块体材料的有效手段，因而引起材料学界的特别关注。但目前关于 SPS 的烧结机理还存在争议，尤其是烧结的中间过程还有待于深入研究。

1. SPS 系统的装置

通常 SPS 系统主要由 3 部分组成：一是产生单轴向压力的装置和烧结模，压力装置可根据烧结材料的不同施加不同的压力；二是脉冲电流发生器，用来产生等离子体对材料进行活化处理；三是电阻加热设备，如图 5-14 所示。

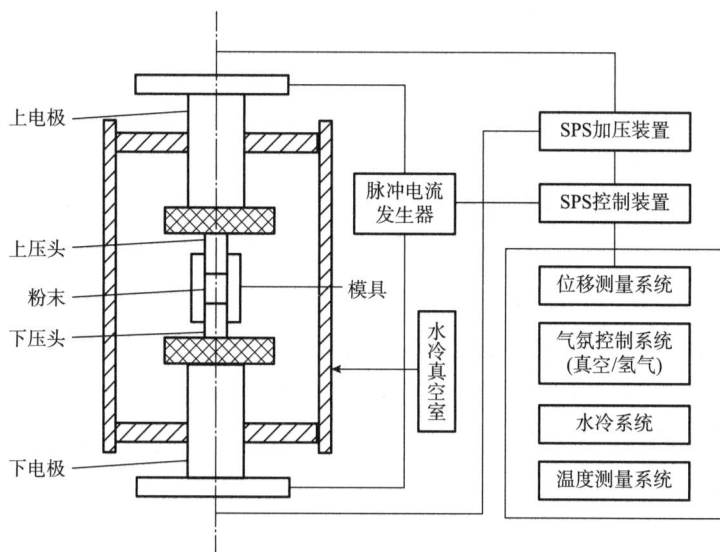

图 5-14　放电等离子烧结装置示意图

SPS 与热压（HP）烧结有相似之处，但加热方式完全不同，它是利用直流脉冲电流直接通电烧结的加压烧结方法，通过调节脉冲直流电的大小控制升温速率和烧结温度。整个烧结过程可在真空环境下进行，也可在保护气氛中进行。烧结过程中，脉冲电流直接通过上下压头和烧结粉体或石墨模具，因此加热系统的热容很小，升温和传热速度快，从而使快速升温烧结成为可能。SPS 系统既可用于短时间、低温、高压（500~1000MPa）烧结，也可用于低压（20~30MPa）、高温（1000~2000℃）烧结，因此广泛应用于金属、陶瓷和各种复合材料的烧结，包括一些用通常方法难以烧结的材料，如表面容易生成硬的氧化层的金属钛和铝用 SPS 技术可在短时间内烧结到90%~100% 致密。

2. 放电等离子烧结机理

SPS 作为一种新颖而有效的快速烧结技术，已应用于各种材料的研制和开发，但 SPS 的烧结机理目前还没有达成较为统一的认识。一般认为：SPS 过程除具有热压烧结的焦耳热和加压造成的塑性变形促进烧结过程外，还在粉末颗粒间产生直流脉冲电压，并有效利用了粉体颗粒间放电产生的自发热作用，因而产生了一些 SPS 过程特有的现象，如图 5-15 所示。SPS 的烧结有两个非常重要的步骤，首先由特殊电源产生的直流脉冲电压，在粉体的空隙产生放电等离子，由放电产生的高能粒子撞击颗粒间的接触部分，使物质产生蒸发作用而起到净化和活化作用，电能贮存在颗粒团的介电层中，介电层发生间歇式快速放电，如图 5-16 所示。等离子体的产生可以净化颗粒表面，提高烧结活性，降低金属原子的扩散自由能，有助于加速原子的扩散。当脉冲电压达到一定值时，粉体间的绝缘层被击穿而放电，使粉体颗粒产生

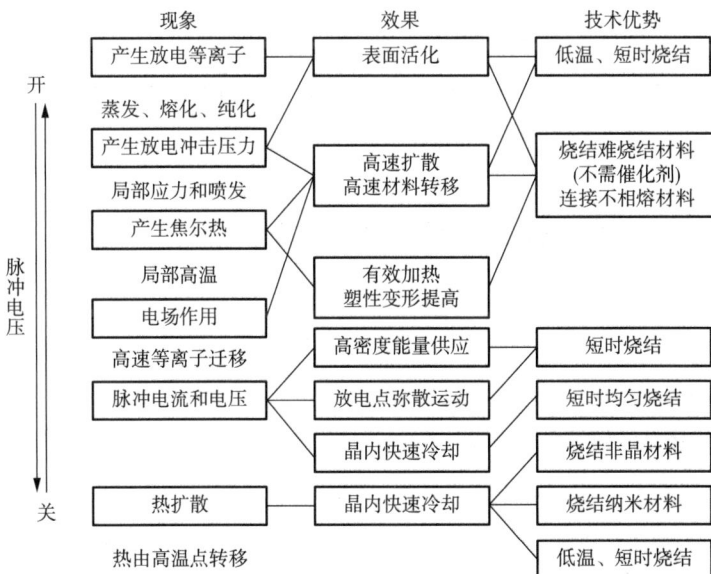

图 5-15　施加直流开关脉冲电流的作用

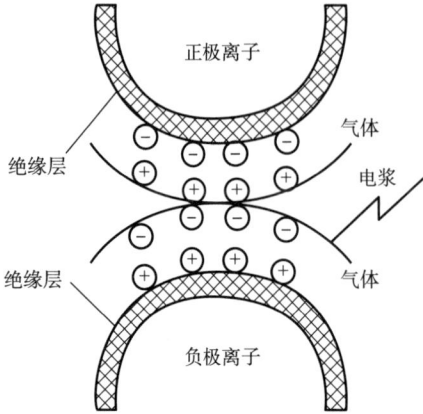

图 5-16　放电过程中粉末粒子对模型

自发热，进而使其高速升温。粉体颗粒高速升温后，晶粒间结合处通过扩散迅速冷却，电场的作用因离子高速迁移而高速扩散，通过重复施加开关电压，放电点在压实颗粒间移动而布满整个粉体。使脉冲集中在晶粒结合处是 SPS 过程的一个特点。颗粒之间放电时会产生局部高温，在颗粒表面引起蒸发和熔化，在颗粒接触点形成颈部，由于热量立即从发热中心传递到颗粒表面并向四周扩散，颈部快速冷却而使蒸气压低于其他部位。气相物质凝聚在颈部形成高于普通烧结方法的蒸发—凝固传递是 SPS 过程的另一个重要特点。晶粒受脉冲电流加热和垂直单向压力的作用，体扩散、晶界扩散都得到加强，加速了烧结致密化过程，因此用较低的温度和比较短的时间可得到高质量的烧结体。

虽然目前尚未对于脉冲电流对烧结致密化的影响有统一的认识，但研究表明对于块体金属材料，大电流脉冲的作用对物质的结晶过程有重要的影响。脉冲电流的弛豫时间极短，因此在超短脉冲电流作用下，有可能提高成核率，从而获得较为细小的组织。但 SPS 快速烧结的机理还存在争议，其烧结的中间过程还有待进一步深入研究。有关等离子体的产生尚缺乏具有说服力的证据，尤其是对于非导电性粉体，电流不能通过，通常认为其烧结致密化是由模具和上下压头充当发热体，热量传递快捷，同时由于大电流的采用，使非导电性粉体快速通过低温区直接进入高温区，是 SPS 能够实现快速烧结的主要原因。

SPS 是制备先进陶瓷材料的一种全新技术，它具有升温速度快、烧结时间短、组织结构可控、节能环保等鲜明特点，可用来制备金属材料、陶瓷材料、复合材料，也可用来制备纳米块体材料、非晶块体材料、梯度材料等。

5.5.9　化学气相沉积法和溅射法

这种成瓷方式需以某种物质作为载体，然后在其表面被覆一层陶瓷膜。这里介绍广泛使用的两种沉积方式，即化学气相沉积（chemical vapor deposition，CVD）和溅射沉积。

1. 化学气相沉积法成瓷

将准备在其表面沉积一层瓷膜的物质置于真空室中，加热至一定温度，然后将欲被覆瓷料的气态化合物，通过加热载体的表面。在某一特定温度下，气体与加热基体的表面接触后，气相分解反应，并将瓷料沉积于基体表面。这种沉积过程也就是瓷料在基体表面成核、成长的过程，随着分解物质的不断沉积，晶粒不断长大，直至形成致密多晶结构。适当地控制基体表面温度和气体流量，可以控制瓷料在基体表面的成核率，亦即控制了最终瓷膜的晶粒粗细。因为成核多则最终瓷粒细，成核少则最终长成的瓷粒粗。总的说来，气相沉积成瓷的速率是比较慢的，通常每小时不超过 0.25mm。但这种工艺可以获得质量极高的陶瓷膜，包括晶粒小、高度致密、不透气、高纯度、高硬度和高耐磨特性等，这是其他工艺方法形成的陶瓷所难以比拟的。

通过 CVD 法形成的瓷膜，具有晶粒定向的特性，即它虽然是多晶，但在每一晶粒成长时，几乎都是按某一晶轴垂直于基体表面的方式长大。这种特点，对于介电性能和光学性能（例如在陶瓷太阳能转换器中）可能有益，但对于其他机械物理性能可能是不利的，故其后又发展了一种控制成核热化学沉积法（CNTD），它可有效地消除这种陶瓷晶粒的定向生长，使瓷膜为各向同性。

2. 溅射法成瓷

溅射法成瓷也是在真空的条件下进行的，其特点是基片不需加热。工作时将待沉积的基片置入真空罩内，令其待被覆面紧靠着一块瓷片，该瓷片是由作为被覆用的瓷料制成的，此瓷片称为靶。当此靶受到高达 $10W/cm^2$ 的高度集中的电子束能量轰击时，靶材上的原子将被轰出，并沉积于紧靠着它的待被覆基体表面，然后在此表面上逐步成核、成长，形成一层多晶瓷膜，此种由溅射法沉积成的陶瓷膜，同样存在晶粒择优取向生长的问题。

近年来发展出一种不用高电能电子束的反应溅射方法，其带电粒子是由某种特殊气体经高频电场电离而得。电离后粒子受到磁场的加速作用而获得动能，然后轰击靶材以达溅射效果。下面以氮化铝瓷膜的沉积过程为例作一简介。这方法称为无正交磁场低温反应射频溅射沉积。当溅射室内的真空度达到 $10^{-2} \sim 10^{-5}$ Torr（1Torr=133Pa）时，可以通入 $Ar：N_2=1：1$ 的混合气体，此气体在 $12 \sim 15MHz$、$3 \sim 5kW$ 的高频电场作用下，带负电的氮离子被磁场加速而轰击到近侧的高纯度铝质靶材上，将铝原子击出并和它反应生成氮化铝（AlN），然后沉积于距靶片数厘米远的基片上，基片可以用载玻片、微晶玻璃片、铝片或（111）面的硅单晶片，均可获得偏离度小于 $1° \sim 7°$ 的定向多晶薄膜，可作表面波器件等。

还有一种比较特殊的气相沉积方法，它是用一种作为被覆用的陶瓷碎粒，经加热后作为蒸发源，通过升华再沉积于基片上。适当控制温度与气氛，可得一层致密牢靠的瓷膜。由于整个过程中没有新的化学反应，故有人将这种沉积方法称为物理气相沉积（physical vapor deposition，PVD）（属于气相沉积法的一种）。在此不再叙述。

扩展阅读

随着现代科学技术发展，陶瓷烧结工艺已经逐渐向低温烧结和快速烧结方向发展，我们将其称为现代烧结技术。相较于传统烧结工艺，现代烧结工艺不熟加热设备限制，能在短时间内实现高度致密化。因此现代烧结技术具有高效、节能、环保等技术优势，在经济效益方面具有很大应用价值。

现代烧结技术中的低温烧结技术具有许多优势，其能降低烧结温度，优化组织结构，可以优化烧结材料的物理化学性能。低温烧结技术中"溶解-析出"机制被广泛接受。目前低温烧结技术主要与功能陶瓷材料的制备研究。例如固态电池中电解质材料，半导体材料，介电陶瓷材料，陶瓷—聚合物材料广泛使用低温烧结技术。

现代烧结技术中的快速烧结技术具有能在短时间内实现高度致密化优点，具有高效和节能两大优势。随着研究不断深入，快速烧结技术已经发展出闪电烧结、选区激光烧结、感应烧结、微波烧结等烧结技术。小型化陶瓷领域上具有很大工业应用前景。例如生物陶瓷、铁磁材料、半导体领域等小型结构复杂件。

总的来说，现代烧结技术具有很多优势，在未来工业应用领域潜力巨大，但目前也存在一些不足。例如烧结技术微观结构变化机制和致密化机理不够深入，烧结设备还需优化。因此无法进行大尺寸、大批量烧结。所以，还需同学们深入学习，探究其烧结机理，并结合实践，开发更加可行的生产工艺技术，为现代烧结技术添砖加瓦。

参考文献

[1] GOLLA B R, MUKHOPADHYAY A, BASU B, et al. Review on ultra-high temperature boride ceramics [J]. Progress in Materials Science, 2020, 111: 100651.

[2] KOTA N, CHARAN M S, LAHA T, et al. Review on development of metal/ceramic interpenetrating phase composites and critical analysis of their properties [J]. Ceramics International, 2022 (2): 48.

[3] CHEN Z W, LI Z Y, LI J J, et al. 3D printing of ceramics: A review [J]. Journal of the European Ceramic Society, 2018, 39 (4).

[4] WANG C W, PING W W, BAI Q, et al. A general method to synthesize and sinter bulk ceramics in seconds [J]. Science, 2020, 368.

[5] ZHENG W, WU J M, CHEN S, et al. Fabrication of high-performance silica-based ceramic cores through selective laser sintering combined with vacuum infiltration [J]. Additive Manufacturing, 2021, 48.

［6］DONG Y, JIANG H Y, CHEN A N, et al. Near-zero-shrinkage Al$_2$O$_3$ ceramic foams with coral-like and hollow-sphere structures via selective laser sintering and reaction bonding ［J］. Journal of the European Ceramic Society, 2021（16）: 41.

［7］RAHMANI R, MOLAN K, BROJAN M, et al. High virucidal potential of novel ceramic-metal composites fabricated via hybrid selective laser melting and spark plasma sintering routes ［J］. International Journal of Advanced Manufacturing Technology, 2022, 120（1）: 975-988.

［8］ALEM S A A, LATIFI R, ANGIZI S, et al. Microwave sintering of ceramic reinforced metal matrix composites and their properties: a review ［J］. Materials and Manufacturing Processes, 2020, 35（3）: 303-327.

［9］HUANG Y M, HUANG K M, ZHOU S Y, et al. Influence of incongruent dissolution-precipitation on 8YSZ ceramics during cold sintering process ［J］. Journal of the European Ceramic Society, 2022（5）: 42.

［10］VILESH V L, SANTHA N, SUBODH G. Influence of Li$_2$MoO$_4$ and polytetrafluoroethylene addition on the cold sintering process and dielectric properties of BaBiLiTeO$_6$ ceramics ［J］. Ceramics International, 2021（11）.

［11］VAKIFAHMETOGLU C, KARACASULU L. Cold sintering of ceramics and glasses: A review ［J］. Current Opinion in Solid State & Materials Science, 2020, 24（1）: 100807.

［12］马超, 翁智逸, 何非. 基于集成学习的压电陶瓷烧结过程质量预测建模 ［J/OL］. 计算机集成制造系统: 1-18.

［13］鲁媛媛, 王丽莎, 王帅. 锂辉石作为添加剂在陶瓷烧结中的应用 ［J］. 广东化工, 2022, 49（18）: 41-43.

［14］史彦民, 徐正平, 龙成勇, 等. 炭黑添加量对无压烧结碳化硼陶瓷烧结的影响 ［J］. 耐火材料, 2022, 56（5）: 416-419.

［15］李广慧, 周敏, 李东南, 等. 氧化铝陶瓷低温烧结研究 ［J］. 福建建筑, 2022（02）: 56-59.

［16］林洪玉, 李晓鸿, 陈璐, 等. 硅溶胶添加对氧化铝多孔陶瓷烧结性能的影响 ［J］. 材料工程, 2021, 49（5）: 151-156.

［17］潘超宪, 杨庆霞, 车柳, 等. 陶瓷岩板烧成工艺对红色渗花墨水发色的影响 ［J］. 广东建材, 2022, 38（8）: 80-82.

［18］包启富, 董伟霞, 周健儿. 烧成制度和工艺条件对祭红釉影响 ［J］. 砖瓦, 2018（10）: 41-43.

［19］程科木, 曹春娥, 陈云霞, 等. 烧成制度对溶胶－共沉淀合成锆镨黄色料的影响 ［J］. 中国陶瓷, 2018, 54（10）: 61-67.

［20］张博烨，黄剑锋，陶晓文，等.烧成制度对干法造粒制备轻质陶瓷砖性能的影响［J］.陶瓷，2015（8）：9-13.

［21］姚义俊，万韬瑜，刘斌，等.烧成制度对 AlN 陶瓷性能及显微结构的影响［J］.耐火材料，2014，48（6）：417-420.

［22］施洪威.窑变釉工艺品烧成缺陷分析［J］.陶瓷，2015（6）：29-32.

［23］刘海芳，张海荣，胡国林.基于建筑瓷砖烧成缺陷专家系统的模糊推理原型分析［J］.山东陶瓷，2012，35（2）：24-28.

［24］颜亮，严彪.放电等离子烧结制备 NiFe_2O_4 陶瓷的工艺优化及性能研究［J］.粉末冶金工业，2022，32（5）：36-40.

［25］王潘奕，蔡沐之，华有杰，等.放电等离子烧结技术制备光功能玻璃及玻璃陶瓷［J］.激光与光电子学进展，2022，59（15）：123-131.

［26］雷辉聪，谢志鹏，安迪.放电等离子烧结制备高强度及高硬度 ATZ 陶瓷［J］.陶瓷学报，2022，43（3）：455-461.

［27］黄友庭，李晓伟，查元飞，等.放电等离子烧结 TiCN/W-Cu 复合材料的高温摩擦磨损性能［J］.机械工程材料，2022，46（6）：11-20.

［28］卢超，张傲，杨智，等.放电等离子烧结温度对 TiB_2/Al 复合材料结构与性能的影响［J］.钢铁钒钛，2022，43（3）：47-52.

［29］耿华东，陈一，崔巍，等.滑动弧放电等离子体激励的值班火焰头部放电特性实验［J］.空军工程大学学报（自然科学版），2022，23（1）：53-63.

［30］赵建亮，孙京文，欧炳峰，等.选择性激光烧结技术在注射模上的应用［J］.模具工业，2015，41（10）：1-4.

第 6 章

陶瓷后期处理与
加工

陶瓷材料是坯体成型后经高温烧结而成的，由于烧结收缩率大，最终烧成的制品往往与设计要求存在着一定的误差。这些误差包括制品收缩不足而使尺寸余量大，制品在烧成时的收缩不均匀而引起的变形，以及制品表面粗糙不平等。这种存在误差的制品不能直接用作尺寸配合要求严格的部件。另外，某些特殊形状的制品，不能在烧成前定型，只能在烧后完成。因此，必须对烧成后的陶瓷制品进行最后的加工，使其形状、尺寸、表面光洁度和性能等达到预定的要求。

随着电子陶瓷、空间技术科学的不断发展，有时需要将陶瓷与金属、陶瓷与陶瓷牢固地封接在一起。此外，为了充分发挥陶瓷的耐磨耐腐蚀性、绝缘性以及金属的强韧性，也需要将陶瓷与金属焊接作为组件使用。由于陶瓷材料和金属材料表面结构不同，焊料往往不能润湿陶瓷表面，也不能与之作用而形成牢固的黏接，因而陶瓷与金属封接之前，要先在陶瓷表面牢固地黏附一层金属薄膜（即金属化），或者采用活性钎焊法或特制的玻璃焊料，实现陶瓷与金属的焊接。

经过多年的发展，美国、日本、德国等国家在先进陶瓷的研制与应用领域居于领先地位。经过老一辈科学家与新一代科技工作者不断艰苦奋斗和努力，国内的先进陶瓷材料体系不断拓展，制备技术不断丰富与进步，应用领域也逐渐从单一的军事、航空航天扩展到环保、新能源、电子信息等更为广泛的民用市场，先进陶瓷材料也从单一功能逐渐向结构功能一体化、多用途化等方向发展。但总体上看，国内先进陶瓷材料的总体水平与美国、日本、德国等相比还存在一定的差距，尤其体现在技术及新产品工程转化、高端粉体制备及分散技术、制造装备加工技术等方面。解决好专业和思想政治相互配合的问题，实现专业思政与教育思政的同向同行，做到价值塑造、知识传授与能力培养的融会贯通，全面提升学生的政治思想素质、人文道德情怀、专业技能水平，激发学生科技报国的家国情怀和使命担当。

6.1 机械加工方法

陶瓷材料的晶体结构几乎是由离子键和共价键组成，具有高硬度、高强度、脆性大的特性，属于难加工材料。根据加工能量的供给方式可将陶瓷加工方法进行分类，如表 6-1 所示。

表 6-1　陶瓷材料的加工方法

分类方式	加工方法		
机械	磨料加工	固结磨料加工	磨削
			珩磨
			超精加工
			砂布砂纸加工
		悬浮磨料加工	研磨
			超声波加工
			抛光
			滚筒抛光
	刀具加工	切削加工 切割	
化学	蚀刻、化学研磨、化学抛光		
光化学	光刻		
电化学	电解研磨、电解抛光		
电学	电火花加工、电子束加工、离子束加工、等离子体加工		
光学	激光加工		

6.1.1　切削加工

1. 切削加工特点

①陶瓷材料具有很高的硬度、耐磨性，对于一般工程陶瓷的切削，只有超硬刀具材料才能够胜任。

②陶瓷材料是典型的硬脆材料，其切削去除机理是：刀具刃口附近的被切削材料易产生脆性破坏，而不是像金属材料那样产生剪切滑移变形，但切削产生的脆性裂纹会部分残留在工件表面，从而影响陶瓷零件的强度和工件可靠性。

③陶瓷材料的切削特性由于材料种类、设备工艺不同而有很大差别，从机械加工的角度来看，断裂韧性较低的陶瓷材料容易切削加工。

2. 切削加工

陶瓷与金属材料在切削加工方面存在着显著的差异。陶瓷材料的切削首先应选择切削性能优良的新型切削刀具，如各种超硬高速钢、硬质合金、涂层刀具、陶瓷、金刚石和立方氮化硼（CBN）等。金刚石是自然界最硬的材料，其显微硬度高达 10000HV，多晶金刚石刀具难以产生光滑的切削刃，一般只用于粗加工。对陶瓷材料进行精加工时，必须使用天然单晶金刚石刀具，采用微切削方式；其次，在正确选择刀具的前提下，还要考虑选择合适的刀具几何参数，由于切削陶瓷材料时，刀具磨损严重，可适当加大刀具圆弧半径，以增加刀尖的强度和散热效率。切削用量的选择也影响加工效率和刀具的耐用度，根据切削条件和加工要求，确定合理的切削速度、切削深度和给进量。同时，陶瓷零件必须夹装在特别设计的专用夹具上进行切削，并且在零件的周围垫橡胶块以缓冲振动，防止破裂。正确实施冷却润滑，减少陶瓷零件与道具之间的摩擦和变形，对提高切削效率、降低切削力和切削温度都是有益的。

6.1.2 磨削加工

1. 加工机理

所谓的磨削加工，就是用高硬度的磨粒、磨具来去除工件上多余材料的方法。在磨削过程中，大体可分为三个阶段：弹性变形阶段（磨粒开始与工件接触）、刻划阶段（磨粒逐渐切入工件，在工件表面形成刻痕）、切削阶段（法向切削力增加到一定程度，切削物流出）。

在磨削陶瓷和硬金属等硬脆材料时，磨削过程及结果与材料剥离机理紧密相关。材料去除剥离机理是由材料特性、磨料几何形状、磨料切入运动以及作用在工件和磨粒上的机械及热载荷等因素的交互作用决定的。陶瓷属于硬质材料，其磨削机理与金属材料的磨削机理有很大的差别。陶瓷材料和金属材料的磨削过程模型如图 6-1 所示。金属材料依靠磨粒切削刃引起的剪切作用产生带状或接近带状的切屑。而陶瓷材料在磨削过程中，材料脆性剥离是通过空隙和裂纹的形成或延展、剥落及碎裂等方式来完成的，具体方式有晶粒去除、材料剥落、脆性断裂、晶界微破碎等。因此，从微观结构设计的角度来看，可加工陶瓷材料的共同特点是：在陶瓷基体中引入特殊的显微结构，如层状、片状、孔形结构等，在陶瓷内部产生弱结合面，偏转主裂纹，耗散裂纹扩展的能量，使扩展终止。间断的微裂纹连接并交织形成网络层，使材料容易去除，最终提高了陶瓷的可加工性。

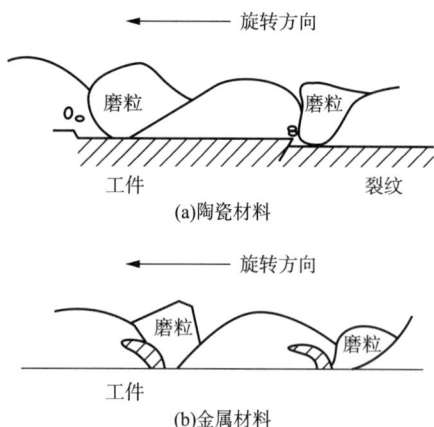

图 6-1　陶瓷材料和金属材料的磨削机理

2. 磨削加工设备

（1）砂轮和磨料的选择

陶瓷的磨削加工一般选用金刚石砂轮。金刚石砂轮磨削剥离材料是由于磨粒切入工件时，磨粒切削刃前方的材料受到挤压，当应力值超过陶瓷材料承受极限时被压溃，形成碎屑。另一方面，磨粒切入工件时由于压应力和摩擦热的作用，磨粒下方的材料会产生局部塑性流动，形成变形层。当磨粒划过后，由于应力的消失引起变形层从工件上脱落，形成切屑。

对于磨料的选择，就粒度的标准而言，依精磨和粗磨的要求不同而不同。磨料粒度越大，研磨后工件表面粗糙程度越高，磨料滚动嵌入工件并切削的能力越强，研磨量也越大，而过细的颗粒在研磨中不起作用。粗磨时金刚石的粒度为 80～140 目，精磨时的粒度为 270～400 目。球形颗粒的金刚石粉研磨效果较好。

就黏结剂而言，当加工的材料很脆而且出现大量磨屑和砂轮磨损，影响工件质量时，采用金属黏结剂；对于 Si_3N_4 和 SiC，使用树脂黏结剂。加工表面粗糙度要求很高时，也用树脂黏结剂。就硬度而言，对于平行砂轮，选择硬度高一些的；对于杯形砂轮，选择硬度低一些的。

（2）磨削工艺及条件的选择

1）砂轮磨削速度

砂轮磨削速度的增大，法向磨削力和切向磨削力均减小，但趋势逐渐变缓。这主要是因为随磨削速度的增加，一方面是磨粒的实际切削厚度减小，降低了每个磨粒上的切削力；另一方面产生高温，提高了陶瓷材料的断裂韧性，增加了塑性变形。因此，适当地增大磨削速度，既可以增强磨削砂轮的自锐能力，获得较高的去除率；又可以增加塑性变形，改善工件的表面质量。但是磨削速度不能太大或太小，太大会加剧砂轮的热磨损，引起砂轮黏结颗粒的脱落，还会引起磨削系统的振动，增大加工误差；太小则会增大每次切削刃上的切深，导致磨粒碎裂和脱落。

加工陶瓷材料比加工金属材料的转速要适当低一些。如果采用冷却液，使用树脂黏结的砂轮，转速范围为 20～30m/s。应该避免无冷却液磨削的情况，但有特殊情况非采用不可时，砂轮的转速要比有冷却液磨削的转速低很多。

2）工件给进速度

随着工件给进速度的增加，法向磨削力和切向磨削力均增大，可大大提高磨削速率，但趋势逐渐变缓。而工件给进速度较高时，磨削力总的增加幅度不大，比磨削刚度增大。在一定条件下加工 Al_2O_3 和 Si_3N_4 时，随着工件给进速度的提高，磨削力有明显的增长，但随后会继续增大工件给进速度时，由于磨粒实际切削厚度增大，脆性剥落增多，故磨削力减小。

总的来讲，工件给进速度对磨削力的影响并不显著，但影响比较复杂；不同的陶瓷材料以及在不同的磨削条件下，工件给进速度对磨削力的影响也不完全相同。

3）冷却液的选择

由于磨削加工速度高，消耗功率大，其能量大部分转化为热能。在磨削加工中，磨削液的适当选用有利于降低磨削温度，减小磨削力，提高工件的表面质量，延长砂轮的使用寿命。研究表明，磨削液种类对磨削力有很大的影响，磨削液的渗透能力越强，磨削力越小。在陶瓷磨削加工中，采用煤油作为磨削液比较好，因为煤油不仅是良好的冷却液，而且具有防止设备生锈的特点，但煤油的气味大，价格高，而且易起火，不安全。所以，目前一般采用水溶性冷却液进行，水溶性磨削液可分为乳化油、乳化液和合成液等。

4）磨削深度。

研究表明，法向切削力 F_n 与磨削砂轮的实际磨削深度 a_p 存在如下的关系：

$$F_n = F_0 + C_a a_p$$

式中：C_a 是由磨削条件所决定的常数；F_0 是当实际磨削深度 a_p 为零时的值。从式中可以看出，当增大切削深度时，磨削力和力比均增大。当磨削深度很微小时，由于陶瓷发生显微塑性变形，磨削力很小。增大磨削深度，使得参与磨削的有效磨粒数量增多，同时接触弧长增大，磨削力将呈线性增加。当达到临界深度、出现脆性断裂时，该磨削力有所下降并不断波动，这表明绝大多数陶瓷材料的去除是由于脆性断裂作用，而磨削力随着塑性变形而增大。在实际的磨削加工中，由于其他磨削条件，如砂轮转速、工件给进速度等的影响，使得切深的变化呈现出一定的随机性。

5）磨削方式、方向及机床刚性

磨削方式不同导致磨削特性不同，如平磨时，采用杯式砂轮一般比直线砂轮磨削的表面粗糙度要好，效率高，可降低成本。

磨削过程中会产生裂纹，对材料的强度产生影响，但这种影响的程度与磨削的方向有关。磨削方向如果是顺材料成型时所施加压力的方向运动比逆材料成型时施加压力的运动造成的断裂度少得多。但实际中，如果没有某种形状或结构上的标记，烧结后的陶瓷材料一般很难判断其成型时所施加压力的方向。不过应当尽可能地使磨削方向与成型压力一致，以便减少在磨削时因方向的选择不对而造成对工件的损坏。

另外，在进行磨削加工时，机床磨削盘的刚性和磨床的稳定性对磨削效果也有很大的影响，采用刚性好（特别是主轴刚性）、稳定、不容易发生振动的磨削盘或磨床，对降低加工材料的表面粗糙度和提高精度是有好处的。

6.1.3 研磨、抛光加工

1. 研磨

研磨加工是介于脆性破坏与弹性去除之间的一种精密加工方法。它是利用涂敷或压嵌游离磨粒与研磨剂的混合物在具有一定刚性的软质研具上，研具与工件向磨粒施加一定压力，磨粒滚动与滑动，从被研磨工件上去除极薄的余量，以提高工件的精度和降低表面粗糙度的加工方法，研磨加工示意图如图6-2所示。研磨加工一般使用较大粒径的磨粒，磨粒曲率半径较大，在研磨硬脆材料时，通过磨粒对工件表面交错地进行切削、挤压、划擦，从而使工件表面产生塑性变形和微小裂纹，生成微小碎片切屑。工程陶瓷材料韧性差，其强度很容易受表面裂痕的影响，但加工过程中往往造成加工表面有微裂纹，且裂纹会引起工件的破坏。加工表面越粗糙，表面裂纹越大，越易产生应力集中，工件强度越低。因此，研磨不仅是为了达到一定的表面粗糙度和高度的形状精度，也是为了提高工件的强度。

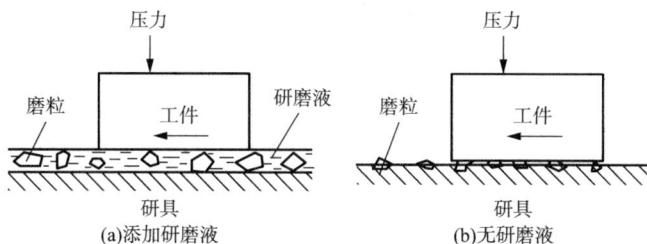

图6-2 研磨加工示意图

研磨过程材料剥离的机理是以滚碾破碎为主。磨粒越粗，材料剥离率越大，研磨效率越高，但表面粗糙度增大；磨粒硬度越高，研磨效率越高，但却容易使球面出现机械损伤，导致表面粗糙度相对较低。所以在粗研时，一般选用磨粒较粗、硬度较高的磨料，以提高效率；而在精磨时，选用磨粒较细、硬度较低的磨料，以提高表面质量。同时，磨料必须具备良好的粒形和均匀的粒径，以避免出现强力滚碾或长距离推铲，造成难以消除的深磨痕。

研磨工程陶瓷用的磨料一般采用 B_4C 和金刚石粉，磨料粒度范围为 $250 \sim 600$ 目，冷却液可选用煤油或机油。但对于较大尺寸的制品，不适合采用端面研磨机加工，通常采用研磨纱布进行加工。所用的研磨纱布（纸）带有衬布（纸）感应性黏合剂，由聚酯软片、硬脂酸软片、硬质磨料和黏合剂组成，因为这种方法具有可挠性，可以随着加工物的形状运动，从而对制品进行加工。在研磨加工中，研磨参数选择合理时，可以达到 $1\mu m$ 的表面精度和 $R_a<0.3\mu m$ 的粗糙度。

2. 抛光

抛光时使用微细磨粒弹塑性的抛光机对工件表面进行摩擦，使工件表面产生塑性流动，生成细微的切屑，材料的剥离基本上是在弹性范围内进行的。抛光的方法有很多，一般的抛光使用软质、富于弹性或黏弹性的材料和微粉磨料。如利用细绒布垫、磨料镶嵌或粘贴于纤维间隙中，不易产生滚动，其主要作用机理以滑动摩擦为主，利用绒布的弹性与缓冲作用，紧贴在瓷件表面，以去除前一道工序所留下的瑕疵、划痕、磨纹等加工痕迹，获得光滑的表面。抛光加工是制备许多精密零件，如硅芯片、集成电路基板、精密机电零件等的重要工艺。抛光加工基本上是在材料弹性去除范围内进行的。抛光时，在加工面上产生的凹凸，或加工变质层极薄，所以尺寸形状精度和表面粗糙度比研磨高。

6.2 特种加工技术

随着高性能陶瓷材料的不断涌现，现代高科技产业对于陶瓷材料的加工效率和加工质量提出了更高的要求，特别是在航空航天、化工机械、陶瓷发动机、生物陶瓷、微波介质、超大规模集成电路等领域，对工程陶瓷提出了越来越高的要求，如超高的机械强度、平整光洁的表面、精确的结合尺寸等。这也对其加工技术提出了更为苛刻的要求，由于受其自身化学键和微观结构的影响，陶瓷的脆硬性导致了对其加工效率低、成本高，这对机械加工技术提出了新的要求。因此，一些先进的特种加工技术应运而生，如电火花加工、电子束加工、激光加工、超声波加工、等离子体加工等。

6.2.1 电火花加工

电火花加工又称放电加工，从 20 世纪 40 年代开始研究并逐步应用于生产。该加工方法使浸没在工作液中的工具和工件之间不断产生脉冲性的火花放电，依靠每次放电时产生的局部、瞬间高温把金属材料逐次微量地蚀除下来，进而将工具的形状反向复制到工件上。英国、美国、日本等国称为放电加工，在俄罗斯则称为电蚀加工。近年来，电火花加工已经广泛应用于我国各工业领域，其中，在我国模具行业中，90% 以上的冷冲模、40% 以上的型腔模都是采用电火花加工工艺完成的；在特殊材料加工和精密零件加工领域，电火花加工工艺也逐步显示出其优越性。

电火花加工的原理是基于工件和工具（正、负电极）之间脉冲性火花放电时的电腐蚀现象来蚀除多余的金属，以达到对零件的尺寸、形状以及表面质量预定的加工要求。电火花加工过程中电极和工件之间必须存在一个放电间隙，同时电极和工件分别联结在一个脉冲电源的正极和负极上，并且都处在有一定绝缘性的液体介质中，图6-3为放电加工示意图。当两极间的电压大到击穿两极间间隙最小处或者绝缘强度最低的介质时，便在该局部发生火花放电，瞬时高温使电极和工件表面都蚀除掉一小部分金属，各自形成一个凹坑；当脉冲放电结束后，经过一个脉冲间隔时间，工作液恢复绝缘后，下一个脉冲电压又在电极和工件之间的绝缘强度最弱或者最近处发生击穿放电，这样持续的击穿放电便形成了整个加工过程。

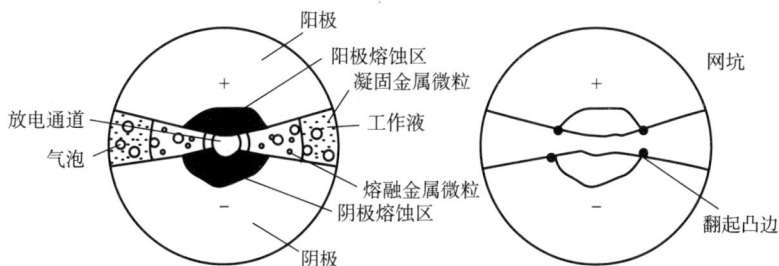

图 6-3　放电加工示意图

电火花加工采用在空间上和时间上相互分开的、不稳定或准稳定的一系列脉冲放电来进行材料蚀除加工。具体来说，电火花加工必须具备以下几个条件：

①放电必须是瞬时的脉冲性放电。脉冲宽度一般为 $10^{-1} \sim 10^{-3}$s，脉冲间隔因加工条件而异，但必须满足电离和散热条件，以保证加工能够稳定连续地进行。

②火花放电必须在有较高绝缘强度的介质中进行。传统的电火花加工认为液体介质是必不可少的，但近年来的研究表明，气体介质中的电火花加工是绿色电火花加工的一个研究热点。

③要有足够的放电强度，以实现金属局部的熔化和汽化。

④工具电极与工件被加工表面之间要始终保持一定的放电间隙。

绝缘陶瓷的电火花放电加工原理示意如图6-4所示，在绝缘陶瓷表面紧贴一块金属板作为辅助电极，辅助电极和工具电极分别与脉冲电源的正、负极相连，以煤油之类的碳氢化合物作为工作液，用机械力夹紧的方法在绝缘工件表面上方压上一张薄铜板或金属网，作为加工开始阶段的一个放电极，称为辅助电极。工具电极、辅助电极以及加工工件都浸入煤油中，将辅助电极与脉冲电源的正极相连，然后利用电极和辅助电极之间电火花放电，使煤油工作液产生热分解，分解后生成的碳沉积物在绝缘陶瓷加工表面形成导电膜，使绝缘陶瓷的加工表面具有导电性，这样就能实现对绝缘陶瓷的电火花放电加工。

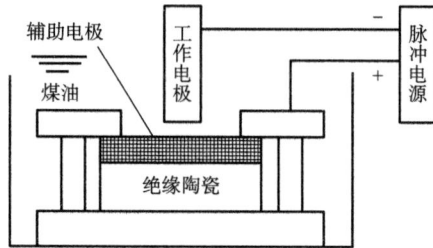

图 6-4　电火花加工原理示意图

高速电火花穿孔机的工作原理与电火花加工的工作原理基本相同，其工作原理如图 6-5 所示，工具电极采用金属管，管中通入高压的工作液（去离子水、蒸馏水、乳化液等）。加工时，工件和工具电极分别接脉冲电源的正、负极，工具电极做高压旋转和伺服给进运动，同时高压工作液从电极管中喷出，迅速将电蚀产物排除。电火花小孔主要用于线切割零件的预穿丝孔、喷嘴及特种陶瓷等难加工材料的小孔的加工。

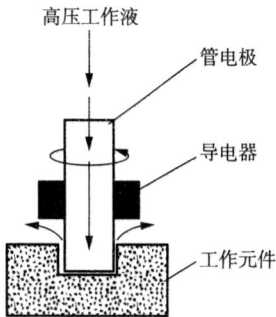

图 6-5　高速电火花穿孔原理示意图

电火花加工具有许多传统切削加工所无法比拟的优点。由于电火花加工是基于脉冲放电时的电腐蚀原理，其脉冲放电的能量密度很高，因而可以加工任何硬、脆、韧、软、高熔点的导电材料，在一定条件下也可以加工半导体材料和非导电材料。电火花加工时，工具电极与工件材料不接触，二者之间宏观作用力极小，工件加工时不会产生变形，适用于加工薄壁工件。另外，工具电极材料也不必比工件材料硬，工具电极制造容易。脉冲放电的持续时间很短，放电产生的热量来不及传散，因而工件材料被加工表面受热影响的范围甚小，适应于加工热敏感性较强的材料。电火花加工电流脉冲参数能在一个较大的范围内调节，故可以在一台车床上同时进行粗、半粗及精加工。电火化加工的应用领域日益扩大，目前已广泛应用于航空、航天、机械（特别是模具制造）、电子、电机电器、精密机械、仪器仪表、汽车、轻工等行业，以解决难加工材料复杂形状零件的加工问题。加工范围已达到小至几微米的小轴、孔、缝，大到几米的超大型模具和零件。

6.2.2　电子束加工

电子束加工是在真空条件下，利用聚焦后能量密度极高（$10^6 \sim 10^9 \mathrm{W/cm^2}$）的电子束，以极高的速度冲击到工件表面极小的面积上，在极短的时间

（几分之一微秒）内，其能量的大部分转变为热能，使被冲击的大部分的工件材料达到数千度以上的高温，从而引起材料的局部融化或汽化。图 6-6 为电子束加工工作原理示意图。

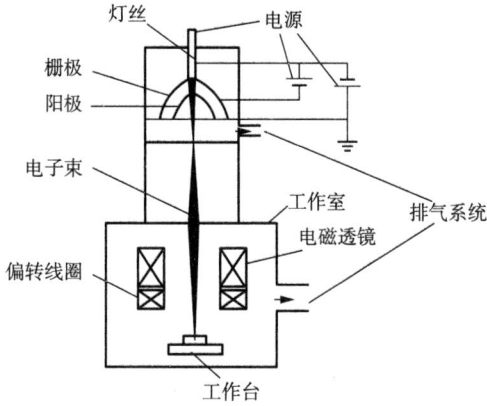

图 6-6 电子束加工工作原理示意图

电子束加工具有工件变形小、效率高、清洁等特点。控制电子束能量密度的大小与能量注入时间，就可以达到不同的加工目的，如热处理、焊接、打孔、切割等加工，还可以进行光刻加工，并在工业中得到应用，促进了先进加工技术的发展。

6.3 表面金属化

6.3.1 表面金属化的用途

1. 制造电子元器件

通过化学镀、真空蒸镀、离子镀和阴极溅射等技术，可使陶瓷表面沉积上 Cu、Ag、Au、Pt 等具有良好导电性和可焊性的金属镀层，这种复合材料常用来生产集成电路、电容器等各种电子元器件。陶瓷表面金属化已经成为高技术产业特别重要的工艺技术，如陶瓷基印制电路板、多层芯片封装、微电子和精密机械制造等。它赋予电子元器件以高密度、高性能和严酷工作环境下的高稳定性。

2. 用于电磁屏蔽

电子仪器的辐射和干扰不仅妨碍其他电子设备的正常工作，而且危害人体健康。在陶瓷片上化学镀 Co-P 和 Co-Ni-P 合金，沉积层中含磷量为 0.2% ~9%，其矫顽磁力在 200 ~1000Oe，常作为一种磁性镀层来应用。由于其抗干扰能力强，作为最高等级的屏蔽材料，可应用于高功率和非常灵敏的仪器，主要用于军事工业产品，用来生产防电磁波的屏蔽设施。

3. 用于陶瓷装饰

我国的陶瓷生产有着悠久的历史，尤其在陶瓷装饰艺术方面有很高的技艺与艺术造诣。随着科学技术的发展和时代的进步，对美术陶瓷提出了更高的要求。把陶瓷表面金属化技术应用于陶瓷装饰生产美术陶瓷，可以开创全新的产品，使陶瓷工业焕发出新的生命力。

除此之外，陶瓷表面金属化有利于材料的焊接、封装、散热等。

6.3.2　表面金属化的方法

陶瓷的金属化方法很多，在电容器、滤波器及印刷电路等技术中，常采用被银法。此外，还采用化学镀镍法、烧结金属粉末法、活性金属法、真空气相沉积法和溅射法等。

1. 被银法

被银法又称为烧渗银法。这种方法是在陶瓷的表面烧渗一层金属银，作为电容器、滤波器的电极或集成电路基片的导电网络。银的导电能力强，抗氧化性能好，在银面上可直接焊接金属。烧渗的银层结合牢固，热膨胀系数与瓷坯接近，热稳定性好。此外烧渗的温度较低，对气氛的要求也不严格，烧渗工艺简单易行。因此它在压电陶瓷滤波器、瓷质电容器、印刷电路及装置瓷零件的金属化上用得较多。但是被银法也有缺点，例如，金属化面上的银层往往不匀，甚至可能存在孤独的银粒，造成电极的缺陷，使电性能不稳定。此外，在高温、高湿和直流（或低频）电场作用下，银离子容易向介质中扩散，造成介质的电性能剧烈恶化。因此，在上述条件下使用的陶瓷材料，不宜直接采用被银法。

（1）瓷件的预处理

瓷件金属化之前必须预先进行净化处理。清洗的方法很多，通常可用 70～80℃ 的热肥皂水浸洗，再用清水冲洗。也可用合成洗涤剂超声波振动清洗。小量生产时，可用酒精浸洗或蒸馏水蒸洗。洗后在 100～110℃ 烘箱中烘干。当对银层的质量要求较高时，可放在电路中煅烧到 550～600℃，烧去瓷坯表面的各种有机物。对于独石电容，则可在轧膜、冲片后直接被银。

（2）银浆的配置

用于电子陶瓷的电极银浆，除了通常要求的涂覆性能、抗拉强度、易焊性外，有时更强调电容器的损耗角正切值（$\tan\theta$）不大于某一值，以及电容器的耐焊接热性能好。

银浆的种类很多，按照所含银浆原料的不同，可分为碳酸银浆、氧化银浆及分子银浆。按照用途的不同，可分为电容器银浆、装置银浆及滤波器银浆等。几种电子陶瓷银浆的配方如表 6-2 所示。从表中可以看出，银浆的配方主要是由含银的原料、溶剂及黏合剂组成。

表 6-2　几种电子陶瓷银浆配方

银浆主要成分	碳酸银浆	氧化银浆			粉银浆		
		Ⅰ类瓷介电容器用	Ⅱ类瓷介电容器用	独石电容器用	瓷介电容器用	独石电容器印刷用	独石电容器端头用
碳酸银	100						
氧化银		100①	100	100			
银粉					100	100	100
含银 /%		70	66	67		71.4	67.8
Bi_2O_3	1.32	2.0	1.53	1.56	6.0		3.9
硼酸铅		1.0	1.45				
LiF			0.58				
蓖麻油		6.3	6.7	6.3			3.9
大茴香油					57mL		
松香松节油②	150	22	19.7	20			
松节油		9.0	18.3	17.5	34mL		
硝化纤维					30		
乙基纤维素						1.4	2.3
松油醇						38.6	28.3
邻苯二甲酸二丁酯					49mL		9.1
环己酮					275mL		适量
烧渗温度 /℃	550±20	860±20	850±10	840±10	840±20	840±20	840±20

①表中除注明者外，数据单位为 g。

②松香、松节油的配比为特级松香：松节油＝1：（1.8~2.0）（质量比），松香加入松节油中，加热至 90~100℃，待熔化后趁热过滤。

1）含银原料

含银原料主要有碳酸银（Ag_2CO_3）、氧化银（Ag_2O）及金属银粉（Ag）。碳酸银可由硝酸银与碳酸钠或碳酸氨的水溶液作用而得到，其反应式为：

$$2AgNO_3 + Na_2CO_3 \longrightarrow Ag_2CO_3 \downarrow + 2NaNO_3$$

$$2AgNO_3 + (NH_4)_2CO_3 \longrightarrow Ag_2CO_3 \downarrow + 2NH_4NO_3$$

碳酸银在烧渗中放出大量 CO_2 及 O_2，易使银层起泡或起鳞皮。又由于它易分解成氧化银，使银浆的性能不稳定，因此用得不多，常用于云母电容器的制造中。氧化银可由碳酸银加热分解而得到。

氧化银较碳酸银稳定，市场有瓶装的氧化银试剂出售。在小批量生产时，也可采用化学纯的氧化银试剂配剂，但粒度较粗，烧渗后的银层质量不如自制的好。

为了提高银浆中的含量，便于一次涂覆或丝网印刷，同时为了在烧渗过程中没有分解产物，可采用分子银浆。分子银可直接用三乙醇胺还原碳酸银而得到，其反应式为：

$$6Ag_2CO_3 + N(CH_2CH_2OH)_3 \longrightarrow N(CH_2COOH)_3 \uparrow + 12Ag + 6CO_2 \uparrow + 3H_2O$$

也可用硝酸银加入氨水后，用甲醛或甲酸还原而得到，其反应式为：

$$AgNO_3 + NH_4OH \longrightarrow AgOH \downarrow + NH_4NO_3$$

$$2AgOH \longrightarrow Ag_2O \downarrow + H_2O$$

$$Ag_2O + CH_2O \longrightarrow HCOOH + 2Ag$$

$$Ag_2O + HCOOH \longrightarrow 2Ag + CO_2 \uparrow + H_2O$$

这些反应最好在乳化液中进行，对于溶剂、乳化剂的选用，溶液的浓度、反应温度、操作速度等都应严格控制。

2）助溶剂

为了降低烧银温度并促进银的烧渗过程，使金属银低于850℃时就与瓷件表面紧密而牢固地结合，需要加入适量的玻璃相熔剂。一般采用氧化铋、硼酸铅或特制的熔块。溶剂的含量不同，烧银的温度增高，银层黏附不牢，含水量过多，会降低银层的导电能力。银浆的用途不同，溶剂的种类及含量也各异。对于用作独石电容、丝网印刷的分子银浆，甚至可以不加溶剂。

硼酸铅溶剂是取 PbO 及 H_3BO_3 在 $600 \sim 620$℃熔融合成的，其反应式为：

$$PbO + 2H_3BO_3 \longrightarrow PbB_2O_4 + 3H_2O$$

合成的溶剂倾入冷水中淬冷，用蒸馏水煮沸 $3 \sim 6h$，去除未反应完全的 H_3BO_3。洗净后烘干，研磨过筛备用。装置瓷银浆所用的铅硼熔块配方为二氧化硅 26%，铅丹 46%，硼酸 17%，二氧化钛 4.3%，碳酸钠 6.7%，混合研磨后在 $1000 \sim 1100$℃熔融。另有铋镉熔块，配方组成为氧化铋 40.5%，氧化镉 11.1%，二氧化硅 13.5%，硼酸 33.0%，氧化钠 1.9%，混合研磨后在 800℃熔融。这些熔块水淬后，要洗净，粉磨过万孔筛备用。

3）黏结剂

黏结剂的作用是使银浆具有良好的润湿性、流平性和触变性，以便能很好地黏附在瓷件的表面。但黏结剂并不参与银的烧渗过程，要求它在低于 350℃的温度下烧除干净，并且最后不残余任何灰分。黏结剂的组成很复杂，可根据需要进行调节。它主要包括树脂、溶剂和油三大类。树脂影响银浆的黏合力，常用的有松香、乙基纤维素及硝化纤维素等。溶剂主要影响银浆的稀稠及干燥速度，常用的有松节油、松油醇及环己酮等。为了使银浆涂布均匀、致密、光滑，以得到光亮的烧渗银层，还要加入一些油类。常用的有蓖麻油、亚麻仁油、花生油和大茴香油。有的单独加入，也有的制成混合油加入。目前，为了提高银浆的涂覆性能，使浆料的分散体系稳定的同时，为了改善银浆的流平性和润湿性以及增加补强性等，在有机载体中添加有机硅（含量0.11%~0.18%），促进银浆的流平性和填料的分散；添加钛酸酯偶联剂（含量0.15%~1%）后，在联结无机填料和有机基体树脂方面有明显效果。

（3）银电极浆料的制备

通常由银或其他化合物、黏结剂和助溶剂等组成，这些原料应该有足够的细度和化学活性。将制备好的含银原料、溶剂和黏结剂按一定配比进行配料后，在刚玉或玛瑙磨罐中球磨40~90h，使粉体粒度小于5μm，并混合均匀。制备好的银浆不宜长期存放，否则会聚集成粗粒，影响质量，一般银浆有效储存期冬天为30天，夏天为15天。

（4）涂敷工艺

涂银的方法很多，有手工、机械、浸涂、喷涂或丝网印刷等。涂敷前要将银浆搅拌均匀，必要时可加入适量溶剂，以调节银浆的稀稠。由于一次性被银，银层的厚度只有2.5~3μm，并且难以均匀一致，甚至会产生局部缺银现象，因此生产上有时采用二被一烧、二被二烧和三被三烧等方法。一般二次被银可得到厚度达10μm的银层。

（5）烧银

烧银的目的是在高温作用下使瓷件表面上形成连续、致密、附着牢固、导电性良好的银层。烧银前要在60℃的烘箱内将银浆层烘干，使部分溶剂挥发，以免烧银时银层起鳞皮。烧银设备可用箱式电炉或小型电热隧道窑。银的烧渗过程可分为四个阶段。

第一阶段由室温至350℃，主要是烧除银浆中的黏结剂。溶剂首先挥发，在200℃左右，树脂开始熔化，使银膏均匀地覆盖在瓷件表面。温度继续升高，所有的黏结剂碳化分解，全部烧除干净。这一阶段因有大量气体产生，要注意通风排气，并且升温速度每小时最好不超过150~200℃，以免银层起泡或开裂。

第二阶段350~500℃，这一阶段主要是碳酸银及氧化银分解还原为金属银，升温速度可稍快，但因仍有气体逸出，也应适当控制。

第三阶段由500℃到最高烧渗温度。在500~600℃硼酸铅先熔化成玻璃态。随着温度的升高，氧化铋等也相继熔化。它们和还原出来的银粒构成悬浮态的玻璃液，使银粒晶体彼此黏结，又由于玻璃态与瓷件表面的润湿性，能够渗入瓷件的表层。而瓷件的表层也部分熔入玻璃液中形成中间层，从而保证银层与瓷件之间牢固地黏结在一起。银的熔点为960℃左右，烧银的温度最高不要超过910℃，否则银的微粒将互相熔合在一起聚成银滴。此外，玻璃液的黏度也会过度降低，造成所谓飞银现象。最佳的烧银温度视银浆中熔剂的熔点、含量及瓷件的性质而定，大多数瓷介质电容器的最终烧结温度在（840±20）℃左右。为了保证有较好的效果，高温保温10～30min。这一阶段的升温速度，每小时最好不要超过300℃。如果升温速度过高，可能出现"飞银"，即在陶瓷的表面形成银珠；温度过低，银层的附着力和可焊性不好。

第四阶段为冷却阶段，从缩短周期及获得结晶细密的优质银层来看，冷却速度越快越好。但降温过快，要防止瓷件开裂，因此降温速度要根据瓷件的大小及形状等因素来决定，一般每小时不要超过350～400℃。通常采用随炉冷却，以防止瓷件炸裂。

烧银的整个过程都要求保持还原气氛。因为碳酸银及氧化银的分解是可逆过程，如不及时把二氧化碳和氧气排出，银层会还原不足，增大了银层的电阻和损耗，同时也降低银层与瓷件表面的结合强度。对于含钛陶瓷，在500～600℃的还原气氛下，TiO_2会还原成低价的半导体氧化物，使瓷件的电气性能大大恶化。

除烧渗银作电极外，对于高可靠性的元件，有时还要求烧渗其他贵金属，如金、铂、钯等。方法类似被银法，只是烧渗温度可以提高。

2. 化学镀镍法

电子陶瓷表面传统的金属化工艺通常采用镀银法，由于该工艺操作复杂、设备投资大、成本高，而且镀银层的可焊性较差，因此，提出了以化学镀镍代替镀银的工艺，其优点如下：镀层厚度均匀，能使瓷件表面形成厚度基本一致的镀层；沉积层具有独特的化学、物理和力学性能，如抗腐蚀、表面光洁、硬度高、耐磨良好等；投资少，简便易行，化学镀不需要电源，施镀时只需把镀件浸入镀液即可。

化学镀镍法适用于瓷介质电容器、热敏电阻等几种装置零件。化学镀镍法是利用镍盐溶液在强还原剂（次磷酸盐）的作用下，在具有催化性质的瓷件表面上，使镍离子还原成金属，次磷酸盐分解出磷，从而获得沉积在瓷件表面的镍磷合金层。次磷酸盐的氧化、镍还原的反应式为：

$$Ni^{2+}+\left[H_2PO_2\right]^-+H_2O \longrightarrow \left[HPO_3\right]^{2-}+3H^++Ni\downarrow$$

次磷酸盐的氧化和磷的析出反应式为：

$$3\left[H_2PO_2\right]^-+H^+ \longrightarrow 3H_2\uparrow+\left[HPO_2\right]^{2-}+2P\downarrow+2O_2\uparrow$$

由于镍磷合金有催化活性，能构成自催化镀，使得镀镍反应得以继续进行。上述反应必须在与催化剂接触时才能发生。瓷件表面均匀吸附一层具有催化活性的颗粒，这是表面沉镍的关键。为此，先使瓷件表面吸附一层$SnCl_2$

敏化剂，再把它放在 $PbCl_2$ 溶液中，使贵金属还原并附在瓷件表面上，成为诱发瓷件表面发生沉积镍反应的催化膜。

化学镀的工艺流程为陶瓷片→水洗→除油→水洗→粗化→水洗→敏化→水洗→活化→水洗→化学镀→水洗→热处理。

（1）表面处理

目的是除掉瓷件表面的油垢和灰尘，以增加化学镀层和基体的结合强度。经过高温煅烧的新瓷件，如果没有受到油污染，可用汽油、三氯甲烷等油溶剂浸泡，或用 OP 液清洗除油，最后用蒸馏水洗净。

（2）粗化

粗化的本质是对陶瓷表面进行蚀刻，使表面形成无数凹槽、微孔，造成表面微观粗糙，以增大基体的表面积，确保化学镀所需要的"锁扣效应"，从而提高镀层与基体的结合强度；化学粗化还可以去除基体上的油污和氧化物及其他黏附或吸附物，使基体露出新鲜的活化组织，提高活化液的浸润性，有利于活化时形成尽量多的分布均匀的催化活性中心。粗化是要求瓷件表面形成均匀的粗糙面，但不允许形成过深的划痕。粗化有机械、化学、机械—化学法。机械法用研磨、喷砂等，化学法可将瓷件浸泡在弱腐蚀性的粗化液中。

（3）敏化和活化（催化）

催化操作使陶瓷粉体表面具有活性，使化学镀反应能够在该表面进行。催化的好坏影响反应的进行，更会影响镀镍的质量，尤其是镀镍的均匀性。一般催化溶液为贵金属盐，如银盐和钯盐，该处理方法一般分为敏化和活化两步。

敏化一般是将样品在氯化亚锡中浸渍，使陶瓷表面形成一层含 Sn^{2+} 的胶体粒子。活化是将敏化处理后的瓷件迅速浸泡于活化液中，防止锡的氧化，通过置换反应在陶瓷表面形成贵金属的催化核，这是化学镀成功与否的关键。如在陶瓷表面沉淀一层铅，形成诱发镍沉淀反应的催化层。在吸附 $SnCl_2$ 的瓷件表面上发生 Pb^{2+} 的还原和 Sn^{2+} 的氧化反应如下：

$$SnCl_2 + PbCl_2 \longrightarrow Pb \downarrow + SnCl_4$$

（4）预镀

预镀是在瓷件表面形成很薄的均匀金属镍膜，并清洗掉多余的活化液的过程。

（5）终镀

终镀是指在瓷件表面形成均匀的一定厚度的磷镍合金层。镀液有酸性和碱性两种。碱性镀液在施镀过程中逸出氨，使镀液的 pH 值迅速下降，为维持一定的沉积速率，必须不断地添加氨水。

（6）热处理

由于化学镀镍后形成的金属镍层（由超细的镍微粒组成）与瓷件的结合强度较低，表面易氧化，镍层松软。经热处理后，晶粒长大，结晶程度趋于完全，机械强度和瓷件的结合强度大大提高，但可焊性略有降低。为防止镍层氧化，在整个热处理过程中都通入氨气。

影响陶瓷表面化学镀的因素很多。首先是镀液中各组元浓度的影响。镀液中金属离子浓度、还原剂浓度增大会提高氧化还原电位差，加快金属沉淀速度。自由金属离子浓度过高，特别是在碱性条件下，易生成金属化合物的沉淀。必须加入配合剂以减少自由离子的浓度防止沉淀和镀液分解。配合剂与金属离子配比适中时，能提高沉淀速度，而太高时沉淀速度线性下降。其次是镀液温度的影响。温度升高会提高氧化还原电位差，加快化学反应，提高镀速。也有学者认为，在较低温度时，催化表面有吸附层形成，使催化反应具有较高的活化能，所以反应速度较慢。最后是镀液 pH 值的影响。用作配合剂的有机酸或有机酸盐在镀液中存在电离（有机酸）或水解（有机酸盐）平衡，两者都受到溶液 pH 值的严重影响。pH 值对配合剂的存在形态有明显影响，氧化还原的难易程度随 pH 值变化而发生改变，镀速也随之发生改变。另一方面，无论采用何种还原剂，在氧化还原反应过程中都有 OH^- 消耗或 H^+ 生成，使溶液 pH 值发生改变。反过来，pH 值会严重影响反应速度。在碱性条件下，pH 值越高，镀速越快。

3. 真空蒸发镀膜

真空蒸发镀膜又称为真空蒸镀，它是在功能陶瓷表面形成导电层的方法，如镀铝、金等，具有镀膜质量较高、简便实用等优点。该方法配合光刻技术，可以形成复杂的电极图案，如叉指电极等。用真空溅射方法（如阴极溅射、高频溅射等），可形成合金和难熔金属的导电层以及各种氧化物、钛酸钡等化合物薄膜。

真空蒸发镀膜是以加热镀膜料使之汽化的一种镀膜技术，原理如图 6-7 所示。在真空状态下可将待镀材料加热后，达到一定的温度即可蒸发，这时待镀材料以分子或原子的形态进入空间。由于其环境是真空，因此，无论是金属还是非金属，在这种真空条件下，蒸发都要比常压下容易得多。一般来说，金属及其他稳定化合物在真空中，只要加热到能使其饱和蒸气压达到 1.33Pa 以上时，均能迅速蒸发。

常用的有电阻加热法和电子束加热法。电阻加热法是用高熔点金属（钨、钼）做成丝或舟型加热器，用来存放蒸发材料，利用大电流通过加热器时产生的热量来直接加热膜料。电子束加热法由一个提供电子的热阴极和阳极（膜料）所组成，其特点是能量高度集中，能使膜料源的局部表面获得极高的

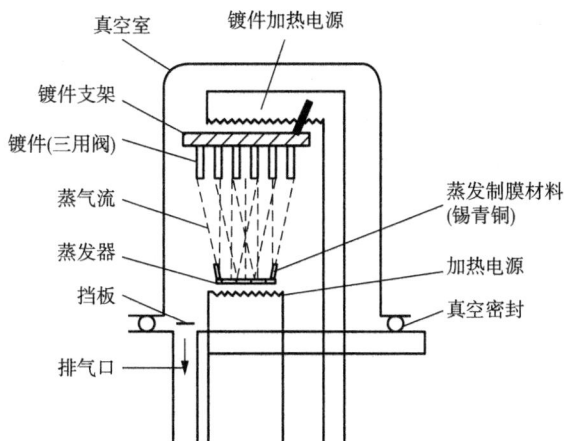

图 6-7　真空蒸发镀膜示意图

温度。通过电参数的调节，便能方便地控制汽化温度，且可调节的温度范围大，即对高、低熔点的膜料都能加热汽化。真空镀膜室是使镀膜材料蒸发的蒸发源，支撑基材的工作架是真空蒸发镀膜设备的主要部分。

6.3.3　激光加工

激光是 20 世纪人类的重大科技发明之一，它对人类的社会生活产生了广泛而深远的影响。作为高技术的研究成果，它不仅广泛应用于科学技术研究的各个前沿领域，而且已经在人类生产和生活的许多方面得到了大量的应用。激光亮度高、方向性好的特点使光能可以集中在很小的区域内。因此，自第一台激光器诞生以后，人们就开始探索激光在加工领域中的应用。随着激光技术的发展，激光与材料相互作用研究的深入，激光加工已经成为加工领域的一种常用技术。激光加工作为一种非接触、无污染、低噪声、节省材料的绿色加工技术，还具有信息时代的特点，便于实现智能控制，实现加工技术的高度柔性化和模块化，实现各种先进加工技术的集成。

激光加工是利用能量密度极高的激光束照射到被加工陶瓷工件表面上，工件局部表面吸收激光能量，使自身温度上升，从而能够改变工件表面的结构和性能，甚至造成不可逆的破坏。例如，光能转化为热能，使局部温度迅速升高，产生熔化以至汽化并形成凹坑。随着能量的继续吸收，凹坑中的蒸汽迅速膨胀，相当于产生了一个微小爆炸，把熔融物高速喷射出来，同时产生一个方向性很强的冲击波。这样材料就在高温、熔融、汽化和冲击波的作用下被蚀除，从而进行打孔、画线、切割以及表面处理等加工。

当前用于激光加工的激光器主要有三类：CO_2、Nd:YAG 和准分子（Kr、ArF）激光器。另外还有光纤激光器、飞秒激光器及半导体激光器等新型激光器。一般加工工程陶瓷使用的是 CO_2 激光器。CO_2 激光器有很高的可用功率和长脉冲时间，可以进行高速加工。但 CO_2 激光器易被工程陶瓷吸收且其工作焦点大，使得工件易产生较大的热影响区，易使脆性高的工程陶瓷破裂。在激光加工过程中，光斑的功率密度要达到 $10^4 \sim 10^7 W/cm^2$，而一般激光器的输出功率为 $10^3 W/cm^2$ 左右，因此，必须将激光光束进行聚焦，以获得足够的功率密度。图 6-8 为激光加工原理示意图。

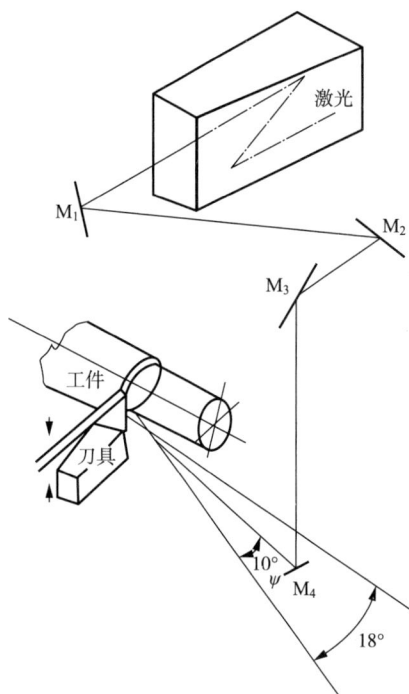

图 6-8　激光加工原理示意图

激光加工技术与传统工艺相比，在许多方面显示出独特的优越性，不仅提高了效率，节省了材料，提高了质量，而且促进设计思想更新，工艺流程改进，从而赋予产品更高的附加值。与普通加工技术相比，激光加工技术具有以下不可比拟的优点：

①激光加工为无接触加工，其主要特点是无惯性，因此加工速度快、无噪声。由于光束能量和光束的移动速度都是可以调节的，因而可以实现各种复杂面型的高精度加工。

②激光束不仅可以聚焦，而且可以聚焦到亚微米量级，光斑内的能量密度或功率密度极高，用这样小的光斑可以进行微区加工，也可以进行选择性加工。

③由于光束照射到物体表面是局部的，虽然加工部位的热量很大、温度很高，但移动速度快，对非照射部位没有什么影响，因此其热影响区很小。

④激光加工不受电磁干扰，与电子束加工相比，其优越性就在于可以在大气中进行，在大工件加工中，使用激光加工比使用电子束加工要方便很多。

⑤激光易于导向聚焦和发散，根据加工要求可以得到不同的光斑尺寸和功率密度，通过外光路系统可以使光束改变方向，因而可以和数控机床机器人连接起来，构成各种加工系统。

目前，激光在金刚石拉丝模和手表钻石的加工、金刚石和工程陶瓷的切割、发动机陶瓷缸体绝热板打孔等方面的应用取得了较大的进展，随着集成电路集成度不断提高，印刷电路板上的元器件数量以几何指数增加，印刷电路的线间距离已小到 0.15mm 以下，为了提高电路板布线密度，要使用多层电路板。因此，互联多层板的微通道技术显露出越来越高的重要性。然而通道的直径一般为 $25 \sim 250\mu m$，用传统的机械钻孔工艺不仅难以大批量加工 $250\mu m$ 以下的通孔，更不可能加工盲孔。用激光不但能快速加工出高质量的小孔，而且可以加工盲孔和任意形状的孔，还能完成电路板外形轮廓切割，因此激光微孔加工技术目前已成为多层电路板加工的主流。但由于激光加工是一种瞬时、局部融化、汽化的热加工，影响因素很多，因此在精微加工时受聚焦和控制技术的限制，激光加工难以保证较高的重复精度和较低的表面粗糙度。此外，激光加工设备复杂昂贵，加工成本高。

6.3.4　超声波加工

1. 基本原理

超声波加工是在加工工具或被加工材料上施加超声波振动。在工具和工件之间加入液体磨料或糊状磨料，并以较小的压力使工具贴压在工件上。加工时，由于工具与工件之间存在超声振动，迫使工作液中悬浮的磨粒以很大的速度和加速度不断撞击、抛磨被加工表面，加上加工区域内的空化作用和超压效应，从而产生材料的去除效果。超声波与其他加工方法结合，形成了各种超声复合加工方式。其中超声磨削较适用于陶瓷材料的加工，其加工效率随着材料脆性的增大而提高。

超声波磨削加工是利用工具端面做超声振动，通过磨料悬浮液加工硬脆材料的一种加工方法，加工原理如图 6-9 所示。加工时，在工具和工件之间加入液体（水或煤油等）和磨料悬浮液，并使工具以很小的力轻轻压在工件上。超声换能器以 17～25kHz 以上的超声频纵向振动，并借助于变幅杆把振幅放大到 0.05～0.10mm，驱动工具端面作超声振动，迫使工作液中的磨粒以很大的速度和加速度不断地撞击，抛磨被加工表面，把加工区域的材料粉碎成很细的微粒而被打击下来。与此同时，工作液受工具端面超声振动作用而产生的高频、交变的液压正、负冲击波和空化作用，促使工作液钻入被加工材料的微裂纹处，加剧了机械破坏的作用。所谓空化作用，是指当工具端面以很大的加速度离开工件表面时，加工间隙内形成负压和局部真空，在工作液体内形成很多微空腔，当工具端面以很大的加速度接近工件表面时，空泡闭合，引起极强的液压冲击波，以强化加工过程。

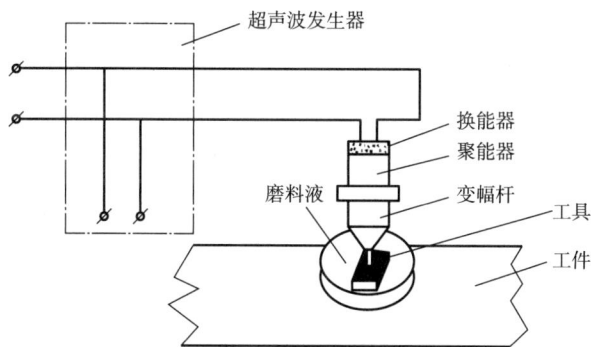

图 6-9　超声波加工原理

2. 超声波加工特点

①适合加工各种脆硬材料，特别是不导电的非金属材料，如玻璃、陶瓷、石英、金刚石等。

②加工设备结构简单，操作、维修方便。

③工件表面的宏观切削力很小，切削应变、切削应力、切削热很小，不会在表面引起新的损伤层，可以得到高质量的表面，而且可以加工薄壁、窄缝零件。

6.4　陶瓷—金属封接技术

陶瓷—金属封接技术在现代工业技术中有着十分重要的意义，广泛应用于真空电子技术、微电子技术、激光和红外技术、宇航工业、化学工业等领域。由于陶瓷固有的物理和化学特性，许多适用于金属的连接方法用于陶瓷连接时存在很大困难或根本无法实现。因此，在陶瓷与金属的连接过程中，应选用适当的连接方法。陶瓷与金属的连接方法有多种，如机械连接、黏结剂连接、熔焊、固态扩散连接、热等静压连接、摩擦焊、玻璃封接、过渡液相连接、自蔓延高温合成连接、离子注入技术、活性钎焊技术以及陶瓷表面金属化后的间接钎焊等，每种方法都有各自的优缺点。作为陶瓷—金属的连接，不管采用哪种类型的封接工艺，都必须满足下列性能要求：电气特性优良，包括耐高压、抗飞弧，具有足够的绝缘、介电性能等；化学稳定性高，能耐适当的酸、碱清洗，不分解，不腐蚀；热稳定性好，能够承受高温和热冲击作用，具有合适的线膨胀系数；可靠性高，包括足够的气密性、防潮性和抗风化作用等。

其中前两项为一般电子器件的共同要求，它主要取决于原材料的选择，后两项是陶瓷—金属封装所应具有的特殊要求，既有材料问题，也有大量的工艺问题。从物理性质和结构角度来看，主要是黏结和膨胀两类问题。

要想得到致密和牢固的黏结，首先封接剂与金属及陶瓷间要有良好的润湿作用，并且在其间应有一定的化学反应机制，能形成一层连续的、化学结合型的过渡性组织层。既不是单纯的物理吸附，又不会过分熔蚀而丧失各自的功能。其次，相互黏结的陶瓷和金属的热膨胀系数 α 应尽可能接近。不过由于陶瓷的机械强度和热冲击稳定性通常都比玻璃高，所以和金属—玻璃封接相比，金属与陶瓷间允许有较大的 α 之差，一般认为其差值在 $\pm 2 \times 10^{-7}/°C$ 时，具有良好的热稳定性，甚至高达 $10^{-6}/°C$ 时，也还可以使用。其实两

者之间的 α 允许差值，还与黏结层的厚度有很大关系。实践证明，如果封接层的厚度减薄至 $2\sim10\mu m$，α 大致为（$3\sim4$）$\times10^{-6}$/℃时，仍能正常地工作。

6.4.1 玻璃焊料封接

玻璃焊料封接又称为氧化物焊料法，即利用附着在陶瓷表面的玻璃相（或玻璃釉）作为封接材料。玻璃焊料适合于陶瓷和各种金属合金的封接（包括陶瓷与陶瓷的封接），特别是强度和气密性要求较高的功能陶瓷。如集成电路、高密度磁头的磁隙、硅芯片、底座、传感器、微波管、真空管、高压钠灯 Nb 管（针）与氧化铝透明陶瓷管的封接等。

1. 玻璃焊料—金属封接条件

（1）两者的膨胀系数接近

一般来讲，在从室温到低于玻璃退火温度上限的温度范围内，玻璃和金属的膨胀系数应尽可能一致，以便于制得无内应力的封接体。如果玻璃和金属的膨胀系数差别过大则会受热胀冷缩的影响，在封接体中产生不应有的应力，当应力值超过玻璃的强度极限时，封接界面处就会出现开裂或封接强度急剧减弱，导致元件损坏和失效。即使在短时间内没有开裂，但随着使用时间的延长，由于玻璃体承受不了应力的作用，也会逐渐产生微裂纹，这就是人们常说的慢性漏气。尤其当电子器件受到震动和碰撞时，微裂纹会迅速蔓延和扩展，导致封接件损坏。

当然，要使两种材料的膨胀系数曲线完全一致是不可能的。由图 6-10 可知，金属的膨胀系数在没有物相变化的情况下几乎是常数，而玻璃的膨胀系数在超过退火温度后急剧上升。当温度超过软化点后玻璃因处于黏滞状态，应力会自动消失而使膨胀系数又趋于稳定。如果玻璃和金属的膨胀系数在整个温度范围内其差值不超过 10%，应力便可控制在安全范围内，玻璃就不会炸裂。玻璃或玻璃釉的膨胀系数，随成分和结构不同而异。为了降低熔点，提高低温流动性，又要确保电气、化学性能，可用高 PbO 配方的玻璃或玻璃釉，但 PbO 本身的膨胀系数比较大，故关键问题是如何调整成分以减小膨胀系数，如在玻璃或玻璃釉中能自然析出锂霞石或直接加入这种成分，则能够使其膨胀系数降低。

（2）玻璃能润湿金属表面

以液滴与基板的交界线作为润湿角的一边，在液滴边缘与基板相连接的地方作切线，便构成润湿角的另一边，这两条边之间的夹角 θ 叫润湿角，如图 6-11 所示。

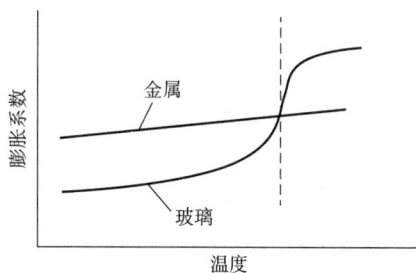

图 6-10　玻璃和金属的热膨胀特性

润湿角 θ 是液体对固体润湿程度的度量。当 θ 小于 90° 时，发生浸润；当 θ 大于 90° 时，不发生浸润。通常情况下，玻璃和纯金属表面几乎不润湿（润湿角 θ 很大），但在空气和氧气介质中，润湿情况会出现明显的改善，这是金属表面形成了一层氧化膜而促进润湿的缘故。

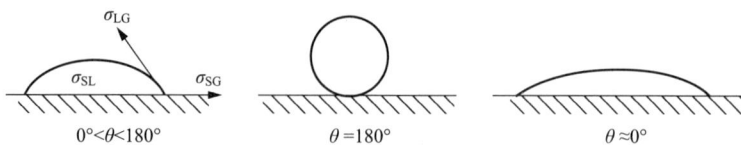

图 6-11　玻璃液滴在金属表面上的润湿

2. 封接前金属的处理

要使玻璃—金属封接前有很好的润湿性能，金属的处理就显得尤为重要。金属材料的处理包括两部分，清洁处理和热处理。

（1）金属的清洁处理

金属材料在与玻璃封接前先要进行清洁处理，以除去金属表面的油脂、污物，一般清洁处理按下列步骤进行。

①机械净化：借助于机械摩擦来部分地除去材料表面的各种化合物及黏附着的污物。常用的办法是用砂纸擦，有时也用肥皂擦洗。

②去油：常用碱液和有机溶液去油，碱液有氢氧化钠和氢氧化钾，将之加热至与油脂发生皂化作用而达到去油的目的。

③化学清洗：利用金属材料表面的污物在化学液体中的溶解来达到清洗的目的，可得到高度清洁的表面。

④电化学清洗：将金属材料浸入特别配制的溶液中通电，使零件表面的金属和金属化合物脱离零件，从而获得高度清洁的表面。

⑤烘干：将上述清洗的金属用蒸馏水冲洗，烘干。

（2）金属的预氧化

对金属清洁处理后，还需进行加温热处理，即将金属置于氢气（湿氢）或真空中进行高温加热，使金属表面能形成一层氧化物而达到润湿的效果。

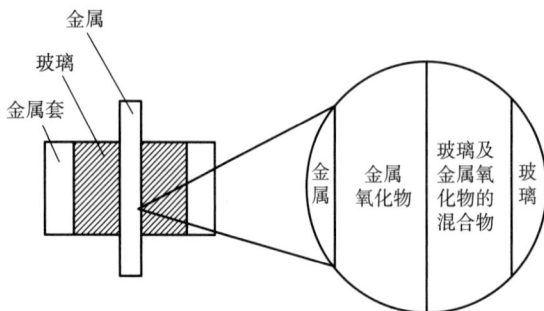

图 6-12　玻璃与金属封接界面示意图

玻璃一般不浸润金属，因而玻璃不能直接和金属封接。预热的金属表面会形成一层氧化膜，形成金属、金属氧化物、玻璃的连续过渡层，如图 6-12 所示。金属基体表面的低价氧化物从化学键类型角度来看，它接近于金属，因此能与金属牢固地结合。而氧化程度较高的外表层氧化物的化学键与玻璃相似，故能与玻璃结合。因此，这一过渡层对玻璃—金属封接至关重要。

3. 玻璃焊料—金属封接的工艺参数

玻璃与金属封接的工艺参数包括温度、时间和气氛。根据玻璃焊料的黏温曲线、差热曲线及 Tamman 曲线，可选择合适的封装温度和时间。温度是玻璃—金属封接中最关键的参数之一，它根据封接类型及材料的选择而不同。封接温度低，焊料与焊件之间传质不够充分，润湿不好，封接材料难以进行有效充分的封接；封接温度高，可以增进传质，但温度过高，金属表面过分氧化，导致封接件质量降低。对于玻璃焊料来说，其最大的特性在于它有较低的软化点，封接温度相应低，封接时也就首先要考虑黏度要求，封接玻璃的流动性取决于两个部件之间的吻合、焊料玻璃的排列及所需的时间。一般来讲，玻璃焊料熔封时的最佳黏度范围为 $10^3 \sim 10^5 \mathrm{Pa \cdot s}$，在这个黏度范围内的封接体不发生变形。封接温度与时间存在相关性，在较高的温度下较短时间内封接，可以获得较低温度下较长时间内一样的效果。实践表明，在融化温度以上 60℃ 左右进行封接，效果良好。同时，考虑到电子器件的耐热特性，还应使封接温度降至 500℃ 以下。

6.4.2　烧结金属粉末法封接

用烧结金属粉末法将陶瓷和金属件焊接到一起时，其主要工艺分为两个步骤：陶瓷表面金属化和加热焊料使陶瓷与金属焊封。

其中，最关键的工艺是陶瓷表面的金属化。现按工艺流程简述如下。

1. 浆料制备

表面金属化用的浆料，其中主要成分为金属氧化物或金属粉末，还含有一些无机黏合剂、有机黏合剂，再加上适量的液体，就可置于球磨机中湿磨 12~60h，直到平均粒径达 1~3μm 为止。

2. 刷浆

将上述制得的金属浆料，以一定方式涂刷于需要金属化的陶瓷表面上，这层金属浆料的厚度，以干后达到 12~26μm 为宜。

3. 烧渗

这个工序通常是在氧化还原气氛中进行的，根据金属化温度的高低，又可分为低温法（900~1200℃）、高温法（1200~1600℃）及特高温法（1600℃以上）。常用的多是高温法，其中以钼—锰法金属应用广泛。在高温及还原气氛的作用下，一部分金属氧化物将被还原成金属，另一部分则可能熔融并添加到陶瓷的玻璃相中，或与陶瓷中某些晶态物质，通过化学反应而生成一种新的化合物，形成一种黏稠的过渡层，并将陶瓷表面完全润湿。而在冷却过程中，这黏稠的过渡层则凝固为玻璃相，填充于陶瓷表面与金属粉粒之间。这种玻璃相应具有如下的性能：

①对陶瓷应有很好的润湿性和极强的结合力，保证具有牢固的附着；

②对金属有较弱的润湿性和结合力，主要填充于金属粉粒间的较大间隙之内，将金属粉粒黏结在一起，但又不会将金属粉粒表面全部润湿并在其外包裹一层玻璃相，这样才能保证金属粉粒相互间能直接接触，并在自由表面上有金属粉粒直接暴露，以便在下一工艺过程中能顺利地在其上面沉淀金属。

具有上述结构的陶瓷表面金属化薄层，本身就有相当良好的导电能力，当金属粉粒层厚度为 10μm 左右时，其方阻值为 $0.1\Omega/cm^2$。然后再在这种金属化的表面上沉积一层极薄（2.5～5μm）的镍或铜。其目的是加强表面粉粒之间的组织联系，使金属焊料能在其表面更好地流动和润湿。

4. 将陶瓷金属化表面与金属进行焊接

这一工序通常是在还原性的气氛保护下进行的。焊料温度一般都是比较高的，视工件的耐热能力及焊料的种类而定。温度太低，焊料虽可熔化但流动性不好，不能润湿和填充所有的封焊间隙，气密性不好，机械强度不高；而温度太高，则可能使熔融的焊料将金属化薄层熔解、侵蚀，甚至将金属件熔蚀，形成缺口或脱焊。合适的焊封温度以能在焊封间隙中形成一层厚为10～50μm 的、均匀而致密的焊封层为宜。对于半导体器件，一般应控制在500℃以下；对于电子管的焊封，常在 800～1000℃；个别硬质金属大件的焊封温度，可高达 1800℃。

应用上述工艺，可以得到抗张强度大于 0.7MPa，几乎是绝对密封的金属陶瓷封接。下面以 Al_2O_3 单晶及 Al_2O_3 陶瓷表面为例，对采用 Mo-MnO-SiO_2 系浆料进行金属化的过程加以说明。

金属钼的线膨胀系数 α 比 Al_2O_3 瓷的要小，将钼加入金属浆料中，可用以调整金属化层的 α 值，烧渗是在潮湿的氢、氮混合气氛中进行的，当温度高达 1800℃时，单就熔融的 SiO_2 玻璃就能与钼粉形成合适的润湿，并能与 Al_2O_3 很好地结合，而且具有高度的气密性。不过，如果在玻璃形成剂 SiO_2 中添加改性剂 MnO，则可使金属化温度进一步降低。

如果只使用金属钼粉，在高温作用下，虽然钼粒与钼粒、钼粒与 Al_2O_3 间有一定程度的烧结，但仍是疏松多孔的，机械强度和气密性均远不能满足要求。同时采用 Mo、MnO 时，MnO 将和 Al_2O_3 反应生成具有尖晶石结构的 $MnAl_2O_4$，它自成独立晶相。虽然能够黏附在 Al_2O_3 及钼粒上，但流动性不大，仍旧存在不少结构间隙。同时采用 Mo、MnO、SiO_2 时，情况就要好得多。因为熔融态的 SiO_2 将润湿和填充这些结构间隙，并将 Mo、$MnAl_2O_4$、SiO_2 三者牢固地、致密地黏接在一起，形成良好的封接。

金属浆料中所含三种成分的合适比例，按质量计为 Mo 80%、MnO 15%、

$SiO_2$5%。在1200℃下进行烧渗，即可和 Al_2O_3 生成 Mo-MnO-Al_2O_3 系低共熔物，并和 SiO_2 组成玻璃状物质。在冷却时，$MnAl_2O_4$ 将从液态中析出，剩余的玻璃相则填充、黏接于烧结态钼粒、尖晶石相和 Al_2O_3 基片之间。

上面提到的是在单晶表面发生的情况，如果在 Al_2O_3 含量大于99%的陶瓷表面进行金属化，则其过程和在单晶表面的情况几乎完全一样。不过，如果在陶瓷的结构中含有较多的玻璃相时，如含 Al_2O_3 95%~97%的陶瓷，从理论上说，在金属化浆料中可以考虑去掉 SiO_2 的成分。但为使金属化温度不至于过高，通常都保留一定的玻璃成分。

如果与陶瓷相封接的金属件是由铜镍合金制成的，则可以采用铜作为焊料，因为在1100℃的焊接温度下，铜并不会侵蚀钼，故可得到比较理想牢靠的封接。尽管如此，如果操作时间过长，焊接也可能不成功，因为镍对钼有侵蚀作用，当加热时间过长时金属件铜镍合金中的镍将熔入铜焊料中，如液态铜焊料中含有镍时，将有助于钼的熔入，因而将金属薄层破坏，使封接结构疏松、泄气，故对于不同的金属件，不同的焊料，应严格控制其封接温度及时间，常用的焊料还有银、黄铜及其他铜合金。

采用这种封接工艺应遵循以下两个原则：一是金属的熔点比金属化的温度高200℃以上，且焊料、金属件的成分不能和金属化中的金属形成合金；二是金属件与陶瓷件的膨胀系数尽可能接近。

6.4.3 活性金属封接法

活性金属封接法的封接属于压力封接，这种封接的特点是，在直接焊封之前，陶瓷表面不需要先进行金属化，而是采用一种特殊的焊料金属，直接置于需要焊接的金属和陶瓷之间，利用陶瓷—金属母材之间的焊料在高温下熔化，其中的活性组元与陶瓷发生反应，形成稳定的反应梯度层，从而使两种材料结合在一起。这种金属焊料可以直接制成薄层垫片状，或采用胶态悬浊浆涂刷。陶瓷—金属的连接多用钎焊，添加的活性金属元素有 Si、Mg、Ti、Zr、Hf、Pd 等。当活性金属钛与焊料接触，温度达到它们的共熔点时，便形成了含钛的液相合金。在更高的温度下，液相中的部分钛被陶瓷表面选择性吸附，降低了界面能，从而使合金更好地润滑陶瓷。一部分陶瓷中的成分，如 Al_2O_3、SiO_2、Mg_2SiO_4 等发生反应，并还原其中的金属离子，形成钛的低价化合物，如 TiO、Ti_2O_3。也有些钛离子扩散到瓷坯中与其主晶相形成固溶体，如 Ti-Al-O 固溶体。这样就将合金与陶瓷紧密地黏接在一起，而金属则以金属键与含钛合金紧密地连接。

在焊接时的高温作用下，这种焊料金属能很好地使金属及陶瓷表面润湿，并对氧化物陶瓷表面起还原作用，即活化作用，故又称为活化金属焊接。例如，对于 Al_2O_3 瓷，将产生如下的反应：

$$M + Al_2O_3 \longrightarrow MO_x + 2Al + O_{3-x}$$

鉴于这种还原反应，常常在焊料与陶瓷表面的交界处出现一层浅蓝色的过渡层。

活性钎焊是连接陶瓷和金属最常用的钎焊方法，高温活性钎焊是活性钎焊中较为重要而又有待深入研究的一种，要获得具有优异高温性能的接头，对高温活性钎料合金提出了更高的要求，活性钎焊应用最成功的是在 Ag-Cu 共晶中添加 Ti 制成的 Ag-Cu-Ti 合金系钎料，加入活性元素钛，能显著降低其对陶瓷的润湿角，Ag-Cu-Ti 活性钎料法由于具有被焊陶瓷与金属不需加压、在较低温度下（800~900℃）一次加热即可焊接成功的优点，被广泛应用于 Al_2O_3、AlN、BN 和 Si_3N_4 等陶瓷与金属的接合中。如 Al_2O_3 绝缘套筒与不锈钢的封接、宝石与金属的封接、AlN 陶瓷封装中陶瓷金属化及封接、CVDBN 输能窗的气密封接以及 Si_3N_4 刀具与不锈钢的封接等。其中的 Ti 可以以多种方式引入，如涂覆 Ti 粉、真空镀 Ti 膜、夹 Ti 箔，或直接制成 Ag-Cu-Ti 活性合金焊料，甚至直接以 Ti 材料为焊接金属。

复合钎料是在钎料中加入一定体积比的作为增强相的陶瓷颗粒或纤维，以提高钎料的强度，同时降低其热膨胀系数，实现陶瓷与金属接头的匹配，达到降低残余应力，提高接头强度的目的。利用 Ag-Cu-Ti-Al_2O_3 复合钎料对陶瓷进行钎焊连接，在合适的钎焊工艺条件下，钎料基体对陶瓷母体以及陶瓷颗粒增强相都能很好地润湿，从而焊接出接合良好的钎焊接头；Ag-Cu-Ti 加 TiN 陶瓷颗粒作为复合钎料半固态连接陶瓷提高强度的方法，连接的 Si_3N_4 陶瓷接头强度可以提高 20%。在碱蒸气蓝宝石灯泡中，可采用钒钛锆系焊料，在 1300℃下可熔成流体，得到较好的活化反应焊封。对含 99.5%BeO 的瓷和含 1% 锆的金属铌之间的焊封，可采用 76Zr-19Nb-6Be 系活化焊料，在 1085℃下进行焊封，此时，在 BeO 表面形成一层 50~70μm 厚的、软的富锆过渡层，有利于缓和热冲击作用；而在靠近金属铌表面的一侧，则生成一层硬质的共熔物过渡层。

由于陶瓷表面粒界附近结构的活性特别大，故焊料金属的活化作用在那里必然反应特别灵敏。所以必须严格控制焊封的温度和时间，以防止焊料对瓷件的过分侵蚀，才能保证必要的焊封质量。同时，焊料金属是对氧特别活泼的金属，能从稳定的氧化物瓷中夺取氧，所以活化金属焊接工艺必须在高度真空下进行，通常真空度必须高于 10^{-4}Pa。对于大型工件来说，是非常麻烦且难以实现的。因此，这种工艺至今未得到广泛的应用。

6.4.4 封接的结构形式

应用于电子元器件中的陶瓷—金属的封接，虽然种类繁多，形式不一，但就基本结构而言，不外乎对封、压封、穿封三种，如图 6-13 所示。如果元件本身结构比较简单，则可以使用其中一种，如小型密封电阻、电容、电路、基片等。如元器件本身比较复杂，则可能由其中的 2~3 种形式组合而成，如穿心式电容器、陶瓷绝缘子、真空电容器等。

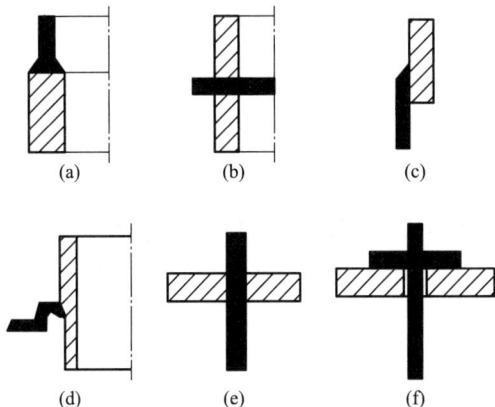

图 6-13　陶瓷—金属封接的主要结构形式

（a）端头对封　（b）夹层对封　（c）外压封　（d）斜压封　（e）实心穿封　（f）垫压穿封

（黑色表示金属部分，斜线表示陶瓷）

1. 对封

对封是通过焊封将金属直接平焊于金属化后的陶瓷端面上。如图 6-13（a）、（b）所示，这是一种工艺上最简单、最方便的封接方法。其实，图 6-13（b）是一种夹层封接法，应力是均衡的。图 6-13（a）瓷件在一边则不均衡，如金属件不太厚时，这样也能很好地工作；如金属件过薄，则不宜直接对封，应改用如图 6-13（c）的方式。

2. 压封

由于陶瓷的抗压强度远大于其抗张强度，故当陶瓷与线膨胀系数大的金属（如银、铜、铁、镍等）焊封时，应采用如图 6-13（c）所示的外压封，即金属件在外，瓷件在内，加热焊接时，金属套在瓷件外，冷却过程中金属能够将瓷件箍紧，可保证足够的强度及气密性。图 6-13（d）是图（c）的一种改进，这样设计，不仅可以大大降低焊接前后配合加工的精度要求，而且可以使金属件与瓷体间保持一定的弹性结合，使这种封接能在更大的温度范围内工作，并能承受更大的热冲击作用。

3. 穿封

当穿过瓷件的金属件的直径较细，例如不大于 1cm 时，可以直接采用如

图 6-13（e）所示的实心穿封。由于线径小，其膨胀累计值不大，金属有较好的形变能力，故不容易使瓷件炸裂；但金属件较粗，而与瓷件的线膨胀系数又相差较大时，则有瓷件胀破之虑。所以应改用如图 6-13（f）所示垫压穿封。瓷件孔径较大，与金属件之间留有空隙，如将金属压片制成波纹型，则还可以承受更大的热变化。

很明显，常见的穿心式电容器或绝缘套管等，其焊封方法是由图 6-13（c）和（e）或图 6-13（d）和（f）组合而成的。而在 Al_2O_3 瓷管绝缘的大功率真空可变电容器中，由于结构比较复杂，气密性要求高，还要使片距可调，故差不多 3 种焊封方式都已用上。

6.5 发展中的陶瓷表面改性新技术

6.5.1 激光诱导化学沉积

激光诱导化学沉积在薄膜制备、电子学、集成电路的制造等领域具有广阔的应用前景，因而引起有关学者的普遍重视。1979 年，R.J.VonGutfeld 等人在电化学实验中，引入激光作为诱导光源，实验结果发现：在受激光辐照的微区内，沉积速度明显加快，高出 2～3 个数量级，且镀覆面积大小可控。实验还探讨了有关激光诱导作用机理，成功地实现了 Au、Cu、Ni 等金属的局域镀覆（镀斑直径约为 0.05cm、镀覆速度为 10μm/s），从而发展了一种新型的激光诱导无需掩膜的表面镀覆技术。国内外有关学者也相继开展了激光诱导液相化学局域沉积金属薄膜、金属线（微米至厘米盘级）的研究。

以普通陶瓷为基体，经过清洗、粗化、敏化、活化处理后直接浸入镀液中，诱导光源（10795nmNd：YAP 激光）通过聚焦直接照射到基体表面上，其光斑直径在 100～200μm 范围内可控。

结果表明：激光诱导化学沉积与普通化学沉积相比，所形成的膜层平坦光滑，颗粒分布均匀、致密。成膜的质量和沉积速度依赖于镀液的组分、浓度、反应生成金属镍的分布、基体表面的处理条件以及激光的工艺参数（激光功率、辐照时间等）。利用轮廓仪分析镀斑的厚度在径向 r（基体表面 XY）方向上呈类高斯分布（镀斑中心有最大的厚度，然后沿着径向逐渐减小）。当激光功率 $P=15W$，辐照时间 $t=10min$ 时，中心厚度 $d=54.5μm$，且对应中心的厚度和镀斑面积随着激光功率、辐照时间的增加而增大。当激光功率为 15W，辐照时间为 18min 时，中心厚度为 82μm，与普通化学镀（一般为 2m/h）相比，其沉积速度高出 100 多倍。但沉积速度太快，一方面造成镀层比较疏松；

另一方面会造成 $Ni(OH)_2$，沉淀，影响镀层的纯度及与基体的结合力。

6.5.2　准分子激光照射技术

近年来的研究结果表明，准分子激光照射技术是用于陶瓷材料表面改性的一种有效方法。用准分子激光照射陶瓷材料，可以引起表面形貌、结构及化学组成的改变，使陶瓷材料的表面导电性、催化活性、抗弯强度等性能得到提高。

选用热压烧结的 Al_2O_3-SiC 纳米复合陶瓷（α-$Al_2O_3$94%，纳米 SiC4.5%，MgO1.5%），其中加入纳米 SiC 可以使 Al_2O_3 陶瓷的强度和韧性得到一定程度的提高。用 XeCl 准分子激光器（波长 308nm，脉宽 36ns，最大单脉冲能量 200Mj）在空气中照射事先在丙酮超声波溶液中清洗过的试样表面。

结果表明：第一，经 XeCl 准分子激光照射后，试样表面颜色变深，并且随激光能量密度的增加颜色深度增加。对激光作用前后样品表面 Al 与 O 的原子数之比进行定量测试发现，激光作用前后该比例发生了显著变化（作用前：N_{Al}/N_O=1/1.53，作用后：N_{Al}/N_O=1/1.08）。可见氧的相对含量在激光作用后显著降低，偏离了正常的化学配比，形成氧缺位，得到非化学配比组成的 Al_2O_{3-x}。颜色的改变与氧缺位有关。第二，观察扫描电镜发现，处理区形貌受激光参数影响。保持脉冲数为 30，能量密度在 $0.8 \sim 6.0J/cm^2$ 范围内。脉冲能量密度小于熔化阈值（$0.9J/cm^2$）时，表面不发生熔化，形貌没有明显改变。能量密度超过熔化阈值后，表面开始熔化，形成连续分布的熔化层，加工缺陷得到消除。并且随能量密度的增加，表面晶粒尺寸增大，粗糙度增加。能量密度大于 $2.5J/cm^2$ 后，表面完全熔化，形成光滑致密的玻璃状表面，在熔化结晶过程中，高的冷却速度造成的热应力使表面微裂纹和微气孔增加，微气孔不以簇的状态分布，而是较均匀地分布于基体中，并且随能量密度的增加，微裂纹逐渐减少。控制能量密度不变时，随脉冲数的增加，也引起表面晶粒尺寸增大。第三，用压痕法测试样表面的断裂韧性结果表明，表面处理区的韧性明显高于试样内部（可提高 20% ~ 60%）。第四，激光照射后，均匀分布于光滑致密表面上的微气孔，直径很小（小于 1μm），表观上不会明显影响材料的体积密度，这种微气孔在主裂纹尖端附近区域起着松弛部分能量的作用，相应地提高表面的断裂能和韧性。

6.5.3　离子注入

离子注入是 20 世纪 70 年代发展起来的一种新型表面改性技术。它是将所需的元素（气体或金属蒸气）通入电离室电离后形成正离子，将正离子从电离室引出进入几十至几百千伏的高压电场中加速，使其得到很高速度而注入材料表面，从而改变材料的结构和各种性能的物理过程。在高能离子束的作用下，被轰击的表面或界面区会在较低的温度条件下发生一系列的物理、化学、显微结构以及应力状态的变化，生成一层传统工艺难以得到的功能奇特的材料。离子注入具有如下特点：进入晶格的离子浓度不受热力学平衡条件的限制；注入是无热过程，可在室温或低温下进行，不引起材料热变形；注入离子的浓度和深度可用注入积分剂量及注入电压控制，注入离子的分布可用理论计算或用离子束背散射和核反应分析等方法测定；注入离子与基体间没有明显的界面，注入层不会脱落；不受合金平衡相图中固溶度的限制，能注入互不相溶的杂质，可改变陶瓷材料的表面硬度、断裂韧度、弯曲强度，能减小摩擦系数，提高耐磨性。

陶瓷材料表面断裂韧性与表面残余压应力有直接关系。当 Mo 离子注入 Al_2O_3 陶瓷表面时能产生很大的残余压应力，大剂量的注入会使注入层产生非晶化，残余应力明显释放；若继续增加注入剂量，因受射束热的影响非晶化，表面残余应力又有新的提高。因此，可以通过对注入剂量及能量的控制来改善 Al_2O_3 陶瓷表面断裂韧性。Ni 离子注入 Al_2O_3-ZrO_2 陶瓷表面的改性研究，也发现了表面残余应力对裂纹扩展起抑制作用，从而改善其断裂韧性。另外，离子注入后陶瓷表面无定形化的形成会导致在注入期积累的压应力释放。无定形化与无定形相关的体积膨胀会改变预存表面缺陷的形状和尺寸及外力作用下缺陷应力集中的程度。因为无定形化的大体积膨胀钝化表面缺陷和裂纹的边缘及尖端，甚至会闭合下表面开放的裂纹，当遇到外部压应力时可以减少表面缺陷的应力集中。

陶瓷材料的磨损率比较高，使得陶瓷制成的精密转动和滑动零件以及轴承、模具、刀具在工作时因磨损量大而达不到预期寿命。通过对不同剂量的 Mo 离子注入对 Al_2O_3 陶瓷表面摩擦学性能的影响的研究表明：随着注入量的增加摩擦系数总的趋势是增加的。

陶瓷表面弯曲强度的变化归因于表面残余压应力，表面残余压应力又与温度有关，所以注入温度和表面无定形化均对抗弯强度有影响。在相同条件下，重离子比轻离子更强烈地辐射硬化，因此 Ni 离子注入 Al_2O_3-ZrO_2 陶瓷后，其表面的力学性能有较大改变，弯曲强度增幅达 10%。单晶与多晶相比，前者表面缺陷更少，增加效果更大，所以当把 800keV 氩离子和 400keV 氮离子注入单晶和多晶 Al_2O_3 陶瓷表面上时，单晶的 Al_2O_3 弯曲强度增加幅度比多晶 Al_2O_3 陶瓷大。

关于离子注入对陶瓷硬度的影响，一般来说，低剂量注入时硬度会增大，但是剂量增到一定程度时，当陶瓷表面呈无定形化后，硬度就会急剧下降。例如，Ni 离子注入 $Al_2O_3-ZrO_2$ 陶瓷时，在注入剂量增大的初期，硬度增加得很快；在剂量达到无定形化临界值 $5 \times 10^{16} ion/cm^2$ 时，应力出现峰值，硬度的增加也达到最大值的 30%。但是，$\alpha-Al_2O_3$ 陶瓷材料低剂量离子注入强化引起的硬度增加却应归功于辐射损伤（未发生无定形化），因为高能量离子穿入靶材料，由于与靶分子准弹性碰撞失去能量直至停止，在离子附近产生大量空位和间隙，从材料表面至 Rp 深度处损伤区域晶格膨胀畸变，又受到未损伤区域原子的束缚，产生较大的表面残余应力。固溶硬化、沉淀硬化和辐射损伤导致观测到的硬化，硬度的最大值与残余应力的最大值相对应。在高剂量离子注入时，硬度会急剧下降，这是因为表层产生无定形化，无定形化与残余应力的变化有关。

陶瓷材料一般为化学性能非常稳定的化合物，是离子健与共价键结构，其表面能较低，与金属界面间是电子不连续的，电子迁移较少，因而其与金属材料的界面黏接力也相应较低，不能与金属材料形成较强的结合。离子注入可以通过提高陶瓷材料的表面能及界面黏接力和增加陶瓷材料的表面导电性来提高它与金属材料的可焊接性。表面能理论和电子结构理论认为，当陶瓷试样进行 Ni^+ 和 Ti^+ 离子注入之后，不但可以与不锈钢进行非活化焊接，而且焊接试样的最高剪切强度分别达到了 22MPa 和 23MPa。

6.5.4　等离子喷涂

等离子体是由带电粒子（包括自由电子、正负离子）和中性粒子（包括中性分子或原子）和碰撞产生的分子碎片（含自由原子团）组成的，在整体上呈现为近似电中性的电离气体。它适应一般的气体定律，但与一般气体有很大的区别，如普通气体中的离子做杂乱无章的热运动，而等离子体除热运动以外，还会产生等离子震荡，在外场中产生辐射等。因此，等离子体是一种电离的气态物质，被称为物质第四态。等离子体中存在具有一定能量分布的电子、离子和中性粒子，在与材料表面撞击时会将自己的能量传递给材料表面的原子或分子，产生一系列物理、化学反应。一些粒子还会注入到材料表面引起级联碰撞、喷射、激发、重排、异构、缺陷、晶化或非晶化，从而改变材料的表面性能，一般可提高材料表面的强度、硬度、耐磨性或抗腐蚀性。

等离子体喷涂的主要工艺过程为：气体进入电极腔内，被电弧加热离解成电子和离子的平衡混合物，形成等离子体。通过喷嘴时急剧膨胀形成亚音速或超音速的等离子流，先驱母体被加热熔化，有时还与等离子体发生复杂的化学反应，随后被雾化成细小的熔滴，喷涂到基体上，快速冷却固结，形成沉积层。

和陶瓷有关联的等离子喷涂包括两个方面：一是在金属或其他基体上喷涂陶瓷涂层，二是在陶瓷基体上喷涂其他涂层。近年来，以金属为基底的陶瓷涂层发展很快，在金属基底上涂陶瓷涂层能把陶瓷材料的特点和金属材料的特点有机地结合起来，使材料兼有金属的强韧性、可加工性等特性及陶瓷的绝缘性、耐高温、耐磨损及耐腐蚀等性能。在 45 号钢表面喷涂 Al_2O_3、Al_2O_3-TiO_2、TiO_2、ZrO_2-Y_2O_3 四种陶瓷涂层表明，表面硬度达到 70~90HR，Al_2O_3 涂层的耐磨性最好，TiO_2 涂层的结合强度较高。以陶瓷为基体的等离子喷涂主要用于生物陶瓷方面，作为陶瓷复合骨内种植体。以氮化硅为基体，表面喷涂羟基磷石灰涂层，涂层结合强度高达 23.60MPa，羟基磷石灰经喷涂和后处理，表面呈熔合状态并有明显的贯通孔道，有利于骨组织的长入，是一种很有潜力的生物陶瓷材料。

6.5.5 离子镀

离子镀是在真空条件下，利用气体放电使气体或蒸发物质部分离化，在气体离子或被蒸发的物质离子轰击作用的同时把蒸发物质或其反应物沉积在工件表面。离子镀具有附着力强、绕射性好、镀层质量好、可镀材料广泛、离化率高等优点，离子镀在近年发展很快，由电子束离子镀、空心阴极放电离子镀、激励射频法离子镀到电弧放电真空离子镀及多弧真空离子镀，离子镀的效率提高了很多。离子镀在陶瓷上最广泛的应用是在刀具上涂镀 TiN、TiC 等超硬膜层，用多弧离子镀沉积到刀具上的 TiN 薄膜，硬度可达 200HV 以上，刀具寿命提高到原来的 3~10 倍，生产效率可提高 40%。等离子体增强磁控溅射离子镀（PEMSIP）是在磁控溅射离子镀（MSIP）技术基础上研究开发的一种新型 PVD 刀具涂层技术，PEMSIP 中的电子发射源和活化源使电子数量和动能增加，电子与中性粒子的碰撞概率也随之增加，因此增加了等离子体的密度，使进入基片阴极鞘层和沉积到基片表面上的正离子数量增加，在阴极鞘层中被加速的二次电子的有效碰撞进一步提高了离化率，强化了离子镀效应，沉积的 TIN 涂层与膜层之间存在 50nm 厚的过渡层，使膜与基体之间的结合力强，膜层硬度高。

6.5.6 低温等离子体表面改性

低温等离子体主要用于处理陶瓷纤维和粉体，在其表面形成一层有机聚合物，能够增强陶瓷材料与有机体的相容性，用于注射成型或制备复合材料。低温等离子体用于陶瓷粉体表面处理可有以下两种方法：一是压迫能够聚合气体的等离子对粉体进行表面处理，在粉体表面形成聚合薄膜；二是等离子体活化粉体表面，通入烯类气体，以粉体表面的活性自由基引发接枝聚合。

6.5.7　等离子体辅助化学气相沉积

化学气相沉积（CVD）是一种较好的生产硬质膜的方法，广泛应用于切削刀具，并且能对具有复杂形状的工件进行镀膜。但这种方法需要很高的基体温度，限制了 CVD 的应用。与 CVD 方法比较，物理气相沉积（PVD）方法的主要优点是成膜温度低，一般在 500℃以下，而且不需要后续热处理，但是 PVD 法很难在复杂形状的工具上得到均匀的膜。将 CVD 和 PVD 两者相结合导致了等离子体辅助化学气相沉积（PACVD）方法的产生。叠加在 CVD 成膜系统中的等离子体在降低成膜温度的同时也减少了成膜的方向性。其主要工艺是：直流电等离子体炬产生的高温、高速等离子体射流撞击到冷的基体上，炬管出口附近的温度超过 10^4K，进入等离子体的原料快速气化，并由于等离子体射流的高速度（可高达 100m/s）而加速冲向基体，在冷基体的表面形成沉积层。除了直流等离子体射流外，射频、微波和复合型等离子体也得到了应用。利用 CO_2 激光辅助等离子体激励式化学气相沉积系统在硅基片上沉积出非晶型含氢较低的氮化硅薄膜，这些薄膜的致密性及平整度良好，其抗腐蚀性亦明显提高。利用 PACVD 沉积 Si_3N_4-SiC 混合薄膜的研究发现，这种薄膜是非晶态的，Si_3N_4 或 SiC 不发生聚集，而在不同的实验条件下形成一系列的 SiN_xC_y 的化合物，用常规的陶瓷技术不可能做到这点。PACVD 技术也可用来制备陶瓷材料（如 SiC）的超微粉。这种技术目前研究的重点主要集中在三个方面：边界和基体表面化学反应情况；控制镀膜的结构和质量；镀膜的生长速率和附着率。

6.5.8　脉冲高能量等离子体表面改性

脉冲高能量等离子体是一种脉冲等离子能量束，主要由充、放电系统和等离子体枪组成。如脉冲电子束、脉冲激光束等一样，它也在材料科学中有广泛的应用。相比之下脉冲高能量等离子体不仅可以在室温下把高能量传递给材料，同时在材料表面注入大量离子，所以脉冲等离子体应用于表面改性有着特殊的意义。脉冲高能量等离子体通过电容对内、外电极充上适当的电压，当脉冲气体由枪的尾部快速冲入时，气体产生自击穿而电离产生等离子体鞘，同时，一个大电流通过等离子体。在总电流强度一定的条件下，由于电极表面相对较小，则流过内电极表面的电流密度很大，它必将引起内电极材料的蒸发与溅射，因而脉冲高能量等离子体中包含内电极材料的粒子（含离子）。当等离子体轰击到样品时，其表面的瞬间作用产生高压和高温，使样品表面处于熔融状态，等离子体在样品表面发生离子注入与沉积。

被加速的等离子体气团作用在样品表面，并与样品材料相互作用，使得表面形成一层与基体性质和结构不同的薄膜材料，得到改性表面。沉积膜的组成可以通过技术参数来改变，这是它不同于其他等离子体表面改性技术的一个新的特点。此技术相对于其他成膜方法具有明显优势，其设备简单，操作方便，适于一般工业性生产开发利用，等离子能量密度高、成膜速度快、沉积膜和基体间附着力强，且可根据需要选取工作电极和工作气体，并可在室温下工作。

扩展阅读

随着电子技术的不断发展，功率型电子产品朝着大功率与轻型化方向发展的一个很大的瓶颈就是散热问题。在功率型电子元器件内部会不断的产生热量积累，使得芯片温度逐步升高并产生热应力，进而引发寿命等一系列可靠性问题。散热基板在功率型电子元器件的封装应用承担着电气连接和机械支撑等功能和热量传输的作用。所以对功率型电子器件而言，解决散热问题对其封装基板具有较高的要求，如较高的导热性、绝缘性与耐热性，以及较高的强度和与芯片相匹配的热膨胀系数。目前市面上常见的散热基板以金属基板和陶瓷基板为主。金属基板因受限于导热绝缘层极低的导热系数，难以适应功率型电子元器件的发展要求。而陶瓷基板作为新兴的散热材料，其导热率与绝缘性等综合性能是普通金属基板所无法比拟的，而陶瓷基板表面金属化是决定其实际应用的重要前提。

陶瓷基板在烧结成型之后，对其表面金属化，通过影像转移的方法完成表面图形的制作，以实现陶瓷基板的电气连接性能。表面金属化对陶瓷基板的制作而言是至关重要的一环，这是因为金属在高温下对陶瓷表面的润湿能力决定了金属与陶瓷之间的结合力，良好的结合力是 LED 封装性能稳定性的重要保证。因此，如何在陶瓷表面实施金属化并改善二者之间的结合力成为众多科技人员研究的重点。目前，陶瓷表面常见的金属化方法大致可以分为共烧法、厚膜法、直接敷铜法、直接敷铝法及薄膜法等几种形式。

共烧法是共烧多层陶瓷基板因利用厚膜技术将信号线、微细线等无源元件埋入基板中能够满足集成电路的诸多要求。厚膜法是指采用丝网印刷的方式，将导电浆料直接涂布在陶瓷基体上，然后经高温烧结使金属层牢固附着于陶瓷基体上的制作工艺。由于技术成熟、工艺简单、成本较低，TFC 在对图形精度要求不高的 LED 封装中得到一定应用。TFC 因存在着图形精准度低、镀层稳定性易受浆料均匀性影响、线面平整度不佳及附着力不易控制等缺点，使其应用范围受到了一定的限制。直接敷铜法是在陶瓷表面键合铜箔的一种金属化方法，它是随着板上芯片封装技术的兴起而发展出来的一种新型工艺。铜箔具有良好的导电及导热性能，而氧化铝不仅具有导热性能好、绝缘性强、可靠性高等优点，还能有效地控制 Cu-Al$_2$O$_3$-Cu 复合体的膨胀，使陶瓷基板具有近似氧化铝的热膨胀系数，现已广泛地应用于 IGBT、LD 和 CPV 等的封装散热管理中。直接敷铝法是利用铝在液态下对陶瓷有着较好的润湿性以实现二者的敷接。当温度升至 660℃以上时，固态铝发生液化，当液态铝润湿陶瓷表面后，随着温度的降低，铝直接在陶瓷表面提供的晶核结晶生长，冷却到室温实现两者的结合。对氧含量有严格的限制，直接敷铝法对设备和工艺控制要求较高，基板制作成本较高。且表面键合铝厚度一般在 100 μm 以上，不适合精细线路的制作，其推广和应用也因此而受限。薄膜法是主要采用物理气相沉积等技术在陶瓷表面形成金属层，再采用掩膜、刻蚀等操作形成金属电路层的工艺过程。

散热是功率型电子元器件发展过程中的关键技术问题。鉴于大功率、小尺寸、轻型化已经成为未来功率型电子元器件封装的发展趋势，陶瓷基板除了具有优异的导热特性之外，还具备较好的绝缘、耐热、耐压能力及与芯片良好的热匹配性能，已成为中、高端功率型电子元器件封装散热之首选。陶瓷基板表面金属化工艺是实现陶瓷在功率型电子元器件封装中使用的重要环节，金属化方法决定了陶瓷基板的性能、制造成本、产品良率与使用范围。

参考文献

[1] FAALAND S, EINARSRUD M A, GRANDE T. Reactions between Calcium- and Strontium-Substituted Lanthanum Cobaltite Ceramic Membranes and Calcium Silicate Sealing Materials [J]. Chemistry of Materials, 2001, 13 (3): 723-732.

[2] HONGLONG N, ZHITING G, JUSHENG M, et al. Research of electroplating Cu on pretreatment ceramic substrates. Rare Metal Materials and engineering, 2004, 33 (3): 321-323.

[3] SHACHAMDIAMAND Y, OSAKA T, OKINAKA Y, et al. 30 years of electroless plating for semiconductor and polymer micro-systems. Microelectronic Engineering, (2015): 35-45.

[4] GOMEZ H C, CARDOSO R M, et al. Fab on a Package: LTCC Microfluidic Devices Applied to Chemical Process Miniaturization. Micromachines, 2018.

[5] 刘丽斌, 马越, 于琦, 等. 孔隙对陶瓷涂层绝缘性能的影响及处理 [J]. 轴承, 2019 (4): 30-32.

[6] 于开坤, 张冠军, 穆海宝, 等. 表面处理对可加工陶瓷真空沿面闪络特性的影响 [J]. 电工技术学报, 2012, 27 (5): 115-120.

［7］丁仕燕，徐家文，干为民，等．数控超声磨削陶瓷直纹面前／后置处理设计
［J］．现代制造工程，2010（9）：45-48.

［8］马廉洁，娄琳，于爱兵．氟金云母陶瓷钻削刀具磨损特性的研究［J］．工具技术，2006（12）：26-29.

［9］郭志强，高泊依，王银根，等．在普通车床上完成内齿圈的热后加工［J］．拖拉机与农用运输车，2008（4）：113-114.

［10］ODESHI A G，MUCHA H，WIELAGE B．Manufacture and characterisation of a low cost carbon fibre reinforced C/SiC dual matrix composite［J］．Carbon，2006，44（10）：1994-2001.

［11］BO Z，JIANG G，QI H．Joining aluminum sheets with conductive ceramic films by ultrasonic nanowelding［J］．Ceramics International，2016，42（7）：8098-8101.

［12］程海东，马小刚，韩冰，等．振动辅助磁针磁力研磨法对管件焊缝表面氧化皮的去除实验［J］．表面技术，2022，51（08）：400-407.

［13］淮文博，史耀耀，李余峰，等．柔性抛光对叶片表面波纹度影响机制研究［J］．现代制造工程，2022（10）：80-86.

［14］叶卉，李晓峰，崔壮壮，等．熔石英玻璃高效低缺陷磁辅助抛光［J］．光学精密工程，2022，30（15）：1857-1867.

［15］李林虎，王龙，何东昱，等．硬脆材料磨削加工崩碎损伤控制措施研究进展［J］．工具技术，2022，56（8）：10-18.

［16］陈冰，王健，焦浩文，等．碳纤维陶瓷基复合材料的磨削加工研究进展［J］．宇航材料工艺，2022，52（3）：12-23.

［17］邵梦博，陈博川，高晓星，等．小直径磨棒磨削加工 TiC 颗粒增强钢基复合材料 GT35［J］．金刚石与磨料磨具工程，2022，42（3）：338-347.

［18］孙增光，王运生，姜立平，等．工业陶瓷超声辅助加工技术研究［J］．现代技术陶瓷，2022，43（2）：138-150.

［19］刘露，杨泽南，李俊杰，等．电火花加工气膜冷却孔重熔层的研究进展［J］．铸造技术，2022，43（10）：856-862.

［20］赵智，翟付纲，龙金，等．去离子水冲液振动辅助电火花加工 TC4 极性研究［J］．电加工与模具，2022（5）：17-22.

［21］刘宇，刘国鹏，曲嘉伟，等．电火花加工中热爆炸力对材料抛出过程影响的仿真研究［J］．机电工程技术，2022，51（8）：6-9.

［22］冯冲，倪皓，孙艺嘉，等．超声振动复合电火花小孔加工系统设计及试验［J］．光学精密工程，2022，30（14）：1694-1703.

［23］龚西鹏，杨廷毅，白雪，等．充磁与未充磁烧结钕铁硼电火花加工对比试验研究［J］．现代制造工程，2021（8）：101-106.

［24］张红玉，许海鹰，路开通，等.基于背散射电子的电子束加工过程在线观测系统研制［J］.航空制造技术，2021，64（3）：70-75.

［25］祁正伟，刘海浪，余志彪，等.电子束加工温度场的模拟现状与发展趋势［J］.热加工工艺，2017，46（11）：17-20.

［26］WANG C，JIANG H，CHEN C，et al. A submerged catalysis/membrane filtration system for hydrogenolysis of glycerol to 1，2-propanediol over Cu-ZnO catalyst［J］.Journal of Membrane Science，2015，489：135-143.

［27］孙灵鑫，崔红，余惠琴.碳纳米管纤维及其表面金属化研究进展［J］.高科技纤维与应用，2022，47（2）：49-55.

［28］刘宏辉.化学镀银在材料表面金属化中的应用解析［J］.天津化工,2021,35（3）：68-69.

［29］王振军，何汉辉，李微，等.表面金属化对微半球陀螺品质因数影响研究［J］.传感器与微系统，2019，38（9）：6-8.

［30］李晋禹，张明军，胡永乐，等.Ni-Cr合金钎料激光钎焊金刚石表面金属化［J］.激光技术，2020，44（1）：26-31.

［31］秦典成，李保忠，肖永龙，等.陶瓷基板表面金属化研究现状与发展趋势［J］.材料导报，2017，31（S2）：277-281.

［32］俞东瑞，胡恩柱，胡献国，等.表面金属化稻壳基陶瓷颗粒制备及其摩擦学性能研究［J］.功能材料，2017，48（4）：4179-4183.

［33］郑重，张恒超，黄刚，等.飞秒激光加工对铝合金表面浸润性的影响［J/OL］.热加工工艺：1-8.

［34］魏小红，路超，肖梦智，等.刀剪激光加工现状及发展趋势［J］.电焊机，2022，52（9）：18-24.

［35］朱学明，林彬，李占杰，等.用于旋转超声波加工的非接触电能传输耦合器的优化设计［J］.机床与液压，2021，49（7）：84-88.

［36］叶钰，高金燕，陈红兵，等.超声波加工对蛋清蛋白质结构和凝胶特性的影响［J］.食品科学，2018，39（21）：45-52.

［37］徐圆圆.陶瓷修复过程中金属材料加工和封接技术［J］.铸造，2022，71（5）：667.

［38］仇天琳，张德库，熊煜婷，等.基于陶瓷表面化学镀镍的6061铝合金-Al$_2$O$_3$封接工艺［J］.机械制造与自动化，2020，49（3）：51-52.

［39］韦俊，刘志宏，李波，等.大口径氧化铝陶瓷与不锈钢材料的封接及其真空检漏［J］.真空，2018，55（5）：62-65.

［40］旷峰华，任瑞康，李自金，等.陶瓷-金属针封开裂问题研究［J］.真空电子技术，2015（5）：52-57.

第 7 章

陶瓷产业现状

中国是陶瓷生产古国，也是世界陶瓷生产和出口第一大国，为世界陶瓷产业的发展做出了巨大的贡献。陶瓷作为人民生活必不可少的日用品，其中蕴含着许多可供挖掘的中国文化和工匠精神等思政元素，在教学中培养学生在日后实际工程中的思想政治觉悟和意识，方可为社会输送越来越多的高素质全面型人才。国内优秀的材料学科方面科研团队在国内外先进陶瓷材料领域的领先地位、创新性的研究成果以及在国家重点工程上的实践应用，树立了榜样，体现了开拓创新、刻苦钻研和淡泊名利的科学家精神，以及坚定投身科研报国的信念，他们推动了我国先进陶瓷材料向规模化、应用化、高端化发展，不断地缩小与国际先进水平的差距。

结合当前国际形势，本章将介绍相关发达国家在高性能陶瓷纤维、半导体芯片等领域对我国的技术限制，通过重点介绍在陶瓷材料领域中的"卡脖子"关键技术，使同学们认识到核心技术是国之重器，其受制于人是我们最大的隐患，而真正的核心技术是花钱买不来、市场换不到的。这要求同学们要有时代的紧迫感和使命感，树立危机意识和大局意识，逐步建立起居安思危、自力更生、奋勇拼搏的伟大民族精神。同学们要弘扬热爱祖国、无私奉献、自力更生、艰苦奋斗、大力协同、勇攀高峰的"两弹一星"精神；特别能吃苦、特别能战斗、特别能攻关、特别能奉献的"载人航天"精神。

7.1 现代陶瓷材料与陶瓷工业

7.1.1 现代陶瓷材料

现代陶瓷材料是用于现代工业及尖端科学技术领域的陶瓷制品，包括结构陶瓷和功能陶瓷。结构陶瓷用于耐磨损、高强度、耐高温、耐热冲击、硬质、高刚性、低膨胀、隔热等场所。功能陶瓷是指包括电磁功能、光学功能、生物功能、核功能及其他功能的陶瓷材料。

按照应用的角度，现代陶瓷可以大致划分如下几类：

1. 结构陶瓷

这类陶瓷主要是发挥材料的机械、热、化学等效能的一类先进陶瓷，用来制造装置的零部件、小电容量的电容器、绝缘子、电感线圈骨架、电子管插座、电阻基体、电真空器件和集成电路基片等。

2. 超导陶瓷

超导陶瓷是指具有超导性的陶瓷材料。其主要特性是在一定临界温度下电阻为零即所谓零阻现象。在磁场中其磁感应强度为零，即抗磁现象或称迈斯纳效应。这类陶瓷主要用来制造无电阻损耗的输电线路、超导电机、超导探测器、超导天线、悬浮轴承、混频器、超导磁能存储系统、超导电磁推进系统、超导量子干涉计、超导陀螺以及超导计算机等。

3. 压电陶瓷

压电陶瓷，一种能够将机械能和电能互相转换的功能陶瓷材料，属于无机非金属材料。这是一种具有压电效应的材料。所谓压电效应是指某些介质在力的作用下，产生形变，引起介质表面带电，这是正压电效应。反之，施加激励电场，介质将产生机械变形，称为逆压电效应。这种奇妙的效应已经被科学家应用在与人们生活密切相关的许多领域，以实现能量转换、传感、驱动、频率控制等功能。

4. 磁性陶瓷

磁性陶瓷是指由铁、钴、镍、部分稀土族金属氧化物，或其合金所组成的具有磁性的材料。氧化物系磁性材料为磁性机能优秀的精密陶瓷，所以称为磁性陶瓷材料或磁性陶瓷更能表示材料的特质。有磁性的物质很多，但是由于陶瓷所具有的磁性强度是别的材料所难以比拟的，因此大量地被用在制作电感或动态情况下运用，并适合制造体积较小的元件。

5. 生物陶瓷

随着陶瓷材料在生物医用方面的研究和应用，在材料学和临床医学上确立了"生物陶瓷"这一术语。生物陶瓷材料一般是指与人体相关的陶瓷材料，即通过植入人体或与人体组织直接接触，使机体功能得以恢复或增强的陶瓷材料。生物陶瓷材料用于人体器官替代、修补及外科矫形手术，特别适合用作人体硬组织如骨和齿的替换及修补材料。

6. 半导体陶瓷

半导体陶瓷是指具有半导体特性、电导率在 $10^{-6} \sim 10^{5} \text{S/m}$ 的陶瓷。半导体陶瓷的电导率因外界条件（温度、光照、电场、气氛和温度等）的变化而发生显著的变化，因此可以将外界环境的物理量变化转变为电信号，制成各种用途的敏感元件。

7.1.2 陶瓷工业

陶瓷产业是指从事陶器和瓷器及其上游原材料和下游衍生产品等生产经营的活动。我国是陶瓷产业大国也是最早进行陶瓷生产的国家。考古证实中国人早在新石器时代（约公元前 8000 年）就发明了陶器。原始社会晚期出现的农业生产使中国人的祖先过上了比较固定的生活，客观上刺激了陶器的需求。人们为了提高生活质量，逐渐通过烧制黏土制作出了陶器。

1. 狭义陶瓷工业

陶瓷工业的狭义范围系指传统的陶瓷制品，也称古典陶瓷，所用的原料全部或部分用黏土构成，制造过程中，经过成型、干燥、烧成的步骤，达到产品应有的强度。坯体包括构成骨干的黏土与外层披覆的釉料。黏土由具有可塑性的天然无机物组成，是陶瓷器的必要因素；釉料则由非可塑性的玻璃相的物质构成，为非必要因素。一般我们所称的陶瓷器，是指砖、瓦、花瓶、碗、盘、卫生设备等。只是狭义陶瓷工业的范围并不包含玻璃及水泥制品。

2. 广义陶瓷工业

凡是"硅酸盐工业"的制造生产过程均属广义陶瓷工业的范围，包含陶瓷原料（黏土、长石、石英等）及玻璃、水泥、珐琅、耐火材料。除此之外，研磨材料、氧化物陶瓷（例如氧化铝、氧化锆制品）、电子材料（例如氧铁磁体、钛酸钡）等工业亦属本定义。其特点是以无机非金属物质为原料，在使用或制造过程中需经过高温（540℃呈微红火色以上）烧成的成品或材料。

7.2 陶瓷产业机遇与挑战

7.2.1 我国陶瓷产业面临的机遇

1. 国际市场要求

加入世贸组织将迫使陶瓷企业按照国际市场要求调整产业结构。在公平竞争的环境中陶瓷企业参与国际分工和协作，淘汰落后的产品、工艺设备及企业，改变陶瓷产业目前供过于求、大而不强的现状，实现陶瓷产业的可持续发展。

2. 国际贸易环境

根据世贸组织的非歧视原则、无条件多边最惠国待遇以及对发展中国家的特殊优惠条件，入世后中国与世贸组织中的 142 个成员国和地区进行交往时，可以享受其他国家和地区关税和非关税减让的好处，国际贸易环境得到了进一步改善，这将有利于扩大劳动密集型和资源密集型日用陶瓷和建筑、卫生陶瓷产品的出口。陶瓷产业只要进一步改善品种结构，优化产品质量，就可进一步扩大出口，拉动经济增长。

3. 国内投资环境

我国陶瓷原料丰富，劳动力价格低廉，外商投资能大大降低生产成本，陶瓷产品在国际市场上有很大的价格优势，因此，加入世贸组织后随着法律透明性和投资环境改善，能形成新的吸引外资优势，从而为外商来华投资陶瓷业、实现跨国经营打开广阔的通道。

4. 现代企业制度

同世界陶瓷发达国家相比，中国陶瓷产业仍普遍存在设备落后、管理水平低下、信息不灵等问题。入世后要求陶瓷企业按照国际上通行的商业规则运行，建立适应市场经济竞争的现代企业制度，进一步完善企业的管理体制和经营机制，促进企业经营效率的改善和国际竞争力的提高。

5. 国外优质原材料

我国陶瓷产业同国外相比，专业化程度低，陶瓷原料质量较差。加入世贸组织后，我国进口中间产品和原材料的关税降低，陶瓷企业可利用国外优质的原材料来提高陶瓷产品的质量、档次及国际竞争力。

7.2.2 我国陶瓷产业面临的挑战

1. 世界陶瓷强国的优势

陶瓷工业比较发达的国家和地区，拥有一批规模较大、品牌卓著的现代陶瓷生产企业或大型陶瓷集团公司，这些企业拥有雄厚的资本、完善的市场运行机制、营销策略、管理经验和先进的技术设备，既有国际资源生产与开发能力，又有销售网络连锁店，在生产技术、基础研究和质量控制等方面都优于中国，使其在国际陶瓷市场上具有很强竞争力。他们凭借这些优势竞相采用现代技术研究陶瓷，抢占国际陶瓷市场制高点，引导国际陶瓷市场潮流，在出口方面一直保持较高的比例，在与我们一起争夺国际陶瓷市场的同时，对我国建筑陶瓷行业极具威胁。我国的陶瓷业在国际上地位不高，所占市场份额为薄利低端市场，在未来激烈的国际市场竞争中处于劣势。另外，许多发展中国家和地区也开始重视陶瓷的发展，这给我国陶瓷产业也带来了很大威胁。

2. 外资陶瓷企业的涌入

目前，虽然国内陶瓷市场仍由中国陶瓷所主导，但是，国外企业的技术优势、品牌优势和资金优势决定了它们不会甘心居于下游。随着我国市场逐步开放和关税的降低，国外陶瓷企业会大量涌入，在很多领域抢占国内陶瓷市场，从而加大了对我国陶瓷市场的冲击。目前，已有多个国家和地区的品牌在我国注册，许多外资陶瓷企业已经把生产基地转移到中国，甚至开始了对中国市场的本土化研究与开发，中国陶瓷无疑将面临新的竞争压力。尤其应当注意的是，进入我国市场的国外大型陶瓷企业由于拥有雄厚的资金、先进的科研能力和管理经验，对国内企业将形成巨大的压力。如意大利、西班牙等国家的集团公司来到中国与中国名牌陶瓷厂谈论贴牌生产，都希望将玻化砖的生产基地移往中国。本世纪初世界第三大瓷砖生产商——阿联酋的 RAK 公司也强势进入我国，在广东肇庆投资建厂，在佛山设立销售总部，其雄厚的实力与独特理念，以及雄心勃勃的推进战略等均令人瞩目，他们对中国的文化特点和消费习惯有深刻的了解，同时，这些品牌在很多领域抢占国内陶瓷市场，还压制中国陶瓷在海外市场的拓展。因此，我们不可小视它们与中国陶瓷竞争市场的严重性。

3. 中小陶瓷企业的危机

我国建筑卫生陶瓷企业重复建设现象严重，规模普遍偏小，经济实力较差，许多都是"中小型"企业，这些企业自身还存在资金缺乏、技术落后、管理滞后、人才缺乏等方面的问题。资金的缺乏使这些企业难以取得现代国际企业所拥有的综合规模效应；技术的落后使得较少的企业拥有国际较先进水平的核心技术；管理经验、市场经验等的缺乏使得这些企业在面对瞬息万变的国际市场时显得难以适应。随着陶瓷行业竞争的日趋激烈，国内企业将面临国际、国内市场更加直接的竞争以及被淘汰的危机。同时，随着国际竞争的加剧，进口关税的削减和贸易壁垒的取消，将使进口的机械设备和进口原材料的成本降低。一些高档陶瓷产品可能会更多地采用进口的原材料和机械设备，从而对国内陶瓷相关企业产生一定的威胁。

4. 反倾销对我们的威胁

反倾销作为一种世界各国普遍认可和广泛接受的限制进口的手段，随着世界经济和国际贸易的发展，逐步演化成各国保护国内产业的主要工具。由于我国陶瓷产品有较强的价格竞争优势，随着经济的发展，出口增长较快而且出口市场过于集中，导致我国出口产品与进口国冲突加剧。同时，由于一些企业对国际市场缺乏必要了解，信息不畅，再加上一些国家的贸易歧视等，从而导致一些国家滥用反倾销措施。遭受国外提起的反倾销诉讼后又需要支付高额的律师费等，造成国内许多企业不敢应诉或应诉不力，使我国陶瓷的出口遭受很大打击。2017年11月23日，欧盟委员会发布公告称，对原产于中国的瓷砖（Ceramic Tiles）作出反倾销日落复审终裁，裁定若取消反倾销措施，涉案产品的倾销以及该倾销对欧盟产业造成的损害会继续或再度发生，因此决定继续维持对涉案产品的反倾销措施。2018年7月19日，韩国贸易委员会发布公告，对进口自中国的瓷砖（Ceramic Tiles）作出反倾销日落复审肯定性终裁，建议对涉案产品继续征收9.06%~29.41%反倾销税，有效期为3年。广东嘉俊陶瓷有限公司等21家企业涉案。2019年11月7日，美国商务部宣布对进口自中国的瓷砖（Ceramic Tile）作出反倾销肯定性初裁，初步裁定：强制应诉企业 Belite Ceramics (Anyang) Co., Ltd. 的倾销率为244.26%、Foshan Sanfi Import & Export Co., Ltd. 的倾销率为114.49%、获得单独税率的生产商/出口商倾销率为178.20%、中国其他生产商/出口商的倾销率为356.02%。

5. 技术贸易壁垒的威胁

技术贸易壁垒是我国陶瓷产品出口遭遇的又一障碍，其危害远远超过反倾销。许多国家，特别是发达国家，为了保护本国的利益不受损害，往往善于凭借自身的技术及经济优势，通过制定苛刻的技术标准、技术法规和技术认证制度等设置技术壁垒，阻止他国向其出口陶瓷产品，将我国陶瓷产品拒之门外。这些技术壁垒由于其隐蔽性强、透明度低和不易监督等特点成为阻碍自由贸易的温柔陷阱。由于陶瓷在国际上尚未形成统一的检测标准，我国的陶瓷生产销售方式越来越不适应世界各国的不同需求，国产陶瓷缺乏与国际接轨的质量标准，这是国内陶瓷进入国际市场的最大障碍。严格的包装和标签的要求也是我国日用陶瓷行业所面临的一道壁垒。近年来，世界上越来越多的国家和区域对产品的包装和标签的安全、环保、卫生和循环使用等方面要求也越来越苛刻。对包装的材料、几何形状、尺寸、颜色、重量等做出了细致入微甚至别出心裁的规定，这不得不要求出口企业必须谙熟这些复杂的规定，才能做到心中有数，临阵不危。目前，我国日用陶瓷产品绝大部分是使用木材和稻草类纤维做的瓦楞纸版等纸质包装，具有很高的处理性和回收率，但由于其外观粗糙、安全性能差，常常受到美、日等国的责难和抵制，也有一些日用陶瓷出口企业采用泡沫塑料包装材料，但这类材料回收利用和再生性较差，需要征收较高的关税。此外，技术法规、合格性评定、标签、包装、信息技术等都成为各国对我国陶瓷出口设置技术贸易壁垒，阻碍我国陶瓷参与国际市场竞争的原因。

扩展阅读

现代陶瓷的用处甚广，从普通的日用陶瓷到有特殊性能的特种陶瓷，陶瓷产业也逐渐转向技术密集型产业，陶瓷产业的核心技术也就成为产业竞争的核心力量。

滤波器

手机主板上有1/3是属于射频电路。手机向着更轻薄、功耗更小、频段更多、带宽更大的方向发展，这就向射频芯片提出了挑战。在2018年，射频芯片市场总份额有150亿美元；其中的高端市场主要被Skyworks、Qorvo和博通3家垄断，高通也占一席之地。其中射频器件的另一个关键元件——滤波器，国内外厂商之间差距更大。中国作为世界最大的手机生产国，却造不了高端的手机射频器件，急需集中攻克这些难题，这需要材料、工艺和设计经验的踏实积累。华为5G基站国产化，陶瓷介质滤波器是未来主流，首先：陶瓷介质滤波器具备高介电常数、低损耗和体积小、功率大便于大规模集成；体积小安装也方便；其次：陶瓷介绍滤波器成本低。同时陶瓷耐腐蚀性能好；同时目前采用的是干压工艺，甚至有尝试采用注塑工艺，尺寸精度高，后续机加工的环节随着工艺成熟可以大大减少。由于生产材料为陶瓷粉末，且加工环节不需要大量数控机床，因此在介质滤波器的良率上升后，整体成本相较金属滤波器能大大降低。

锂电池隔膜

作为新能源车的"心脏"，国产锂离子电池（以下简称锂电池）目前还不够稳定。电池四大核心材料中，正负极材料、电解液均实现了国产化，但电池隔膜仍然是我们的短板。因为高端隔膜技术具有相当高的门槛，不仅要投入巨额的资金，还需要有强大的研发和生产团队、纯熟的工艺技术和高水平的生产线。高端隔膜目前依然大量依赖进口。近年来，随着我国新能源产业的快速发展和锂电池生产技术的不断提升，我国已经成为世界上最大的锂电池生产制造基地，同时也是第二大锂离子电池生产国和出口国。锂离子电池是一种二次电池（又可称为充电电池或蓄电池），隔膜是锂离子电池关键的内层组件之一，它处在电池的正负两极之间，具有隔离电子通过并且允许离子自由通过的作用，锂离子是靠在正极和负极之间移动来工作，在充放电的过程中，Li$^+$在正负两极之间往返的嵌入和脱嵌[5]：充电时，Li$^+$从正极脱嵌，然后经过电解质嵌入负极，此时负极就处于富锂子状态；放电时则与之相反。隔膜的性能不仅决定了电池的界面结构以及内阻等，还直接影响到电池的容量、循环和安全性能等特性，隔膜性能的好坏对提高电池的综合性能具有非常重要的作用。

安全性是锂电池关键性能中最重要的。只有锂电池能够达到一定的安全标准，才能真正的走向用户团体。目前陶瓷隔膜作为较佳的隔膜材料已广泛应用于锂离子电池之中，以提高电池的安全性能和使用寿命，降低自放电率。经过充分的测试验证已经得知陶瓷隔膜可以提高锂离子电池的循环性能和安全性能。其中陶瓷隔膜的主要作用是将电池的正负极隔开，防止两极间的接触导致短路。此外，它还具有让电解质离子通过的功能。另外，由于电解液是有机溶剂，隔板也必须耐有机溶剂，陶瓷隔膜的稳定性保证了它的稳定工作。陶瓷涂层隔膜显著提高了锂离子电池的耐高温性和安全性。

最后，我国自主研发的现代特种陶瓷在高精尖领域的应用，攻克了国外封锁的"卡脖子"技术的关键陶瓷材料研发与应用，激发了同学民族自豪感、科技报国的家国情怀和使命担当。科学无国界，但科学家有祖国，科学家胸怀国家和民族。我国老一辈科学家满怀"以天下为己任"投身民族振兴伟业中的先进事迹，让我们了解到我国老一辈科学家在艰苦岁月中力学笃行、无私奉献、报效祖国的崇高精神，激发了国人爱国情、强国志、报国行的情怀与信念。他们创造出的各种成就也引领着后人们的不断前行。

参考文献

[1] KUMAR A, DWIVEDI A K, NAGESH K N, et al. Circularly Polarised Dielectric Resonator based Two Port Filtenna for Millimeter-Wave 5G Communication System [J]. Iete Technical Review, 2022, 33: 758-763.

[2] DONG C, LIANG R, ZHOU Z, et al. Piezoelectric Property of PZT-based Relaxor-ferroelectric Ceramics Enhanced by Sm Doping [J]. Journal of Inorganic Materials, 2021, 48 (10): 14761-14766.

[3] LI L, WANG X, LUO W, et al. Internal-strain-controlled tungsten bronze structural ceramics for 5G millimeter-wave metamaterials [J]. Journal of Materials Chemistry C, 2021, 40: 1451-1459.

[4] OSHIMA S, MARUYAMA H. Design of Diplexer Using Surface Acoustic Wave and Multilayer Ceramic Filters with Controllable Transmission Zero [J]. Ieice Transactions on Electronics, 2021, 65 (21): 1425-1432.

[5] RONG B, LU Y, WU J, et al. Thermal degradation behavior of ceramic membrane for lithium ion batteries [J]. Chinese Journal of Power Sources, 2018, 350: 152.

[6] GAN Y, YU Z, CHEN B, et al. Highly Efficient Synthesis of Silicon Nanowires from Molten Salt Electrolysis Cell with a Ceramic Diaphragm [J]. Journal of Electronic Materials, 2021, 50: 5021-5028.

[7] GONG Q, SHEN J, XIE J. Research Progress on Processing Technology and Application of Engineering Ceramic Materials [J]. Journal of Synthetic Crystals, 2016, 394.

[8] XING S, WEN D, PAN J, et al. Special ceramics material and its application in automobile [J]. China's Ceramics, 2003, 14 (15): 4204.

[9] CHEN X, HUANG X. The Research Situation and Development Prospect of MLCC [J]. Materials Review, 2004, 18 (2): 1648-1657.

[10] ABYZOV A M. Aluminum Oxide and Alumina Ceramics (Review). Part 2. Foreign Manufacturers of Alumina Ceramics. Technologies and Research in the Field of Alumina Ceramics (1) [J]. Refractories and Industrial Ceramics, 2019, 60: 33-42.

[11] DU C, YAN Q, WEI Z. Low-Temperature fast DC Sintering Equipment for Sintering Boron Carbide Ceramics [J]. Chinese Journal of Vacuum Science and Technology, 2021, 48 (6): 1288-1295.

[12] TXL, MAO YT, XU S, et al. Heat generating analysis of high-speed hybrid ceramic ball bearing of turbocharger and efficiency [J]. Modern Manufacturing Engineering, 2011, 63: 102117.

[13] FAISAL A M, SALAUN F, GIRAUD S, et al. Far-Infrared Emission Properties and Thermogravimetric Analysis of Ceramic-Embedded Polyurethane Films [J]. Polymers, 2021, 24: 10129.

[14] YU J, CHEN L, LU Y, et al. Progress of Broadband Wave-Transparent Materials for Radome [J]. Aerospace Materials & Technology, 2013, 32: 1352-1362.

[15] LI J, YANG X, LIU H, et al. Research process of ultra high temperature ceramics modified carbon/carbon composites for ablation resistance [J]. The Chinese Journal of Nonferrous Metals, 2015, 47: 1753-1761.